高等学校土木工程专业规划教材

Civil Engineering Drawing

土木工程制图

（第三版）

（原第二版书名为《画法几何与土建制图》）

林国华　主　编

许　莉　副主编

徐志宏　主　审

人民交通出版社

内 容 提 要

本书是高等学校土木工程专业规划教材，是在《画法几何与土建制图》（第二版）的基础上修订而成。全书共分二十一章，主要内容包括：投影的基本知识，点和直线的投影，平面的投影，直线与平面，平面与平面，投影变换，曲线与曲面，立体，剖面图和断面图，轴测投影，标高投影，透视投影，制图基础知识和基本技能，计算机绘制工程图，组合体的投影，房屋建筑图，道路路线工程图，桥隧涵工程图，水利工程图，结构施工图，给水排水工程图，建筑电气及采暖工程图。

本书在讲述了土建专业的画法几何基础理论和专业制图等内容的基础上，综合了计算机绘图内容在工程上的运用，是一本内容新颖、较为实用的新版本土木工程类制图教科书，可作为本科、高职高专院校土木工程、工程管理等专业的技术基础课程教材。

图书在版编目(CIP)数据

土木工程制图/林国华主编. —3 版. —北京：
人民交通出版社，2012.6

ISBN 978-7-114-09651-8

Ⅰ.①土…　Ⅱ.①林…　Ⅲ.①土木工程—建筑制图
Ⅳ.①TU204

中国版本图书馆 CIP 数据核字(2012)第 021642 号

高等学校土木工程专业规划教材

书　　　名：	土木工程制图（第三版）
著 作 者：	林国华
责任编辑：	韩亚楠　黎小东
出版发行：	人民交通出版社股份有限公司
地　　址：	(100011) 北京市朝阳区安定门外外馆斜街 3 号
网　　址：	http://www.ccpress.com.cn
销售电话：	(010) 59757973
总 经 销：	人民交通出版社股份有限公司发行部
经　　销：	各地新华书店
印　　刷：	北京市密东印刷有限公司
开　　本：	787×1092　1/16
印　　张：	22.5
字　　数：	571 千
版　　次：	2001 年 6 月　第 1 版 2007 年 8 月　第 2 版 2012 年 6 月　第 3 版
印　　次：	2019 年 12 月　第 5 次印刷　总第 13 次印刷
书　　号：	ISBN 978-7-114-09651-8
定　　价：	39.00 元

(有印刷、装订质量问题的图书由本社负责调换)

前　　言

2012 年 3 月，作者在《画法几何与土建制图》(第二版)的基础上，结合多年来的教学经验，根据高等学校土木工程学科专业指导委员会编写的《高等学校土木工程本科指导性专业规范》重新编写完成并更名为《土木工程制图》(第三版)，以下简称本教材。

本教材参照《房屋建筑制图统一标准》(GB/T 50001—2010)、《道路工程制图标准》(GB 50162—92)、《水利水电工程制图标准》(SL 73—95)、《给水排水制图标准》(GB/T 50106—2001)等系列图家标准和相关行业规范规程修订，选材努力做到选题合理，具有代表性、实用性，图文编排力求准确精炼，并进一步加强教材系统性和连贯性。

本教材按土木工程制图课程教学要求修订。土木工程各专业制图的基本原理完全一致，仅制图的专业部分侧重点有所不同。土建学科选用本教材时，教师可根据专业需要选修有关的章节重点讲授，其余部分可作为同学自学选修的参考内容。

本教材专业视图大部分取材于生产实践。专业视图虽然有各自的行业制图标准，但这些标准实际已日趋统一，所以本书在制图基础部分按工程量较多的房建工程制图标准讲述。编写土木专业图时，主要采取各行业制图标准和及其行业相关规范规程，少部分采用了房建工程制图标准。

计算机制图是本教材的基本内容之一，本书采用 Auto CAD 2010 版进行编写，并适量增加三维系统的绘图内容。Auto CAD 2010 版本在土木工程的绘图指令和操作方法与之前 CAD 其他版本基本相同，其他版本可接触旁通。后续的各专业视图，都可作为计算机绘图的练习作业。

作者同期修订了《土木工程制图习题集》(第三版)，该书与教材同步出版。在教学中，教师宜根据教学计划、教学基本要求和教学大纲选题。

为方便教学，本教材配有教学课件(仅供参考)，请读者自行下载。

本教材由福州大学林国华主编、许莉副主编，同济大学徐志宏教授主审。具体编写人员是：林国华(第一、九、十、十一、十五、十六、十七、十八、二十章)，黄孙灼(第二、三、四、五章)，福州大学阳光学院程怡(第六章)，华侨大学厦门理工学院孙伟(第七章)，福建工程学院赵东香(第八章)，福州大学许莉(第十二、十四、十九、二十一章)，陈忠辉(第十三章)。

在编写过程中，承蒙有关设计单位、科研单位及兄弟院校大力支持并提供资料，谨此表示感谢。

由于编者水平所限，书中还存在一些缺点和错误，恳请读者批评指正。

编　者

2012 年 3 月

目 录

第一章 投影的基本知识

空间形体都具有长、宽和高三个向度。若要把它的形状和大小准确地表示在只有长和宽两个向度的图纸上，必须借助投影法。如何把工程形体表示在图纸上，如何阅读工程投影图图样，这就是本课程所要研究和解决的问题。

第一节 投影概念及投影法分类

一、影子和投影

形体在光线（灯光或阳光）的照射下，就会在地面上产生影子。如图 1-1 所示，光线照射桌子，桌子在地面出现了影子。这是常见的自然现象，我们称它是投影现象。

人们从这些投影现象中认识到，当光线照射的角度或距离改变时，影子的位置、形状也随之改变，也就是说，光线、形体和影子三者之间存在着紧密的联系。例如图 1-1a) 所示，灯光 S 照射桌面，在地上产生的影子比桌面大。如假设灯的位置在桌面的正中上方，它与桌面的距离越远，那么影子越接近桌面的实际大小。可以设想，把灯移到无限远的高度（夏日正午的阳光比较近似这种情况），即光线相互平行并与地面垂直，这时影子的大小就和桌面一样大，如图 1-1b) 所示。

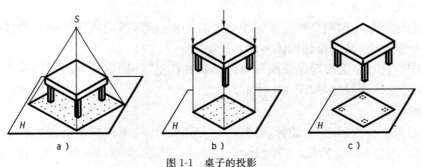

图 1-1 桌子的投影

a)灯光在桌面正上方；b)灯光在正上方无限远处；c)桌子的投影

投影原理就是从这些概念中总结出来的一些规律，作为制图方法的理论依据。在制图中表示光线的线称投射线，把落影平面称为投影面，把产生的影子称为投影图。在投影图中，要把形体所有内外表面的交线全部表示出来，且按投影方向凡可见的画粗实线，不可见的画虚线，如图 1-1c) 所示。

二、投影的分类

按投射线的不同情况，投影可分为两大类。

1. 中心投影

所有投射线集中于一点的投影，称为中心投影。如图 1-2 所示的三角板，其投影中心是

S,再把投射线与投影面 P 的各交点相连,就得到三角板的中心投影。

2. 平行投影

投射线互相平行的投影,称为平行投影,如图1-3所示。平行投影又分为两种:

(1)平行正投影(简称正投影),即投射线垂直于投影面,如图1-3a)所示。

(2)平行斜投影(简称斜投影),即投射线倾斜于投影面,如图1-3b)所示。

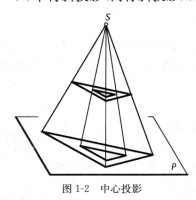

图1-2　中心投影

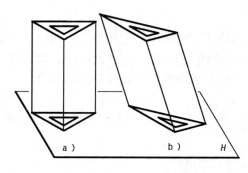

图1-3　平行投影
a)正投影;b)斜投影

生产实践中的工程图绘制,大部分是采用正投影法。正投影是本课程研究的主要对象。今后凡未作特别说明,都属正投影。

三、工程上常用的几种图示法

工程上常用的投影法有正投影法、轴测投影法、透视投影法和标高投影法。与上述投影法对应的有下列投影视图。

1. 正投影图

用正投影法把形体向两个或三个互相垂直的平面投影,然后将这些带有形体投影的投影面展开在一个平面上,从而得到形体多面正投影图。

正投影图的优点是能准确地反映形体的形状和构造,作图方便,度量性好,工程上应用最广泛,其缺点是立体感较差,如图1-4所示。

2. 轴测投影图

轴测投影是平行投影之一,简称轴测图。它是把形体按平行投影法投影到单一投影面上所得到的投影图,如图1-5所示,这种图的优点是立体感强,但形状不够自然,也不能完整表达形体的形状,工程中常用作辅助图样。

3. 透视投影图

透视投影法即中心投影法,透视投影图简称透视图,如图1-6所示。透视图属单面投影。

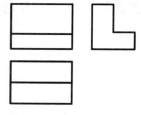

图1-4　正投影图

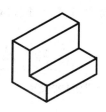

图1-5　轴测图

图1-6　透视图

由于透视图的原理和照相相似，它符合人们的视觉，形象逼真、直观，常用为大型工程设计方案比较、展览的图样。但其缺点是作图复杂，不便度量。

4. 标高投影图

标高投影图是一种带有数字标记的单面正投影。如图 1-7 所示，某一山丘被一系列带有高程的假想水平面所截切，用标有高程数字的截交线（等高线）来表示起伏的地形面，这就是标高投影。它具有一般正投影的优缺点。标高投影在工程上被广泛采用，常用来表示不规则的曲面，如船舶、飞行器、汽车曲面以及地形面等。

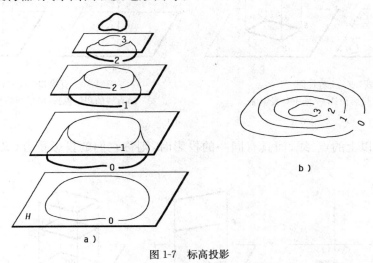

图 1-7　标高投影

第二节　点、直线、平面正投影的特性

工程制图的对象是不同大小和形状的空间立体，各种立体都可以看成是由点、线、面组成的形体。因此，要认识和掌握形体正投影，就必须先了解点、线、面正投影的基本规律。

1. 类似性

（1）点的投影仍是点。

（2）直线的投影在一般情况下，仍是直线，当直线段倾斜于投影面时，其正投影短于实长。

（3）平面的投影在一般情况下，仍是平面。当平面倾斜于投影面时，其正投影小于实形，如图 1-8 所示。

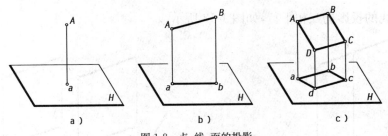

图 1-8　点、线、面的投影
a)点的投影；b)直线的投影；c)平面的投影

2. 全等性

（1）直线段平行于投影面时，其投影反映实长。

(2)平面图形平行于投影面时,其投影反映实形,如图 1-9 所示。

3. 积聚性

(1)直线平行于投射线时,其投影积聚为一点,如图 1-10a)所示。

(2)平面平行于投射线时,其投影积聚为一条线,如图 1-10b)所示。

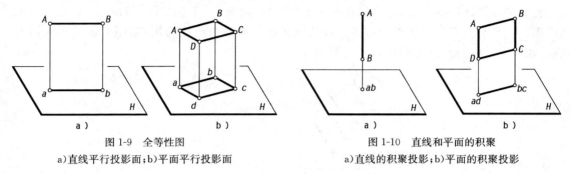

图 1-9　全等性图

a)直线平行投影面;b)平面平行投影面

图 1-10　直线和平面的积聚

a)直线的积聚投影;b)平面的积聚投影

4. 重合性

两个或两个以上的点、线、面具有同一的投影时,则称它们的投影重合(又称重影),如图 1-11 所示。

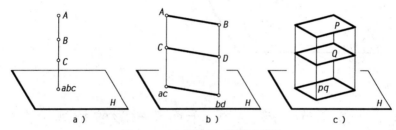

图 1-11　点、直线、平面的重合投影

a)点的重合;b)直线的重合;c)平面的重合

5. 从属性

(1)如果点在直线上,则点的投影必在该直线的投影上。

(2)如果点在直线上,直线又在平面上,则点的投影必在该平面的投影上。

6. 定比性

直线上一点把该直线分成两段,该两段长度之比,等于其投影长度之比,如图 1-12 所示。

7. 平行性

两平行直线的投影仍互相平行,如图 1-13 所示。

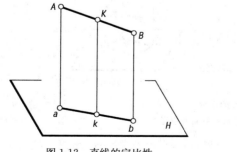

图 1-12　直线的定比性

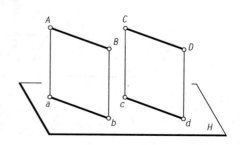

图 1-13　两平行直线的投影

第三节　三面投影图

一、投影图的形成

如图 1-14 所示,空间五个不同形状的形体,它们在同一个投影面上的投影都相同。因此在正投影中,形体的一个投影一般是不能反映空间形体的形状。那么需要几个投影才能确定空间形体的形状呢? 为此,我们设置三个互相垂直的平面作为三个投影面,如图 1-15 所示,水平放置的称为水平投影面,用字母"H"表示,简称 H 面;正对观察者的投影面,称为正立投影面,用字母"V"表示,简称 V 面;第三个投影面在观察者右侧,称为侧立投影面,用字母"W"表示,简称 W 面。三投影面两两相交构成三条投影轴 OX、OY 和 OZ。三轴的交点 O 称为原点。这就是所建立的三投影面体系,又称三视图。在这个体系中,才能比较充分地表示出这个形体的空间形状。

如图 1-16 所示,将形体(踏步)置于三投影面体系中,并使踏步的前表面平行 V 面,底面平行 H 面,侧面平行 W 面。这时,可用三组分别垂直于三个投影面的投射线对踏步进行投影,就得到了此形体在三个投影面上的投影视图。

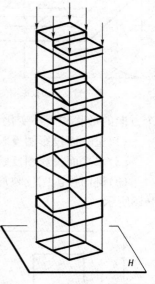

图 1-14　五个形体的水平面投影

(1)由上向下投影,在 H 面上所得到的投影图,称为水平面投影图,简称 H 面投影。

(2)由前向后投影,在 V 面上所得到的投影图,称为正立面投影图,简称 V 面投影。

(3)由左向右投影,在 W 面上所得到的投影图,称为侧立面投影图,简称 W 面投影。

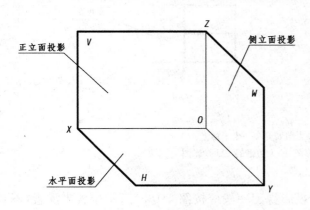

图 1-15　三面投影体系

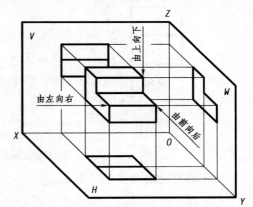

图 1-16　三面投影图的形成

上述所得的 H、V、W 三个投影图就是形体最基本的三面投影图。

如图 1-17 所示,假设固定 V 面,让 H 面和 W 面分别绕它们与 V 面的交线旋转到与 V 面重合的位置,V 面、H 面和 W 面展成了一个平面,便完成了从空间形体到平面图形的过程。

在实际作图时,可只画出形体的三个投影,而不必画出投影面的边框,如图 1-18b)所示。

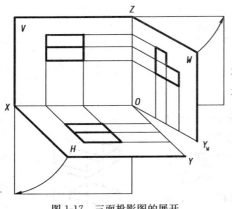

图 1-17　三面投影图的展开

二、三面投影图的对应关系

从投影体系中可以看出，每个形体用三个投影图分别表示它的三个侧面，所以三个投影视图之间既有区别，又互相联系。

1. 同一形体的三个投影图之间具有"三等"关系

（1）正立面投影与侧立面投影等高，称"高平齐"。

（2）正立面投影与水平面投影等长，称"长对正"。

（3）水平面投影与侧立面投影等宽，称"宽相等"。

2. 空间形体三个方向的形状和大小变化

空间的形体具有左右、前后、上下（或长、宽、高）三个方向的形状和大小变化。在三个投影图中，每个投影图都反映其中两方向关系：

（1）正立面投影图反映形体的左、右（X 轴）和上、下（Z 轴）关系，不反映前、后关系。

（2）水平面投影图反映形体的前、后（Y 轴）和左、右（X 轴）的关系，不反映上、下关系。

（3）侧面投影图反映形体的上、下（Z 轴）和前、后（Y 轴）的关系，不反映左、右关系，如图 1-18所示。

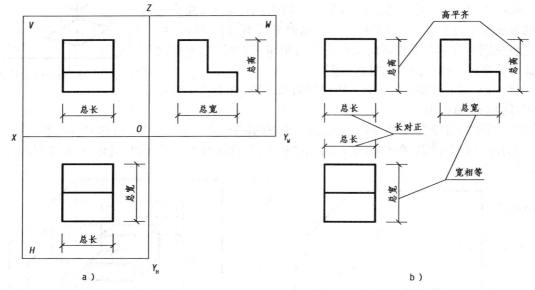

图 1-18　三面投影图展开在一个平面上

a)有边框的三面投影图；b)无边框的三面投影图

3. 投影图视图位置配置关系

为了便于按投影关系画图和读图，三个投影视图一般应按图 1-18b)所示位置来配置，不应随意改变位置。

如因受图幅限制，立面图、平面图和侧立面图不能画在同一张图纸时，则允许分别画在几张图纸上，这时不存在上述排列问题，但必须在视图下面标注名称。

第二章　点和直线的投影

点、线、面是构成形体的基本要素,而点的投影规律是形体投影的基础。

第一节　点　的　投　影

一、点在两投影面体系中的投影

如图 2-1 所示,空间点 A 在 P 面上的正投影是由投影中心 S 向 A 作的投射线与投影面 P 的交点 a,但是 a 不能唯一确定空间点 A 的具体位置。因为,在该投射线上的所有点(如点 A_1)的投影都在 a 处。因此,点在一个投影面上的投影不能确定点的空间位置,它需要用两个或三个投影面上的投影来确定。

如图 2-2 所示为两个互相垂直的水平投影面 H 和正立投影面 V 组成的空间两投影面体系。投影面 H 和投影面 V 的交线为 OX 轴(称投影轴)。投影面 V、H 把空间分成四个部分,分别称之为Ⅰ象限、Ⅱ象限、Ⅲ象限、Ⅳ象限。

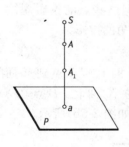

图 2-1　点的单面投影

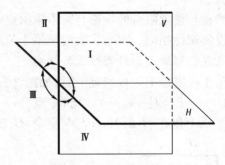

图 2-2　两投影面体系

1.点在第Ⅰ象限中的投影

如图 2-3 所示,空间 A 点向 H 面作垂线,称投射线,其垂足就是 A 点在 H 面上的投影,称其为 A 点的水平投影,规定用 a 表示;再由 A 点向 V 面作垂线,其垂足就是 A 点在 V 面上的投影,称其为 A 点的正面投影,规定用 a' 表示。

反之,如果通过投影点 a 和 a' 分别作 H 面和 V 面的垂线,则两垂线的交点必为空间 A 点的位置。此时 A 点是唯一的。因此点在两投影面体系中的投影能够确定 A 点的空间位置。

为便于实际应用,需把互相垂直的两个投影面展开,重合到一个平面内。规定保持 V 面不动,将 H 面绕投影轴 OX 向下翻转 $90°$,使其与 V 面重合,如图 2-3b)所示。投影面可以认为是无边界的,OX 轴的上方为 V 投影面,下方为 H 投影面,故不必画出投影面的边框和标注 V、H,画出 OX 轴和 $a'a_X$ 及 aa_X 连线,即为空间 A 点在两投影面体系中的投影图,如图 2-3c)所示。

由图 2-3 可知，Aaa_xa' 是一个与 V、H 面均垂直的矩形，因而 aa_x、$a'a_x$ 都垂直于 X 轴，当 H 面向下翻转后 $a'a_x$、aa_x 都垂直 X 轴且在同一条直线上。由此可得出点在两投影面体系中的投影规律：

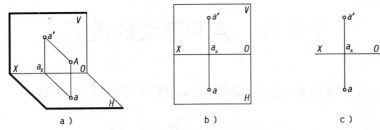

图 2-3　点在第 Ⅰ 象限中的投影
a)立体图；b)展开图；c)投影图

（1）点在两投影面体系中投影的连线垂直于投影轴，即 $aa' \perp OX$。

（2）点的投影到投影轴的距离等于该点与相邻投影面的距离，即 $a'a_x = Aa$，$aa_x = Aa'$。

2. 点在其他象限中的投影

如图 2-4a）空间点 B、C、D，分别处在 Ⅱ、Ⅲ、Ⅳ 象限中，各点分别向 H、V 面作垂线，可以分别得到在各投影面上的投影。当 H 面向下旋转（如同第 Ⅰ 象限）时，H 面的后半部分与 V 面上半部分重合，H 面的前半部分与 V 面的下半部分重合。其各点投影图如图 2-4b）所示，可见，第 Ⅱ 象限的 B 点的正面投影 b' 和水平投影 b 同在 X 轴上方，第 Ⅲ 象限的 C 点的正面投影 c' 在 X 轴下方，而水平投影 c 在 X 轴上方，第 Ⅳ 象限的 D 点的正面投影 d' 和水平投影 d 同在 X 轴下方。

虽然在其他象限点的投影与第 Ⅰ 象限点的投影位置不同，但这些点的投影规律与第 Ⅰ 象限点的投影规律相同。本书主要讨论第 Ⅰ 象限的投影即第一分角的投影。

3. 点在投影面上和投影轴上的投影

点位于投影面上或投影轴上时，如图 2-5a）所示。A 点在 V 面上则 A 点到 V 面的距离为零，即 A 与 a' 重合且 $aa_x = 0$，a 与 a_x 重合，A 点的水平投影 a 在 X 轴上。B 点在 X 轴上，则 B 既在 V 面上也在 H 面上，B 与 b' 重合，B 与 b 重合，其投影图如图 2-5b）所示。

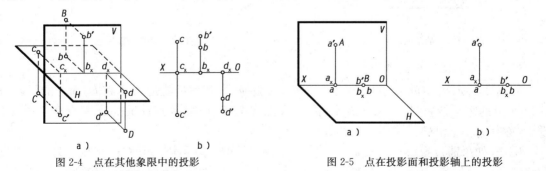

图 2-4　点在其他象限中的投影
a)立体图；b)投影图

图 2-5　点在投影面和投影轴上的投影
a)立体图；b)投影图

二、点在三投影面体系中的投影

在两投影面体系的基础上，再增设一个侧立投影面 W，并使其同时垂直于 V 投影面和 H 投影面，如图 2-6 所示，称之为三投影面体系。

增加的 W 投影面将空间由原来的四个象限分割为八个分角,其排列顺序如图 2-6 所示。

在三投影面体系的第一分角中,W 面与 H 面的交线称为 OY 投影轴,W 面与 V 面的交线称为 OZ 投影轴。如图 2-7a)。由空间点 A 分别向 H、V、W 面投影得 a、a'、a'',a'' 称为 A 点在 W 投影面上的投影,称其为 A 点的侧面投影,规定用 a'' 表示。将 H、W 面分别向箭头方向旋转,使之与 V 面重合,如图 2-7b)所示。取消投影面的边界线即可得到点在三投影面体系中的投影图,如图 2-7c)所示。

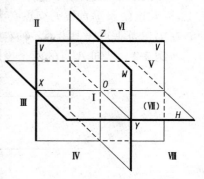

图 2-6 八个分角的名称

由图 2-7 可知,点的三投影面体系可分解成 V/H、V/W 和 W/H 三个两投影面体系。根据点在两投影面体系中的投影规律,可以得出点在三投影面体系中的投影规律如下:

(1)点的投影的连线垂直于投影轴,即 $a'a\perp OX$,$aa''\perp OY$,$a'a''\perp OZ$。

(2)点的投影到投影轴的距离,等于点的坐标,也就是该点与对应的相邻投影面的距离,即 $a'a_Z=aa_{YH}=Aa''=x$,$aa_X=a''a_Z=Aa'=y$,$a''a_Y=a'a_X=Aa=z$。

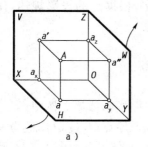 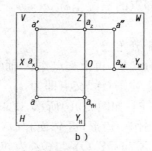 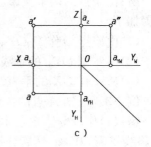

a)   b)   c)

图 2-7 点在第 I 象限的三面投影
a)立体图;b)展开图;c)投影图

因此,根据点的三面投影规律,可由点的三个坐标值作出点的三面投影图。也可根据点的两个投影作出第三个投影。

例 2-1 已知点 $A(15,12,10)$,试作 A 点的三面投影图。

解:(1)作三投影面体系的坐标轴,并予以标记,如图 2-8a)所示。

(2)在 OX 轴上截取 x 坐标为 15,得 a_X,由 a_X 作 OX 轴的垂直线,则 a'、a 必定在该直线上。如图 2-8b)。

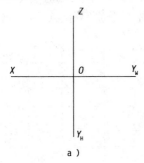 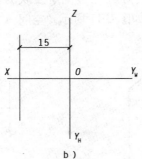 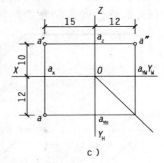

a)   b)   c)

图 2-8 作点的三面投影图
a)已知条件;b)作投影图;c)结果

(3)在 OZ 轴上截取坐标 z 为 10,得 a_z,由 a_z 作 OZ 轴的垂直线,则 a'、a'' 必定在该垂直线上,因此这两条垂直线的交点必为 a'。同时,在第一条垂直线上,沿 OX 轴下方截取 $y=12$ 得 a,在第二条垂直线上沿 OZ 轴右边截取 $y=12$ 得 a'',如图 2-8c)所示。

例 2-2 已知 A 点的两个投影 a'、a'',求其第三个投影 a,如图 2-9 所示。

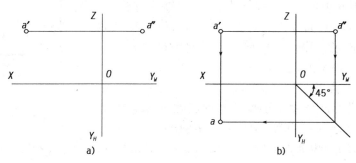

图 2-9 求点的第三面投影
a)已知条件;b)投影作图

解:由于点的两个投影已知,即点的三维坐标 x、y、z 已经确定,根据点的投影规律,作图步骤如下:

(1)由原点 O 作 Y_HOY_W 的 45°分角线。

(2)从 a'' 引 OY_W 的垂线交于分角线,再由交点作 X 轴的平行线。

(3)从 a' 作 OX 的垂直线,与上述平行线交点即为 a。

例 2-3 已知 A 点的三面投影图,如图 2-9b)所示,试求作其三面投影体系立体图。

解:(1)作投影体系立体图。先作一矩形,得 V 面和 OX、OZ 轴及原点 O,过 O 作适当长的 45°斜线作为 OY 轴,然后分别以 OX 与 OY、OY 与 OZ 为邻边作两个平行四边形表示 H 面和 W 面(图 2-10)。

(2)截取点 A 的 x、y、z 三维坐标。在 OX、OY、OZ 轴上按三面投影图所示,截取点 A 三维坐标 a_X、a_Y、a_Z,由此三点分别作 OX、OY、OZ 坐标轴的平行线,得到 a'、a、a'',再由 a'、a、a'' 分别作 OY、OZ、OX 坐标轴的平行线,三线交于一点即为空间点 A,如图 2-10 所示。

三、两点的相对位置

1. 两点相对位置的确定

两空间点的投影沿左右、前后、上下三个方向所反映的坐标差,即两空间点对 W、V、H 面的距离差,能确定两点的相对位置,如图 2-11 所示。空间 A、B 点坐标分别写作:$A(x_A,y_A,z_A)$、

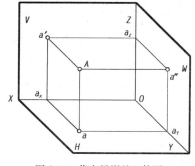

图 2-10 作点投影的立体图

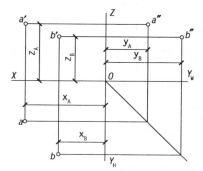

图 2-11 两点相对位置的确定

$B(x_B,y_B,z_B)$。故点 A 相对于点 B 的位置为：点 A 在点 B 的左边（在 X 方向的坐标差为 $x_A - x_B$），点 A 在点 B 的后方（在 Y 方向的坐标差为 $y_A - y_B$），点 A 在点 B 的上方（在 Z 方向的坐标差为 $z_A - z_B$）。所以，若要判断两空间点的相对位置，只须判断两点的坐标大小，X 坐标大的在左、Y 坐标大的在前、Z 坐标大的在上。这样，只要已知两点的左右、前后、上下方向的坐标差和其中一个点的投影，即可作出另外一点的三面投影。

2. 重影点的投影

空间两点有一种特殊位置，即两点位于垂直于某投影面的同一条投射线上，则这两点在该投影面上的投影就重合在一起，称为重影点。重影点有两对同名坐标值相等，如图 2-12 所示，A、B 两点位于垂直于 H 面的同一条投射线上，即 ab 重合，$x_A = x_B$、$y_A = y_B$，由于 $z_A > z_B$，表明点 A 位于点 B 的上方。由于观察 H 面的投影是由上往下观察，因此 A 点在 H 面的投影为可见，B 点为不可见。规定在重影点上的标记次序是：可见点标记在左边，不可见点标记在右边，如图中的 ab。同理，V 面的重影点由前向后观察，W 面的重影点由左向右观察，据此，我们可以判别在不同投影面上重影点的可见性并标记，重影点的可见性判别也体现了重影点的坐标位置关系。

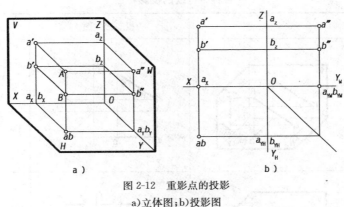

图 2-12　重影点的投影
a)立体图；b)投影图

第二节　直线的投影

一、直线的投影图

一般情况下，空间直线的投影仍然为直线。根据几何学定理，空间两点可以确定一条直线，所以在求作直线的三面投影图时，可分别作出直线上任意两点（通常是直线的两个端点）的三面投影，然后将其同面投影用直线相连接，即可得到直线的三面投影图。

图 2-13a)所示为空间直线 AB 在三投影面体系中的立体图，其投影图的作图过程如图 2-13b)及图 2-13c)所示，分别作出该直线两端点 A、B 在三个投影面上的投影，再连接 ab、$a'b'$ 及 $a''b''$，即为直线 AB 的三面投影图。

二、各种位置直线的投影特性

就直线对投影面的相对位置而言，直线可以分为投影面平行线、投影面垂直线、一般位置直线三种类型。而这三种类型取决于直线对各投影面的倾角。一般将直线对 H 面的倾角用 α 表示，对 V 面的倾角用 β 表示，对 W 面的倾角用 γ 表示。

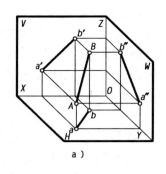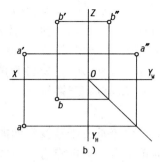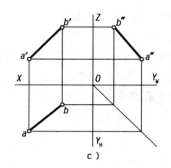

图 2-13　直线的投影

三种类型直线相对投影面的位置不同,其投影特性也不相同。

1. 投影面平行线

投影面平行线有三种类型,平行于正立投影面 V 的直线称为正平线,平行于水平投影面 H 的直线称为水平线,平行于侧立投影面 W 的直线称为侧平线,如表 2-1 所示。

各种平行线的投影特性　　　　　　　　　　　　　　表 2-1

名　称	立 体 图	投 影 图	投 影 特 性
正平线 （$AB/\!/V$ 面, 倾斜 H、W 面）			1. $a'b'=AB$; 2. V 面投影反映 α,γ; 3. ab 平行于 OX 轴,$a''b''$ 平行于 OZ 轴
水平线 （$AB/\!/H$ 面, 倾斜 V、W 面）			1. $ab=AB$; 2. H 面投影反映 β,γ; 3. $a'b'$ 平行于 OX 轴,$a''b''$ 平行于 OY_W 轴
侧平线 （$AB/\!/W$ 面, 倾斜 V、H 面）			1. $a''b''=AB$; 2. W 面投影反映 α,β; 3. $a'b'$ 平行于 OZ 轴,$a'b'$ 平行于 OY_H 轴

可见,投影面平行线的投影特性为:

(1)直线在所平行的投影面上的投影反映实长。

(2)其他投影平行于相应的投影轴,不反映实长。

(3)反映实长的投影与投影轴的夹角等于空间直线对相应投影面的倾角。

2.投影面垂直线

投影面垂直线也分三种类型,即垂直于正立投影面 V 的直线称为正垂线,垂直于水平投影面 H 的直线称为铅垂线,垂直于侧立投影面 W 的直线称为侧垂线,如表 2-2 所示。

各种垂直线的投影特性　　表 2-2

名　称	立 体 图	投 影 图	投 影 特 性
正垂线 （$AB \perp V$ 面）			1. $ab=a''b''=AB$; 2. V 面投影积聚为一点; 3. ab 垂直于 OX 轴,$a''b''$ 垂直于 OZ 轴
铅垂线 （$AB \perp H$ 面）			1. $a'b'=a''b''=AB$; 2. H 面投影积聚为一点; 3. $a'b'$ 垂直于 OX 轴,$a''b''$ 垂直于 OY_W 轴
侧垂线 （$AB \perp W$ 面）			1. $a'b'=ab=AB$; 2. W 面投影积聚为一点; 3. $a'b'$ 垂直于 OZ 轴,ab 垂直于 OY_H 轴

可见,投影面垂直线的投影特性为:

(1)直线在所垂直的投影面上的投影积聚为一点。

(2)直线在其他投影面上的投影反映实长,且垂直于相应的投影轴。

(3)直线与被垂直的投影面倾角为 90°与另两个投影面的倾角为 0°。

3.一般位置直线

一般位置直线是指与三个投影面既不垂直也不平行的直线。一般位置直线不具有前面两种位置直线的投影特性。如图 2-14 所示,其在三个投影面上的投影长、对三个投影面的倾角和空间直线实长的关系为:$ab=AB\cos\alpha$、$a'b'=AB\cos\beta$、$a''b''=AB\cos\gamma$。

由上式可知,对于一般位置直线,其 $0<\alpha<90°$、$0<\beta<90°$、$0<\gamma<90°$,因此直线的三个投影均小于实长。由图 2-14 可知,对于一般位置直线,其各投影 ab、$a'b'$、$a''b''$ 与相应投影轴的夹角不反映空间直线 AB 对各投影面的真实倾角 α、β、γ。

如图 2-14 所示,一般位置直线 AB,它的水平投影为 ab,它与水平投影面的倾角为 α,在垂直于 H 面的平面 $ABba$ 内,过点

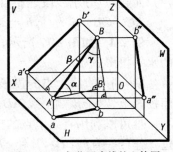

图 2-14　一般位置直线的立体图

A 作直线 $AB_1 /\!/ ab$，则△ABB_1 为一直角三角形。由此直角三角形可知，AB 为直线实长，$AB_1 = ab$，而 BB_1 为 A、B 两点的 Z 坐标差，即 $BB_1 = z_B - z_A$，而∠$BAB_1 = \alpha$。

因此，要在投影图上求一般位置直线的实长及其对 H 投影面的倾角 α，可以利用投影图作出与直角△ABB_1 同样大小形状的直角△A_0ab，则斜边 A_0b 为 AB 的实长，反映坐标差 $z_B - z_A$ 的直角边的对角为直线 AB 对 H 投影面的夹角 α，如图 2-15a)所示。同理，也可以在投影图上作出反映 β、γ 的另外两个直角三角形，从而求出 β、γ，如图 2-15b)所示。这种利用作直角三角形求线段实长和对投影面倾角的方法称为直角三角形法。

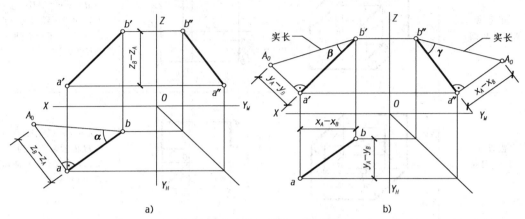

图 2-15 求线段实长及其对投影面的倾角

直角三角形法的作图步骤如下(以利用水平投影 ab 作的直角三角形 A_0ba 为例)：
(1)过 a 作 ab 的垂直线，并且使 $aA_0 = z_B - z_A$；
(2)连接 A_0b，则构成直角三角形 A_0ba，A_0b 为直线 AB 的实长，∠A_0ba 即为 α 角。

用直角三角形法，可求出一般位置直线的实长及其对各个投影面的倾角。而投影面平行线和投影面垂直线的实长及其对各个投影面的倾角，可在投影图上直接看出。因此，各种位置直线的投影都在不同程度上反映了直线的空间实长和对各个投影面的倾角。空间直线与其投影有着十分密切的联系。

三、直线上点的投影

当点在直线上时，点的各个投影必定在该直线的同面投影上。反之，当点的各个投影在直线的同面投影上，则该点一定在直线上，这就是直线上点的投影的从属性。如图 2-16 所示，直线 AB 上有一点 C，则 C 点的三面投影 c'、c、c'' 必定在 AB 的同面投影上。

而且，点分割线段之比，在投影中保持不变。这就是直线上点的投影的定比性，即：
$$AC : CB = a'c' : c'b' = ac : cb = a''c'' : c''b''$$

例 2-4 如图 2-17 所示，已知侧平线 AB 的两面投影和直线上 C 点的正面投影 c'，求 C 点的水平投影 c。

解：利用直线上点的投影的从属性，由于 C 点在 AB 上，则 C 点的各个投影必在 AB 的同面投影上，对于该侧平线 AB，可以通过其侧面投影 $a''b''$ 作出 c''，从而求出 c，如图 2-17a)所示。

也可以利用直线上点的投影的定比性。由于 C 点在 AB 上，必定使 $a'c' : c'b' = ac : cb$。过 a 作任一直线 aB_0，并使 $aB_0 = a'b'$ 截取 $aC_0 = a'c'$，连接 bB_0，过 C_0 作 bB_0 的平行线交于 ab 得 c，如图 2-17b)所示。

14

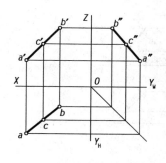

图 2-16 直线上点的投影

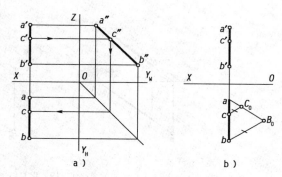

图 2-17 求 C 点的水平投影
a)用第三面投影作点的投影;b)用定比法作点的投影

四、直线的迹点

直线与投影面的交点,称为直线的迹点。直线与正立投影面的交点称为正面迹点,用 N 标记。直线与水平投影面的交点称为水平迹点,用 M 标记。直线与侧立投影面的交点称为侧面迹点,用 S 标记。

一般位置直线与两个投影面有交点,投影面平行线与两个投影面有交点,投影面垂直线只与一个投影面有交点,如图 2-18 所示。

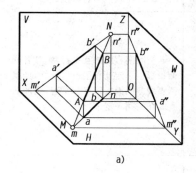
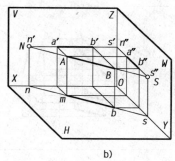
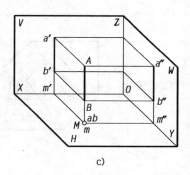

a)   b)   c)

图 2-18 各种位置直线的迹点
a)一般位置直线;b)水平线;c)铅垂线

由图可见,直线的迹点既是直线上的点,又是投影面上的点,根据这一特点就可求出直线上迹点的投影。

(1)求水平迹点 M,见图 2-19a)。因水平迹点 M 在 AB 上,故迹点的水平投影 m 在 ab 上,迹点的正面投影 m' 必在 $a'b'$ 上,而 M 又是 H 面上的点,即 m' 必定在 X 轴上。其作图步骤如下:

①延长直线 AB 的正面投影 $b'a'$ 与 OX 轴相交于 m',即为水平迹点 M 的正面投影。

②自 m' 作 OX 轴的垂线,与 ba 的延长线相交于 m,即为迹点 M 的水平投影。

(2)求正面迹点 N,见图 2-19a)。

①延长直线 AB 的水平投影 ab 与 OX 轴相交于 n 点,即为迹点 N 的水平投影。

②自点 n 作 OX 轴的垂线与 $a'b'$ 的延长相交于 n',即为迹点 N 的正面投影。

同理,可以求直线对 W 投影面的迹点,见图 2-19b)。

15

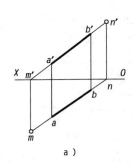
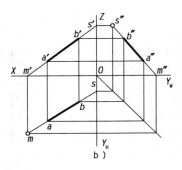

図 2-19　求直线的迹点

a)求 V、H 面的迹点；b)求 W 面的迹点

第三节　两直线的相对位置

空间两条直线的相对位置可归结为三种，即两直线平行、两直线相交和两直线交叉。两直线平行和两直线相交都位于同一平面上，称之为"同面直线"。而两直线交叉不位于同一平面上，称之为"异面直线"。它们的投影特性见表 2-3。

两直线的相对位置　　　　　　　　　　　　　　　　　　表 2-3

种　　类	立　体　图	投　影　图	投　影　特　性
两直线平行			若空间两直线相互平行，则其各同面投影也一定互相平行。反之，如果两直线各同面投影互相平行，则此两直线在空间一定平行
两直线相交			若空间两直线相交，则其各同面投影也一定相交。且交点一定符合点的投影规律。反之，如果两直线各同面投影相交，且交点符合点的投影规律，则此两直线在空间一定相交
两直线交叉			两直线既不平行也不相交，则称交叉。交叉直线可能有一个或两个投影互相平行；交叉直线也可能三对同面投影都相交，但投影的交点不符合点的投影规律，是重影点

16

一、两直线平行

若空间两条直线互相平行,则其在三个投影面上的投影都互相平行(表2-3)。因此,判断空间两直线是否平行,则看直线的各个同面投影是否平行,缺一不可。对于诸如两条侧平线仅提供两个非侧面投影的情况,可以用投影长度是否成定比,以及是否共面等方法来判断。如图2-20a)所示,由于投影长度成定比,则 AB 平行于 CD。又如图2-20b)所示,由于 AD、CB 投影的交点是重影点,即 AD、CB 不相交,则 AB、CD 为异面直线,所以 AB 不平行于 CD。

二、两直线相交

判断两直线是否相交,主要看各个同面投影的交点是否满足点的投影规律,即投影交点是空间两直线的公共点,还是重影点? 前者说明两直线相交,后者说明两直线交叉。如图2-21a)所示,两直线有两个投影都相交,而其中有一直线又平行于第三投影面。则必须从投影面平行线所平行的那个投影面上的投影或按线上点的等比关系,来判断两直线是否相交。如图2-21b)所示,三个同面投影的交点不符合空间一个点的投影规律,即没有公共点,所以它们不相交。

也可以就 V、H 面投影用线上点的等比关系判断,因 $c'k':k'd'\neq ck:kd$ 故投影的交点 K 不是公共点,它们不相交(作图略)。

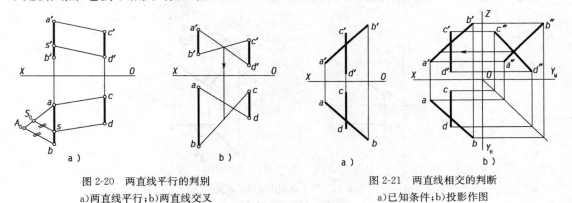

图 2-20 两直线平行的判别　　　　　　图 2-21 两直线相交的判断
a)两直线平行;b)两直线交叉　　　　　a)已知条件;b)投影作图

三、两直线交叉

两直线既不平行又不相交称为交叉(表2-3),交叉两直线的投影可能会有一组或两组互相平行,如图2-20b)所示,但绝不会三组同面投影都互相平行。交叉两直线的各个同面投影也可能都是相交的,但它们的交点一定不符合点的投影规律。如图2-21b)所示。

四、两直线垂直

两直线垂直即两直线的夹角为 $90°$。当两直线都平行某一投影面时,则其在该投影面上的投影就反映了两直线夹角实形。但是,如果两直线互相垂直,若其中一条直线平行于某一投影面(另一条不垂直于该投影面),那么这两直线在该投影面上的投影也垂直。两垂直直线的这种投影特性,称为直角投影定理。

如图2-22a)所示,直线 AB 位于水平线 OO 上,点 B 为平面圆盘 MN 的圆心,圆盘垂直于 OO,OO 水平投影为 oo,则绕 OO 轴任意旋转圆盘的 H 面投影为垂直于 oo 的 mn 直线。盘内

17

直线 BC、DE 的 H 面投影和 mn 重合,水平线 AB 的 V 面投影 $a'b'$ 平行 OX 轴,表明了两垂直直线的投影特性。AB、BC 相交垂直,如图 2-22b)所示,AB 为水平直线,两直线水平投影夹角是直角。直角投影定理同样适用于交叉垂直两直线,如图 2-22c)所示,AB 是水平线,则在水平投影延长 ab 和 de,如果它们的夹角是直角,那么 $DE \perp AB$,即两直线 AB、DE 为交叉垂直。

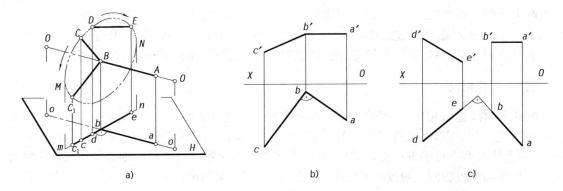

图 2-22 两直线垂直

a)立体图;b)相交垂直投影图;c)交叉垂直投影图

例 2-5 如图 2-23a)所示,试求 A 点到正平线 BC 的距离。

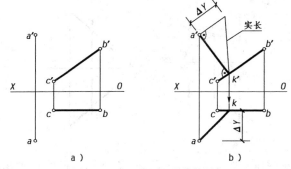

图 2-23 求 A 点到正平线的距离

a)已知条件;b)作图过程

解:A 点到 BC 直线的距离,即由 A 点引 BC 直线的垂直线并相交,其交点为 K,AK 的实长就是 A 点到直线 BC 的距离。

作图分两步骤进行,一是用直角投影定理,过已知点 A 作正平线 BC 的垂线,和 BC 相交于 K 点;二是求垂线 AK 的实长,如图 2-23b)所示。

第三章　平面的投影

第一节　平面的表示方法

一、平面的几何元素表示方法

平面的空间位置,可由下列任意一组几何元素来确定:
(1)不在同一直线上的三个点,如图 3-1a)所示。
(2)直线和直线外一点,如图 3-1b)所示。
(3)相交两直线,如图 3-1c)所示。
(4)平行两直线,如图 3-1d)所示。
(5)任意平面图形,如三角形、平面四边形、圆形等,如图 3-1e)所示。

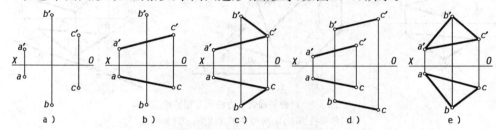

图 3-1　平面的表示方法及投影图

由图可见,以上五种几何元素组表示的平面实际上可以互相转化。图 3-1a)中如连接 AC,即可转化为图 3-1b)的表示方法;再连接 CB 又可转化为图 3-1c)的表示法,等等。这种转化,显然平面的空间位置并未改变。

二、平面的迹线表示方法

平面可以用它与投影面的交线来表示。平面与投影面的交线,称为平面的迹线。如图 3-2a)所示,平面 P 与 H 面的交线称为水平迹线,用 P_H 标记;与 V 面的交线称为正面迹线,用 P_V 标记;与 W 面的交线称为侧面迹线,用 P_W 标记。P_H 与 P_V 交于 OX 轴上的 P_X 点,P_H 与 P_W 交于 OY 轴上的 P_Y 点,P_V 与 P_W 交于 OZ 轴上的 P_Z 点,这些点都称为迹线共点。

在投影图上,由于迹线在投影面上,迹线在该投影面上的投影必然与该迹线重合,该迹线的另外两个投影与相应的投影轴重合,可不标记,如图 3-2b)所示。

三、两种表示方法的互相转换

平面的几何元素表示法与迹线表示法可以经过作图实现互相转换。如图 3-3a)所示为 △ABC 表示的平面。图 3-3b)为△ABC 与所在迹线平面 P 的立体图。由此可见,平面△ABC 转换为迹线表示平面的方法是:在平面△ABC 上任取两直线(如 AC、BC)各延长之,其分别与

V、H 投影面相交于正面迹点 N_1、N_2 和水平迹点 M_1、M_2。连接 N_1、N_2 为 P_V，连接 M_1、M_2 为 P_H，如图 3-3 所示。P_V 与 P_H 相交于 OX 轴上的 P_X 点（图中未画出）。因此，只要求得平面上任意两条直线的迹点，然后连接迹点的同面投影，即为所转换平面的迹线。同理，可将迹线表示的平面转换为用几何元素表示法表示的平面。

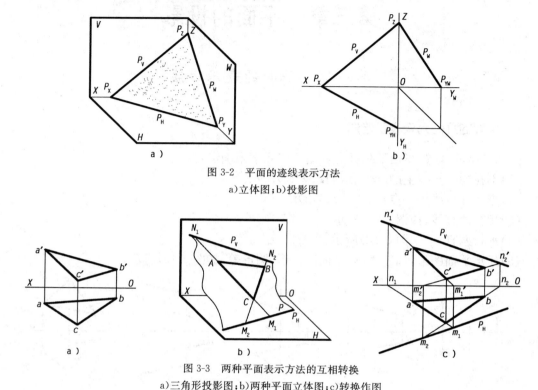

图 3-2　平面的迹线表示方法
a)立体图；b)投影图

图 3-3　两种平面表示方法的互相转换
a)三角形投影图；b)两种平面立体图；c)转换作图

第二节　各种位置平面的投影特性

根据平面在三投影面体系中的相对位置而言，可分为三种类型，即投影面的垂直面，投影面的平行面和一般位置平面。这三种类型取决于平面对各投影面的倾角，即二面角。我们把平面对 H 面、V 面和 W 面的倾角分别用 α、β、γ 来表示，当平面平行于某投影面时，对该投影面的倾角为 $0°$。垂直于某投影面时，对该投影面的倾角为 $90°$。

平面相对投影面的位置不同，其投影特性也不相同。

一、投影面的垂直面

投影面的垂直面有三种类型，垂直于 H 面且倾斜于 V、W 面的平面称为铅垂面，垂直于 V 面且倾斜于 H、W 面的平面称为正垂面，垂直于 W 面且倾斜于 V、H 面的平面称为侧垂面，如表 3-1 所示，其投影特性为：

(1)平面在被垂直的投影面上的投影积聚为一直线。

(2)该积聚的投影反映平面对另外两个投影面的倾角。

(3)平面在另外两个投影面上的投影为类似多边形。

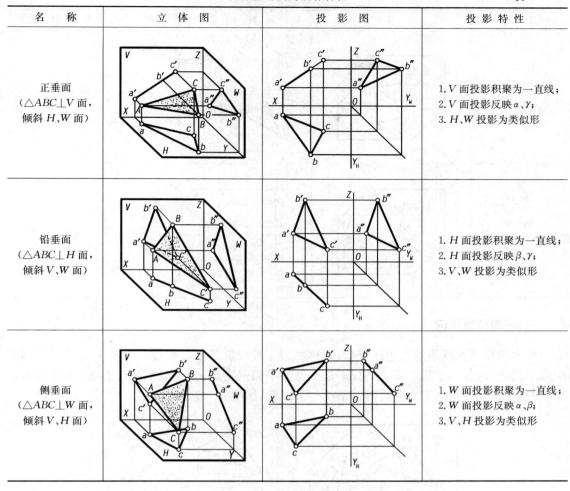

名　称	立体图	投影图	投影特性
正垂面 (△ABC⊥V 面， 倾斜 H、W 面)			1. V 面投影积聚为一直线； 2. V 面投影反映 α、γ； 3. H、W 投影为类似形
铅垂面 (△ABC⊥H 面， 倾斜 V、W 面)			1. H 面投影积聚为一直线； 2. H 面投影反映 β、γ； 3. V、W 投影为类似形
侧垂面 (△ABC⊥W 面， 倾斜 V、H 面)			1. W 面投影积聚为一直线； 2. W 面投影反映 α、β； 3. V、H 投影为类似形

二、投影面的平行面

投影面的平行面也有三种类型，平行于 H 面的平面称为水平面，平行于 V 面的平面称为正平面，平行于 W 面的平面称为侧平面，如表 3-2 所示，其投影特性如下：

(1)平面在被平行的投影面上的投影反映该平面实形。

(2)平面在其他两个投影面上的投影分别积聚为一直线，并平行于相应的投影轴。

各种平行面的投影特性 表 3-2

名　称	立体图	投影图	投影特性
正平面 (△ABC//V 面)			1. △a'b'c' = △ABC； 2. abc 与 a"b"c" 具有积聚性； 3. abc//OX，a"b"c"//OZ

名　　称	立　体　图	投　影　图	投　影　特　性
水平面 （△ABC∥H 面）			1. △abc＝△ABC； 2. a′b′c′ 与 a″b″c″ 具有积聚性； 3. a′b′c′∥OX，a″b″c″∥OY
侧平面 （△ABC∥W 面）			1. △a″b″c″＝△ABC； 2. abc 与 a′b′c′ 具有积聚性； 3. a′b′c′∥OZ，abc∥OY

三、一般位置平面

平面与投影面既不垂直也不平行，则称之为一般位置平面。一般位置平面与三个投影面均成倾斜状态，其三个投影面上的投影都不反映平面的实形，也没有积聚性投影，用几何图形表示的平面，在各投影面上的投影都呈类似多边形，如图 3-4 所示。

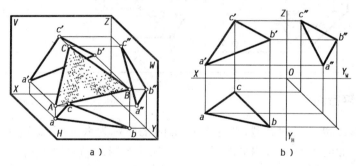

a)　　　　　　　　　　　　　　　b)

图 3-4　一般位置平面的投影特性

a)立体图；b)投影图

第三节　平面上的点和直线

点或直线在平面上，则点或直线的投影必然在该平面的同面投影上。根据平面上的点或直线的投影特性可以在平面上取点或取直线，即作出平面上某些点或直线的投影。

一、平面上取直线

平面上取直线有以下两种方法：

（1）取平面上的两点，则过该两点的直线一定在该平面上。如图 3-5 所示，在△ABC 所决

定的平面 P 上，由于 M、N 两点分别在 AC、AB 上，故直线 MN 在 P 平面上。

（2）经过平面上的一个点，且平行于该平面上的另一直线，则此直线一定在该平面上。如图 3-6 所示，在 $\triangle EFD$ 所决定的平面 P 上，M 是 ED 上的一个点，如过 M 作 $MN \parallel EF$，则 MN 必定在 P 平面上。

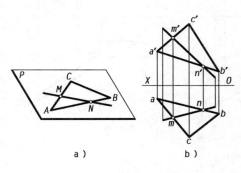

图 3-5 平面上取直线方法（一）
a)立体图；b)投影图

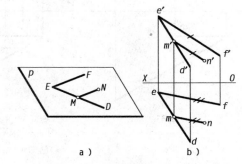

图 3-6 平面上取直线方法（二）
a)立体图；b)投影图

二、平面上取点

如果点在平面内的任一直线上，则此点一定在该平面上。因此在平面上取点，可以先在平面上取直线。如图 3-6，由于 M 点在平面 $\triangle DEF$ 的 DE 直线上，故 M 点在平面 $\triangle ABC$ 上。

例 3-1 已知平面 $\triangle ABC$ 的两面投影，如图 3-7a)所示，(1)试判别 K 点是否在平面上；(2)已知平面上一点 E 的正面投影 e'，试作出其水平投影 e。

解：判别点是否在已知平面上及在平面上取点，都必须先在平面上取直线。分别作图如下：

(1)连接 $a'k'$ 并延长与 $b'c'$ 交于 d'，然后由 a' d' 作出 AD 的水平投影 ad，AD 是平面 $\triangle ABC$ 上的一直线。因 K 点在 AD 上，则 k'、k 应分别在 a' d'、ad 上，由作图知 k 在 ad 上，故 K 点在 $\triangle ABC$ 上。

(2)连接 $b'e'$ 与 $a'c'$ 交于 f'，由 $b'f'$ 求出 BF 的水平投影 bf，则 BF 是平面 $\triangle ABC$ 上的一直线，如 E 在该平面上，则 E 应在 BF 上，所以 e 应在 bf 上，过 e' 作 OX 轴的垂线与 bf 的延长线交于 e，即为所求 E 点的水平投影。

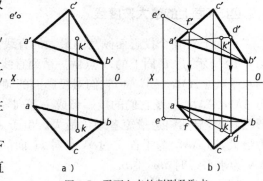

图 3-7 平面上点的判别及取点
a)已知条件；b)作投影图

例 3-2 如图 3-8a)所示，已知在 $\triangle ABC$ 平面内开一缺口，试根据其正面投影作出水平投影。

解：该缺口的水平投影，可根据平面上取点取线方法作出。其作图步骤如下：

(1)由于 D、E 两点在 BC 上，则 d、e 在 bc 上。

(2)延长 $d'g'$ 与 $a'c'$ 交于 f'，DF 是平面 ABC 一直线，由 f' 可得 F 点的水平投影 f。

(3)由于 G 点在 DF 上，则 g 在 df 上，由 g' 可得 G 点的水平投影 g。如图 3-8b)所示。

(4)连接 dg、ge 即得该缺口的水平投影，如图 3-8c)所示。

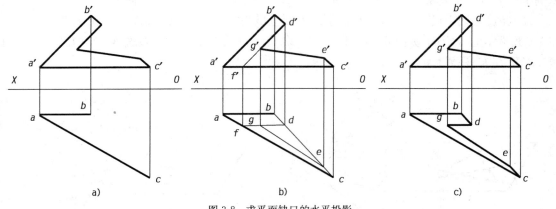

图 3-8　求平面缺口的水平投影

a)已知条件；b)作图过程；c)结果

三、平面上的投影面平行线

在一般位置平面内，可分别作与三个投影面平行的直线，即正平线、水平线和侧平线。它们根据平行线的投影特性，在平面上取直线作出。如图 3-9 所示，在 △ABC 平面上分别作水平线、正平线。其作图方法是：

(1)作水平线 AD。过 a' 作 $a'd' /\!/ OX$ 轴，并作其水平投影，即为水平线 AD 的二面投影。

(2)作正平线 CE。过 c 作 $ce /\!/ OX$ 轴，并作其正面投影即为正平线 CE 的二面投影。

(3)同法可作侧平线(略)。

四、平面上的最大坡度线

平面上对某个投影面倾角为最大的直线，称之为平面上对某个投影面的最大坡度线。如图 3-10 所示，过 P 面上的 A 点做一系列直线，如 AN、AM_1、AM_2、…，其中 $AN /\!/ H$，为 P 面上的水平线。AM_1、AM_2、…它们对投影面的倾角各不相同，分别为 α_1、α_2、…。A 点的投影线 Aa 与 AM_1、AM_2、…及它们的投影形成一系列等高的直角三角形，AM_1、AM_2、…分别为直角三角形的斜边，显然斜边最短者倾角最大。由于 $AM_1 \perp AN$，因此，AM_1 为最短斜边，它的倾角 α_1 为最大，即 AM_1 为平面上过 A 点对 H 面的最大坡度线，根据垂直相交两直线的投影特性，AN 为水平线时 $am_1 \perp an$。

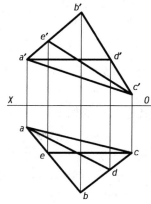

图 3-9　平面上作投影面平行线

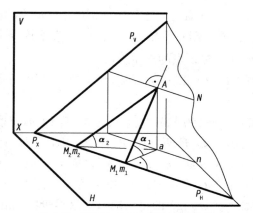

图 3-10　平面上对 H 面的最大坡度线

24

根据以上分析可知:平面对投影面的最大坡度线必定垂直于平面上对该投影面的平行线。换而言之,平面对水平投影面最大坡度线的水平投影必垂直于该平面水平线的水平投影;平面对正立投影面最大坡度线的正面投影必垂直于该平面正平线的正面投影;平面对侧立投影面最大坡度线的侧面投影必垂直于该平面侧平线的侧面投影。

由于△AM_1a垂直P面及H面的迹线P_H,因此∠Am_1a即为P、H两平面的二面角,所以平面对投影面的倾角即为平面对该投影面的最大坡度线与其投影线间夹角,该夹角可应用直角三角形法求出。在平面上可分别作出对H、V、W面的最大坡度线,因此可相应地求出该平面对H、V、W面的倾角α、β、γ。

例3-3 试求如图3-11所示平行四边形平面$ABCD$对H面的倾角α。

解:1)分析

平面对H面的倾角,即平面的H面最大坡度线对H面的倾角。

2)作图

(1)过平面$ABCD$上任一点,作平面上的水平线$AF(af、a'f')$。

(2)过D点的水平投影d作$de\perp af$,DE即为平面上过D点的H面最大坡度线。

(3)用直角三角形法求出DE对H面的倾角即为平面对H面的倾角α,如图3-11a)所示。

同法,可求出平面$ABCD$对V面的倾角β,如图3-11b)所示。

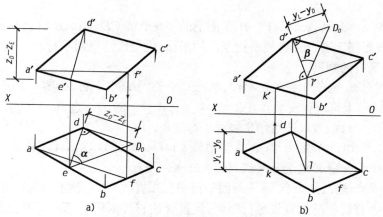

图3-11 求平面对投影面的倾角

a)对H面倾角;b)对V面倾角

第四章　直线与平面、平面与平面

直线与平面或平面与平面之间的相对位置,若不平行则必相交,相交中包含了垂直相交的特殊情形。本章将以几何学中有关直线与平面、平面与平面相对位置的性质为基础,研究它们的投影特性和作图方法。

第一节　直线与平面、平面与平面平行

一、直线与平面平行

直线与平面平行的几何条件是:如果一直线与平面上的某一直线平行,则此直线与该平面互相平行。

如图 4-1 所示,直线 AB 平行于 P 平面上的一条直线 CD,则 AB 与 P 平面平行。利用该几何条件,在投影图上可以作直线平行于已知平面,也可以作平面平行于已知直线及其两几何元素之间是否平行的判别。

例 4-1　过已知点 K 作一条正平线,与已知平面△ABC 平行,如图 4-2 所示。

解:在△ABC 上可以作无数条正平线,但其方向是一致的。过 K 点作与△ABC 平面上的任意一条正平线平行的直线即可使该直线平行于△ABC。

作图:过点 C 作△ABC 平面上的正平线 CD(cd、$c'd'$),过 K 作与 CD 平行的直线,即 km // cd,$k'm'$ // $c'd'$,则 KM 为正平线且与△ABC 平行。

如图 4-3 所示,过已知点 K 作一平面平行于已知直线 AB。使平面与已知直线平行,只需该平面上有一条直线与已知直线平行即可,且包含该直线的所有平面都与已知直线平行。可见,此题有无数个解。

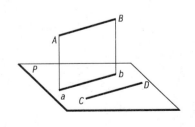

图 4-1　直线与平面平行

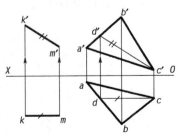

图 4-2　作直线平行于已知平面

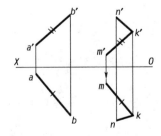

图 4-3　作平面平行于已知直线

图 4-4 为判别直线 DE 是否与平面△ABC 平行。判别 DE 是否与平面△ABC 平行,则要看在△ABC 上是否能作出与 DE 平行的直线。可先在其中一投影面中作△ABC 一条与 DE 在该投影面上投影平行的直线,再观察在另一投影面上这两条直线的投影是否平行。本例直线 DE 不平行△ABC。

二、平面与平面平行

平面与平面平行的几何条件是：一个平面上的相交两直线，对应地平行另一个平面上的相交两直线，则此两平面互相平行。如图 4-5 所示，平面 P 上的相交两直线 AB、CD 对应地平行于平面 Q 上的相交两直线 EF、GH，则 P 与 Q 互相平行。

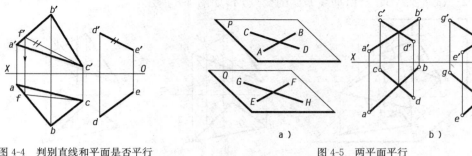

图 4-4　判别直线和平面是否平行

图 4-5　两平面平行
a)立体图；b)投影图

当两平面用迹线表示时，可以把一个平面的两条迹线看作是一对相交直线。那么，如果两平面的同面迹线均互相平行，则两平面一定互相平行，如图 4-6 所示。

判别两个已知平面是否平行，可在任一平面上取两相交直线，如在另一平面上能找到与该两相交直线均对应平行的两条相交直线，则两平面互相平行。如图 4-7 所示 $AG /\!/ EF$、$CH /\!/ ED$，则 $\triangle ABC /\!/ \triangle DEF$。

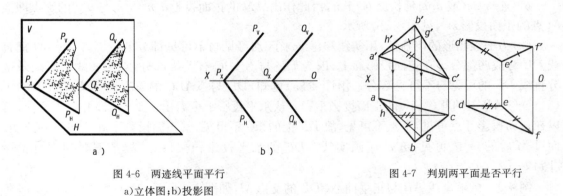

图 4-6　两迹线平面平行
a)立体图；b)投影图

图 4-7　判别两平面是否平行

第二节　直线与平面、平面与平面相交

直线与平面、平面与平面如不平行，则一定相交。直线与平面相交有交点，平面与平面相交有交线。本节讨论直线与平面的交点、平面与平面的交线在投影图上的求法。

直线与平面的交点是直线和平面的共有点，即该点在直线上也在平面内。求解交点的投影，须利用直线和平面的共有点或在平面上取点的方法。平面与平面的交线是一条直线，它是两平面的共有线。求解交线的投影，可以通过求解两平面的两个共有点连线或者求解两个平面的一个共有点和交线的方向，来确定两平面的交线投影。

27

一、利用积聚性投影求交点、交线

1. 利用积聚性投影求交点

当直线与平面的两个几何元素中有一个投影具有积聚性时,交点的一个投影可以直接确定,而其他投影按照在直线或在平面上取点的方法求出。

例 4-2 试求△ABC 与铅垂线 DE 的交点 M,如图 4-8 所示。

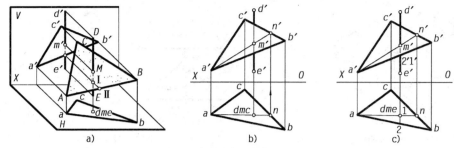

图 4-8 求平面与铅垂线的交点
a)立体图;b)投影作图;c)判别可见性

解:1)分析

由于 DE 是铅垂线,其水平投影具有积聚性,交点 M 是直线 DE 上的点,则 m 与 d、e 重影。然而 M 点也是平面△ABC 上的点。按照平面上取点的方法,作出 M 点的正面投影 m'。

2)作图

(1)连接 ae(或 am)延长交 bc 于 n,由此作出 AN 的正面投影 $a'n'$,$a'n'$ 与 $d'e'$ 的交点即为 M 点的正面投影 m',见图 4-8b)所示。

(2)为增强图形的清晰性,用实线和虚线来区别可见与不可见部分的投影。交点 M 把直线 DE 分成两部分。在正面投影面上,因为 DE 与△ABC 有重影部分,需用实线和虚线来区分直线 DE 的可见与不可见部分。由图 4-8a)可知,DE 与△ABC 的 AB 边交叉,DE 上的 Ⅰ(1、$1'$)与 AB 上的 Ⅱ(2、$2'$)的正面投影重影。从水平投影上可看出 $y_2 > y_1$,即 Ⅱ 在 Ⅰ 之前,所以在正面投影 Ⅱ 点可见,Ⅰ 点不可见,故 DE 上的 ⅠM 不可见,其正面投影 $1'm'$ 不可见画虚线,而过 M 后的 $m'd'$ 可见,$m'd'$ 应画实线。DE 的水平投影积聚一点,故不需要判别可见性[图4-8c]。

例 4-3 试求直线 AB 与正垂面△CDE 的交点 M,如图 4-9 所示。

解:分析

正垂面△CDE 的正面投影 $c'd'e'$ 具有积聚性,故交点 M 的正面投影 m' 在 $c'd'e'$ 上,又在直线 AB 的正面投影 $a'b'$ 上,因此 M 点的正面投影 m' 在 $a'b'$ 与 $c'd'e'$ 的交点上。并由此作出其水平投影 m。

判别可见性,如图 4-9b)所示,直线 AB 上的 Ⅰ 点与△CDE 上 CE 边的 Ⅱ 点在水平投影面上重合。从正面投影上可看出 $z_1 > z_2$,即 Ⅰ 点在 Ⅱ 点之上,所以在水平投影 Ⅰ 点可见,Ⅱ 点不可见,$1m$ 画实线,而过 M 后 ED 与平面重叠部分为不可见画虚线,由于△CDE 在正面投影积聚,△CDE 与 AB 无互相遮挡关系,不需要判别可见性。

2. 利用积聚性投影求交线

两平面相交求交线,如其中一个平面投影具有积聚性,交线的一个投影可以直接确定,其他投影可根据平面上取直线的方法作出。

例 4-4 试求一般位置平面△ABC 与铅垂面□DEFG 的交线 MN，如图 4-10 所示。

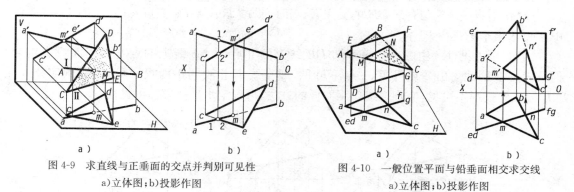

图 4-9　求直线与正垂面的交点并判别可见性
a)立体图；b)投影作图

图 4-10　一般位置平面与铅垂面相交求交线
a)立体图；b)投影作图

解：1)分析

由于铅垂面□DEFG 的水平投影具有积聚性，因此，可在水平投影上先求得 AC 和 BC 对平面□DEFG 的交点 M、N 的水平投影 m、n 再求正面投影即可。

2)作图

(1)求交点。先求交点水平投影 m、n，由于 M、N 分别是 AC、BC 上的点，分别由 m、n 垂直于 X 轴的投影线相交于 $a'c'$、$b'c'$，可求出 m'、n'，连接 $m'n'$，即为交线 MN 的正面投影，MN 是平面□DEFG 上的直线。其水平投影随平面□DEFG 的水平投影积聚在 defg 投影线上。

(2)可见性判别。交线是可见性与不可见的分界线，由水平投影知。正面投影的△ABC 中 $m'n'c'$ 部分的水平投影位于 defg 的前面，因此 $m'n'c'$ 应为可见，应画实线。而△ABC 正面投影 $a'm'$ 及 $a'b'$、$b'n'$ 中的部分线段在 $d'e'f'g'$ 范围内被其遮挡，应为不可见部分，应画虚线。在水平投影，由于平面□DEFG 积聚，两平面间无遮挡关系，故不需要判别可见性。

二、利用辅助平面求交点、交线

当直线与平面或平面与平面相交的两个几何元素均不属于特殊位置时，相交双方都没有积聚性投影存在，可通过辅助平面的方法求交点或交线。

1. 利用辅助平面求交点

如图 4-11 所示，直线 DE 与平面△ABC 相交，求交点 K，可包含直线 DE 作垂直于一投影面的辅助平面 P，则△ABC 的边 AC、BC 与辅助平面 P 的交点为 G、F。又直线 GF 与 DE 共面，DE 与 GF 交点 K 点即为直线 DE 与△ABC 的交点 K。因此可利用辅助平面求交点，其步骤为：

(1)包含已知直线作垂直于一投影面的辅助平面，如图 4-11 中的 P 面为铅垂面。

(2)作该辅助平面 P 与已知平面△ABC 的交线 GF。

(3)作出 GF 与已知直线 DE 的交点 K，点 K 即为 DE 与平面△ABC 的交点，如图 4-11 所示。

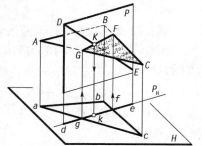

图 4-11　用辅助平面法求交点

例 4-5　如图 4-12a)所示，试求直线 DE 与△ABC 的交点。

解：(1)包含直线 DE 作辅助面 P⊥H 面。含 de 作 P_H，即辅助面 P 的水平面投影。

(2)作出辅助平面 P 与△ABC 的交线 FG。FG 在 P 面上又在△ABC 上，由 P 平面的积

聚性投影 P_H 直接确定 fg，再由 fg 求出 $f'g'$。

（3）作出直线 FG 与直线 DE 的交点 K。正面投影 $f'g'$ 与 $d'e'$ 交点 k' 即为 K 的正面投影。由 k' 可求出水平投影 k。

（4）判别可见性。由图 4-12c)可知 DE 线上的 II 点与 AB 线上的点 I 在正面投影重合。但 $y_2 > y_1$。因此得出 2 点可见，1 点不可见，即直线 K II 段的正面投影可见，应画实线。而 KE 段正面投影不可见，应画虚线。用同样的方法，可确定水平投影的可见性。

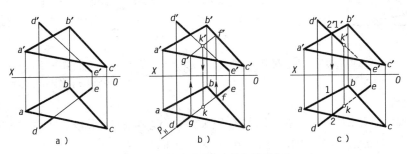

图 4-12　用辅助平面求直线与平面交点
a)已知条件；b)投影作图；c)判别可见性

例 4-6　已知三条直线 CD、EF、GH 的投影，如图 4-13a)所示，试求作一直线 AB 平行于 CD，并且同 EF、GH 均相交。

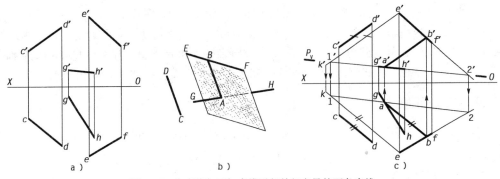

图 4-13　作直线与已知直线平行并相交另外两条直线
a)已知条件；b)立体图；c)投影作图

解：1)分析

所求直线不但需平行某直线，还须相交另两条直线。因此，要利用直线的相交和平行的投影特性来解决。如图 4-13b)所示，所求的 AB 一定在平行于 CD 的平面上，并与交叉两直线 EF、GH 相交。可过其中一条直线 EF（或 GH）作一平面平行于 CD，此平面与另一直线 GH（或 EF）相交，求出交点 A（或 B），过 A（或 B）点作平行 CD 的直线交 EF（或 GH）于 B 或 A 点，即为所求直线 AB。

2)作图

（1）过 EF 作一平面平行 CD，如图所示作 $EK // CD$，则相交两直线 EK、EF 即为所作平行于 CD 直线的平面。

（2）求该平面和 GH 交点 A，在此作辅助平面（正垂面）P 求出 GH 与 KEF 平面的交点 A。

（3）过点 A 作 $AB // CD$，则 AB 即为所求直线，如图 4-13c)所示。

2.利用辅助平面求交线

两平面相交,有两种情况:一种是一个几何图形表示的平面完全贯穿于另一个平面中[图 4-14a)],称为"全交"。另一种是两个几何图形表示的平面只有部分贯穿[图 4-14b)],称为互交。无论全交或互交,一个平面总有两条边线与另一平面相交,得两个交点,连接两个交点即为所求交线。因此两平面相交求交线实质上是求直线与平面的交点问题。

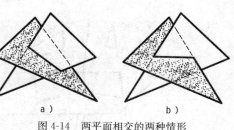

图 4-14 两平面相交的两种情形
a)全交;b)互交

例 4-7 如图 4-15a)所示,试求平面△ABC 与平面▱DEFG 的交线 KL。

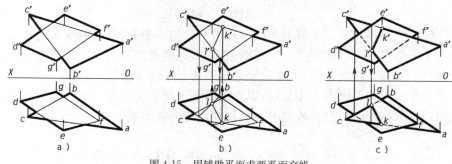

图 4-15 用辅助平面求两平面交线
a)已知条件;b)作图过程;c)判别可见性

解:1)分析

选择△ABC 的两条边 AC 和 BC,分别作出它们与▱DEFG 的交点,连接后即为所求交线。

2)作图

(1)利用辅助平面(图中为正垂面)分别作出直线 AC、BC 与▱DEFG 的交点 K、L。

(2)连 kl 和 k'l'即为所求交线 KL 的两投影。

(3)判别可见性完成作图。

本例选择直线 AC、BC 与▱DEFG 求交点,是由于这两直线在两个投影都与▱DEFG 投影重叠。即它们在▱DEFG 范围内有相交。求交点作图比较方便。反之如果线段的投影和另一平面的图形的同面投影不重叠,就表明该线段没有与有限范围平面图形相交。例如本例的 d'g'、dg、a'b'、ab 等均不与另一平面图形的同面投影重叠,因此不宜选择 DG、AB 等直线去求它们对另一平面的交点。

由上可见,辅助平面法求交线,实际上是选择两条和另一平面投影有重叠的直线,分别求其与该平面的交点,连线即可。但是当两个平面图形投影都不重叠(在有限范围内不相交)须求其交线(扩大后相交)时,则用"三面共点"法。

3.利用"三面共点"法求交线

如图 4-16a)所示,平面△ABC 和平面▱DEFG,它们在轮廓线范围内不直接相交,但分别扩展为 P、Q 平面后相交。故在两平面之外任作一辅助平面 R,分别求出 R 与 P、Q 的交线 Ⅰ Ⅱ、Ⅲ Ⅳ,Ⅰ Ⅱ、Ⅲ Ⅳ 的交点 K 就是 P、Q、R 的三面共点,也一定是 P、Q 两平面交线上的点。类似地再做第二个辅助平面,例如 S 面,求出第二个三面共点 L,连接 KL,即为 P、Q 两平面的交线,这种方法称为"三面共点法"。

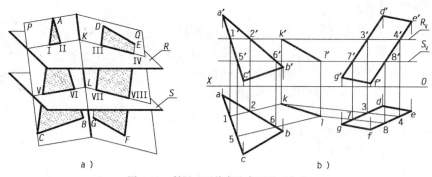

图 4-16　利用三面共点法求两平面交线

a)立体图;b)投影作图

"三面共点法"是借助第三个辅助平面分别求与已知平面的交线,由两条交线求三面共点,也即已知两平面的共点。除需要第三个辅助平面外,这种求交线的方法实际上与前述的"辅助平面法"相似。当然,为作图简便,解题时辅助平面均采用特殊位置平面。

两平面在有限轮廓范围内不相交,所以求出的两平面交线是在两平面扩大后的交线位置。而未扩大前,它们没有互相遮挡,故此时不存在判别可见性问题。

第三节　直线与平面、平面与平面垂直

一、直线与平面垂直

直线与平面垂直的几何条件是直线与平面上的两条相交直线均垂直,如图 4-17 所示。

在图 4-18 中,直线 MK 垂直于△ABC,其垂足为 K,如过 K 点作一水平线 GD,则 $MK\perp GD$,根据直角投影定理,则有 $km\perp gd$。再过 K 点作一正平线 EF,则 $MK\perp EF$,同理 $m'k'\perp e'f'$。

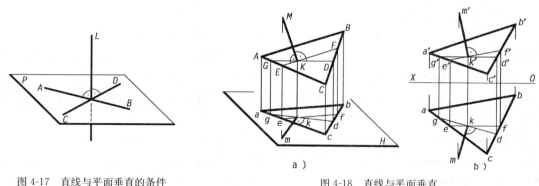

图 4-17　直线与平面垂直的条件

图 4-18　直线与平面垂直

a)立体图;b)投影图

由此可知,直线垂直于平面,则直线的正面投影必垂直于该平面上正平线的正面投影,直线的水平投影必垂直于该平面上水平线的水平投影,直线的侧面投影必垂直于该平面上侧平线的侧面投影。

例 4-8　试过 A 点作直线 AB 与已知直线 CD 垂直相交,如图 4-19a)所示。

解:1)分析

由于 CD 为一般位置直线,因此所求直线 AB 通常也处于一般位置,由直角投影定理可知,在投影图上不能直接过已知点作与一般位置直线相垂直的垂线。要使所求过 A 点的直线与 CD 垂直,则此直线 AB 一定在过 A 点且垂直于直线 CD 的平面 P 内,如图 4-19b)所示。CD 与 P 面的交点为 B,则 AB 与 CD 垂直相交。

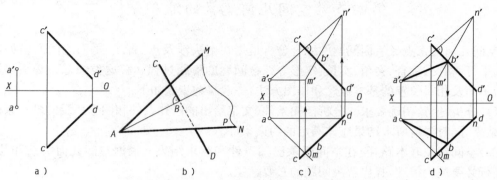

图 4-19　过点作直线与已知直线垂直相交
a)已知条件;b)立体图;c)作垂直面;d)求垂足并连线

2)作图

(1)过 A 作水平线 AM,即 $a'm'$ // ox 轴,$am \perp cd$。过 A 点作正平线 AN,即 an // ox 轴,$a'n' \perp c'd'$。这样,AM、AN 所组成的平面 P 一定垂直于 CD。

(2)作 CD 与平面 P(即 $\triangle AMN$)的交点 $B(b', b)$,B 即为垂足。

(3)连接 $a'b'$,ab 即为所求直线 AB 的两面投影。

二、平面与平面垂直

平面与平面垂直的几何条件是:若直线垂直于平面,则包含此直线的所有平面都与该平面垂直。也就是,如果两平面互相垂直,则从第一个平面上的任意一点向第二个平面所作垂线,必定在第一个平面内。如图 4-20 所示,若 $Q \perp P$,平面 Q 上任意点 A 作 $AB \perp P$,则 AB 在 Q 平面上。

例 4-9　试过直线 AB 作一平面与平面 $\triangle DEF$ 垂直,如图 4-21 所示。

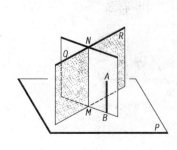

图 4-20　两平面互相垂直

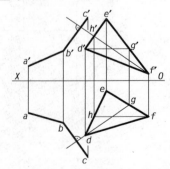

图 4-21　过已知直线作平面垂直于已知平面

解:1)分析

由于所作平面要过 AB 且垂直于 $\triangle DEF$,则过 AB 上任意一点作一条与 $\triangle DEF$ 垂直的直线,该直线与 AB 组成的平面必定垂直于 $\triangle DEF$。

2)作图

（1）在△DEF上作水平线DG（$d'g'$、dg），在水平投影面上作$bc⊥dg$。

（2）在△DEF上作正平线FH（fh、$f'h'$），在正面投影面上作$b'c'⊥f'h'$。

（3）由于$BC⊥△DEF$，则AB、BC所决定的平面必垂直于△DEF。

第四节　空间几何元素的综合分析

空间几何元素点、线、面问题的综合分析是指在解决涉及点、直线、平面之间的诸如从属、距离、平行、相交、垂直、夹角、实长、实形等综合问题的解题过程。解这类综合题必须运用点、直线、平面及相对位置的基本概念和作图方法，一般解题步骤如下：

（1）分析题意，明确要求。分析已知条件（文字给出的已知条件和图形所示的已知条件）及欲求结果，同时弄清所求结果应该满足的约束条件。

（2）空间想象基本路径，在空间想象已知条件和欲求结果。根据空间几何关系和几何定理，进行必要逻辑推理，找出解决问题的必要途径。

（3）投影作图。用各种基本投影作图的方法，将设想的解题步骤逐一绘制在投影图上，最后求出结果，完成解题。

例4-10　试过空间点M作一直线MN，使其垂直于已知交叉直线AB、CD，如图4-22所示。

解：1）分析

AB、CD为交叉两直线，要使MN垂直于AB、CD，即MN垂直于既平行AB又平行于CD的某个平面P，P平面可以通过AB上任意一点作平行于CD的直线所组成。通过M作垂直于P平面的直线即为所求MN。

2）作图

（1）过点B作$BE∥CD$，则△$ABE∥CD$。

（2）作$MN⊥△ABE$，则$MN⊥AB$、$MN⊥CD$。

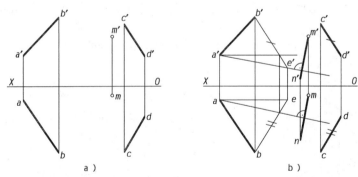

图4-22　作直线垂直于两条已知直线
a）已知条件；b）作图过程

例4-11　试过点A作一条平行于△DEF并与已知直线BC相交的直线，如图4-23a)所示。

解：1）分析

由A点可以作无数条与△DEF平行的直线，这些直线的轨迹构成过A点且与△DEF平行的平面，由于BC不平行于△DEF，则BC必然与过A点且与△DEF平行的平面相交。该交点与 A 点连线即为所求。

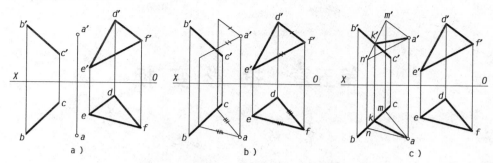

图 4-23　作直线平行已知平面并与已知直线相交
a)已知条件；b)作平行平面；c)作交线

2)作图

（1）过 A 分别作 AM // DF、AN // EF，AM、AN 所决定的平面△NAM // △DEF，如图 4-23b)所示。

（2）用辅助平面法求 BC 与 AM、AN 所决定平面的交点 K。

（3）连接 AK 即为所求，如图 4-23c)所示。

例 4-12　已知长方形 ABCD 一边 AB 的两个投影(a'b'、ab)及 BC 的正面投影 b'c'，试求作此长方形的两面投影，如图 4-24a)所示。

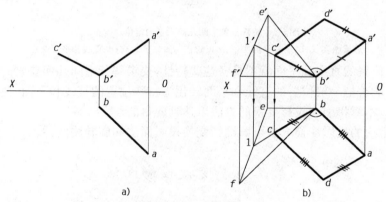

图 4-24　求长方形两面投影
a)已知条件；b)投影作图

解：1)分析

根据长方形的性质，其对边互相平行且邻边相垂直，由于正面投影已知长方形两边，则根据平行线的投影性质可直接作出 ABCD 的正面投影。另外，BC 可看成是位于过 B 点垂直于 AB 的平面上的一条直线，由此平面可以作出 BC 的水平投影。

2)作图

（1）分别由 a'、c' 作 a'd' // b'c'、c'd' // b'a'。即为 ABCD 的正面投影。

（2）过 B 点作水平线 BF，即 b'f' // OX，且 bf⊥ba；作正平线 BE，即 be // OX，且 b'e'⊥b'a'。平面△BEF 垂直于直线 AB。

（3）延长直线 b'c' 与 e'f' 交于 1'，得点 Ⅰ(1'、1)；再求出 BⅠ线上的点 C(c'、c)，连接 bc。

（4）过 a、c 分别作 ad // bc、cd // ba，即得 ABCD 的水平投影，如图 4-24b)所示。

第五章　投影变换

第一节　概　　述

在投影体系中,当直线、平面平行于投影面时,其投影反映实长和实形;如果是垂直于投影面时,则其投影具有积聚性。利用这个特性,我们可以在投影图中直接或方便地解决特殊位置的空间几何元素的定位问题(如交点、交线)和度量问题(如实形、距离、角度),如图5-1所示。

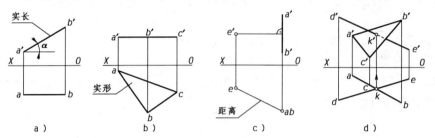

图 5-1　特殊位置空间几何元素的定位及度量

a)反映实长;b)反映平面实形;c)反映点与直线的距离;d)直线和平面交点

然而,一般位置的直线和平面就不具备这些特性,要求解其空间几何要素的定位和度量问题就比较困难,能否把一般位置的直线和平面转化为特殊位置的直线和平面,使之处于有利于解题的位置呢? 本章将引入投影变换的方法以达到此目的。

正投影中常用的投影变换方法可归纳为变换投影面法和旋转法两种。

第二节　变换投影面法

一、建立新投影面的条件

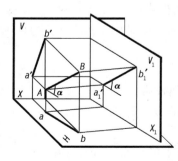

图 5-2　变换投影面法

变换投影面法简称换面法。变换投影面法是保持空间几何元素不动,用一个新的投影面代替原体系中的一个投影面,建立新的投影体系,使某一几何元素在新的投影体系中处于特殊位置。如图 5-2 所示,直线 AB 在旧的 V/H 投影体系中是一般位置直线,而在新的投影体系 V_1/H 中,AB 则是一条正平线,从而在 V_1 面上的投影 $a_1'b_1'$ 反映实长及对 H 投影面的倾角 α。这是由于有意使 $V_1 /\!/ AB$ 的结果。然而,V_1/H 要成为新的投影体系,必须同样满足正投影原理,即新投影面 V_1 应当垂直于未被替换的投影面 H。因此,新投影面的建立必须满足以下两个基本条件:

(1)新的投影面必须使某一空间几何元素处于有利于解题

的位置。

（2）新的投影面必须垂直于原投影体系中未被替换的旧投影面。

二、点的变换

由于点是基本的几何元素，点的变换是其他几何元素变换的基础。

1. 点的一次变换

如图 5-3a)所示，点 A 在 V/H 体系中，它的两个投影为 a'、a。用一个与 H 面垂直的新投影面 V_1 代替 V 面，建立新的投影体系 V_1/H。V_1 面与 H 面的交线称为新投影轴，以 X_1 表示。由于 H 投影面没有改变，点 A 的 H 面投影 a 也不改变。而 V_1 代替了旧的 V 面，点 A 在 V_1 面上的投影不同于 V 面上的投影，标记为 a_1'。但 a_1' 和 a' 的高度坐标没有改变，即 $a_1'a_{X1} = a'a_X = Aa$，因此按照点的投影规律，作出了点的一次变换的投影图，如图 5-3b)所示。由此可见，点 A 的新、旧投影关系如下：

（1）在新投影体系中，新投影与未被替换的投影连线垂直于新投影轴 X_1，如图 5-3b)所示，即 $a_1'a \perp X_1$ 轴。

（2）新投影到新投影轴的距离等于被替换的旧投影到旧投影轴 X 轴的距离，如图 5-3b)所示，即 $a_1'a_{X1} = a'a_X$。

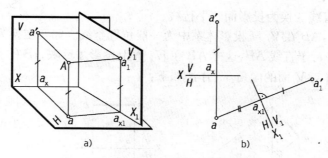

图 5-3　点的一次变换

a)立体图；b)投影作图

由此，点的一次换面可归纳为：

①选择适当的位置作新投影轴，从而建立新的投影体系。

②过未被替换的旧投影作新投影轴的垂直线相交于新投影轴，并延长。

③在此延长线上截取新投影到新投影轴的距离等于被替换的旧投影到旧投影轴的距离，即得点的新投影。

2. 点的二次变换

如果需要时，点可进行二次变换或多次变换。点的二次变换是指点经过一次变换之后，以一次变换的新投影面作为二次变换的旧投影面，再次进行投影面变换。二次变换与一次变换的作图方法完全相同，只是将作图过程重复一次而已。如图 5-4 所示，为点的二次变换。

由此可见，二次变换的投影面是上一次变换中未被替换的投影面。同样，也可以一次变换为 V/H_1 体系，二次变换则为 H_1/V_2 体系。这种变换投影面的先后次序可按图示情况和实际需要来确定。

三、直线的变换

直线变换的目的是使一般位置直线变换成新投影面的平行线或垂直线，这就要求新投影面位置的选择必须满足特殊直线的投影面要求,同时又要满足新投影面垂直于原体系中未被替换的投影面的投影体系建立的条件。由空间关系可知,不可能通过一次换面就使新投影面垂直于一般位置直线,即一次换面只能使一般位置直线变换为新投影面的平行线,在此基础上再进行第二次换面,才可使一般位置直线变换为新投影面的垂直线。

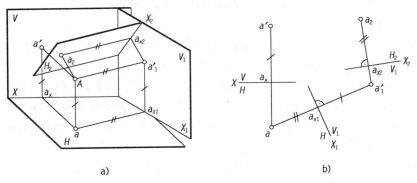

a) b)

图 5-4 点的二次变换
a)立体图;b)投影作图

1.直线的一次换面

1)将一般位置直线变换为投影面的平行线

如图 5-5a)所示,AB 在 V/H 投影体系中为一般位置直线。如要变换为水平线,需变换 H 面使新投影面 H_1 平行于直线 AB,这样 AB 在 H_1 面上投影才反映 AB 的实长,与新投影轴的夹角就反映直线 AB 对 V 面的倾角 β。作法如下:

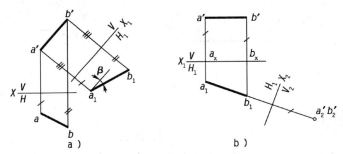

a) b)

图 5-5 直线一次换面
a)一般线变换为平行线;b)平行线变换为垂直线

(1)作新投影轴 $X_1 /\!/ a'b'$(水平线的正面投影必定平行于 X_1 轴)。

(2)由点 a'、b' 作 X_1 轴的垂线交于 a_{X1},b_{X1} 并延长,在其延长线上截取 $a_1a_{X1}=aa_X$,$b_1b_{X1}=bb_X$,得到直线的新投影 a_1b_1。

(3)投影 a_1b_1 反映直线 AB 的实长,且与 X_1 轴的夹角反映 AB 对 V 面的倾角 β。

2)将投影面的平行线变换成投影面的垂直线

如图 5-5b)所示,AB 在 V/H_1 投影体系中为水平线,要变换成投影面的垂直线。根据投影面垂直线的投影特性,反映实长的 H_1 面投影不改变,作一新的投影面 V_2 垂直于 a_1b_1,即 $X_2 \perp a_1b_1$,这样该直线在 V_2 面上的投影积聚为一点 $a_2'b_2'$。

2.直线的二次换面

由上述可知,将一般位置直线变换成投影面垂直线必须经过两步骤,即首先将一般位置直线变换成投影面的平行线,然后再将投影面的平行线变换成投影面的垂直线。第二次换面在第一次换面的基础上进行,称为直线的二次换面,如图 5-6 所示。AB 在 V/H 投影体系中为一般位置直线。第一次替换 H 面,使 $H_1 /\!/ AB$,则 AB 在 V/H_1 体系中是 H_1 面平行线;第二次替换 V 面,新投影面 $V_2 \perp AB$,则 AB 在 H_1/V_2 体系中为投影面垂直线,如图 5-6 所示。

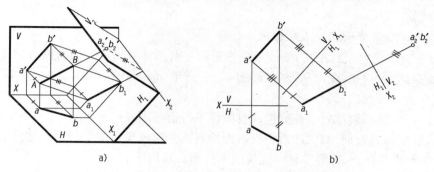

图 5-6　一般位置直线变换成垂直线
a)立体图;b)投影作图

四、平面的变换

平面变换由组成平面的点和直线的变换所决定。平面变换的目的是使某一一般位置平面经过变换成为新投影面的垂直面或平行面。同直线换面一样,这就要求新的投影面位置选择既要满足特殊平面的投影要求,又要满足新投影面垂直于原体系中未被替换的旧投影面的投影体系建立的条件。由空间关系知道,只通过一次换面不可能使新投影面平行于一般位置平面。即一次换面只能使一般位置平面变换为新投影面的垂直面,如在此基础上进行第二次换面,才可以使一般位置平面变换为新投影面的平行面。

1. 将一般位置平面变换为投影面的垂直面

如图 5-7b)所示,$\triangle ABC$ 在 V/H 投影体系中处于一般位置,如要变换为正垂面,应当使新的投影面 V_1 既垂直于 $\triangle ABC$,又垂直于 H 投影面。为此,在 $\triangle ABC$ 上作一条水平线 AD,使 $V_1 \perp AD$ 且 $V_1 \perp H$,则 $\triangle ABC$ 在 V_1 面上投影积聚为一条直线。其作图过程如图 5-7 所示。

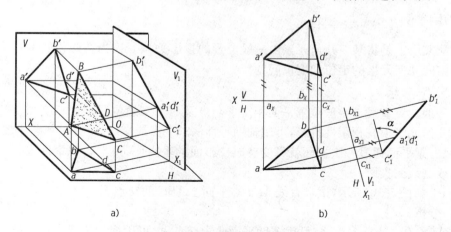

图 5-7　一般位置平面变换成垂直面
a)立体图;b)投影作图

（1）在△ABC上作水平线AD，其投影为$a'd'$、ad。

（2）作新投影轴$X_1 \perp ad$，过a、b、c作X_1轴的垂直线并延长。截取$a_1'a_{X1}=a'a_X$，$b_1'b_{X1}=b'b_X$，$c_1'c_{X1}=c'c_X$，得到新投影a_1'、b_1'、c_1'。

（3）连接a_1'、b_1'、c_1'，这时$a_1'b_1'c_1'$积聚为一直线，它与X_1轴的夹角就是△ABC对H面的倾角α。

2. 将投影面的垂直面变换成投影面平行面

如图5-8所示铅垂面△ABC，要变换成投影面平行面。根据平行面的投影特性，具有积聚性的水平面投影abc不改变，作一新投影面V_1平行于abc，即$X_1 // abc$，这时△ABC在V_1面上的投影$\triangle a_1'b_1'c_1'$反映实形。

由上述可知，将一般位置平面变换成投影面平行面必须经过两步骤，即第一次将一般位置平面变换成投影面垂直面，第二次再将投影面垂直面变换成投影面平行面。如图5-9所示，先将△ABC变换成垂直面，再将垂直面变换成平行面。其作图如下：

（1）在△ABC上作正平线AD，使新投影面$H_1 \perp AD$，即作新轴$X_1 \perp a'd'$，然后作出△ABC在H_1面上的新投影$a_1b_1c_1$，它积聚为一直线。

（2）作新投影面V_2平行于△ABC，即使新轴$X_2 // a_1b_1c_1$，△ABC在V_2面上的投影$\triangle a_2'b_2'c_2'$反映实形。

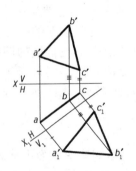

图5-8 垂直面变换成平行面

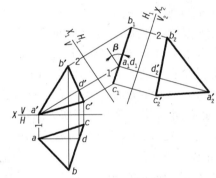

图5-9 一般位置平面变换成平行面

五、应用举例

换面法实质上是将某一几何元素由一般位置的投影关系变换为特殊位置的投影关系，以便于解决空间几何元素的定位和度量问题。

1. 求交点、交线

对于一般位置直线与一般位置平面相交求交点及两个一般位置平面相交求交线问题，由于相交的几何元素没有积聚性投影，可用辅助平面法求交点或交线，但有时解题比较烦琐。如采用换面法，则平面通过一次换面就可变换成投影面的垂直面，由于有积聚性投影，即可直接求出交点或交线的投影。

例5-1 如图5-10所示，试求直线MN与平面△ABC的交点K。

解：1）分析

由于MN为一般位置直线，可用辅助平面法求交点，也可用换面法求交点。若用换面法，可先将△ABC变换为投影面的垂直面，然后利用积聚投影求出其交点。

2）作图

(1)变换 V 投影面,(或变换 H 面),作水平线 AD,并作新轴 $X_1 \perp ad$ 得 $\triangle ABC$ 在 V_1 投影面上积聚投影 $a_1'b_1'c_1'$。

(2)同时作 MN 在 V_1 面上的投影 $m_1'n_1'$。其与平面积聚投影 $a_1'b_1'c_1'$ 的交点即为所求交点 K(图 5-10),即一般位置直线与一般位置平面交点在 V_1 面上的投影为点 k_1'。

(3)由 $z_{k1} = z_k$ 返求出点 k',由 k_1' 求出 k,即得 K 点在 V/H 体系中的两个投影。

2. 求距离位置及实长

几何元素间的量度如点到直线、点到平面、直线到直线、平面到平面的距离等。一方面体现距离位置的直线往往需要通过特殊的平面或直线辅助作出,另一方面,体现距离实长的直线又必须变换成投影面平行线,让其在投影图中表现为实长。采用换面法作图往往比较方便。

例 5-2 如图 5-11a)所示,已知 K 点到平面 $\triangle ABC$ 的距离为 L,试求点 K 的正面投影。

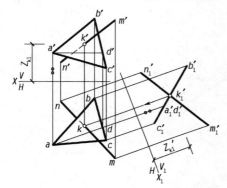

图 5-10 求直线与一般位置平面的交点

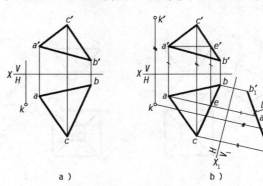

a) b)

图 5-11 用换面法求 K 点到平面距离
a)已知条件;b)投影作图

解:1)分析

由于 K 点到平面 $\triangle ABC$ 的距离为已知,即 K 必在与 $\triangle ABC$ 平行且距离为 L 的平行面上,若 $\triangle ABC$ 投影变换为投影面垂直面,则其投影积聚为直线,与之平行且距离为 L 的平面(K 在其中)就可直接作出。

2)作图

(1)变换 $\triangle ABC$ 为垂直面。作水平线 AE(ae、$a'e'$),并作新投影轴 $X_1 \perp ae$,求出 $\triangle ABC$ 在 V_1 面上投影 $a_1'b_1'c_1'$(积聚为直线),在 V_1/H 投影面体系中,$\triangle ABC \perp V_1$。

(2)求点 K 的新投影 k_1'。在距离 $a_1'b_1'c_1'$ 为 L 处作一直线(此直线表示包含 K 点且与 $\triangle ABC$ 平行的平面),又过 k 作 X_1 轴的垂直线,两线交点即为 k_1',见图 5-11b)。

(3)求正投影 k'。由投影 k、k_1' 按 $k_1'k_{X1} = k'k_X$ 返回,即求正投影 k'。

注意:本题有两解,图中仅作出一解。另外,也可通过变换 H 投影面作出。

例 5-3 一出料斗由薄钢板制成,试求出侧面实形及相邻两侧面间的夹角(图 5-12 中钢板厚度未画出)。

解:1)分析

由于四个侧面都全等,且左右两个侧面是正垂面,所以对正垂面一次换面即可变换为投影面的平行面而求出实形。相邻两侧面的夹角即二面角,由于料斗相邻两侧面夹角均相同,故只须求出如图 5-13b)中 $ABCD$ 与 $CDEF$ 的两面夹角 θ 即可。又如图

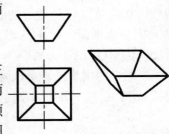

图 5-12 出料斗两面视图及立体图

41

5-13c)所示,反映了二面角的投影,即两平面交线 CD 与投影面垂直,投影积聚为一点,则两平面分别积聚为两直线,这时投影面上两直线夹角就反映实形。因此需对 CD 进行二次换面,将其变换成投影面的垂直线。

2)作图

(1)作侧面实形。如图 5-13a)所示,对正垂面 $ABMN$ 进行变换,则在 H_1 面上的投影 $a_1b_1m_1n_1$ 即为侧面 $ABMN$ 的实形。

(2)求相邻两侧面的夹角,如图 5-13b)所示。

①将一般位置直线 CD 变换为投影面平行线,本例变换 V 投影面。作轴 $X_1 /\!/ cd$,求出两平面 $ABCD$ 及 $CDEF$ 在 V_1 投影面上的投影 $a_1'b_1'c_1'd_1'e_1'f_1'$,如图 5-13b)所示。

②将投影面平行线 CD 再变换为新投影面的垂直线。作 $X_2 \perp c_1'd_1'$,求出两平面 $ABCD$ 及 $CDEF$ 在 H_2 面上的投影 $a_2b_2c_2d_2e_2f_2$。可见两平面在 H_2 面上的投影积聚为两条线,其两线夹角即为所求 θ。

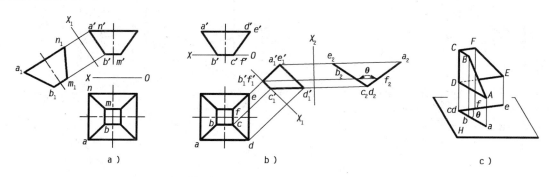

图 5-13　出料斗侧面实形及两侧面夹角

a)侧面实形;b)两侧面夹角;c)立体图

第三节　旋　转　法

旋转法与上述换面法不同,旋转法不需要设立新的投影面,而是使直线或平面等几何元素绕某一轴线,旋转到对原投影面处于有利解题的位置。根据轴线相对于投影面的不同位置,旋转法可分为两大类:绕投影面垂直轴线旋转和绕投影面平行轴线旋转。

一、绕投影面垂直轴线旋转

1. 点的旋转

如图 5-14a)所示,点 A 绕垂直于 H 投影面的轴 OO 旋转,点 A 到 OO 轴的垂足为 O,点 A 的旋转轨迹是以 O 为中心的圆。该圆所在的平面 P 垂直于轴 OO,由于轴线垂直于 H 面,所以 P 面是水平面。因此 A 点的轨迹在 V 面上的投影为平行于 X 轴的一直线,在 H 面上的投影反映实形(即以 o 为圆心,oa 为半径的一个圆)。如果将点 A 转动某一角度 θ 而到达新位置 A_1 时,则它的水平投影 a 也同样转过 θ 角到达 a_1,其旋转轨迹是以 o 为圆心,oa 为半径的一段圆弧 aa_1。而其 V 面投影则沿平行于 X 轴方向移动至 a_1' 位置,如图 5-14b)所示。

可见,当一点绕垂直于投影面的轴旋转时,它的运动轨迹在轴所垂直投影面上投影为一个圆,而在轴所平行的投影面上投影为一平行于投影轴的直线。

2. 直线的旋转

直线的旋转可以用直线上两点的旋转来决定,但必须遵循绕同一轴,按同一方向,旋转同一角度的"三同"原则,以保证两点的相对位置不变。

图 5-15 表示直线 AB 绕铅垂轴线,顺时针旋转 θ 角的情况,作图过程如下:

(1)使点 A 绕 OO 轴顺时针旋转 θ 角,该 θ 角在 H 面上反映实形。作图时连接 oa,将 oa 绕 o 点旋转 θ 角到 oa_1 位置。

同法,作图时连接 ob,绕 o 点旋转 θ 角到 ob_1 位置。连接 a_1 和 b_1,即得直线 AB 旋转后的新水平投影 a_1b_1,显然 $a_1b_1=ab$。

(2)直线旋转后在 V 面上的新投影可根据点的旋转规律作出。即过 a'、b' 点分别作 X 轴的平行线,与从 a_1、b_1 点引出的投影连线相交得 a_1'、b_1',连接 $a_1'b_1'$ 得直线 AB 旋转后新的正面投影 $a_1'b_1'$。

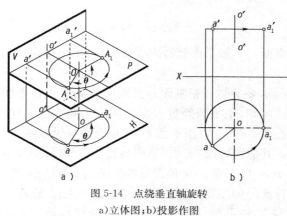

图 5-14　点绕垂直轴旋转
a)立体图;b)投影作图

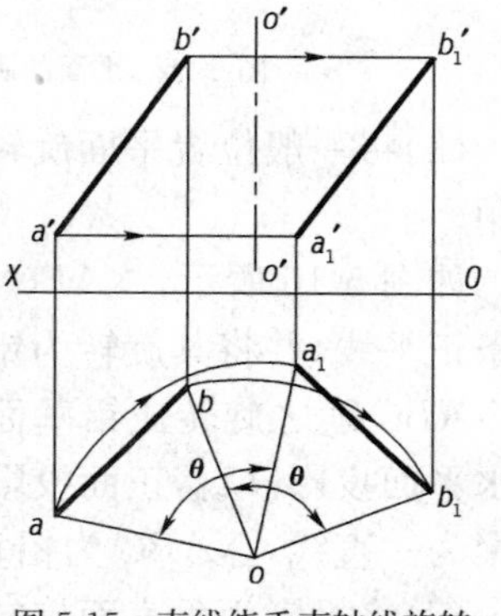

图 5-15　直线绕垂直轴线旋转

3. 平面的旋转

平面旋转由组成平面的点和直线的旋转所决定。因而它们应同样遵循前述"三同"原则,即绕同一轴,按同一方向,旋转同一角度,以保证平面上点、线的相对位置保持不变。

如图 5-16 所示,$\triangle a_1'b_1'c_1' \cong \triangle a'b'c'$,由于平面与该投影面的倾角不变,所以当平面绕垂直于投影面的轴(正垂轴)旋转时,它在轴所垂直的投影面(V 投影面)上的投影形状和大小不变。作图时,先作其不变的投影,再作其他投影(本例为先作 V 投影,再作 H 投影)。

4. 绕投影面垂直轴线旋转的主要类型

把绕投影面垂直轴线旋转的方法应用于解决不同类型问题,可解决六种类型问题。

(1)将一般位置直线旋转成投影面平行线。一般位置直线旋转成投影面平行线,可求出直线实长及对投影面的倾角。如图 5-15 所示,AB 为一般位置直线。要旋转成正平线,则其水平投影应旋转到与 X 轴平行的位置上,因此选择铅垂线作为旋转轴,使 $a_1b_1 /\!/ X$ 轴,相应地求出其 V 面投影 $a_1'b_1'$,则 $a_1'b_1'$ 反映直线 AB 实长及对 H 面的倾角 α。

(2)将投影面平行线旋转成投影面垂直线。如图 5-17 所示,AB 为一水平线,要旋转成投影面垂直线,则反映实长的水平投影必须旋转成垂直于 X 轴,即应选铅垂线为旋转轴。为作图方便,使 OO 轴通过 B 点,当旋转后的投影 a_1b_1 垂直于 X 轴时,正面投影积聚为一点 $a_1'b_1'$。$a_1'b_1'$ 和 a_1b_1 即为正垂线的两面投影。

(3)将一般位置直线旋转成投影面垂直线。一般直线旋转成投影面垂直线必须经过二次旋转。一次旋转可将直线旋转成投影面平行线,使其在一面投影反映实长,在此基础上然后进行二次旋转,使直线旋转为投影面垂直线。二次旋转方法类同图 5-17 所示。

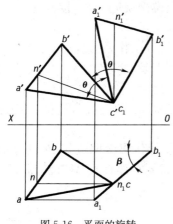

图 5-16　平面的旋转

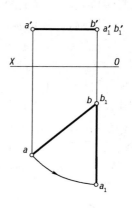

图 5-17　平行线旋转成垂直线

(4)将一般位置平面旋转成投影面垂直面。一般平面旋转成垂直面,可求出平面对投影面倾角。

如图 5-16 所示,$\triangle ABC$ 为一般位置平面,要旋转成铅垂面并求倾角 β,则必须在平面上找一条正平线,并将其旋转为铅垂线。由前述可知,正平线经过一次旋转成为铅垂线。这样,平面$\triangle ABC$ 随之旋转成铅垂面。作图时先在$\triangle ABC$ 上取正平线 CN,并旋转成铅垂线,得积聚的水平面投影 $n_1 c_1$,正面投影 $n_1' c_1' \perp X$ 轴。其他线再按"三同"原则旋转。这时 H 面上 $a_1 b_1 c_1$ 积聚为一直线,$\triangle ABC$ 为铅垂面。直线 $a_1 b_1 c_1$ 与 X 轴的夹角即反映平面对 V 面的倾角 β。

(5)将投影面垂直面旋转成投影面平行面。如图 5-18 所示,将铅垂面$\triangle ABC$ 旋转成正平面,则$\triangle ABC$ 的积聚投影 abc 必须旋转成与 X 轴平行,因此以铅垂线作为旋转轴线。作图时可过点 B 作垂直 H 面的旋转轴旋转$\triangle ABC$,使 $a_1 b_1 c_1 /\!/ X$ 轴,此时该投影即为正平面的水平投影,其 V 面投影$\triangle a_1' b_1' c_1'$ 反映实形。

(6)一般位置平面旋转成投影面平行面。由上述可知,一般平面旋转成投影面平行面必须经过二次旋转,即先旋转成投影面垂直面,再旋转成投影面平行面。如图 5-19 所示,作水平线 MC(亦可作正平线),通过 c 点作铅垂线轴,将 MC 旋转成正垂线,AB 随之旋转,使$\triangle ABC$ 旋转成正垂面。这时 $a_1' b_1' c_1'$ 积聚为一直线,其与 X 轴的夹角反映平面对 H 面的倾角 α。过 A_1 点作垂直于 V 面的旋转轴,将正垂面$\triangle A_1 B_1 C_1$ 旋转成水平面$\triangle A_2 B_2 C_2$,其水平面投影$\triangle a_2 b_2 c_2$ 反映$\triangle ABC$ 的实形。

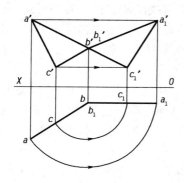

图 5-18　垂直面旋转成平行面

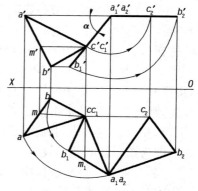

图 5-19　一般位置平面旋转成平行面

二、绕投影面平行轴线旋转

综上所述求一般位置平面的实形,如用换面法,需经过二次换面;若用绕投影面垂直轴线旋转法,也需要二次旋转。如图5-20所示,如果以平面图形所在平面上一投影面平行线为轴旋转,则只需一次旋转,便可以求得平面图形的实形。

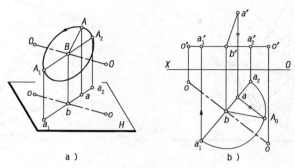

图 5-20 点绕水平轴线旋转
a)立体图;b)投影图

图 5-20a)为点 A 绕一水平线 OO 为轴线旋转时的情况。

点 A 绕水平轴 OO 旋转的轨迹是以 B 为旋转中心,直线 AB 为旋转半径的一个圆。该圆在过 A 点且垂直于旋转轴 OO 的铅垂面上。因此,圆周的水平面投影积聚成一条直线并垂直于旋转轴的水平面投影 oo,两者的交点为旋转中心 B 的水平投影 b,圆周的 V 面投影为一椭圆,该椭圆在解题过程中没有用到,故不需画出。

如图 5-20b)所示,为直线 AB 绕水平轴线 OO 旋转到平行于 H 投影面的位置 a_1b 时,点 A_1 的画法如下:

(1)在 H 投影面上,由 a 作 oo 的垂线,交 oo 于 b,由 b 求出 b',即为旋转中心 B 的两个投影,连接 ab 及 $a'b'$,即为旋转半径 AB 的两个投影。

(2)求出旋转半径即 AB 的实长(用直角三角形法,亦可用绕垂直轴旋转法)。

(3)当点 A 旋转至平行于 H 面时(即与旋转轴处在同一的水平面),其水平投影 a_1b 反映实长,故可在 ab 的延长线上量取 $a_1b=bA_0$,点 a_1 为 A 旋转后的水平投影,其正面投影 a_1' 在 $o'o'$ 轴上。

点 A 如果绕正平轴线旋转,其方法与绕水平轴线旋转类似。

如图 5-21a)所示,一般位置平面△ABC,如要求出其实形,可以绕△ABC 上的一水平线如 BD 旋转至 H 面平行位置 $A_1B_1C_1$,则其水平投影 a_1bc_1 反映△ABC 的实形。作图方法如下:

(1)在△ABC 上作一水平线 BD 的两投影 $b'd'$、bd,将 BD 作为旋转轴。

(2)由点 A 作直线 BD 的垂直线交于 O,在水平投影上过 a 作 bd 的垂直线相交于 o,并求出 o',o 点即为 A 点的旋转中心。

(3)用直角三角形法求 OA 的实长(亦可用绕垂直轴线旋转法),并在 oa 的延长线上截取 $oa_1=oA_0$,则 a_1 为 oA_0 绕 oo 轴旋转到水平位置时,点 A 的新水平投影。

(4)点 C_1 位置即为延长 a_1d 与过 C 所作 bd 垂直线的交点上。C 点旋转后 c_1 点的位置,应由 A 点的旋转方向确定。

(5)此时△a_1bc_1 反映△ABC 的实形,如图 5-21b)所示。

绕投影面平行轴线旋转法只需一次旋转即可得到一般位置平面的实形,因此在解决同一平面内的有关问题时,如平面实形,相交两直线夹角,两平行直线之间距离等,用绕平行轴线旋转求解,比较方便。

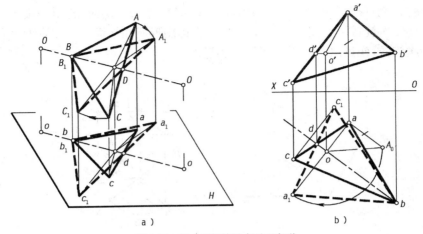

图 5-21 绕水平轴旋转求平面实形
a)立体图;b)投影作图

第六章 曲线与曲面

第一节 曲 线

一、曲线的形成与分类

曲线可以看成是一个不断改变运动方向的点的轨迹。按点运动有无一定规律,曲线分为规则曲线和不规则曲线。凡曲线所有的点都在同一平面上的,称为平面曲线,凡曲线上四个连续的点不在同一平面上,称为空间曲线。如图 6-1a)所示的曲线为空间曲线。

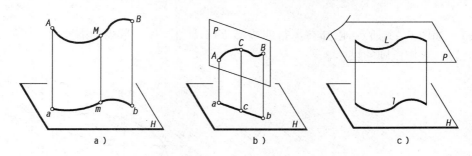

图 6-1 曲线的投影

a)空间曲线;b)投影积聚为直线;c)投影面平行线

本章仅讨论一些有规则的平面曲线和空间曲线。

二、曲线的投影

曲线的投影,在一般情况下仍为曲线。当平面曲线所在的平面垂直于投影面时,则曲线的投影积聚为一直线,如图 6-1b)所示;当平面曲线所在的平面平行于投影面时,那么它的投影反映曲线的实形,如图 6-1c)所示。

二次曲线的投影一般仍为二次曲线,圆和椭圆的投影一般是椭圆,抛物线或双曲线的投影一般仍为抛物线或双曲线。

空间曲线的各面投影都是曲线,不可能积聚成为直线或反映实形。

因为曲线是点的集合,曲线上的点对曲线有从属关系,即该点的投影在曲线的同面投影上。所以,绘制曲线投影时,只要求出曲线上一系列点的投影,并依次光滑连接,即得曲线的投影图。

三、圆的投影

平面上圆与投影面的相对位置不同,其投影也不相同。平行于投影面的圆在该投影面上的投影反映圆的实形,而倾斜于投影面的圆在该投影面上的投影为椭圆。如图 6-2 所示,圆 O

所在平面 $P \perp V$ 面，直径为 R，P 面与 H 面的倾角 α，其 V 面投影积聚为一直线，在 H 面上的投影是以直线 ab 为短轴，cd 为长轴的椭圆。

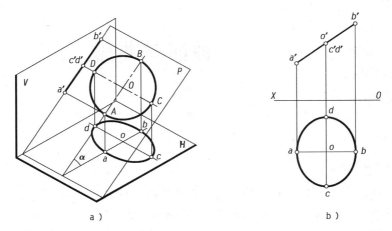

图 6-2　平面上圆的投影
a) 立体图；b) 投影图

例 6-1　如图 6-3a) 所示，已知在平行四边形 $EFGH$ 上，有一半径为 R 的圆，其圆心的投影 o、o' 为已知，求作该圆的投影。

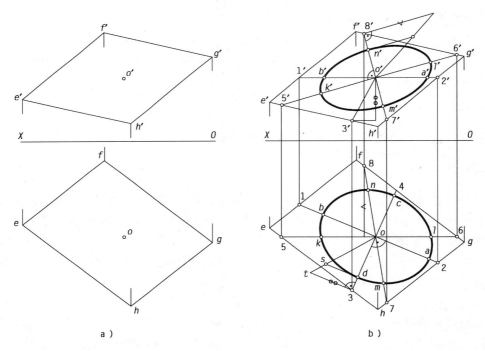

图 6-3　作一般面上圆的投影
a) 已知条件；b) 投影作图

解：1) 分析

位于一般平面上的圆，它的两投影均为椭圆，因此可先求出两投影椭圆的长短轴，然后作出投影椭圆。

48

2)作图

（1）先过圆心作水平线 ⅠⅡ（12、1′2′），在 H 面 12 上以 o 点为中点向两边各量取 R，得 a、b 两点，即为 H 面投影椭圆的长轴。

（2）过 O 点作 H 面的最大坡度线 OⅢ（o3，o′3′），在求出 o3 的实长 ot 上，利用直角三角形法反求出短半轴 od 和 oc。

（3）根据长轴 ab，短轴 cd 在 H 面上作出椭圆。

同法，可求出 V 面的长轴 k′l′ 和短轴 m′n′，作出圆在 V 面上的投影椭圆［图 6-3b］。

显然，在作出某一投影面上的椭圆之后，也可在该椭圆曲线上选取若干点，再用面上取点的方法，求出这些点的另一投影，再光滑连成椭圆曲线（作图从略）。

第二节　曲面的形成和分类

一、曲面的形成

曲面可以看成是一动线运动的轨迹。运动的直线或曲线称为母线，母线在曲面上的任一位置称为素线。当母线作规则运动而形成的曲面，称为规则曲面。控制母线运动的点、线、面分别称为定点、导线和导面。如图 6-4 所示，母线 AA_1 沿曲线导线 M 并始终平行于直导线 N 运动而形成。

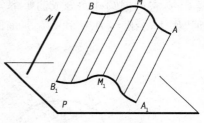

图 6-4　曲面的形成

二、曲面的分类

曲面按母线形状的不同可分为直线面和曲线面。

1. 直线面

由直线运动而形成的曲面称为直线面，如圆柱面、圆锥面、椭圆柱面、椭圆锥面、扭面（双曲抛物面）、锥状面和柱状面，其中圆柱面和圆锥面称为直线回转面。

2. 曲线面

由曲线运动形成的曲面称为曲线面，如球面、环面等，球面、环面又称为曲线回转面。

同一曲面也可以用不同方法形成，在分析和应用曲面时，应选择对作图或解决问题最简便的形成方法。

第三节　回　转　曲　面

由直母线或曲母线绕某一定轴作旋转运动而形成的曲面称回转曲面。如图 6-5 所示，是以一平面曲线为母线，绕垂直于 H 面的轴 O-O 旋转而形成的回转曲面的投影图。

母线上的任一点（如点 A）的运动轨迹都是一个圆，称为曲面的纬圆。这些纬圆所在的平面，垂直于回转面的轴线。

母线的上下端点所形成的纬圆，分别称作顶圆和底圆，母线至轴线距离最近的一点所形成的纬圆称为颈圆，而回转面上最大的纬圆，如图中的 B，称之为赤道圆，该面上的素线如图中的曲线 MN（mn，m′n′）称为经线，与 V 面平行的经线则称为主经线。

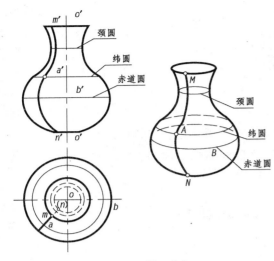

图 6-5 回转面形成

一、圆柱面

1.圆柱面的形成

圆柱面是由直母线 AA_1 绕与母线平行的轴 OO_1 旋转一周而形成。因此,它的每根素线都与轴线平行而且距离相等,相邻两素线是共面的平行两直线,如图 6-6a)所示,当上、下底圆平面与轴线垂直时的圆柱面称为正圆柱面。

2.圆柱面的投影

当圆柱面的轴线垂直于 H 面时,它的三投影如图 6-6b)所示,其 H 面投影为一圆周,该圆周是圆柱面上全部点和直线的积聚投影。圆柱面的 V 面和 W 面投影都是矩形,是由圆柱上下底面的积聚和圆柱面的轮廓素线的投影围成。

对于不同的投影面,圆柱面投影的轮廓线不同,V 面投影的轮廓线是最左素线 AA_1 和最右素线 CC_1,它们把圆柱面分成前半部分和后半部分,故 AA_1 和 CC_1 又称为 V 面转向轮廓线。在 V 面投影中,轮廓线 AA_1 和 CC_1 是前面可见半个圆柱面与后面不可见半个圆柱面分界的投影。

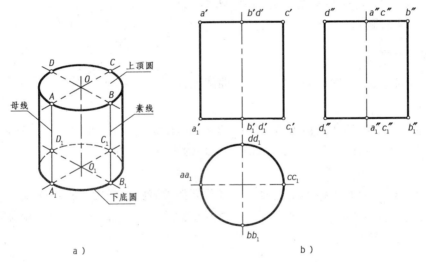

图 6-6 圆柱面
a)立体图;b)投影图

同理,W 面投影轮廓线 BB_1 和 DD_1 分别是圆柱面上最前的素线和最后的素线的 W 面投影。在 W 面投影中,轮廓线 BB_1 和 DD_1 是左半圆柱面可见与右半圆柱面不可见的分界的投影。

3.圆柱面上取点

在圆柱面上取点,原则上与平面上取点相同,可过点在圆柱面上作一辅助线来求。对于回转面来说,最方便的是作出该曲面的素线或纬圆,简称素线法或纬圆法。

例 6-2 已知圆柱面上 A、B 两点的投影 a'、b' 如图 6-7 所示,求该两点的其他投影。

解:(1)作出过点 A 的素线 I 的三投影 1、$1'$、$1''$,求出 a、a'' 分别在素线的同面投影上。

同法,作出点 B 的 H 面投影 b 和 W 面投影 b''。

(2)判明可见性。从 V 面投影可知 a'、b' 为可见,故 A、B 在圆周的前半部分,点 A 在圆柱面的左边,所以其 W 面投影 a'' 为可见,而点 B 在圆柱的右边,其 W 面投影 b'' 为不可见。

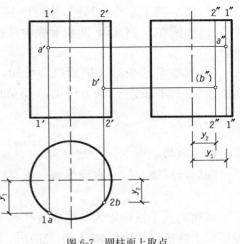

图 6-7　圆柱面上取点

二、圆锥面

1.圆锥面的形成

直母线 SA 绕与它相交于 S 点的轴线 SO 旋转一周而形成的曲面,称为圆锥面。当圆周所在平面与 SO 轴垂直时,所围成的锥面体称为正圆锥,图 6-8b)所示。圆锥的相邻两素线是相交于锥顶 S 的共面两直线。

2.圆锥面的投影

当正圆锥轴线垂直于 H 面时,它的三面投影如图 6-8a)所示。圆锥面的 H 面投影为一个圆周,是锥面的水平投影与底圆的水平投影重合。圆锥 V 面和 W 面投影都是等腰三角形,底边是圆锥底面圆的积聚投影,两腰是圆锥轮廓素线的投影,V 面投影是最左素线 SA 和最右素线 SC 的 V 面投影;W 面投影是最前素线 SB 和最后素线 SD 的 W 面投影。SA 和 SC 把锥面分为前、后两半部分,向 V 面投影时,前半部分可见,后半部不可见。SB 和 SD 把锥面分为左右两半部分,向 W 面投影时,左半部分可见,右半部分不可见。向 H 面投影时,整个正锥面都可见。

3.圆锥面上取点

例 6-3　如图 6-9 所示,点 A、B 在正圆锥面上的投影为 a'、b',求 A、B 两点的 H 面和 W 面投影。

解:本题取点的投影,可以作通过点的素线或纬圆来求解。本例求作 A 点时用素线法,求作 B 点时用纬圆法。

(1)作过点 A 的辅助素线 SI 的 V 面投影和 H 面、W 面投影,求出 a、a'' 分别在素线的同面投影上,如图 6-9 所示。

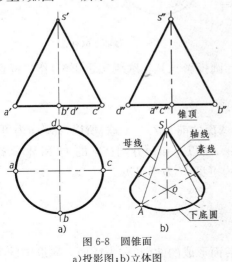

图 6-8　圆锥面
a)投影图;b)立体图

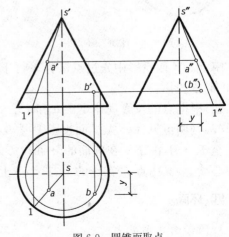

图 6-9　圆锥面取点

51

(2)过 V 面上 b′作一纬圆,纬圆在 V、W 面投影分别积聚为直线,在 H 面投影则是以轴为圆心,以纬圆在 V 面或 W 面积聚线为直径的圆,如图 6-9 所示。求出 b、b″在纬圆的同面上的投影。

(3)判明可见性。由 V 面投影可知,点 A 在锥面前、左半部分上,故 a、a″均可见;而点 B 在锥面前,右半部分上,故 b 可见,b″不可见。

三、球面

1.球面的形成

圆周母线绕它的一直径旋转一周而形成的曲面称为球面。

2.球面的投影

球面的三个投影均为与球面直径相等的三个圆周,如图 6-10 所示,它们分别是球面在三投影面上的投影轮廓线,它们也是前后、上下、左右各半球可见与不可见的分界线。V 面投影是平行于 V 面的最大圆的投影,H 面投影是平行 H 面的最大圆的投影,W 面投影是平行于 W 面的最大圆的投影。

3.球面上取点

圆球面母线是曲线,故在球面上取点,宜用平行于投影面的圆周作为辅助线。

例 6-4 如图 6-11 所示,已知球面上点 A、B 的投影 a′、b′,试求点 A、B 的其余两投影。

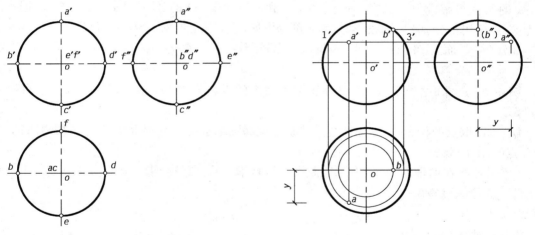

图 6-10 球面三面投影   图 6-11 球面上取点

解:(1)V 面投影中先过点 a′作平行于 H 面的纬圆投影与其轮廓线交于 1′3′,作出纬圆的 H 和 W 面投影。

(2)根据点的投影规律定出 a 和 a″。

(3)判明可见性。从 V 面投影中可知知点 A 位于球面的前、左、上半球,所以 a、a″均为可见。

至于点 B,由于 b′在球面的 V 面投影的轮廓线上,所以 b 和 b″分别在它的 H 和 W 面投影的中心线上,又由点 B 在球的上、右半球上,所以 b 为可见,b″为不可见。

四、环面

1.圆环面的形成

以圆周为母线,绕与它共面的圆外直线为轴旋转而形成的曲面,称为环面。靠近轴的半圆形成内环面,远离轴的半圆形成外环面。

2.圆环面的投影

当轴线垂直于 H 面时,如图 6-12 所示,圆环面的 H 面投影为两个同心圆,分别是环面的赤道圆和颈圆。环面的 V 面和 W 面投影,都由两个圆和与它们上下相切的两段水平轮廓线组成。V 面投影的两个圆分别是环面最左素线圆和最右素线圆的 V 面投影,W 面投影的两个圆分别是最前素线圆和最后素线圆的 W 面投影。它们都反映素线圆的实形,都有半个圆周被环面挡住而画成虚线。

3.环面上取点

在环面上取点,可用环面上垂直于轴线的圆周作辅助线(纬圆法),如图 6-13 所示,已知环面上一点 K 的 V 面投影 k' 及其所求的其余二投影的 k、k''。

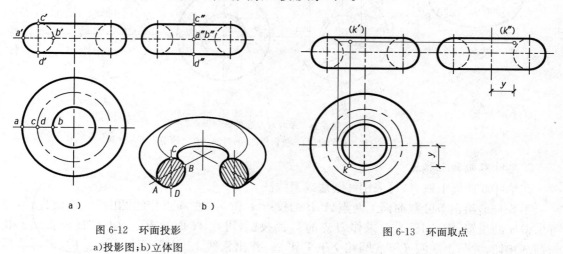

图 6-12 环面投影
a)投影图;b)立体图

图 6-13 环面取点

五、单叶双曲面

1.单叶双曲面的形成

以一直母线绕与它相交叉的定轴运动旋转一周而形成曲面称为单叶双曲面,如图 6-14 所示。

单叶双曲面的直母线为 AB,轴线 OO_1,如果轴线垂直于 H 面,在作投影图时,可先画出母线 AB 和轴线 OO_1。再作过点 A 和 B 的纬圆,如图 6-14b)所示。而后,在 H 面投影上的下底圆取一点 b_1,上底圆取一点 a_1,使得 $a_1b_1 = ab$,按照投影关系,定出直线 A_1B_1 在 V 面上的投影 $a_1'b_1'$。即得素线 A_1B_1 的 H、V 面投影。同法,依次均匀地作出一系列素线的 V、H 面投影。

2.单叶双曲面的投影

如图 6-14c)所示,是轴线垂直于 H 面的单叶双曲面的 V、H 面投影图,各素线的 V 面投影包络线是一双曲线,作为曲面 V 面投影的轮廓线。因此,单叶双曲面也可以看成是由该双曲线绕其虚轴 OO_1 作旋转运动而形成。

曲面的 H 面投影也有一包络线与各素线的 H 面投影相切,它就是曲面颈圆的 H 面投影,作为曲面 H 面投影的内轮廓线。

单叶双曲面还可由另一直母线 MN 绕同一轴线 OO_1 旋转而成,如图 6-14d)所示,因此,单叶双曲面有两组不同方向的素线。

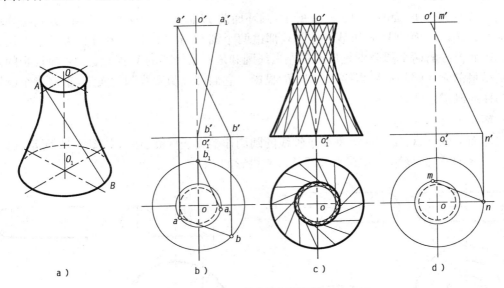

图 6-14　单叶双曲面投影
a)立体图;b)轴与直线 AB 的投影;c)投影作图;d)母线 AB 与轴交叉另一方向

3. 单叶双曲面上取点

在单叶双曲面上取点,可采用纬圆法或素线法。

图 6-15a)给出单叶双曲面上两点 A、B 的投影 a' 和 b。过 A 点作纬圆的 V、H 面投影,即可求得 a 的位置[图 6-15b)]。求作 B 点的 V 面投影,可在 H 面投影上过 b 作任一直线 Ⅰ Ⅱ 与颈圆相切,并与上底圆及下底圆相交于 1 和 2。作出素线 12 的 V 面投影 $1'2'$ 后,即可求得点 B 的 V 面投影 b',如图 6-15b)所示。

图 6-16 所示为单叶双曲面的应用实例,是某电厂的冷凝塔。

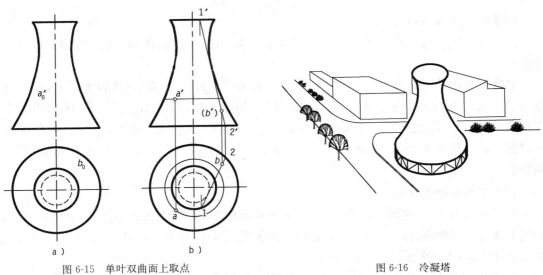

图 6-15　单叶双曲面上取点
a)已知条件;b)作图过程

图 6-16　冷凝塔

第四节　几种常见的非回转曲面

一、柱面

1.柱面的形成

如图 6-4 所示,直母线 AA_1 沿曲导线(M)运动且始终平行于直导线(N)时,所形成的曲面称柱面。柱面相邻两素线是平行直线。曲导线可以是闭合的,也可以是不闭合的。

垂直于柱面素线的断面称正断面。正断面的形状反映柱面的特征,当柱面正断面为圆时,称圆柱面,正断面为椭圆时称椭圆柱面,如图 6-17 所示。图 6-17b)所示的曲面也是一个圆柱面(它的正断面是圆周),但它是以底椭圆为曲导线,母线与底椭圆倾斜,所以通常称为斜椭圆柱面,用平行于柱底的平面截该曲面时,截交线是一个椭圆。

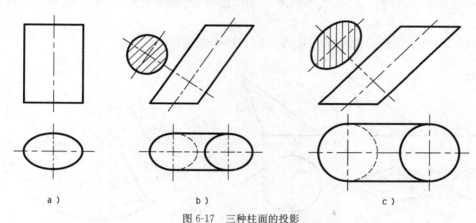

图 6-17　三种柱面的投影

a)正椭圆柱面;b)圆柱面(斜椭圆柱面);c)椭圆柱面(斜圆柱面)

图 6-17c)是一个椭圆柱面,它是以底圆为曲导线,母线与底圆倾斜,所以通常也称为斜圆柱面。

图 6-18 所示为正圆柱面和斜圆柱面在工程上的应用。

2.柱面的投影

柱面是按曲面的投影特点来表示的,即应画出形成曲面的各个几何元素(如直导线、曲导线)的投影,以及各投影图的外形轮廓线,如图 6-17 所示。

二、锥面

1.锥面的形成

一直母线 SA 沿某一曲导线(L)运动,并始终通过某定点(顶点 S)而形成的曲面称为锥面,如图 6-19 所示。

对曲导线可以是闭合的或不闭合的。如果闭合则可形成存在轴线的锥面,当曲导线为椭圆且轴垂直于某一投影面时,则形成正椭圆锥面,如图 6-20a)所示。

锥面的命名类同于柱面,图 6-20 所示,分别称为正椭圆锥面、斜椭圆锥面和斜圆锥面。

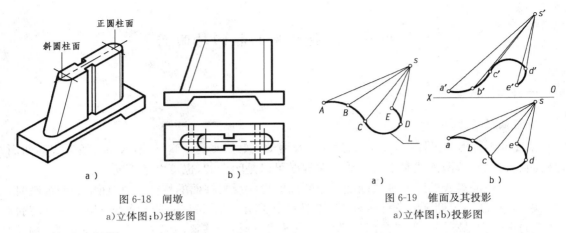

图 6-18　闸墩
a)立体图；b)投影图

图 6-19　锥面及其投影
a)立体图；b)投影图

2.锥面的投影

锥面的投影图，必须画出锥顶 S 和曲导线 L 的投影，类同于柱面，都是按曲面的投影特点来表示。

如图 6-21 所示为桥台两侧采用锥形护坡与路堤相连接的例子。

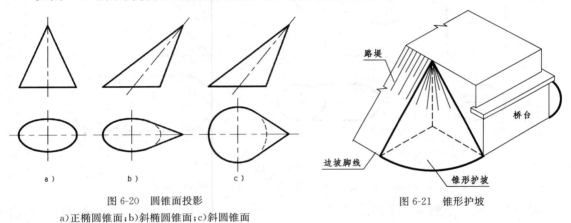

图 6-20　圆锥面投影

a)正椭圆锥面；b)斜椭圆锥面；c)斜圆锥面

图 6-21　锥形护坡

锥面在水利工程上的应用实例如图 6-22 所示，为一引水发电系统的进水口。其在大坝内侧断面为矩形，而在发电机一侧断面为圆形，又称天方地圆，参见本书第十八章图 18-15 和图 18-16。

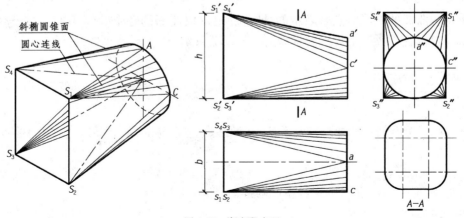

图 6-22　渐变段表面

三、锥状面

一直母线沿一条直导线和一条曲导线运动,且始终平行于一个导平面而形成的曲面,称为锥状面。如图 6-23 所示为直母线 AB 沿直导线 BC 和曲导线 AED 运动,并始终平行于导平面 P 而形成的锥状面。

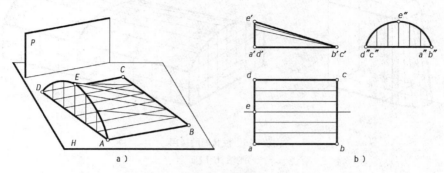

图 6-23 锥状面
a)锥状面的形成;b)锥状面投影图

图 6-24 所示为锥状面在工程上的应用实例。

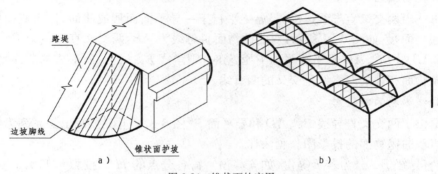

图 6-24 锥状面的应用
a)桥台护坡;b)锥状面构成屋面

四、柱状面

一直母线沿着两曲导线运动,并始终平行于一个导平面而形成的曲面,称为柱状面,如图 6-25 所示。

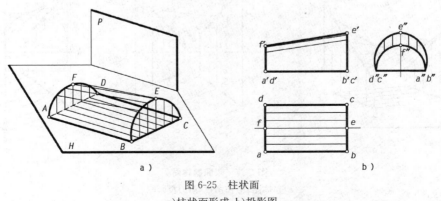

图 6-25 柱状面
a)柱状面形成;b)投影图

柱状面的直线 AB 沿着曲导线 BEC 和 AFD 运动,并始终平行于铅垂的导平面 P。当导平面平行 V 面时,该柱状面投影如图 6-25b)所示。

图 6-26 所示为柱状面在工程上应用的例子。

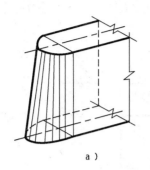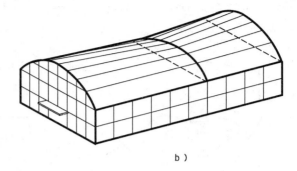

图 6-26　柱状面的应用
a)闸墩;b)屋面

五、双曲抛物面

1.双曲抛物面的形成

一直母线沿两交叉直导线运动,且始终平行于一导平面而形成曲面,称为双曲抛物面(又称扭面或翘平面)。如图 6-27 所示,双曲抛物面直母线为 AB,两交叉直导线为 BC、AD,导平面为 P,当 AB 沿 BC、AD 且平行平面 P 运动时,则素线 L_1、L_2、…所形成的曲面是一个翘平面。双曲抛物面相邻的两素线是交叉的两直线。

2.双曲线抛物面的投影

如果给出了两交叉直导线 BC、AD 和导平面 P[图 6-27a],只要画出一系列素线的投影,则可完成该双曲抛物面的投影图。画法如下:

(1)将直导线 BC 分为若干等份(如 5 等份),得各分点的 H 面投影 $b,1,2,3,4,c$ 和 V 面投影 $b',1',2',3',4',c'$。

(2)因直母线平行于导平面 P,故素线的 H 面投影必与 P_H 平行。如作过分点Ⅲ的素线时,可在 H 面投影上过 3 作 $33_0 /\!/ P_H$ 并与 ad 相交于 3_0 点,并且在 $a'd'$ 上求出 $3_0'$ 连 $3'3_0'$ 即为所求素线ⅢⅢ$_0$ 的 V 面投影,如图 6-27b)所示。

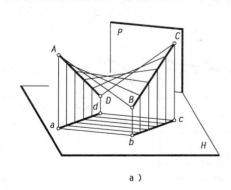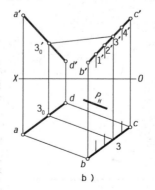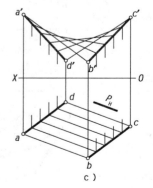

图 6-27　双曲抛物面
a)立体图;b)作图过程;c)投影图

（3）同法作出各分点的素线 V、H 面投影。

（4）作出与各素线 V 面投影相切的包络线。

图 6-27 中，如果以原素线 AB、CD 作为导线，原导线 BC、AD 作为母线，以平行于 BC 和 AD 的平面 Q 作为导平面，也可形成同一个双曲抛物面。同组素线互不相交，但每一素线与另一组所有素线都相交。

图 6-28a）为双曲抛物面应用于屋面的例子，这个屋面是由四个双曲抛物面组成，并且都是以墙面作为它的导平面。

图 6-28b）为双曲抛物面应用于岸坡过渡处的例子。此双曲抛物面可将铅垂面 P 过渡到倾斜的 Q 面。该双曲抛物面的导线是直线 BC、AD，导平面是地面；或者是导线为 AB 和 CD，导平面为 R 平面，三视图见本书第十八章图 18-5b）。

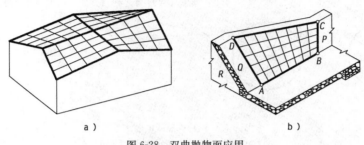

图 6-28　双曲抛物面应用
a）屋面；b）岸坡过渡

第五节　圆柱螺旋面

一、圆柱螺旋线

1. 圆柱螺旋线的形成

一动点沿着圆柱的直母线作等速直线运动，同时该母线绕圆柱面的轴线作等角速度旋转运动，动点的这种复合运动的轨迹就是圆柱螺旋线（简称螺旋线），如图 6-29 所示。其中圆柱称为导圆柱。形成圆柱螺旋线的三个基本要素是：

（1）导圆柱直径（D）。

（2）导程（S）为母线旋转一周，动点沿母线所移动的距离。

（3）旋向分左旋、右旋两种旋转方向。如果以拇指表示动点沿母线移动的方向，其他四指表示母线旋转方向，那么，符合左手情况的称为左螺旋线，符合右手情况的称右螺旋线。图 6-29 所示为右螺旋线。

2. 圆柱螺旋线的投影

如图 6-30a）所示，导圆柱轴线垂直 H 面投影，导圆柱直径为 D，右旋向且导程为 S，求作圆柱螺旋线的 V、H 面投影。那么其作图步骤如下。

（1）在 H 面投影中将圆周分为若干等份（例如 12 等份），同时把导程也分成同样等份，根据旋向标出各分点的名称 0、1、2、$\cdots$、11、12。

（2）由圆周上各分点作 OX 轴垂线与过导程 S 上同号分点作水平线相交，得螺旋线上各点的 V 面投影 $1'$、$2'$、$\cdots$、$11'$、$12'$，如图 6-30b）所示。

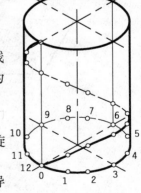

图 6-29　圆柱螺旋线

（3）顺次用光滑曲线连接 $1'$、$2'$、$\cdots$、$11'$、$12'$，即得所求螺旋线的 V 面投影。

（4）判明可见性。位于后半个圆柱面上的螺旋线为不可见，用虚线表示。螺旋线的 H 面投影积聚在圆周上。

图 6-30c）所示为该螺旋线的展开图，由形成规律可知，螺旋线的展开图为一直角三角形的斜边 AC，导程 S 就是直角边 BC，另一直角边 AB 为圆柱底圆的周长，α 为螺旋线的升角。

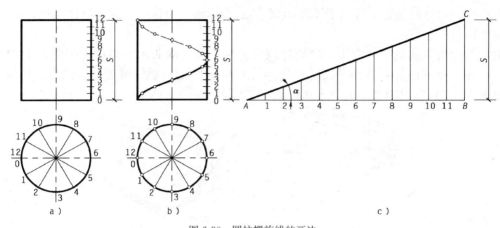

图 6-30　圆柱螺旋线的画法

a）已知条件；b）投影作图；c）螺旋线展开

二、圆柱螺旋面

1. 圆柱螺旋面的形成

一直母线以柱面螺旋线为导线，以导圆柱的轴线为直导线，且始终平行于与轴线垂直的一导平面运动所形成的曲面称为平螺旋面[图 6-31a）]。显然，圆柱平螺旋面是属于锥状面的范畴。

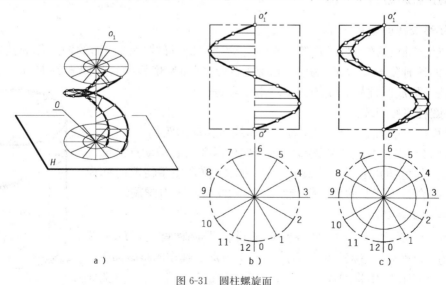

图 6-31　圆柱螺旋面

a）螺旋面形成；b）平螺旋面；c）部分平螺旋面

2. 圆柱平螺旋面的投影

图 6-31 为平螺旋面的投影图，它以螺旋线 O、Ⅰ、Ⅱ、$\cdots$ 为曲导线，以螺旋线的轴线 OO_1 为

直导线,所有素线均为水平线。图 6-31c)所示为螺旋面被假设的小圆柱截割后的两投影,小圆柱的轴线与螺旋面的导圆柱的轴线相重合,此时,在小圆柱面上又形成一条导程相同的螺旋线。平螺旋面在工程上应用颇多,机械上的螺旋输送器、螺栓,土木工程上宾馆厅堂、塔楼的螺旋梯等是平螺旋面的一种应用。图 6-32 为螺旋梯的投影图,画法如下:

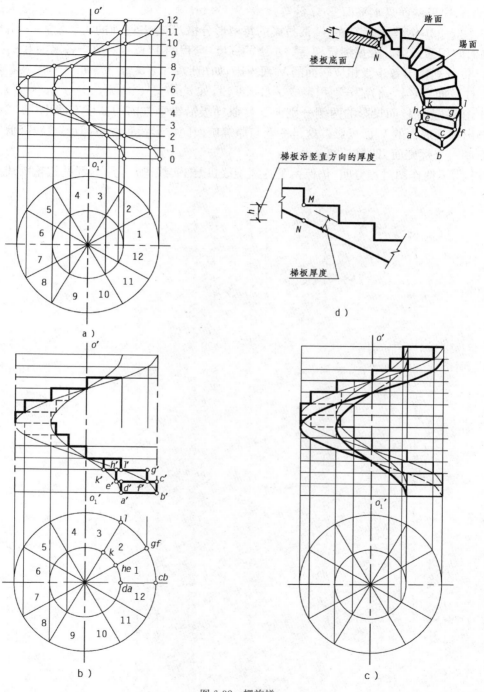

图 6-32　螺旋梯
a)、b)、c)作图过程;d)立体图

61

(1)根据给出螺旋梯所在的内外圆柱直径、导程及转一圈的步级数(例如 12 级),作出有内圆柱螺旋面的 V、H 面投影,见图 6-32a)。

(2)螺旋梯的每一步级,都是由铅垂的矩形踢面和水平的扇形踏面所组成,如图 6-32d)所示,第一步级的矩形踢面是铅垂面 $abcd$,扇形踏面是水平面 $cdef$。第二步级的矩形踢面是铅垂面 $efgh$,扇形踏面是水平面 $ghkl$ 等等。

(3)图 6-32b)所画螺旋面的 H 面投影的每扇形分格,就是各踏面的实形投影,各分格线就是各踢面的积聚投影。根据螺旋梯每一步级的高度(导程的 1/12),对应于各踢面和踏面的 H 面投影,可分别作出各步级相应踢面的 V 面投影,如矩形 $a'b'c'd'$、$e'f'g'h'$、…,以及各步级相应踏面的 V 面投影,它们都分别积聚成一水平线段,如 $c'd'e'f'$、$g'h'k'l'$、…。

(4)在各踢面 V 面投影的两侧分别向下量取梯板沿铅垂方向的高度 h,即图 6-32d)中的 MN,画出梯板底面的 V 面投影。这是一个与原螺旋面同样形状和大小,但各素线降低了高度 $h(MN)$ 的一个螺旋面,见图 6-32c)。

图中为了使作图过程分明,仍保留了各螺旋线(以细实线画出,凡不可见的轮廓线用细虚线画出)。

第七章 立 体

根据组成立体的表面不同,把立体分为平面立体和曲面立体两类。平面立体表面是由平面所组成,如棱柱、棱锥等;曲面立体表面全是曲面或既有曲面又有平面的立体,如圆柱、圆锥、球、环面等。第六章中所介绍的曲面,如果把它们看成实体,就是曲面立体。当这些立体相交时,相交表面处就会产生交线,如图7-1所示。

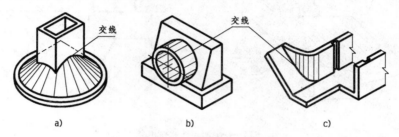

图 7-1 工程构造物的表面交线

a)独立柱基础;b)涵洞的涵管与涵墙;c)闸门

第一节 立体的投影

一、棱锥体

立体棱线 SA、SB、SC、SD 相交于 S,如图7-2a)所示,已知棱锥面上一点 H 面投影 e 和另一点 V 面投影 f',求其余两投影。可运用平面上取点的办法作图,其作图步骤如下:

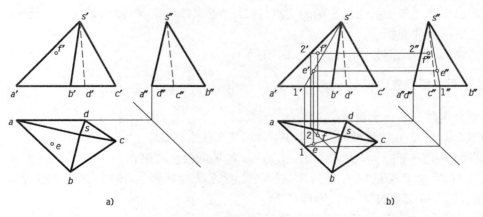

图 7-2 四棱锥投影图

a)已知条件;b)投影图

(1)过点 e 作棱线 s1,由此作出 s'1'和 s''1'',并求点 e' 和 e''。e' 和 e'' 均为可见。

(2)若过点 F 作直线 FⅡ∥AB,则它们的同面投影也必定平行,即作 f'2'∥a'b',由此作出 2 和 2'',过 2 作直线平行 ab 交 f'f 连线于 f 点,并求出对应的点 f'',如图 7-2b)所示。

二、棱柱体

如图 7-3a)所示,为一个五棱柱立体及其被一平面所截切的立体图。图 7-3b)是五棱柱的三面投影图,五棱柱底面平行 H 投影面,五个棱面积聚投影为五边形。

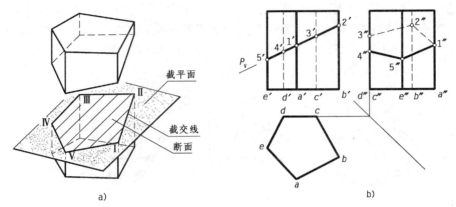

图 7-3 平面与五棱柱相交
a)立体图;b)投影图

第二节 平面与立体相交

平面和立体相交,可设想为立体被平面所截,此平面叫做截平面,所得的交线叫做截交线,而由截平面所截的图形称为断面,如图 7-3 所示,断面是截交线所围成的图形。

平面与平面体相交,截断面为平面多边形,这个多边形的各边就是立体的各棱面与截平面的交线(即截交线),截交线是截平面上的平面折线,折线的各折点(即断面的各顶点)就是立体棱线与截平面的交点。因此,求平面立体的截交线可归为下述的方法:

先求出立体上各棱线与截平面的交点,然后把各点依次连接,即得截交线。连接时,在同一棱面上的两点才能相连。

截交线的不可见部分,用虚线表示。

一、平面与平面立体相交

1. 平面立体与单一平面截交

如图 7-3 所示,五棱柱被一正垂面 P 所截,其交线求作如下:

截平面 P 是一正垂面,截交线为一五边形,其 V 面投影积聚在 P_v 上。又五棱柱的侧棱面均垂直于 H 面,故截交线的 H 面投影重影在棱面的 H 面投影上,即截交线 12345 和 abcde 重合。因此,仅求截交线的 W 面投影即可。

截交线的 W 面投影可通过各折点的 V 面投影 1'、2'、3'、4' 和 5' 各作水平线,在 W 面投影上对应定出点 1''、2''、3''、4'' 和 5'' 点,依次相连各点,即为所求。

棱面 AB、BC、CD 的 W 面投影为不可见,则截交线 1''2''、2''3''、3''4'' 不可见,用虚线表示,但

$3''4''$ 线和棱面 CD 的积聚重合,只画 CD 面的重合实线。

再如图 7-4 所示,三棱锥被一正垂面 P 所截,其截交线和截断面实形的求法如下:

其截交线为三角形,它的 V 面投影积聚在 P_V上。点 $1'$、$2'$ 和 $3'$ 是各棱线对 P 面交点的 V 面投影,交点的 H 和 W 面投影为 1、2、3 和 $1''$、$2''$、$3''$,点可根据 $1'$、$2'$ 和 $3'$ 定出,连接各点即为截交线的 H 和 W 面投影。

棱面 SBC 的 W 面投影为不可见,故 $2''$、$3''$ 用虚线表示。

截断面的实形 $\triangle \text{I} \text{II} \text{III}$ 是应用变换投影面的方法作出。

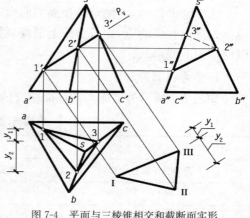

图 7-4 平面与三棱锥相交和截断面实形

2. 平面立体与多个平面截交

如图 7-5 所示,为一个具有切口的正四棱锥,在 V 面投影中已表示出被切割后的投影,要求作出具有切口形体的 H、W 面投影。

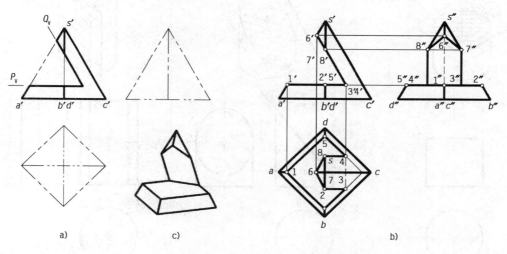

图 7-5 具有切口正四棱锥的作图
a)已知条件;b)立体图;c)投影作图

具有切口的几何体,可以看作是一个完整的几何体被几个截平面所截,截割后留下来的部分形体,即成为具有切口的几何体。所给出的正四棱锥是被两个截平面所截,故需要作该几何体的两个截面和它们之间的交线。

正四棱锥假设被水平面 P 及正垂面 Q 组合切割而成,正四棱锥与平面 P 的截交线为各边与底边平行的正方形,与平面 Q 的截交线为五边形,其中 $\text{III} \text{VII}$、$\text{IV} \text{VIII}$ 两边与棱线 SC 平行。

作图时,先分别求出 P、Q 两平面与棱锥的截交线,再画出两截平面的交线 $\text{IV} \text{III}$ 即可。所得投影如图 7-5b)所示。

二、平面与曲面体相交

平面与曲面体相交时,截交线是封闭的平面曲线,或曲线和直线组成的平面图形,或直线

65

段多边形。其形状取决于曲面体表面的性质及其与截平面的相对位置。求平面与曲面体交线的实质是如何定出属于曲面的截交线上点的问题。其基本方法是采用辅助平面法。

选择辅助面时,应使辅助平面与曲面立体的截交线是简单易画的圆或直线。求截交线时,应首先求出特殊的点,如截交线上最高、最低、最前、最后、最左、最右以及可见性的分界点等,以便控制曲线形状。

1. 平面截割圆柱

如表 7-1 所示为平面与圆柱面相交的三种情况。

平面与圆柱面相交的三种情况

表 7-1

平面 P 的位置		
P 面垂直于圆柱轴线	P 面倾斜于圆柱轴线	P 面平行于圆柱轴线
截交线形状		
圆	椭圆	矩形

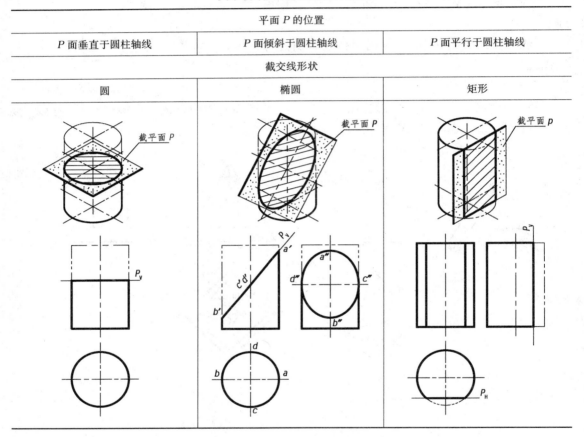

例 7-1 如图 7-6 所示,圆柱被平面 P 切割,求截交线。

解:图 7-6a)中平面 P 与圆柱轴线斜交,截交线为一椭圆。求截交线时,只要求出圆柱面上一些素线与平面的交点,这些交点就是所求曲线上的点,依次连接,即为所求的截交线。

图 7-6b)中圆柱面是与正垂面 P 相交,则交线的 H 面投影和圆柱面在 H 面的积聚圆周重合。又平面 P 是正垂面,则交线的 V 面投影积聚在平面 P 的 V 面投影上,因此,只求出交线的 W 面投影即可。椭圆曲线上的一些点的求法如下:

椭圆长轴 AB 为正平线,其 V 面投影 $a'b'$ 反映实长;短轴 CD 是正垂线,其 W 面投影 $c''d''$ 反映实长。因 $AB \perp CD$ 则 $a''b'' \perp c''d''$。由于 $a''b'' \neq c''d''$,故椭圆的 W 面投影仍为椭圆。A、B、C 和 D 四点对交线的 W 面投影起控制作用,是特殊点,应先作出,然后根据作图需要,求出一些中间点,如图中的 E、F、G、H 等点。

66

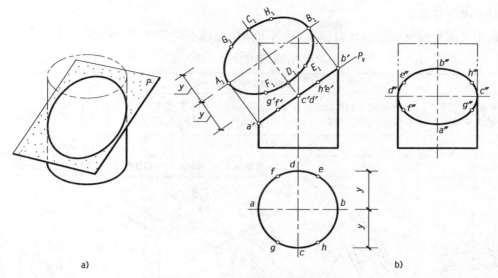

图 7-6　平面与圆柱面的交线

a)立体图；b)投影图

　　求中间点可采用立体表面求交点的方法求解。例如 E、F 点，可在 V 面上的点 e'、f' 利用积聚性求出 H 面上 e、f 点，从而求出 e''、f'' 点。同法可求出其他一些中间点，最后用光滑曲线依次连接各点 $a''g''c''h''b''e''d''f''a''$，即作出所求。

　　求截面实形仍应用变换投影面法，如图 7-6a)截面实形也是一椭圆，其长轴可在截交线的 V 面投影中找到，即线段 $a'b'$，短轴为该圆直径。按投影变换方法，可得 A_1、G_1、C_1、…、F_1 各点，依次光滑相连，所得椭圆即为所求截面的实形[图 7-6b)]。

　　图 7-7 中画出了木屋架端节点下弦杆的上部和下部截口投影，上部截口是由两个正垂面 P、R 截割圆柱而成，截交线是两个部分椭圆。作图时，可分别延长 P_v、R_v 求得两截交线椭圆的短轴 CD 和 EF 的交点的位置，作出 H 面投影半椭圆 cad 和 ebf，再求出 P 面和 R 面的交线 MN 的 W 面投影 $m''n''$ 和 H 面投影 mn，完成投影图，如图 7-7b)所示。man 和 mbn 即为所求下弦杆上部截口投影。

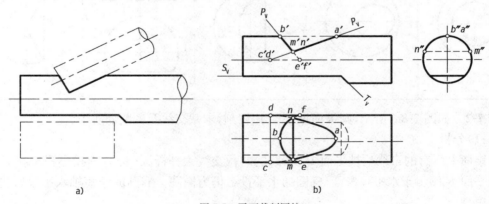

图 7-7　平面截割圆柱

a)立体示意图；b)弦杆截口的投影

　　下部截口是由水平面 S 和正垂面 T 截割圆柱而形成。应注意水平面切割圆柱，其截口实形为矩形。其他同上部截口的作法，如图 7-7b)虚线部分所示。

2.平面与圆锥相交

由于平面与圆锥轴线的相对位置不同,可产生五种不同截交线,如表 7-2 所示。

平面与圆锥面相交的五种情况　　　　　　　　　　　　表 7-2

平面 P 的位置				
P 面垂直于圆锥轴线＝90°	P 面倾斜于圆锥轴线与所有素线相交	P 面平行于圆锥面上一条素线	P 面平行于圆锥面上面上两条素线	P 面通过锥顶
截交线形状				
圆	椭圆	抛物线	双曲线	三角形

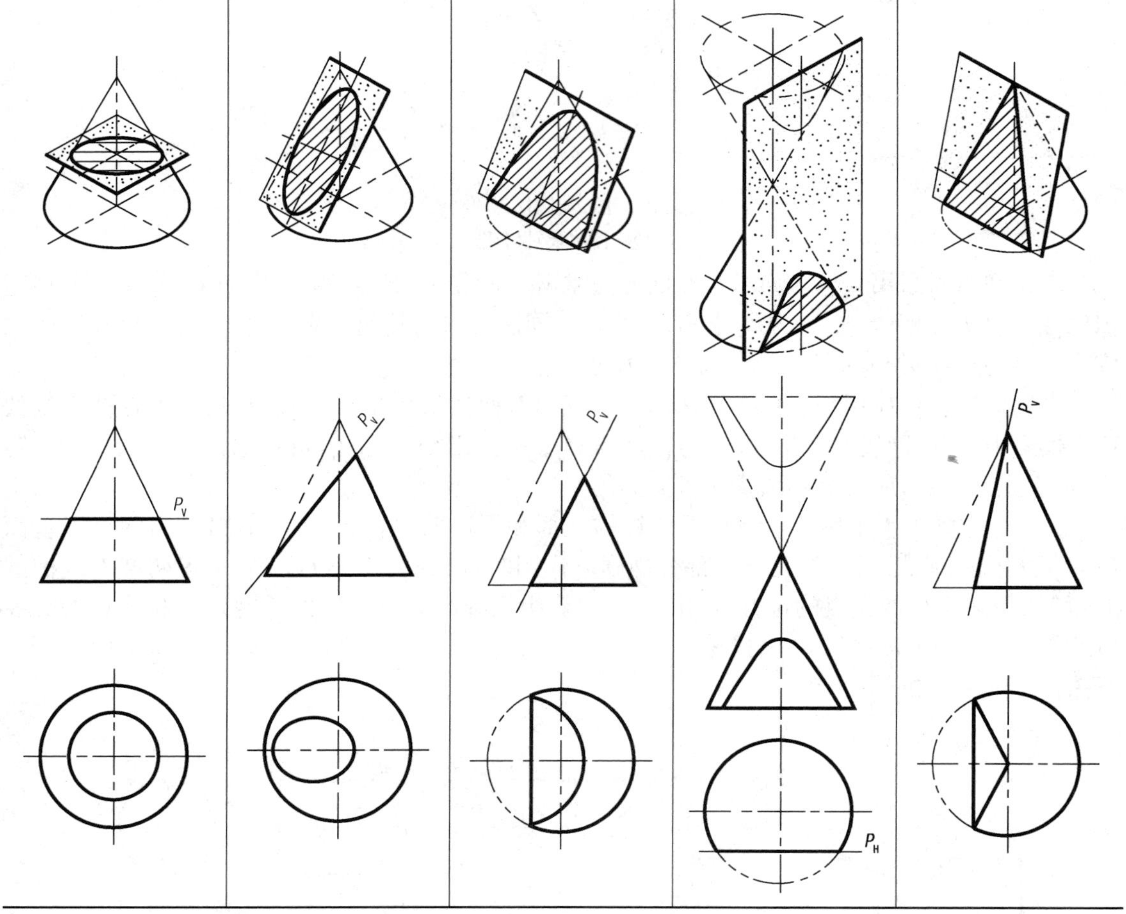

例 7-2　如图 7-8a)所示,圆锥面被平面 P 切割,求截交线及截断面实形。

解:1)分析

圆锥面上所有的素线均被平面 P 所截,它的截交线为一椭圆,其 V 面投影积聚在 P_V 上。又因截平面 P 倾斜于水平投影面,椭圆的水平投影仍为椭圆。椭圆的长短轴水平投影仍为投影的长短轴。

2)作图

(1)求特殊点。在 V 面投影中,P_V 与圆锥 V 面投影轮廓线的交点,即为椭圆长轴 AB 两端点的 V 面投影 a' 和 b'。AB 的 H 面投影 ab 为 H 面投影椭圆的长轴。$a'b'$ 的中点 $c'd'$ 是椭

68

圆短轴 CD 两端点的 V 面投影。过 $c'd'$ 作纬圆即可求出 CD 的水平投影 cd，如图 7-8b)所示。P_V 与圆锥的最前、最后素线的 V 面投影交点 e'、f' 是圆锥面最前、最后素线与 P 面的交点 E、F 的 V 面投影。同样作出 H 面投影 ef[图 7-8c)]。

（2）求一般点。用素线法作素线 SⅠ、SⅡ（或纬圆法）求一般点 M、N 的 H 面投影 m、n[图 7-8c)]。

（3）连点。在 H 面投影中，用光滑曲线依次连接 $acembnfda$ 各点，可得椭圆的 H 面投影 [图 7-8d)]。

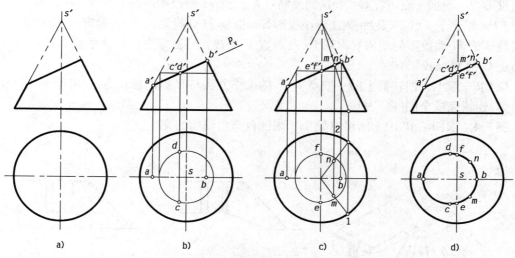

图 7-8　圆锥面截交线的作法——素线法、纬圆法

a)已知条件；b)、c)、d)投影作图

3. 平面与回转体相交

例 7-3　如图 7-9a)所示，为一回转体被一铅垂面 P 所截，试求截交线。

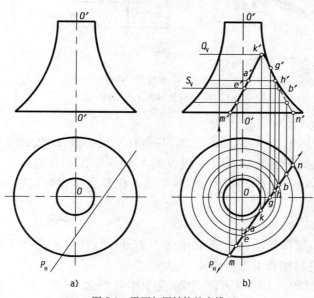

图 7-9　平面与回转体的交线

a)已知条件；b)作图过程

解:1)分析

截交线的 H 面投影积聚在 P_H 上,由于水平面和回转体的交线为纬圆,其 V 面投影可通过水平辅助平面 Q、S 等作出,而求出一系列交点。P 平面与回转体的底面交线为一直线 MN。从 H 面投影上看,P 平面通过了横向对称线于 G 点、纵向对称线于 E 点,点 G 为 V 面投影上的截交线可见与不可见分界点,点 E 为 W 面投影上的可见与不可见分界点。

2)作图

(1)求特殊点。最高点 K 的求法,是过圆心 O 点作一圆周与 P_H 相切于 k 点,求此纬圆的 V 面投影 Q_V,根据 k 点可在 Q_V 上找到最高点 k'。过 H 面投影的圆心点 o,以 oe 为半径作圆周,与 P_H 相交于 e 点,求此纬圆的 V 面投影 S_V,根据 H 面投影的 e 点,确定 S_V 上的 e'。点 g 在回转体的 H 面投影的横向对称线上,点 G 在 V 面投影则必定在回转体的轮廓线上,因此确定出点 G 的 V 面投影 g'。

(2)求一般点。回转面上的一般点 A、B 的求作方法与 E 点的求作方法相同。

(3)连线完成全图[图 7-9b)]。

例 7-4 求图 7-10 中水闸出口处 1/4 圆锥台与斜坡面的交线。

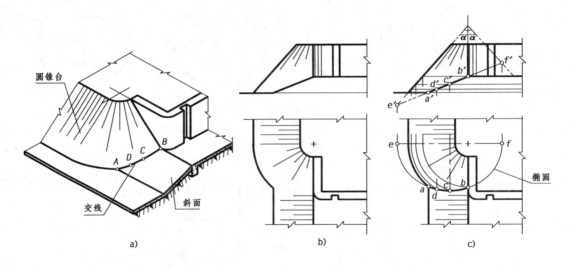

图 7-10　水闸出口护坡
a)立体图;b)已知条件;c)作图过程

解:1)分析

因斜坡面倾斜于圆锥轴线(圆锥顶角 2α)与所有素线相截,故截交线为部分椭圆。倾斜坡面是正垂面。截交线的 V 面投影重合在斜坡面 V 面投影的积聚直线上,H 面投影为部分椭圆。如图 7-10c)所示,点 e'、f' 是椭圆长轴两个端点在 V 面上投影,其中点 c' 是椭圆短轴的端点在 V 面的投影。

2)作图

(1)在 V 面投影,延长斜坡面与圆锥相交于 E、F 两点,并取直线 EF 中点 C。做出直线 EF 为长轴,点 C 为短轴端点的半椭圆在 H 面投影 efc。

(2)求出部分椭圆的两个端点 A、B,再求几个中间点(如点 D),然后将各点的 H 面投影连成光滑曲线。

第三节　直线与立体相交

直线与立体相交时,交点称之为贯穿点。它是直线与立体表面共有点,一般成对出现。若直线与立体相切,那么只有一个交点。

求作贯穿点的方法,基本上和直线与平面求交点相同。

当立体表面或直线的投影有积聚性时,则可利用积聚性,按面上取点,或直线上取点的方法求贯穿点。如图 7-11 所示,在 H 面投影中,直线 ab 与棱柱前后两侧交于 k、l 两点。又由 k、l 可对应地定出 k' 和 l',但 l' 已超出立体范围。故点 K 是贯穿点而点 L 不是。根据 $a'b'$ 与棱柱顶面的积聚投影交于 m' 点,可求出点 m,则点 M 是直线 AB 的另一个贯穿点。

直线穿入立体中的一段应和立体视为一个整体,其投影不用画或用细实线表示,直线在贯穿点以外,而与立体重叠的部分,其可见性与贯穿点的可见性相同。

当直线和立体表面的投影都无积聚性时,直线与立体表面的贯穿点采用辅助面求出。一般步骤是:

(1)包含直线作辅助面。

(2)求出辅助面与立体表面交线。

(3)求出直线与截交线的交点,即直线贯穿点。

(4)判别贯穿点可见性。

选择辅助平面,应使所得截交线的投影为最简单,例如直线或圆,如图 7-12 所示。

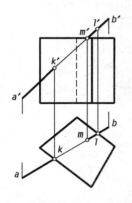

图 7-11　直线与四棱柱相交

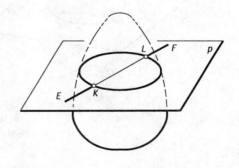

图 7-12　辅助平面求贯穿点

例 7-5　如图 7-13 所示,求直线与三棱锥的贯穿点。

解:包含 EF 直线作一辅助平面 P 垂直于 V 面,P_V 与各棱的交点 $1'$、$2'$、$3'$ 即为 P 面与棱锥截交线折点的 V 面投影。它们对应的 H 面投影为点 1、2、3。连接各折点,即得截交线的 H 面投影,它与 ef 相交于 k、l 点,即为直线与棱锥的贯穿点 K、L 的 H 面投影,由此可得交点的 V 面投影 k'、l',如图 7-13b)所示。

例 7-6　如图 7-14 所示,求直线 AB 与圆锥面的贯穿点。

解:1)分析

如果包含直线 AB 作辅助正垂面或铅垂面,则截交线是椭圆或双曲线的非圆曲线,作图麻烦且不易准确。这时,可以采用包含直线 AB 和锥顶 S 作一辅助平面,所得的截交线是三角形

［图 7-14a)］。

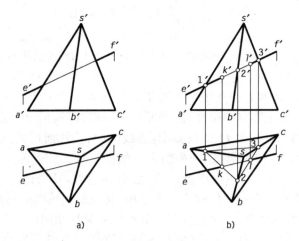

图 7-13　直线与三棱锥相交
a)已知条件；b)作图过程

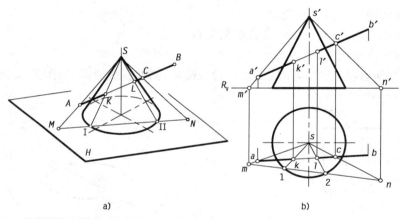

图 7-14　一般直线与圆锥相交
a)立体图；b)投影图

2)作图

(1)在 AB 直线上任取两点 A、C，连接 SC、SA，并求直线 SC、SA 与锥底底面所在平面的相交点 M、N，直线连接 MN，即为辅助平面 SAB 与锥底所在平面的交线。

(2)直线 MN 与锥底底圆相交于点 I 和点 II，S I II 就是平面 SAB 截割圆锥所得到的三角形截交线。

(3)直线 S I、S II 与直线 ab 相交于点 k、l，再在 $a'b'$ 上求出点 k'、l'，即 K、L 为所求的贯穿点，如图 7-14b)所示。

(4)判别可见性。由于直线穿过圆锥前半部，直线 AB 在 V、H 面上投影均可见。

例 7-7　如图 7-15 所示，已知直线 AB 与斜圆柱相交，求贯穿点。

解:1)分析

斜圆柱表面与正圆柱不同，其柱面的两投影都没有积聚性。包含直线 AB 作一平行柱面素线的辅助平面，可得截交线为平行四边形 I II III IV［图 7-15a)］。

2)作图

（1）作辅助平面。在直线 AB 上任选两点 C、D，过 C、D 分别作直线 CM、DN 与柱面素线平行并与斜圆柱底面的平面相交于点 M、N。

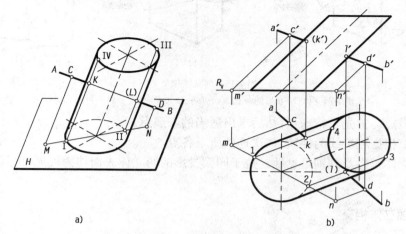

图 7-15 直线与斜圆柱相交

a)立体图；b)投影图

（2）求辅助平面与柱面的截交线。直线连接 MN 同斜圆柱底圆相交于点 Ⅰ、Ⅱ，过 Ⅰ、Ⅱ作柱面素线 ⅣⅠ、ⅢⅡ，则 ⅠⅢⅣⅣ 为 $ABNM$ 平面和斜圆柱的截交线。

（3）直线 AB 与 ⅣⅠ 相交于 $K(k,k')$，与 ⅢⅡ 相交于 $L(l,l')$。K、L 即为所求贯穿点。

（4）判别可见性。V 面投影根据 H 面投影 1、2 位置可确定，直线 ⅣⅠ 在转向轮廓线的横向对称线之后，即点 $1'$、$4'$ 不可见，故 k' 点不可见，直线 $a'k'$ 与斜圆柱重叠部分不可见。同理，直线 $l'b'$ 与斜圆柱重叠部分可见；在 H 面投影中，点 1 处于底圆可见部分，其直线 14 可见，则 k 点可见，又点 2 在底圆虚线部分，俯视时，其直线 23 不可见，故 l 点不可见，如图 7-15b)所示。

第四节 两立体相交

两立体相交又称之为两立体相贯。两立体表面的交线称为相贯线。

工程建筑物通常由一些基本几何形体所组成，当它们彼此相交时，就产生相贯线，如图 7-1 所示，这些建筑物的几何形体之间相交均产生了相贯线。在绘制工程图时，应该画出相贯线的投影。

由于立体的形状及其相对位置不同，相贯线的形状也不同，可能是直线段或平面曲线的组合，也可能是空间曲线。但它们都具有下列两个共同的性质：

（1）相贯线是相交立体表面的共有线，相贯线上点都是两个立体表面上共有点。

（2）由于立体有一定范围，所以相贯线一般都是封闭的。若当两立体具有重叠表面时，相贯线才不闭合，如图 7-16c)所示。

当一个立体全部贯穿另一个立体时，产生两组封闭的相贯线称为全贯，如图 7-16a)所示，当两个立体相互贯穿时，则产生一组封闭的相贯线，称为互贯，如图 7-16b)所示。

求相贯线的一般步骤如下：

（1）分析。认识两相贯体的形体特征，考察它们的相对位置，研究它们哪些部分参与相贯，选择解题方法。

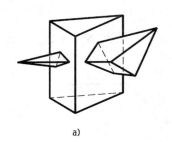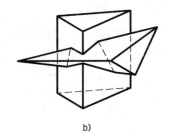

图 7-16　两立体相交

a)全贯的两立体；b)互贯的两立体；c)有一公共表面，有一组不封闭相贯线

(2)求相贯点。首先求特殊点，然后求出适当的一般点。

(3)连线。根据相贯线的性质，依次连接所求各点。

(4)补全立体投影及判别可见性。位于同面投影的两立体表面均为可见时，其上的相贯线才可见。

一、两平面立体相交

两平面立体相交的相贯线，一般情况下是由直线段组合而成的空间折线多边形。构成相贯线折线的每一直线段，都是两个平面体有关棱面的交线，每一个折点都是一平面体的棱线对另一平面体的贯穿点。

例 7-8　如图 7-17a)所示，斜三棱锥与直三棱柱相交，求相贯线。

解：1)分析

(1)三棱柱 DEF 的棱线垂直于 H 面，故相贯线的 H 面投影与三棱柱有积聚性的 H 面投影相重叠，本题只需求相贯线的 V 面投影。

(2)从 H 面投影上看，三棱柱与三棱锥都有不相贯的棱线，即 SB、DD、EE 棱线，因此，它们为互贯，相贯线是一组闭合折线。

2)作图

(1)求相贯点。在 H 面投影上，三棱锥的两条棱 SA、SC 与三棱柱相交于点 1、3、2、4，即为贯穿点的 H 面投影，由此可得其 V 面投影 $1'$、$3'$、$2'$ 和 $4'$[图 7-17b)]。三棱柱的棱线 FF 对三棱锥的贯穿点，可利用包含棱线 FF 的铅垂面 Q 来求，它与三棱锥相交于 SM、SN 两直线，它们和棱线 FF 的交点 $Ⅴ$（5、$5'$）和 $Ⅵ$（6、$6'$），便是棱线对斜三棱锥的贯穿点[图 7-17c)]。

(2)连相贯点为相贯线。对于平面体，连相贯线的原则是：只有位于一立体同一棱面而同时位于另一立体也是同一棱面的两点才能相连。例如，点 $Ⅰ$、$Ⅱ$ 相连，因为它们同位于三棱柱的 $DDFF$ 棱面，同时又位于斜三棱锥的 SAC 棱面。点 $Ⅰ$ 和 $Ⅳ$ 就不能相连，因它们虽属于三棱锥的 SAC 棱面，但它们又分别位于三棱柱的不同棱面 $DDFF$ 和 $FFEE$。

一棱线对另一立体贯进和贯出的两点之间，不能相连线，例如 $Ⅰ$ 和 $Ⅲ$、$Ⅱ$ 和 $Ⅳ$ 以及 $Ⅴ$ 和 $Ⅵ$ 都不能相连线。

(3)判别可见性。在同面投影中，只有两立体表面均可见，其交线才可见。否则不可见。对于 H 面投影，相贯线重合在三棱柱 DEF 有积聚性的投影上，不必判别可见。本题只对相贯线的 V 面投影进行判别，因斜三棱锥的 SAC 棱面不可见，所以位于其棱面上的直线 $1'2'$、$3'4'$ 不可见，用虚线表示。其余 $1'5'$、$5'3'$、$2'6'$ 和 $6'4'$ 四段直线可见，用实线表示。

例 7-9　如图 7-18a)所示，求三棱锥和四棱柱的相贯线。

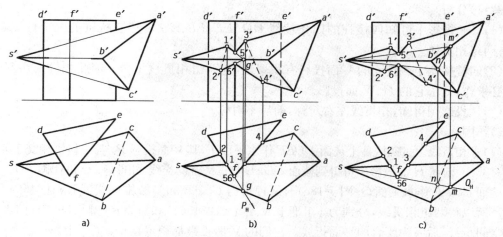

图 7-17　三棱锥与三棱柱相贯
a)已知条件；b)、c)投影作图

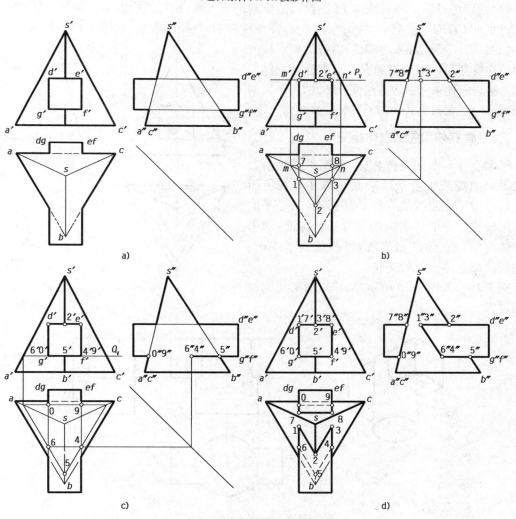

图 7-18　棱柱与棱锥的相贯线
a)已知条件；b)、c)、d)投影作图

解:1)分析

(1)V 面投影中可知四棱柱的四条棱线 DD、EE、FF、GG 贯穿三棱锥的三个棱面,属全贯,有两组相贯线。

(2)四棱柱四个侧棱面的 V 面投影有积聚性,与两组相贯线重合。因此相贯线在 V 面投影不必求作,只求它的 H、W 面投影。

(3)从投影图得知,相贯线左右对称,前后不对称。

2)作图

(1)求相贯线。过四棱柱上棱面 $DDEE$ 作水平面 P,其 V 面投影 P_V 与三棱锥相交于 $m'n'2'$〔图 7-18b〕,则在 H 面投影中可得到棱面 $DDEE$ 与三棱锥的交线 I Ⅲ Ⅲ(123)和 Ⅶ Ⅷ(78)。过棱柱下棱面 $GGFF$ 作水平面 Q〔图 7-18c〕,同理可得 $GGFF$ 和三棱锥的交线 Ⅳ Ⅴ Ⅵ(456)和 Ⅸ 0(90)。所以得两组相贯线,分别为 Ⅰ Ⅱ Ⅲ Ⅳ Ⅴ Ⅵ Ⅰ(1234561)和 Ⅶ Ⅷ Ⅸ 0 Ⅶ(78907),前者为闭合的空间折线,后者为闭合的平面折线。它们的 V 面投影都积聚在 $d'e'f'g'$ 上。

(2)根据 H 面投影和 V 面投影,补绘 W 面投影。

(3)判别可见性。相贯线的 H 面投影需要判别可见性,相贯线投影 456 和 90 属于四棱柱的不可见面 $GGFF$,故 456 和 90 为不可见,用虚线表示,其余画实线,如图 7-18d)所示。

如图 7-19 所示,如果将四棱柱抽出,则三棱锥被四棱柱贯穿后而形成贯通孔。有贯通孔立体的作图方法与前述求相贯线方法完全相同,所不同的是贯通孔内还应画出其孔内不可见的虚线。

二、平面立体和曲面立体相交

平面立体与曲面立体相交,其相贯线是由若干段平面曲线或由若干段平面曲线和直线所组成。每一段平面曲线或直线的转折点,就是平面立体的棱线对曲面体表面的贯穿点。因此,求平面立体与曲面立体的相贯线,可归结为求平面、直线与曲面立体表面的交线。

例 7-10 如图 7-20 所示,求作矩形梁与圆柱的相贯线。

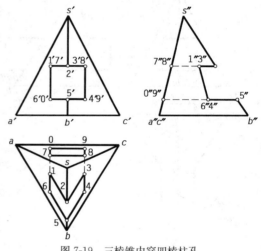

图 7-19 三棱锥内穿四棱柱孔

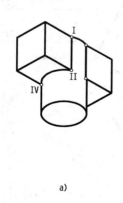 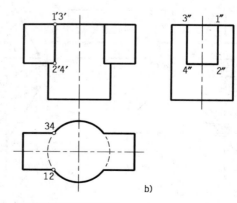

a)

b)

图 7-20 矩形梁与圆柱的相贯线

a)立体图;b)投影图

解：梁与柱的顶面处于同一个水平面上。梁与柱的相贯线是由曲线Ⅱ Ⅳ和直线Ⅰ Ⅱ、Ⅳ Ⅲ所组成[图7-20a]，Ⅰ Ⅱ、Ⅳ Ⅲ和圆柱素线重合，Ⅱ Ⅳ曲线为圆曲线，又由于梁、柱都处于特殊位置，相贯线的 H 面和 W 面投影可直接找出，需要求作的是 V 面投影，且左右对称。

例 7-11 如图 7-21 所示，求作四棱柱与正圆锥相贯线。

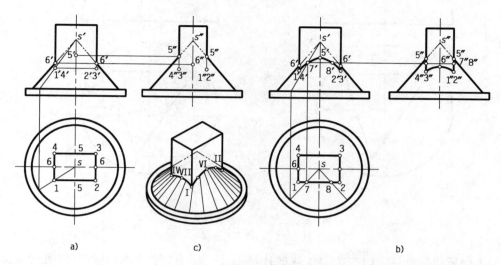

图 7-21 四棱柱与正圆锥的相贯线

a)转折点和最高点；b)一般点、连点；c)立体图

解：1)分析

(1)四棱柱的四个侧面都平行于圆锥的轴线，所以相贯线是由四段双曲线所组成。转折点是四根铅垂线和圆锥面的交点。

(2)相贯线与四棱柱的 H 面积聚投影相重合。因此只需要求出 H、W 面的投影。

(3)相贯线左右、前后对称。

2)作图

(1)求特殊点。首先求出四段双曲线的转折点Ⅰ、Ⅱ、Ⅲ、Ⅳ，可根据已知的四个点的 H 面投影，用素线法求出投影，而后再求前面和左右双曲线的最高点Ⅴ、Ⅵ，如图7-21a)所示。

(2)求作一般点。用素线法求一般点Ⅶ、Ⅷ的 V 面投影 7′、8′，如图7-21b)。

(3)连点成相贯线。V 面投影 1′7′5′8′2′，W 面投影 4″6″1″。

(4)判别可见性。1′7′5′8′2′和 4″6″1″都是可见。不可见的两段双曲线与可见的两段双曲线重合。

例 7-12 如图 7-22 所示，求三棱柱与半球的相贯线。

解：1)分析

(1)平面和球面的截交线是圆，所以三棱柱与半球的相贯线由三段圆弧所组成，转折点为三条棱线对半球的三个贯穿点。

(2)三棱柱的 H 面投影有积聚性，相贯线的 H 面投影与三棱柱的 H 面投影重合，故只需求相贯线的 V 面投影。

(3)棱面与半球面的截交线三段虽都是圆弧，但由于棱面的相对位置不同，故其投影的形状也不同。

2)作图

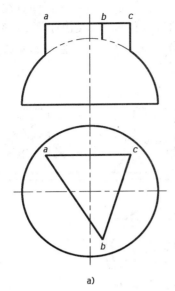 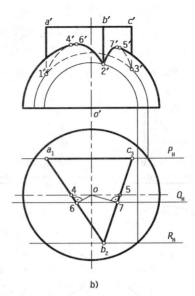

图 7-22　三棱柱与半球的相贯线

a)已知条件；b)作图过程

（1）求相贯线转折点。即三条圆弧线的连接点Ⅰ、Ⅱ、Ⅲ。过棱面 $AACC$ 作正平面 P，P 平面与半球的截交线在 V 面投影为圆弧，ⅠⅢ的 V 面投影为圆弧线 $1'3'$。同法求出点Ⅱ。

（2）求圆弧线的最高点。已知ⅠⅢ圆弧线在 V 面上投影仍为圆弧线，故只需求ⅠⅡ和ⅡⅢ 圆弧线的顶点。例如，ⅠⅡ圆弧线在 V 面上投影为椭圆，其顶点（最高点）Ⅵ，可采用过圆球心 o 向 12 作垂线相交于 6 点，过 6 点作 Q_H，正平面 Q 与半球的截交线在 V 面上投影为圆，定出 $6'$ 点。同法，定出ⅡⅢ圆弧的最高点 $7'$。

（3）$AABB$ 和 $BBCC$ 与 H 面投影的横向对称线相交于点Ⅳ和Ⅴ，Ⅳ和Ⅴ是正立面投影椭圆弧可见与不可见的分界点，可由点 4、5 引垂线到球面的正立面轮廓线上，即得点 $4'$、$5'$。

（4）连点成相贯线。棱面 $AABB$ 和球的截交线为 $1'4'6'2'$。棱面 $BBCC$ 和球面的截交线为 $2'7'5'3'$。

（5）判别可见性。圆弧 $1'3'$ 属于不可见的棱面 $AACC$ 和球面，用虚线表示。椭圆弧 $1'4'$ 和 $3'5'$ 位于不可见的球面，用虚线表示。椭圆弧 $4'6'2'$ 和 $5'7'2'$ 位于可见的棱面和球面，用实线表示。还有三棱柱与球面重叠部分，棱线 $a'a'(a'1')$ 和 $c'c'(c'3')$ 靠近 $1'$ 和 $3'$ 的一小段被球面遮住，也应用虚线表示，见图 7-22b)。

三、两曲面立体相交

两曲面立体相交的相贯线，在一般情况下是封闭的空间曲线，特殊情况下可能是直线或平面曲线。组成相贯线的所有点，都是两曲面立体表面的共有点，因此求相贯线时，应先求出一系列共有点，然后用曲线光滑地连接成相贯线。求相贯线上点的常用方法有面上取点法及辅助面法（平面或球面）。

选择辅助面时，必须使它与两曲面立体截交线的投影为最简单易画的图形，如直线或圆。

求两曲面立体相交，可按如下步骤进行：

（1）分析两曲面立体位置，选择易于求出共有点的辅助平面。

（2）求相贯线上的特殊点。分析相贯线应该有的特殊点，即最高、最低、最左、最右、最前、最后及轮廓线上的点，求出这些点的各投影。

（3）求相贯线上的一般点。在适当的位置作辅助平面，分别求出辅助平面与两曲立体的截交线，两组截交线的交点，即为两曲面立体的共有点。

（4）依次光滑地连接所求各点的同面投影，判定可见性。

1. 辅助平面法

例7-13　如图7-23所示，求两正交圆柱的相贯线。

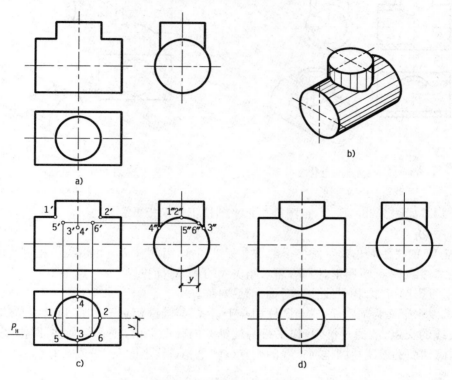

图7-23　两正交圆柱的相贯线
a)已知条件；b)立体图；c)、d)作图过程

解:1）分析

（1）两圆柱的轴线分别垂直于 H、W 面，所以相贯线的 H 面、W 面投影分别积聚在铅垂圆柱的水平投影和水平圆柱的侧面投影上，因此只需求出 V 面投影即可。

（2）两圆柱直径不等，小圆柱所有素线都与大圆柱面相交，其相贯线是一组闭合空间曲线。

（3）相贯线左右对称，前后对称。

2）作图

（1）求特殊点。两圆柱的轴线平行 V 面，所以两圆柱的 V 面投影轮廓线的交点 $1'$、$2'$ 是相贯线的最高点。同时又是最左最右的正面投影。同理，W 面投影上的点 $3''$、$4''$ 是相贯线的最低点和最前最后两个点的侧面投影。其 V 面投影 $3'$、$4'$ 重合，见图7-23c)。

（2）求一般点。作辅助正平面 P［图7-23c)］，P_H 与两圆柱相交于5、6两点，其 V 面投影为 $5'$、$6'$，W 投影为 $5''$ 和 $6''$。

（3）依次光滑连接 $1'5'3'6'2'$，即为所求。

如图 7-24 所示，表示出水平圆管与直立圆管的立体图和投影图。图中表示了内、外表面交线的表示法。又如图 7-25 表示圆杆件上开一圆柱孔，圆杆件表面与圆柱孔表面产生的交线。图 7-24a)和图 7-25a)的 V、W 面投影都是采用截面过轴线剖切形体，并将形体一部分移走后的投影(详见第八章，剖面表示法)。上述两图形式虽然不同，但实质都是两圆柱面相交，其相贯线的求法都是同图 7-23 所示的一样。

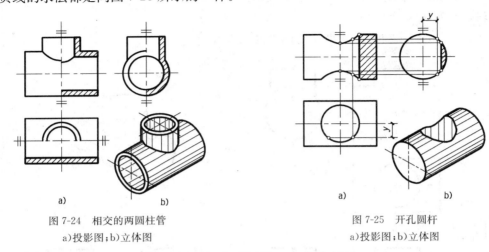

图 7-24　相交的两圆柱管　　　　　　　　　　　图 7-25　开孔圆杆
a)投影图；b)立体图　　　　　　　　　　　　　a)投影图；b)立体图

例 7-14　如图 7-26a)所示，正圆锥与水平圆柱正交求相贯线。

解：1)分析

(1)从 W 面投影看出水平圆柱全部贯穿了正圆锥，因此有两组相贯线。相贯线的 W 面投影积聚在圆柱的 W 面投影上，因此，需求相贯线的 H、V 面投影。

(2)从投影图可知，相贯线左右对称，前后对称。

(3)若以水平面为辅助面，它与圆柱相交于素线，与圆锥相交于纬圆，该素线与纬圆的交点便是相贯线的交点；或通过锥顶，作平行圆柱轴线的辅助平面，则它与圆柱、圆锥都相交于素线，那么，圆柱面的素线与圆锥面素线的交点也就是相贯线上的点[图 7-26d)]。

2)作图

(1)求特殊点。最高点最低点的投影，由于圆柱和圆锥的轴在同一个正平面上，所以它们的 V 面投影的交点Ⅰ、Ⅱ为最高、最低的两点。最前及最后点的投影，过圆柱的轴线作水平辅助面 P，求出 P 面与圆锥相交圆的 H 面投影，它与圆柱的 H 面投影轮廓线的交点 3、4，即为最前、最后点的水平投影，图 7-26b)所示。

(2)求一般点。作水平辅助面 Q，求出 Q 面与圆锥相交的纬圆及与圆柱交线的水平投影，它们的交点 5、6 即为一般点在 H 面上投影[图 7-26c)]。

(3)过 W 面投影的锥顶作辅助平面截切圆柱于 7″、8″，则 7′、8′为相贯线的最左和最右点Ⅶ、Ⅷ的 V 面投影。

(4)连接相贯线的各面投影并判别可见性。

相贯线 H 面投影上的点 3、4 是可见与不可见的分界点，圆柱的上半部分与圆锥面的交线 38174 为可见，用实线表示。圆柱的下半部与圆锥面的交线 35264 不可见，用虚线表示。

2. 辅助球面法

在某种条件下，两回转体的相贯线可用球面作为辅助面求取，如图 7-27b)所示，球面与回转体相交，如果球心位于此回转体的轴线上时，它们的交线为垂直于轴线的圆。当回转体的轴线平行于某个投影面时，圆在该投影面上的投影积聚成与轴线垂直的直线段。

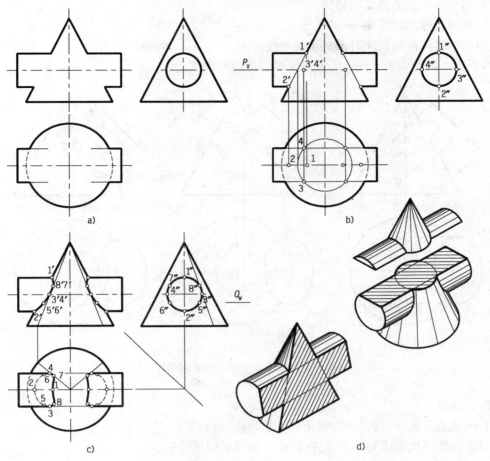

图 7-26 圆锥与圆柱相交
a)、b)、c)作图过程；d)立体图

辅助球面法的基本原理是采用三面共点的原理，如图 7-27a)所示，是轴线斜交的两圆柱的 V 面投影。两圆柱的轴线均平行 V 面，若以两轴线交点为球心，以适当的长度为半径作一辅助球面，球面与小圆柱交于圆 K，与大圆柱交于圆 L。K、L 两圆同在球面上，它们的交点就是大圆柱，小圆柱与球面三个面的共有点，如图 7-27c)的 Ⅰ、Ⅱ。

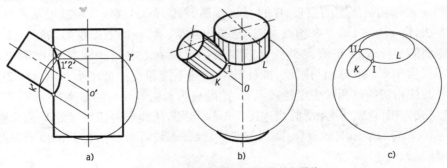

图 7-27 用球面法求斜交两圆柱的相贯线
a)立面投影；b)、c)立体示意图

81

采用辅助球面法的条件：

(1)相交的两曲面都是回转体。

(2)两回转体的轴线相交。

(3)两回转体的轴线同时平行于某一投影面。

例 7-15　如图 7-28 所示，试求圆柱与圆锥的相贯线。

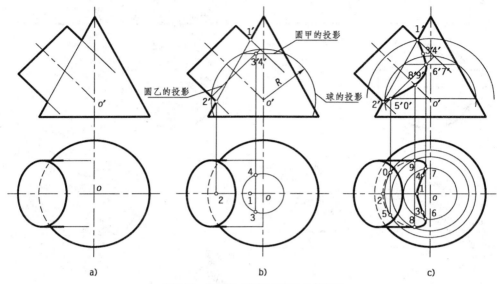

图 7-28　球面法求圆锥与圆柱的相贯线

a)已知条件；b)、c)投影作图

解：1)分析

(1)圆柱所有素线贯入圆锥，属全贯，但只有一组相贯线。

(2)符合使用球面法的三个条件，V 面投影可采用球面法。

(3)相贯线前、后对称。

2)作图

(1)求特殊点。点Ⅰ、Ⅱ是圆柱的最高和最低素线与圆锥的最左素线交点。先定出 V 面投影的点 $1'$、$2'$，然后由 $1'$、$2'$ 确定 1、2。

(2)求一般点。作辅助球面的投影，以两轴线交点 O 为圆心，以适当的半径作圆。此球与圆锥相交于水平圆甲，与圆柱相交于正垂圆乙。它们的 V 面投影分别积聚为两直线，两直线的交点 $3'$ 和 $4'$ 便是相贯线上的点Ⅲ、Ⅳ的 V 面投影。其 H 面投影，可用辅助水平纬圆求圆锥表面点的方法，得 H 面投影点 3 和点 4。同法求出点Ⅴ、Ⅵ、⋯的两面投影，如图 7-28b)所示。

辅助球面的半径 R 应在最大半径 R_{max} 和最小半径 R_{min} 之间。从 V 面投影可知 $R_{max} = o'1'$，因为半径大于 $o'1'$ 的球面与圆锥、圆柱的截交圆不能相交。最小半径 R_{min} 应为与圆锥相切的球和与圆柱相切的球两者中半径较大者，此题应为与圆锥相切的球半径。

(3)连点成为相贯线。用光滑曲线连接 $1'3'6'8'5'2'$，从而求得相贯线的 V 面投影，后半段曲线 $1'4'7'9'0'2'$ 与前半段曲线重合，曲线与圆柱的最前、最后素线相交于 $8'$、$9'$（8'和9'重合），其 H 面投影为 8、9。

(4)判别可见性。在 V 面不可见的相贯线 $1'4'7'9'0'2'$ 与 $1'3'6'8'5'2'$ 重合，在 H 面投影中，8631479 位于圆锥与圆柱的可见表面，故用实线表示。85209 位于柱的下半部表面，为不可见,用虚线表示。

3.具有公共内切球的两回转面相交

在一般情况下,两回转面的交线为空间曲线。当两个回转面(如圆柱面、圆锥面)切于同一球面时,则为平面曲线。

如图7-29a)、b)所示,为两圆柱直径相同,轴线相交的情况。当轴线正交时,相贯线是两个大小相同的椭圆;轴线斜交时,相贯线是两个短轴相等,长轴不同的椭圆。这些椭圆在 V 面上都投影成直线段。

图7-30a)为同时内切于一个球面,轴线正交的圆柱和圆锥,它们交出两个大小相同的椭圆。

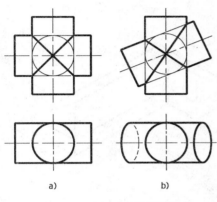

图 7-29　内切于球的两圆柱
a)正交;b)斜交

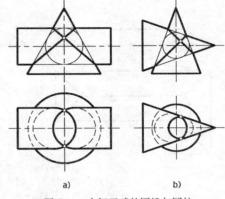

图 7-30　内切于球的圆锥与圆柱
a)圆锥与圆柱相交;b)两圆锥相交

图7-30b)为同时内切于一个球面,轴线正交的两圆锥相交,它们交出两个大小不等的椭圆。这些椭圆在 V 面上都投影成直线段,在 H 面上投影成椭圆。如图7-31所示,就是相贯线为平面曲线的两圆柱面所组成的十字拱。

四、屋面交线

在房屋建筑中,两坡顶和四坡顶屋面是常见的屋面形式,对水平面倾角相等、檐口等高的屋面,称为同坡屋面。

同坡屋面有如下特点:

(1)当同坡屋面檐口线平行且等高时,两坡面必相交成水平的屋脊线。平屋脊线的 H 投影,必平行于檐口线的 H 投影,且与两檐口线等距。

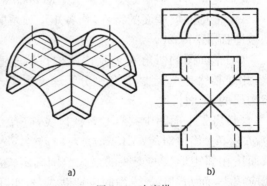

图 7-31　十字拱
a)立体图;b)投影图

(2)檐口线相交的相邻两坡面必相交于倾斜的脊线或天沟线。它们的 H 投影为两檐口线 H 投影夹角的平分线。斜脊位于凸墙面上,天沟位于凹墙面上。

(3)在屋面上,如果有两斜脊,两天沟或一斜脊一天沟相交于一点,则必有一条平屋脊线通过该点。这个点就是三个相邻屋面的共有点[如图7-32d)]。

(4)一般情况下,房屋平面图中坡面的个数与檐口线条数相同。

例7-16　如图7-32所示,已知屋面倾角 α 和房屋墙面的水平投影,试求屋面的 V、W 面投影和屋面交线。

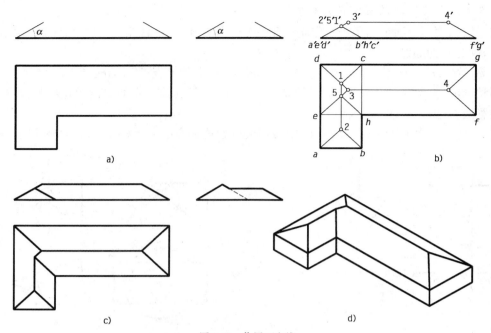

图 7-32 作屋面交线
a)已知条件;b)、c)投影作图;d)立体图

解:根据上述同坡屋面交线的投影特点,作图步骤如下:

(1)先将房屋平面划分为两个矩形 $abcd$ 和 $defg$,如图 7-32b)所示。

(2)根据同坡屋面的特性,作各矩形顶角的平分线和屋脊线的投影,得到部分重叠的两个四坡屋面[图 7-32b)]。

(3)平面图的凹角 bhf 是由两檐口线垂直相交而成,坡屋面在此从方向上发生转折,因此,此处必然有一交线,其角平分线即天沟线。做法:自 h 作 45°斜线交于点 5,此直线 $h5$ 即为天沟线的 H 面投影。

(4)房屋平面图中共有 6 条檐口线,应有 6 个坡面与之对应。ab 檐口对应 $ab2$,bh 檐口对应 $bh52$,hf 檐口对应 $hf435$,fg 对应 $fg4$,gd 对应 $gd34$,da 对应 $da253$ 坡面。各檐口所对应坡面按相邻矩形坡的交线的最大范围确定,范围之内的线条不予表示。例如 $gd34$ 面内的 $1c$ 线应擦去,而 hc 和 eh 线为假设辅助线条,实际不存在。

(5)根据给定的坡屋面倾角 α 和已求得的 H 面投影,可作出屋面的 V、W 面投影[图 7-32c)]。

第八章 剖面图和断面图

第一节 概 述

一、基本概念

在画三面投影图时,如图 8-1 所示,规定了可见轮廓线用实线表示,不可见的轮廓线用虚线表示。对于复杂结构的工程物,特别是非实心体,常因内外部构造复杂,造成投影视图中虚实线密集、交叉、内外重叠,这样既影响图样的清晰,又难于标注尺寸。为改变这种情况,工程上采用剖视的剖面图和断面图来解决。

如图 8-2a)所示,假想用一个平行投影面的剖切平面 P,把形体剖开,然后将剖切平面 P 连同它前方的半个形体移去,再把留下来的半个形体,投影到与剖切平面平行的 V 面上,所得的投影图称剖视图或称剖面图,见图 8-2b)。若只画出截交线围成的平面图形,则这种图形称为断面图,如图8-2c)所示。

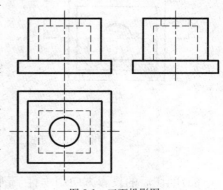

图 8-1 三面投影图

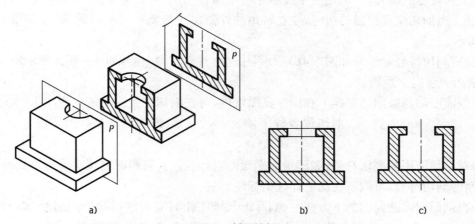

a)

b)

c)

图 8-2 剖面图产生

a)被 P 平面剖开后的部分形体向投影面投影;b)剖面图;c)断面图

二、剖视的剖切和断面图的剖切符号标注

剖切平面的位置可根据需要选择。在有对称面时,一般选在对称面上,或通过孔洞中心线,并且平行某一投影面,如图 8-3 所示。

剖切平面的位置,决定着剖、断面图的形状。为了读图的方便,需要用剖切符号把所画的剖面图、断面图的剖切位置和投影方向,在投影图上表示出来,并对剖切符号进行编号,以免混乱。对剖面图、断面图的标注方法有如下规定。

(1)用剖切位置线表示剖切平面的剖切位置。剖切位置线实质上就是剖切平面的积聚投影。用两小段粗实线(长度为6～10mm)表示,并且不应与图面上的图线相接触(图8-4)。

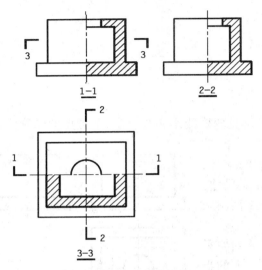

图8-3 用剖面图表示投影图

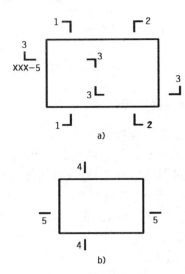

图8-4 剖切符号
a)剖面符号;b)断面符号

(2)剖切后的投影方向用垂直于剖切位置线的短粗线(长度4～6mm)表示,如图在剖切位置线的左侧,表示向左方向投影[图8-4a)]。

(3)剖切符号的编号,宜采用数字按顺序由左至右,由下至上连续编排,并应注写在投影方向的端部。当剖切位置线需转折时,应在转角的外侧加注与该符号相同的编号,如图8-4a)中的3-3所示。

断面图剖切符号的编号如图8-4b)所示,注写在观看方向一侧,如4-4断面表示向左观看,而5-5断面表示向下观看。

(4)剖面图如与被剖切图样不在同一张图纸内,可在剖切位置线上的一侧注明所在图纸的图纸号。如图8-4a)中的3-3剖切位置线下侧"×××-5",即表示3-3剖面图在×××-5图纸上。

(5)对习惯使用的剖切符号(如画房屋平面图时,通过门、窗洞的剖切位置),以及通过构件对称平面的剖切符号,可以不在图上作任何标注。

(6)在剖面图或断面图的下方或一侧,写上与该图相对应的剖切符号的编号,作为该图的图名,如"1-1、2-2",并应在图名下方画上一条与字位等长的粗实线,如图8-3所示。

附注:有些剖面符号在投影方向用细线并加上箭头表示,断面的符号也有所区别,请读者留心相关专业的图示标准。本章按《房屋建筑制图统一标准》(GB/T 50001—2001)的系列标准编制。

形体被剖切后,在被剖切到的截交线内画上平行等间距的45°细线,称为剖面线,或者注上材料断面符号。常用材料的断面符号见表8-1。

材料名称	断面图例	画法说明	材料名称	断面图例	画法说明
天然土 夯实土壤		斜线为 45°细线	混凝土 砂砾、碎石 三合土	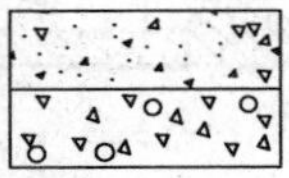	石子有棱角
砂、灰土 粉刷		靠近轮廓线点较密； 粉刷的点较稀	钢筋混凝土 铺面砖	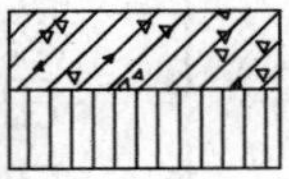	斜线为 45°细线； 石子有棱角； 铺面砖包括地砖、马赛克、人造大理石等
普通砖 焦渣、矿渣		斜线为 45°细线； 当断面较窄不易画出图例线时可涂红，包括水泥、石灰等材料	多孔材料 （沥青混凝土） 毛石		斜线为 45°细线
石材 金属	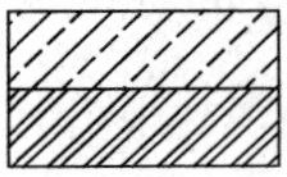	斜线为 45°细线	横断面 纵断面 木材	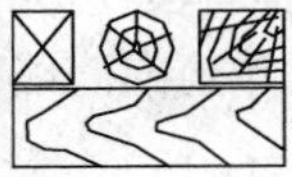	左上图为垫木、木砖、木龙骨徒手画
水	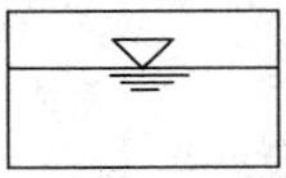	为等腰直角三角形	防水材料 橡胶 塑料		用尺子画
松散材料 网状材料	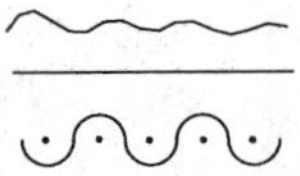	底线尺子画	耐火砖 空心砖	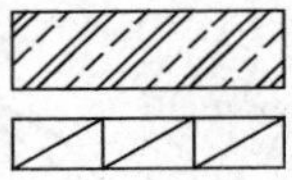	斜线 45°细线 斜线 30°细线

第二节 剖 面 图

一、全剖面图

假想用一个剖切平面，把形体全部切开后，所得的剖视图称全剖面图。如图 8-5 所示，跌水采用全剖后，内部表达得比较清楚，但是外形则不能表达出来，所以全剖面图适用于形状不对称，或外形比较简单但内部构造比较复杂的形体。

二、半剖面图

当工程形体对称时，通常把投影图画成一半表示外形，另一半表示内部构造的剖视图。这种表达形式称为半剖面图。

如图 8-6 所示，表示正圆锥壳面的独立基础，采用半剖面后，V 面投影由半个 1-1 剖面图和半个正立面图合并而成，且 W 面投影也是由半个剖面图和半个侧立面图所组成。这时半立

87

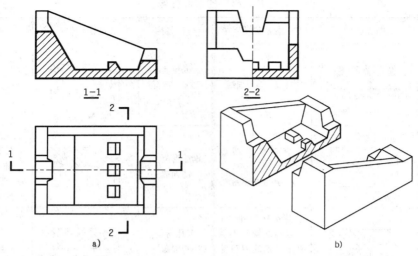

图 8-5　跌水剖面图
a)投影图；b)剖切立体图

面图仅画外形（在不影响表达完整的情况下，不画虚线），而 1-1、2-2 的半剖面图，则需要把虚线部分改画成实线，并画剖面线。

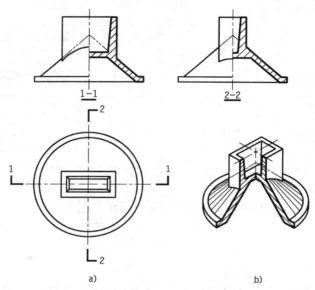

图 8-6　正圆锥壳基础的半剖面图
a)投影图；b)剖切立体图

画半剖面图应注意以下几点：
(1)半外形和半剖面图的分界线规定用细单点长画线（对称线），而不能画成实线；
(2)半剖面图一般画在图的右侧或下边，如图 8-3 所示；
(3)半剖面图和全剖面图的剖切标注相同。

三、局部剖面图

有时仅需要表达形体的一部分内部形状，或不便于作全剖面图或半剖面图时，则可采用局部剖面图,如图 8-7a)所示,H 面投影表示基础配置钢筋的局部剖面构造。如图 8-7b)所示,用局部剖面图表示圆管的内部构造。如图 8-7c)所示墙体上预埋管道的固定支架,只将其上固定支架的局部地方画成剖面图,用以表示支架埋入的深度及砂浆的灌注情况。

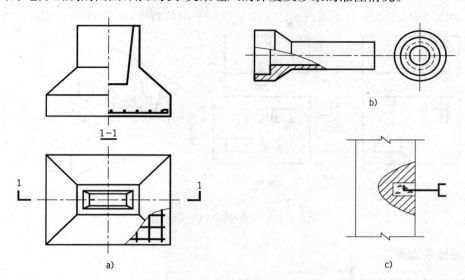

图 8-7　局部剖面图

a)基础局部剖面图;b)圆管局部剖面图;c)墙体上预埋支架局部剖面图

局部剖面图是一种比较灵活的表示方法,断裂线可以选用折断线、波浪线或用细单点长画线(轴线)。采用折断线时,形体需要全部被断裂,折断符号应画在被折断的图面以内;波浪线多用于局部断裂以表示构件层次,波浪线的起始点必须以轮廓线为界,并应与任何图线重合,如图 8-7 所示。

形体为多层不同材料组成的构造,且尺寸又比较小,不宜用剖面图表示时,则可采用分层局部剖面图,如图 8-8 所示。

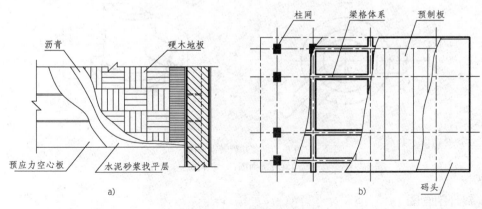

图 8-8　分层局部剖面图

a)楼面;b)码头

四、阶梯剖面图

当一个剖切平面不能将形体上需要表达的内部构造全部剖开时,则可采用将剖切平面转

89

折成两个相互平行的平面,沿着形体需要表达的部位切开,画出来的剖视图,称作阶梯剖面图。

如图8-9a)所示,形体具有两个孔洞,采用转折一次的两个平行的剖切面,画出了V面的剖面图,如图8-9b)中1-1剖面图所示。阶梯形剖切平面转折处,在剖面图上规定不划分界线。

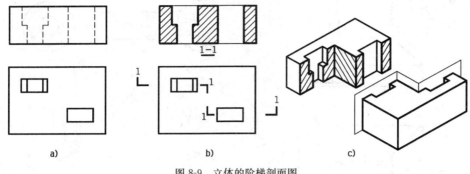

a)   b)   c)

图8-9 立体的阶梯剖面图
a)已知条件;b)阶梯剖面图;c)立体图

五、旋转剖面图

采用两个相交的平面(交线垂直于投影面),沿着需要剖开的位置剖切形体,把两个平面剖面图形,旋转到与投影面平行,然后一齐向所平行的投影面投影,称为旋转剖面图,如图8-10所示。

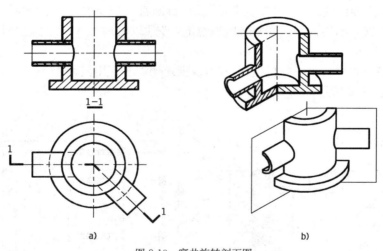

a)   b)

图8-10 窨井旋转剖面图
a)旋转剖面图;b)立体图

六、展开剖面图

剖切面是由柱面或平面与柱面组合而成的铅垂面,沿工程构造物中心线进行剖切,然后把剖切面展平(拉直),使它平行正立面并正投影,所画出的剖视图称为展开剖面图。

如图8-11所示弯桥和弯渠道,它们的平面图中心线为直线和曲线合成,它们的立面图是展平后画的纵剖面图。第十六章图16-4表示的是道路纵断面图形成的示意图。

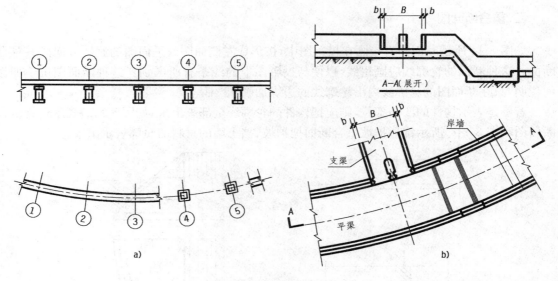

图 8-11 展开剖面图
a)弯桥的展开;b)弯渠道的展开

第三节　断　面　图

有些形体或构件形状的投影难以表达清楚,或没必要画出剖面图时,可采用断面图来表示。

一、移出断面

把所要表示的断面图画在投影图之外,称移出断面,如图 8-12 所示。为了表示局部屋架构件的断面图,采用中心线将断面图引出,这时的中心线就代表了剖切线,省略了标注剖切符号。

如图 8-13 所示,1-1、2-2、3-3 断面图,分别表示挡土墙工程各部分的断面形状。这些断面,既可以整齐地排列在投影图四周,又可以用与投影图不同的较大比例画出,有利于标注尺寸和清晰地显示出其内部构造。

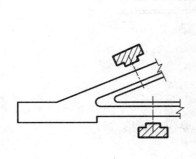

图 8-12　局部构件移出断面图

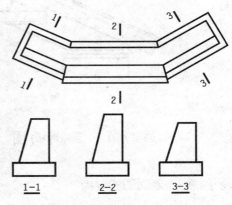

图 8-13　挡土墙的移出断面图

91

二、重合断面图

如图 8-14 所示断面图直接画在投影图中,按形成左侧面图或平面图的旋转方向画其重合断面。这种断面的轮廓线应画粗线,以便与投影图上的线条有所区别。这种断面图可不加任何说明,只在断面图的轮廓线内沿轮廓线的边缘加画 45°细斜线。

若不是表示构件的凹凸部位,则应把构件的轮廓线全部画出来,如图 8-14a)表示角钢重合断面图和图 8-14c)所示锥形护坡重合断面把护坡、挡土墙的材料的轮廓表示出来。

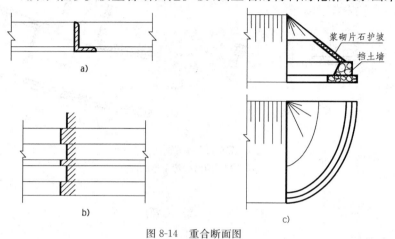

图 8-14　重合断面图

a)角钢的重合断面;b)装饰线脚重合断面;c)锥形护坡的重合断面

三、中断断面

将断面图直接画在构件的断开处,如图 8-15 所示,为屋架局部图示,它的角钢形式采用中断断面画出。

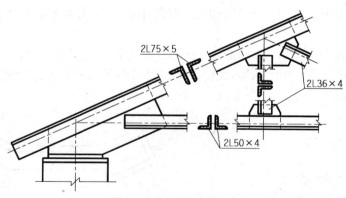

图 8-15　角钢屋架中断面图

第四节　画剖面图、断面图的要点和举例

一、画剖面图、断面图的要点

(1)剖面图是形体被剖切平面切开后,画出留下部分的投影,是立体的剖视投影,而断面图

只是一个截口的投影,是面的投影。

(2)形体的剖视剖切是假设的,当形体的一个投影图用剖面、断面来表达,其余的投影图不受影响,仍应完整画出,或当其余投影图再剖切时,还是把形体作为完整的来剖切。

(3)通常采用投影面平行面作剖切平面;根据具体情况,可采用正平面、水平面或侧平面作剖切平面,特殊情况也可以采用投射面作剖切平面。

(4)为了便于读图,一般应注出剖面图和断面图名称,剖切线和投影方向,但在下列情况下,可以省略。

①全剖面图或半剖面图中,它的剖切线和投影图的对称轴重合,且图形又按投影图规定位置排列时,剖切线可省去,如图 8-6 和图 8-7a)所示,或仅保留如"××剖面"等字样。

②移出断面图位于剖切线的延长线上,如图 8-12 所示。

③重合断面图。

(5)剖切线应尽量不要穿越投影图的轮廓线。

二、举例

例 8-1 如图 8-16 所示为一沉井构造图的剖面图。

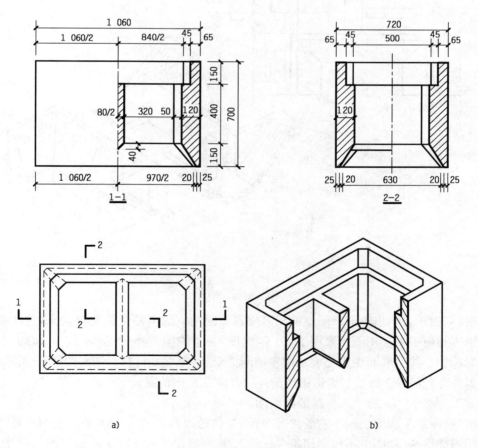

图 8-16 沉井

a)剖面图;b)立体图

分析：立面图是左右对称,故采用半剖面图的办法,一半显示外形,另一半则显示井身内部构造。侧面图也左右对称,但因正中有一道隔墙,不宜采用半剖而采用阶梯剖。从两个投影图可以看出,它们的剖切互不干扰。

在断面符号或断面线中标注尺寸数字时,必须留有空隙,如图中尺寸120。

例 8-2　如图 8-17 所示为水工建筑闸门的剖面图。

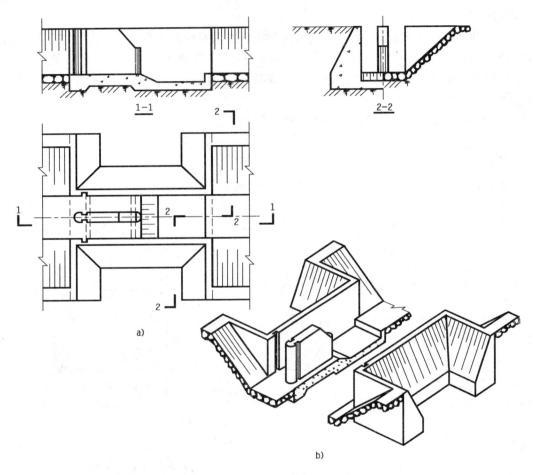

图 8-17　闸门的剖面图
a)剖面图；b)立体图

分析：平面图表示出渠道和闸室的相对位置。因闸室的两外侧均有覆盖土,为清晰起见,水平投影不画覆盖土。正面图采用了 1-1 剖面图,为了使闸墩外形完整,1-1 剖面的剖切位置偏离了对称中心线。剖面图主要表示闸室的断面形状、厚度及材料。侧面图用阶梯剖面,阶梯剖面 2-2 主要表示闸室边墩与渠道边坡的连接及闸室横向情况。

例 8-3　如图 8-18 所示为房屋的剖面图。

分析：房屋的平面图表示了它的内部布置,是由通过窗口的一个水平面剖切所得,由于房屋平面图习惯做法,在图上不作剖切符号标注。W 面投影采用了 1-1 阶梯剖面。由于采用了两个剖面图,房屋内部情况已表达清楚,所以正立面图中只画外形,不再画虚线。

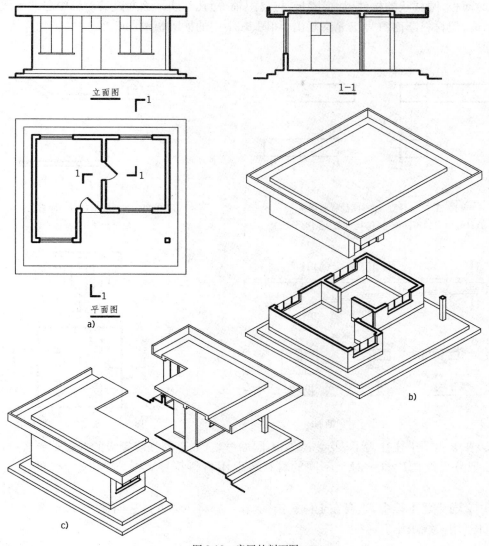

立面图

1—1

平面图

a)

b)

c)

图 8-18　房屋的剖面图

第五节　剖面、断面的规定画法和简化画法

　　作为生产依据的图样，要求图纸上视图的作图必须准确规范。在不影响生产的前提下，为了节约绘图时间，允许采用国家技术标准统一的规定画法与简化画法。

一、规定画法

　　(1)构件局部不同的省略画法。

　　一构件与另一构件仅部分不相同，当一构件画出完整的视图后，另一构件可只画不同的部分，用连接符号相连，且两个连接符号应对应在同一条线上，如图 8-19 所示。

　　图 8-20a)用细双点长画线表示了坯料的原有长度。钢筋弯钩的原有长度也可以用细双点长画线来表示。

（2）薄板、圆柱状的构件（如横隔板、桩、柱、轴等）凡剖切平面通过其对称中心或轴线，均不画剖面线，但材料断面符号仍允许画出，如图 8-21 中的横隔板和图 8-22 中的桩均作为不剖切来处理。

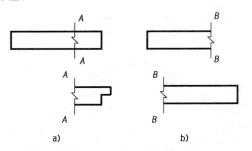

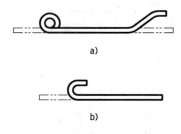

图 8-19　构件局部不同的省略画法

a)只画构件的不同部分；b)构件分成两部分绘制

图 8-20　坯料和钢筋弯钩原有长度的
规定画法

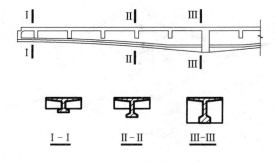

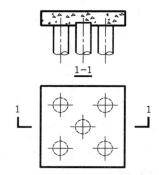

图 8-21　悬臂梁各段断面图

图 8-22　桩作为不剖切表示

（3）在工程图中往往为了表示构造物不同的材料（如不同强度等级的混凝土等），可在同一断面上把分界线画出来。对于不同的材料可以用材料符号表示，或用文字说明，如图 8-23 所示。

（4）交通土建工程中，当存在土体遮挡视线时，宜将土体看成透明体，使被土体遮挡部分成为可见体，用实线表示。

二、简化画法

1. 断开画法

如图 8-24 所示构件断面形状不变，则可将形体视图的中间一段折断不画，而只画出两端的形状，并将两端沿长度方向移近。

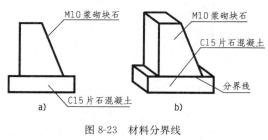

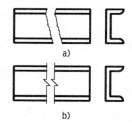

图 8-23　材料分界线

a)投影图；b)立体图

图 8-24　断开画法

2. 对称画法

当形体对称时，允许以对称中心为界在对称中心画出对称符号，作图时，可只画对称图形的一半，也可稍超出对称线。超出对称线部分画上断裂符号，如图 8-25 所示。

对称符号由对称线和两端的两对平行线组成。对称线用细点画线绘制；平行线用细实线绘制，其长度宜为 6～10mm，每对的间距宜为 2～3mm；对称线垂直平分于两对平行线，两端超出平行线宜为 2～3mm。

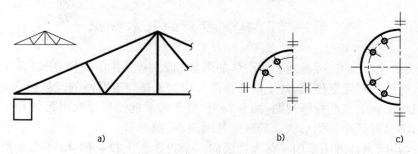

图 8-25　对称画法
a)画断裂符号；b)、c)画对称符号

3. 相同要素的省略画法

构配件内有多个完全相同且连续排列的构造要素，可以仅以两端或适当位置画出其中一两个要素的完整形状，其余要素以中心线或中心线交点表示，如图 8-26 所示。

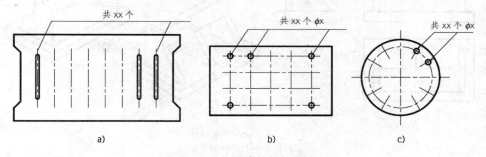

图 8-26　相同要素的省略画法
a)点画线表示；b)、c)交点表示

第九章　轴测投影

第一节　轴测投影的基本知识

正投影视图能够完整、准确地表达形体的形状和大小，且作图简便，所以在工程中被广泛采用。但是，这种图缺乏立体感，对于缺乏读图知识的人是较难看懂的。如图9-1所示的轻型桥台，如果只画出它的三面投影视图[图9-1a)]，由于每个视图只反映出形体长、宽、高三个向度中的两个，不易看懂形体的形状。若画出其轴测图[图9-1b)、c)]，显然，由于直观性较好而容易看懂。这是因为轴测图是用平行投影法向一个投影面上投射形体，并由于投射方向不平行于桥台任一坐标和坐标面而得到的投影视图，所以能在一个视图中同时反映出形体的长、宽、高和不平行于投影方向的平面，因而具有较好的立体感，能较易看出形体各部分的形状。

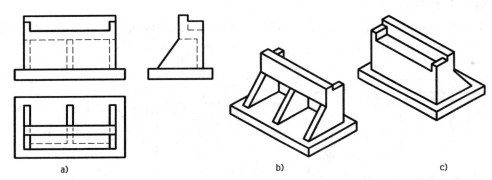

图 9-1　正投影图和轴测投影图
a)投影图；b)、c)轴测投影图

轴测图富有立体感是它的优点，因此，为了帮助读懂视图，更快地了解形体形状和构造，工程上常采用轴测投影图作为辅助图样。但它也存在缺点，首先是对形状表达不全面，如图9-1b)的台前构造情况，没有表达清楚；其次，轴测图没有反映出形体各个侧面实形，量度差；对复杂的构造物，其绘制方法也比较麻烦。

一、轴测投影的形成

如图9-2所示为形体在 H、V 面上的两正投影。再取 P 平面作为投影面，选择一个既不平行于形体棱线也不平行于形体侧面的投影方向 S，将形体连同确定该形体的直角坐标系按 S 方向平行投射到投影面 P 上，所得到的视图称为轴测投影图，简称轴测图。

在轴测投影中，投影面 P 称为轴测投影面，坐标轴在轴测投影面上的投影称为轴测投影轴，简称轴测轴。

二、轴测投影的特性

从图9-2中看出：形体上不平行于投影面 P 的平面，在投影中发生变形；同样，不平行于投影面的直线,它们的投影长度也产生变化。由此可见,轴测投影是平行投影且两平行直线又是其常见的几何形式,故此,它们的平行特性将为轴测投影的基本特性,现说明如下。

(1)空间各平行直线的轴测投影仍彼此平行。这是轴测投影最主要的特性。

如图 9-3 所示,设 $AB/\!/CD$,A_PB_P 和 C_PD_P 是它们的轴测投影,现分别过 A、C 点作 $AB_1/\!/A_PB_P$、$CD_1/\!/C_PD_P$,并分别与 BB_P、DD_P 交于 B_1、D_1 点,则 $AB_1=A_PB_P$,$CD_1=C_PD_P$。已知 $AB/\!/CD$、$BB_1/\!/DD_1$,以及 $AB_1/\!/CD_1$,所以 $\triangle ABB_1 \backsim \triangle CDD_1$。

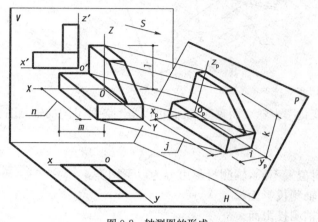

图 9-2　轴测图的形成

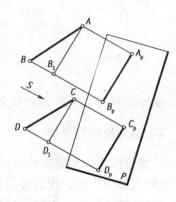

图 9-3　平行两直线的轴测投影

于是:

$$\frac{AB_1}{AB}=\frac{CD_1}{CD}$$

即:

$$\frac{A_PB_P}{AB}=\frac{C_PD_P}{CD}=p$$

这就是说,平行两直线的投影长度,分别与各自的原来长度的比值相等。该比值 p 称为变化率。

(2)空间各平行线段的轴测投影的变化率相等。

三、轴间角和轴向变化率

空间互相垂直的坐标轴 OX、OY、OZ 在轴测投影面上的轴测轴,分别以 o_Px_P、o_Py_P、o_Pz_P 表示之。三个轴测轴间的夹角 $\angle x_Po_Py_P$、$\angle y_Po_Pz_P$ 及 $\angle x_Po_Pz_P$ 称轴间角。它们可以用来确定三个轴测轴间的相互位置,显然,也确定了与 OX、OY、OZ 之间的角度。设从形体上分离出一点 A,如图 9-4 所示,Oa_X、Oa_Y、Oa_Z 为 A 点的坐标线段,长分别为 m、n、l,A 点的坐标线段投影成为 $o_Pa_{X_P}$、$o_Pa_{Y_P}$、$o_Pa_{Z_P}$,称为轴测坐标线段,长分别为 i、j、k。

在空间坐标系,投射方向和投影面三者相互位置被确定时,点 A 的轴测坐标线段与其对应的坐标线段的比值,称之为轴向变化率。分别用 p、q、r 表示 X 轴、Y 轴、Z 轴轴向变化率。

$$\frac{o_Pa_{X_P}}{Oa_X}=\frac{i}{m}=p, \quad \frac{o_Pa_{Y_P}}{Oa_Y}=\frac{j}{n}=q, \frac{o_Pa_{Z_P}}{Oa_Z}=\frac{k}{l}=r$$

这样,如果事先知道了轴测投影中轴测轴的方向和变化率,则与每条坐标轴平行的直线,其轴测投影必平行于轴测轴,其投影长度等于原来长度乘以该轴的变化率。这就是把这种投影法叫做轴测投影的原因。

轴间角和轴向变化率,是作轴测图的两个基本参数。随着形体与轴测投影面相对位置的不

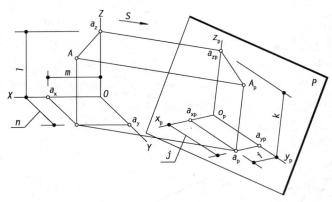

图 9-4 点的轴测投影

同以及投影方向的改变,轴间角和轴向变化率也随之而改变,从而可以得到各种不同的轴测图。

四、轴测投影的分类

根据投影方向和轴测投影面的相对位置不同,轴测投影可分为以下两类:

(1)正轴测投影。投射方向垂直于轴测投影面。

(2)斜轴测投影。投射方向倾斜于轴测投影面。

这两类轴测投影按其轴向变化率的不同,又可分为以下三类:

(1)正(或斜)等测轴测投影。三个轴向变化率都相等,简称正(或斜)等测。

(2)正(或斜)二测轴测投影。三个轴向变化率有两个相等,简称正(或斜)二测。

(3)正(或斜)三测轴测投影。三个轴向变化率各不相等,简称正(或斜)三测。

为了获得立体感较强且作图又简便的轴测图,工程上多采用正等测,正二测、斜二测和水平斜轴测(斜等)等形式。

第二节 正轴测投影

一、轴向变化率

在图 9-5 中,P 为轴测投影面,S 为投影方向,$OXYZ$ 为空间直角坐标系,$o_P x_P y_P z_P$ 为空间直角坐标系的轴测投影。X 轴、Y 轴、Z 轴的轴向变化率 p、q、r 由图可得:

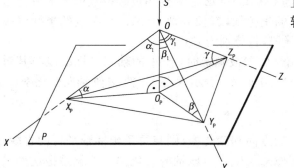

$$p = \frac{o_P x_P}{O x_P} = \cos\alpha = \sin\alpha_1$$

$$q = \frac{o_P y_P}{O y_P} = \cos\beta = \sin\beta_1$$

$$r = \frac{o_P z_P}{O z_P} = \cos\gamma = \sin\gamma_1$$

图 9-5 空间坐标系的正轴测投影

由空间解析几何可知:

$$\cos^2\alpha_1 + \cos^2\beta_1 + \cos^2\gamma_1 = 1$$

100

上式整理并将 p、q、r 代入得：

$$p^2 + q^2 + r^2 = 2 \tag{9-1}$$

此式表明，在正轴测投影中，三个轴向变化率的平方和等于2。由此，可见：

（1）在正等测中，采用 $p=q=r$ 代入式（9-1）得：

$$p = q = r \approx 0.82$$

（2）在正二测中，采用 $p=r=2q$ 代入式（9-1）得：

$$p = r \approx 0.94, q \approx 0.47$$

按照变化率作图时，需要把每个轴向尺寸乘上变化率。为使作图简便，在实际画图时，通常采用简化变形系数作图。常用的简化变形系数如下：

（1）在正等测中，取 $p=q=r=1$。用简化变形系数画出的正等测图的每一轴向尺寸都放大了 $1/0.82 \approx 1.22$ 倍。

（2）在正二测中，常取 $p=r=1$，$q=0.5$。用简化变形系数画出的正二测图的每一轴向尺寸都放大 $1/0.94 \approx 1.06$ 倍。

二、轴间角

在正轴测投影中，只要空间坐标系与轴测投影面相对位置一经确定，则轴向变化率和轴间角也就随着被确定。根据已求出的轴向变化率，就可得到相对应的轴间角，即：

（1）正等测：

$$\angle x_{P}o_{P}y_{P} = \angle y_{P}o_{P}z_{P} = \angle x_{P}o_{P}z_{P} = 120°$$

（2）正二测：

$$\angle x_{P}o_{P}z_{P} = 97°10', \angle x_{P}o_{P}y_{P} = \angle y_{P}o_{P}z_{P} = 131°25'$$

正等测轴测轴画法如图 9-6a) 所示。正二测轴测轴画法如图 9-6b) 所示。因 $\tan 7°10' \approx \frac{1}{8}$，$\tan 41°25' \approx \frac{7}{8}$，故其画法如图 9-6c) 所示。

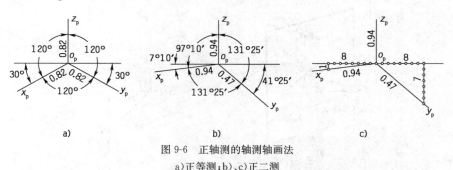

图 9-6　正轴测的轴测轴画法
a)正等测；b)、c)正二测

例 9-1　图 9-7a) 表示一四向同坡屋面，试画出其正二测图（采用简化变形系数）。

解：为了画形体的轴测图，应对形体引入一坐标系，以确定该形体对于坐标系的相对位置。坐标原点的选择原则上是任意的，其坐标轴通常使之与形体的三个主要方向平行。本例坐标系的选择如图 9-7a) 所示，这样就确定了形体各顶点在坐标系中的位置。例如 A 点的位置由坐标线段 x_a、$y_a/2$、z_a 所定。a_P 为点 A 在 XOY 坐标面上的次投影，A_P 为轴测投影。

101

然后,作屋面底部檐口的轴测图[图 9-7b)];作出屋面 A、B 两顶点的轴测图[图 9-7c)];直线连接屋面脊线,并加粗所需要的线条,则完成了屋面的轴测图[图 9-7d)]。

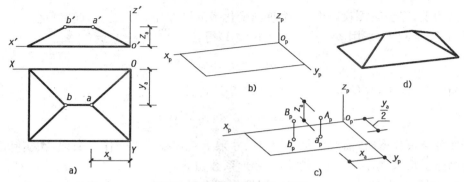

图 9-7　四向同坡屋面的正二测图

a)投影图;b)、c)、d)作图过程

把形体引入坐标系,分析形体各点在坐标系中的位置,确定各点的次投影和轴测投影,并据此画出轴测投影图,这是画轴测图的最基本方法。此方法也适合于画棱台及类似棱台形体的轴测投影图。

第三节　斜轴测投影

采用斜投影时,通常是使两条坐标轴与轴测投影面平行,如图 9-8a)所示。为便于说明问题,将坐标面 XOZ 置于轴测投影面 P 上,这样,不论投射方向如何,$o_P x_P$、$o_P z_P$ 的投影就是它们本身,即 OX、OZ 就是轴测轴。它们之间的轴间角总是 $90°$,X 和 Z 的轴向变化率总是 1。

至于轴测轴 $o_P y_P$ 的位置和轴向变化率则由投射方向而定。Y 轴经投射后,可以形成任意的轴向变化率和任意的轴间角,一般取 $o_P y_P$ 成 $45°$、$30°$ 或 $60°$ 的角,y_P 轴向变化率取 1 或 1/2。若取 1,则称斜等测图,或称正面斜等测图;若不取 1,则称为斜二测图或称正面斜二测图。斜轴测的轴测轴的轴向变化率和轴间角,如图 9-8b)所示。

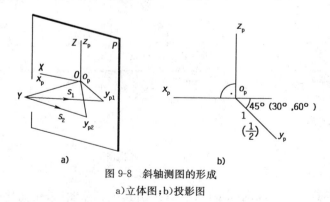

图 9-8　斜轴测图的形成

a)立体图;b)投影图

斜轴测投影的优点在于:平行坐标 XOZ 的平面在投影后形状不变。这在某些情况下,画形体的轴测投影图是很方便的。

例 9-2　画出图 9-9a)所示隧道洞口的斜二测投影图。

解:选取隧道洞门面作 XOZ 坐标面,可先画与立面完全相同的正面形状[图 9-9b)],然后画 45°斜线,再在斜线上定出 Y 轴方向上的各点。完成后的正面斜二测如图 9-9c)所示。

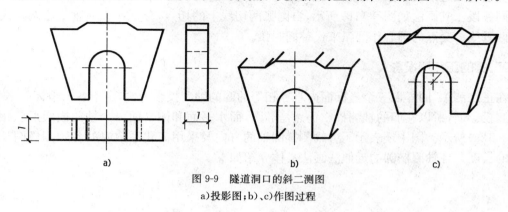

图 9-9　隧道洞口的斜二测图
a)投影图;b)、c)作图过程

第四节　圆和曲线的轴测投影

在平行投影中,当圆所在的平面平行于投影面时,其投影是一个圆;当圆所在的平面平行投射线时,投影为一直线;而当圆所在的平面倾斜于投影面时,则投影为一椭圆。

一、圆的正等测投影

图 9-10 所示为三个坐标面内直径相等圆的正等测投影图。由于三个坐标面均倾斜于轴测投影面,圆的正等测投影形状是椭圆,且三个轴测椭圆大小全等。轴测椭圆轴的方向和采用简化变形系数的长轴、短轴长度如图 9-10 所示。

工程上常用近似画法来作圆的轴测椭圆,对于正等测投影,通常采用四圆弧近似法画椭圆。

现以平行 XOZ 坐标面上圆的轴测椭圆画法为例。对于正等测投影,如图 9-10 所示,首先画出圆的外切正方形的轴测投影菱形,过菱形各边中点 a、c、b、d 作垂线,于是,得到垂线交点 1、2、3、4(其中 1、2 恰为菱形的一对顶点)。分别以 1、2 为圆心,2a 或 1b 为半径作圆弧 ad 和 bc;再以 3 和 4 为圆心,3c 或 4d 为半径作圆弧 ca 和 db,则完成了近似椭圆 adbc。所得到的近似椭圆,又称为四心椭圆。

有时还会遇到四分之一圆的正等测投影,如图 9-11a)所示,平面图中有两个圆角,即两段

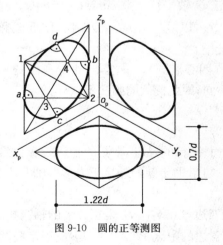

图 9-10　圆的正等测图

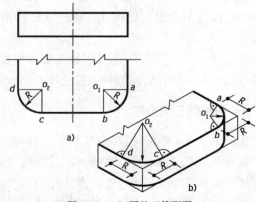

图 9-11　1/4 圆的正等测图
a)投影图;b)轴测图

圆弧分别与四边形的三条边线相切。在正等测图中,这两段圆弧的轴测投影可视为同一椭圆的不同弧段。其画法如图 9-11b)所示,自圆弧两切线上的切点,分别作直线垂直于两切线,再以此两垂线的交点为圆心作圆弧来代替椭圆弧。

二、圆的正二测投影

在正二测中,同样以三个坐标面内直径相等的圆的轴测投影为例,由于各个坐标面不平行于轴测投影面,所以它们的轴测投影仍然是椭圆,而水平面和侧平面二个轴测椭圆形状相等,如图 9-12a)所示。图中还表示了各轴测椭圆轴的方向及采用简化系数时的各轴测椭圆长轴、短轴的长度。各轴测椭圆的近似法画法具体介绍如下。

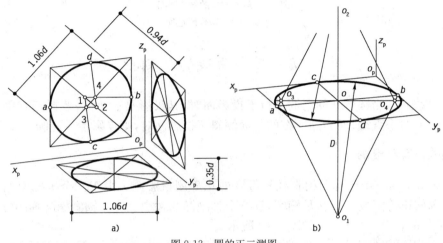

图 9-12 圆的正二测图

1. 正平圆的轴测图

平行于 XOZ 坐标面圆的轴测椭圆与正等测的轴测椭圆画法相同,如图 9-12a)所示。

2. 水平圆、侧平圆的轴测图

平行于 XOY、YOZ 坐标面圆的轴测椭圆画法相同。以 XOY 坐标面上的轴测椭圆画法为例,如图 9-12b)所示,作圆外接正方形轴测投影,a、b、c、d 为轴测投影平行四边形各边中点。过 o 点作一直线与 z_P 垂直,得椭圆长轴的方向,短轴与 z_P 轴平行。取 $oo_1 = oo_2 = ab$(ab 圆直径;点 o_2 位置为示意),连接 o_1b、o_2a 与长轴相交于 o_3、o_4,以 o_1、o_2、o_3、o_4 为圆心作近似椭圆 $acbd$。

正二测圆的轴测椭圆也采用四圆弧近似法作图(称四心椭圆)。显然,与正等测圆的轴测椭圆画法比较,由于 Y 轴的轴间变化率与 X 轴、Z 轴不同,因此椭圆的画法不一样。

三、圆的斜二测投影

正面斜二测的轴测投影面是和正立面(XOZ 坐标面)平行的,故正平圆的轴测投影仍然是圆。水平圆和侧平圆的轴测投影则是椭圆。作椭圆时,可借助于圆的外接正方形的轴测投影,定出属于椭圆上的八个点,这种方法称为八点法。

图 9-13a)所示 $abcd$ 是水平圆的外接正方形,平行四边形 $a_Pb_Pc_Pd_P$ 是正方形的轴测投影。正方形各边中点是圆上的点,则平行四边形 $a_Pb_Pc_Pd_P$ 各边的中点 1_P、2_P、3_P、4_P 应当是椭圆上

的点。正方形对角线与圆相交四个点 5、6、7、8 的轴测投影应在平行四边形的对角线上。又 5 点和 6 点是直线 ef 与正方形对角线的交点。e 点将线段 $1b$ 分成两段，$1e=1b\sin45°$，根据平行投影的性质则 $1_Pe_P=1_Pb_P\sin45°$。这样就可用作图的方法求得 e_P 点。如图 9-13b)所示，过 1_P 和 b_P 各作一直线与 a_Pb_P 成 45°，此两线相交于 $e_0{}'$，以 1_P 为圆心，$1_Pe_0{}'$ 为半径画弧与 a_Pb_P 交于 e_P、g_P。过 e_P、g_P 分别作 a_Pd_P 或 b_Pc_P 的平行线，与平行四边形对角线相交，即得 5_P、6_P、7_P、8_P 各点。把前后所得的八个点用光滑的曲线连接起来，就得到所求的椭圆。这种方法不仅适用于斜二测投影、斜等投影，而且也适用于正等测投影、正二测投影。应当指出，求四边形对角线上的四个点，并不一定只限于在 a_Pb_P 边上来作图，而是可以在任何边上来进行。

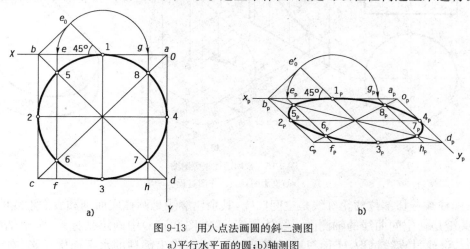

图 9-13　用八点法画圆的斜二测图

a)平行水平面的圆；b)轴测图

四、非圆曲线的轴测投影

曲线的轴测图，一般情况下仍是曲线，所以只要作出曲线上一系列点的轴测投影，然后再连成曲线即可。

画平面曲线的轴测图时，先在反映曲线实形的正投影图中，作出方格网，然后画出方格网的轴测图，再在轴测格网中，按照正投影格网中曲线的位置，画出曲线的轴测图。这种方法称为网格法。

例 9-3　如图 9-14 所示，已知墙面花饰的正面形状及厚度，试画其正二测图。

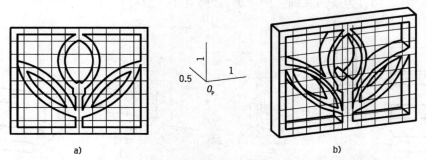

图 9-14　花饰的正二测图

a)投影图；b)轴测图

解：在正二测图中，先用网格法依格画空花的正面形状，再沿 Y 轴向量取厚度，画出看得见的与正面形状相同的背面形状，则可作出空花的正二测投影图。

画空间曲线的轴测图时,可在作出曲线上一系列点的次投影后,再逐点求作其轴测图,连接各点即是该空间曲线的轴测投影。

例9-4 图9-15a)所示为一被截切后圆柱的两面投影图,试画其正等测图。

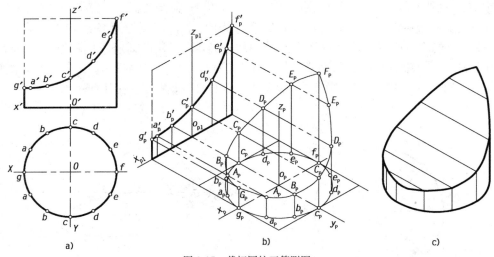

图9-15 截切圆柱正等测图
a)投影图;b)、c)作图过程

解:圆柱被截切部位的轮廓线是空间曲线,其余轮廓线是圆柱底面圆和表面素线的轴测投影。其关键是作空间曲线的轴测图。具体作法为:在图9-15a)中确定坐标系,画出轴测轴[图9-15b)]。可通过直线量取 H 面投影圆周上各点坐标,作出圆柱的水平面次投影;在 y_P 轴上取一点 o_{P_1},作 $x_{P_1}o_{P_1}$ // $x_P o_P$、$z_{P_1}o_{P_1}$ // $z_P o_P$,并在 $x_{P_1}o_{P_1}z_{P_1}$ 坐标面上作圆柱及切口各点在正平面上的次投影[图9-15b)]。然后过水平面上的各次投影点作 z_P 平行线与正平面上的对应次投影点的 y_P 平行线相交,得到切口曲线上各点 F_P、E_P、D_P…的轴测图。光滑连接各点,即成圆柱切口曲线轴测图,加深所需要的线条,便得到被截切圆柱的正等测轴测图[图9-15c)]。

第五节 轴测图的画法举例

为了进一步掌握轴测投影的画法,现举例如下(均采用简化变形系数)。

例9-5 图9-16a)为条形基础三面投影,试画其正二测投影图。

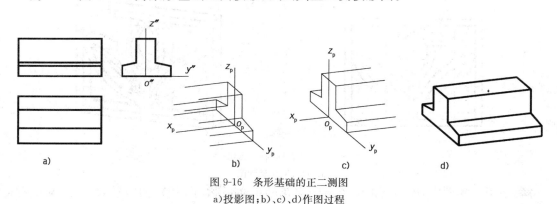

图9-16 条形基础的正二测图
a)投影图;b)、c)、d)作图过程

解: 坐标原点可定在侧面底中心。画出形体侧面的轴测投影图,侧面可定在投影图的右面,也可定在左面,见图 9-16b)、c),本例以画在左面为佳。然后,沿 x_P 方向量形体长度,画出另一侧面,则完成了条形基础的正二测图。

本例要点在于先画形体一个端面的轴测投影,而后根据另一方向的尺寸画出整个形体的轴测投影图。这对于画柱类形体的轴测图是极为方便的。

例 9-6 作出图 9-17a)所示挡土墙的正等测投影图。

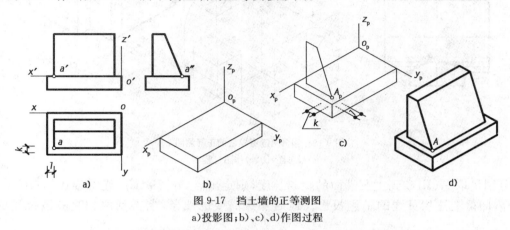

图 9-17 挡土墙的正等测图
a)投影图;b)、c)、d)作图过程

解: 挡土墙可分成基础和墙身两部分。

画出基础的轴测图[图 9-17b)],并根据坐标线段,在基础顶面上定出墙身上的点 A[图 9-17c)],然后根据 A 点作出墙身端面的轴测图,再画出墙身,完成挡土墙的轴测图[图 9-17d)]。

本例说明了画组合体的轴测图,可将形体分为几个部分,画出各部分的轴测图。画图时应当特别注意各部分位置的确定。

例 9-7 画出图 9-18a)所示木榫头的正二测图。

解: 可以把形体看成是由原来的一长方体,先在左上方切掉一块,再切去左前方和左后方各一角而形成的。画图时也按这样的步骤进行,如图 9-18d)所示,便得到木榫头的正二测图。

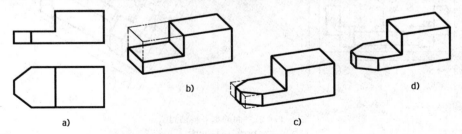

图 9-18 木榫头的正二测图
a)投影图;b)、c)、d)作图过程

例 9-8 如图 9-19a)所示,试画隧道主洞和次洞相贯模型的正等测图。

解: 主洞和次洞分别由长方体和半圆柱所组成。两半圆柱之间的相贯线为空间曲线。可根据两隧道的相对位置,首先画出两长方体和两半圆柱的轴测投影,然后求出两半圆柱的相贯线。求相贯线时可采用辅助平面法,即:作通过相贯线上 A、B、C 点的两正平面(水平面、侧平面均可),如图 9-19a)所示,则正平面分别与主洞圆柱相交于两条素线[图 9-19c)]。然后在素

107

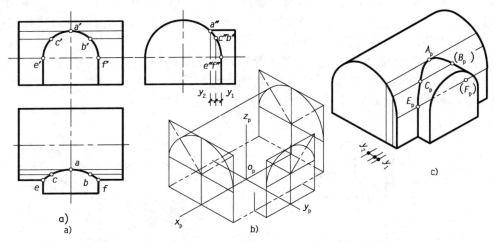

图 9-19　相贯两隧道模型的正等测图

a)投影图；b)、c)作图过程

线上分别量取 A、B、C 到主洞端面的距离长度，则定出点 A_P、B_P、C_P，光滑连接 E_P、C_P、A_P、B_P、F_P，即得圆柱相贯线的轴测投影。最后加深需要的线条，便得到两相交隧道模型的轴测图。

例 9-9　如图 9-20 所示，已知建筑群的总平面图，并已知有关建筑物的形状和高度(另外提供)，试画出其水平斜轴测图。

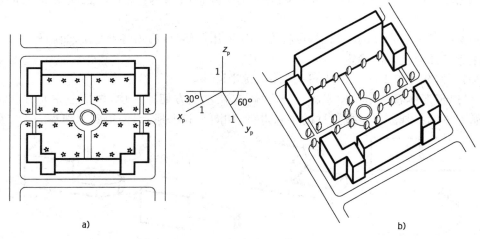

图 9-20　总平面的水平斜轴测图

a)投影图；b)轴测图

解：图 9-20b)为建筑群的水平斜轴测图，它是把 X 轴与水平线成 $30°$，Y 轴与水平线成 $60°$，Z 轴置于铅垂位置，以表达建筑物和树的高度。用水平斜轴测图来表达建筑群，既有总平面的优点，又具有直观性。

例 9-10　如图 9-21a)所示，已知条件由等高线表示，并已确定修筑道路填挖方范围的地形图(参考第十章标高投影)，试画出水平斜轴测图。

解：由于在水平斜轴测图中，平行于 XOY 坐标面的各个平面上的图形不变，故各等高线及道路与地面交线及轮廓线的水平轴测形状和大小，分别与地形图中相同。因此，只要在轴测图中按照地形图画出各地形地物的形状和大小,再定出各等高线的高度、交线的高度、道路轮廓线的高度,即为地形面的水平斜轴测图,如图 9-21b)所示。

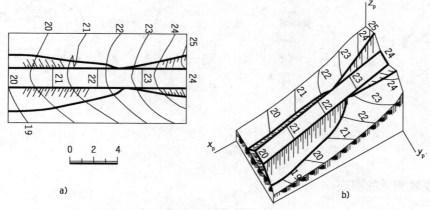

图 9-21　地形面的水平斜轴测图
a)投影图;b)轴测图

第六节　轴测图的剖切

在轴测图中为了表示形体的内部构造,经常采用在轴测图上取剖切的方法显示出形体的内部形状,这种轴测图称为剖切轴测图。如图 9-22 表示为一圆形沉井的剖切轴测图。

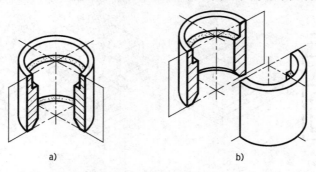

图 9-22　沉井剖切轴测图
a)剖去 1/4 角;b)剖去一半

一、画剖切轴测图时应注意的问题

(1)画剖切轴测图时,可假想用平行于坐标面的平面,将形体切去 1/4,画出其内部形状,如图 9-22a)所示。一般不采用将形体切去一半画轴测剖切图的方法。如采用这种画法,应按图 9-22b)所示,将切掉的部分向前移一段距离画出,这样才能较全面地显示形体的外形。

(2)轴测图的剖切面应画出其材料图例线。图例线应按其断面所在坐标面的轴测方向绘制,如图 9-23 所示。

(3)在轴测图上也可以把需要表示的某一局部切开,称为局部剖切。平行于坐标面的剖切部分画剖切图例线,而对于不规则的断裂表面则画上波浪线,如图 9-24 所示。

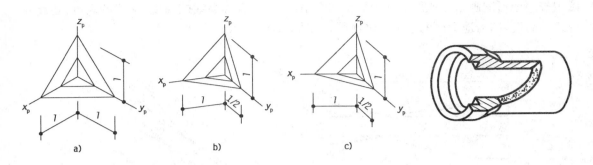

图 9-23　剖切断面材料图例线画法
a)正等测；b)正二测；c)斜二测

图 9-24　局部剖切轴测图

二、剖切轴测图的画法

画剖切轴测图的方法一般可先画出形体完整的外形,再通过平行坐标面的平面进行剖切,然后补画出经剖切后内部可见轮廓线,并画出剖切断面材料图例线。图 9-25a)为一形体的二面投影图,画其剖切轴测图的步骤如下。

(1)画出形体外表轴测图[图 9-25b)],本图用正等测。

(2)沿轴测轴切去 1/4[图 9-25c)]。

(3)画出内部显露各线,如画形体顶部圆孔的下口和底面圆口[图 9-25d)]。

(4)在剖切断面范围内按图 9-23 规定画图例线,并擦去多余的线条,加粗轮廓线[图 9-25d)]。

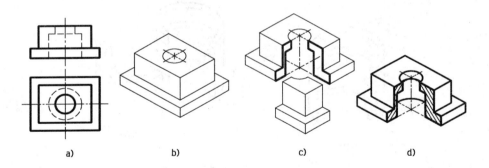

图 9-25　轴测图的剖切
a)投影图；b)轴测图；c)剖切作图过程；d)作图结果

第七节　轴测投影的选择

在绘制轴测图时,首先要解决的是选用哪种轴测图来表达形体。由于正等测图、正二测图和斜二测图的投射方向与轴测投影面之间的角度,以及投射方向与坐标面之间的角度均有所不同,甚至形体本身的特殊形状均影响图示效果,所以在选择时应该考虑画出的图样有较强的立体感,不要有太大的变形,以致不符合日常的视觉形象。同时还要考虑从哪个方向去观察形体,才能使形体最复杂的部分显示出来。总之要求图形明显、自然,作图方法力求简便。

一、轴测类型的选择

(1)在正投影图中如果形体的表面有和正面、平面方向成45°的，就不应采用正等测图。这是因为这个方向的面在轴测图上均积聚为一直线，平面的轴测图就显示不出来，如图9-26a)所示。同样，若正投影图中形体交线也位于和水平方向成45°的平面内，这平面在正等测图中投影成一直线[图9-26b)]。这就削弱了图形的立体感，故宜采用斜二测图或正二测图。图9-26的正二测图立体感较好。

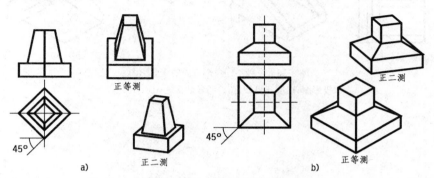

图 9-26　轴测图的选择

(2)正等测图的三个轴间角和轴向变化率均各相等，故平行于三个坐标平面的圆的轴测投影（椭圆）的画法相同，且作图简便。因此，具有水平或侧平圆的立体宜采用正等测图。如图9-27a)所示，为一桥墩模型的轴测图。桥墩因工作位置必须竖放，而墩身的两端是平行于 H 面的半圆形，采用正等测作图较为方便。

(3)凡平行 V 面的圆或曲线，常用正面斜二测，其 V 面轴测投影反映实形，画法较为方便。图 9-27b)所示为一洞身管节，而圆管节端面平行 V 面，故采用正面斜二测作图较为方便。

二、投影方向的选择

在决定了轴测图的类型以后，还须根据形体的形状选择一适当的投射方向，使需要表达的部分最为明显。图 9-28 所示为一形体的斜二测投影并表示了自前向后观看该形体的四种典型情况。图 9-28a)、b)为自上向下观看，即形体位于低处，可称俯视轴测投影；图 9-28c)、d)为自下向上观看，即形体位于高处，可称为仰视轴测投影。图 9-28a)、c)为自右向左观看；图9-28b)、d)为自左向右观看。画图时，应根据表示要求予以选用。

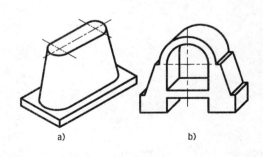

图 9-27　模型的轴测图
a)桥墩的正等测图；b)涵洞管节的斜二测图

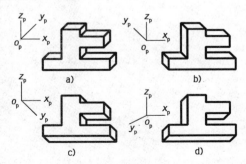

图 9-28　四种不同方向的正面斜二测图
a)向左下观察；b)向右下观察；c)向左上观察；d)向右上观察

111

图 9-29 所示为形体从不同方向投影所得的三个正等测图。从图形的明显性来看,图 9-29b)最好,图 9-29c)次之。图 9-29d)主要表现形体底部的形状,底部为一平板,而复杂的部分未表达出来,所示清楚程度较差。

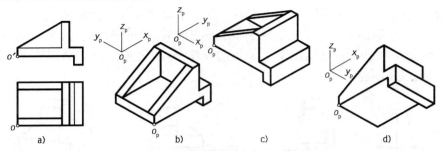

图 9-29 三种不同投影方向的正等测图

a)投影图;b)明显性较好;c)明显性次之;d)明显性较差

第十章 标 高 投 影

堤、坝、道路和广场等工程是在地面上修建的,都与地形面发生关系。地形面的形状直接影响着它们的设计和施工,因此在工程设计和施工中,通常需要绘制地形图,以便于在图纸上解决有关问题。由于地形面形状是很复杂的不规则曲面,且高度与长度之比相差很大,不能采用三面投影来表示,为此运用了称之为标高投影地形图绘制和表达方法。

标高投影是单面正投影。标高投影图即是标出高程形体的水平视图。

第一节 点和直线的标高投影

一、点的标高投影

作出点 A 在水平基面 H 上方的正投影,并在正投影旁注明该点距离 H 面的高度,这即为点的标高投影[图 10-1a)]。又设点 C 在 H 面内,点 B 离 H 面的下方 4 个单位,选择 H 面作为基准面,设其高程为 0,当 A 点高于 H 面时,高程为正值,B 点在 H 面以下,高程为负值,而 C 点恰好在 H 面内,高程为 0。

标高投影图上必须附有绘图比例(或画出图示比例尺)及其长度单位,否则就无法根据投影图来确定点在空间的位置。长度以米(m)为单位,在图上不需注明。实际工程中,标高投影一般采用与测量一致的标准海平面作为基准面。

图 10-1b)为 A、B、C 三点的标高投影。根据一点的标高投影,则可确定该点在空间的位置。如由点 a_5 作垂直于 H 面的投射线,向上量取 5m 即得 A 点。

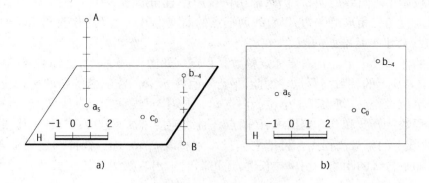

图 10-1　点的标高投影
a)立体图;b)投影图

二、直线的标高投影

1.直线的表示法

(1)直线由它的水平投影及线上任意两点的标高投影来表示。如图 10-2 所示,a_2b_5、c_5d_2、

e_3f_3 为直线 AB、CD、EF 的标高投影。其中，AB 为一般直线，CD 为铅垂线，EF 为一水平线。

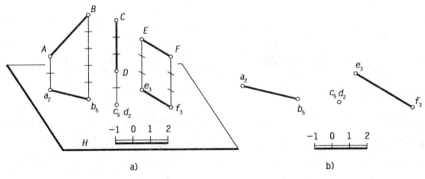

图 10-2　直线的标高投影例一

a)立体图；b)投影图

(2)用标注方向和坡度的直线及线上一点的标高投影来表示，如图 10-3 所示。

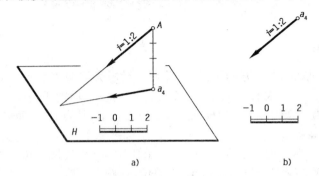

图 10-3　直线的标高投影例二

a)立体图；b)投影图

2.直线的实长及直线的整数高程点

在标高投影中求直线的实长，仍然采用正投影中直角三角形法。如图 10-4 所示，以直线的标高投影为直角三角形的一边，以直线两端点的高差为另一直角边作直角三角形，其斜边为实长，α 是直线对水平基准面的倾角。

在直线的标高投影上经常需要标定整数高程点。如图 10-5 所示，已知直线 AB 的标高投影 $a_{8.8}b_{5.3}$，求 AB 上的整数高程点。为此，平行于直线 $a_{8.8}b_{5.3}$ 作五条等距的平行线，令最下一条高为 5 个单位、最上一条为 9 个单位。由点 $a_{8.8}$、$b_{5.3}$ 作直线垂直于直线 $a_{8.8}b_{5.3}$，在其垂线上分别按其高程数字 8.8 和 5.3 定出 A、B 两点。直线连接 A、B 两点，它与各平行线的交点Ⅷ、Ⅶ、Ⅵ即为直线上的整数高程点。再把它们投影到直线 $a_{8.8}b_{5.3}$ 上，就得到直线上各整数高程点的投影。如平行线的距离采用单位长度，还可同时求出直线 AB 的实长及其对水平基准面 H 的倾角 α。

3.直线的坡度和平距

直线上任意两点的高度差与该两点的水平距离之比称为直线的坡度，如图 10-6 所示，A、B 两点高度差为 H，其水平投影距离为 L，AB 对 H 面倾角为 α，则：

坡度
$$i = \frac{H}{L} = \tan\alpha$$

114

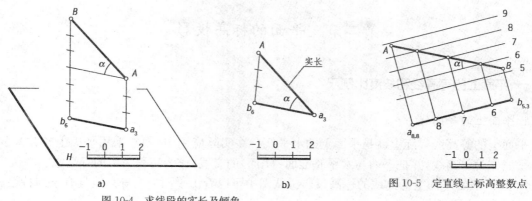

图 10-4　求线段的实长及倾角

a)立体图；b)投影图

图 10-5　定直线上标高整数点

上式表明两点间的水平距离为 1 个单位(m)时两点间的高度差即等于坡度。

当两点间的高度差为 1 个单位(m)时的水平距离就称为该直线的平距，用 l 表示，即 $i = \frac{1}{l}$。

从图 10-6 可得出：

$$l = \frac{L}{H} = \cot\alpha$$

由此可知，直线的平距和坡度互为倒数，即 $l = \frac{1}{i}$。坡度越大，平距越小；坡度越小，平距越大。

例 10-1　试求图 10-7 所示直线上的一点 C 的高程。

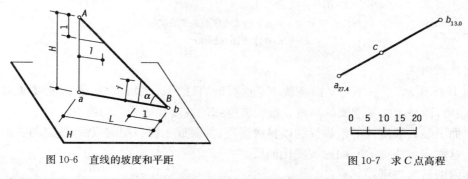

图 10-6　直线的坡度和平距

图 10-7　求 C 点高程

解：本题可用如图 10-5 所示的图解法去解，下面只介绍数解法。

先求 i 或 l，按比例尺量得 $L=36$。

则：
$$H = 27.4 - 13 = 14.4$$
$$i = \frac{H}{L} = \frac{14.4}{36} = \frac{2}{5}$$
$$l = 2.5$$

又量得，a、c 两点间距 $ac = 15$，

所以 $i = \frac{H}{L}$，即 $\frac{2}{5} = \frac{H_{AC}}{15}$，$H_{AC} = 6$

于是点 C 的高程应为 $27.4 - 6 = 21.4$(m)。

115

第二节 平面的标高投影

一、平面上的等高线和坡度比例尺

1.平面上的等高线

平面上的等高线实际上就是平面上的水平线。在实际应用中,通常采用平面上整数高程的水平线作为等高线,并把平面与水平基准面(H面)的交线,作为高程为零的等高线。

图10-8表示平面上等高线的标高投影。从图中可以看出平面上的等高线具有下列特性。

(1)等高线是直线。

(2)等高线互相平行。

(3)等高线的高差相等时,其水平间距也相等。

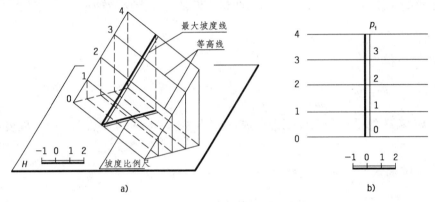

图10-8 平面上的等高线和最大坡度线

a)立体图;b)投影图

2.坡度比例尺

如图10-8所示,平面上与平面迹线 P_H 垂直的直线叫最大坡度线,最大坡度线对基准平面 H 的倾角,即平面对基准面的倾角。最大坡度线的坡度代表平面的坡度。

把平面上最大坡度线的投影标注以整数高程,并画成一粗一细的双线,使之与一般直线有所区别。这种表示法称为平面的坡度比例尺。

平面内的最大坡度线具有:

(1)平面内的最大坡度线与等高线垂直,它们的水平投影也互相垂直。

(2)最大坡度线的平距就是平面内等高线间的平距。

二、平面的表示法

1.几何元素表示平面

在前几章正投影中介绍几何元素表示平面的方法在标高投影中依然适用,即:

(1)不在同一直线上的三点。

(2)一直线及线外一点。

(3)相交两直线。

(4)平行两直线。

(5)其他平面图形。

2. 用坡度比例尺表示平面

如图 10-9 所示,坡度比例尺的位置和方向一经给定,平面的方向和位置也就随之而定。等高线与坡度比例尺垂直,过坡度比例尺上各整数高程点作坡度比例尺的垂线,即得平面上的等高线。

3. 用一条等高线和平面的坡度表示平面

如图 10-10a)所示,已知一等高线及坡度方向,由于是两条相交直线,所以平面的方向和位置就确定了。若要换成等高线表示的平面,可先利用坡度求得等高线平距,然后作已知等高线的垂线,再按图所给的比例在其垂线上截取平距,过各分点作已知等高线的平行线,如图 10-10b)所示,即得到等高线表示平面的标高投影。

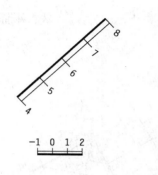

图 10-9 坡度比例尺表示平面

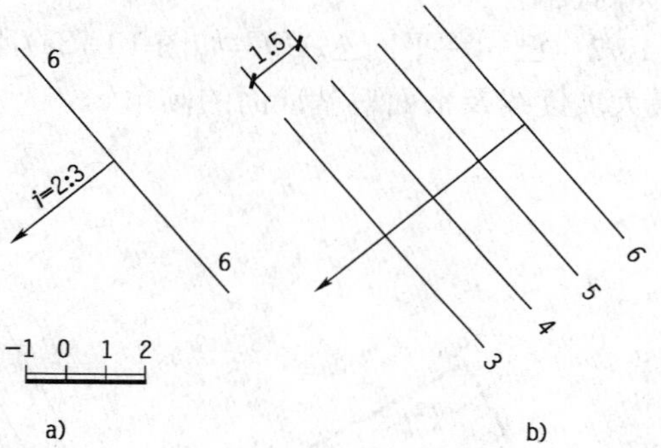

图 10-10 等高线和坡度表示平面
a)等高线和坡度;b)变换成一组等高线

4. 用一非等高线直线和平面坡度表示平面

如图 10-11a)所示,该平面是用一条一般位置直线 AB 的标高投影 a_2b_6 及坡度 $i=1:2$ 来表示。图中 a_2b_6 旁边的箭头只说明该平面在直线一侧为倾斜,它不代表平面坡度方向,所以用虚线表示。

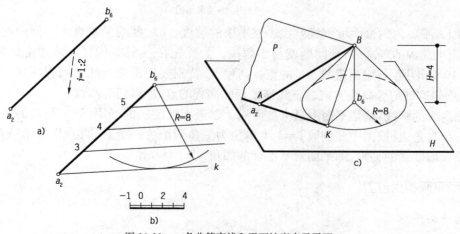

图 10-11 一条非等高线和平面坡度表示平面
a)已知条件;b)等高线作法;c)立体图

117

图 10-11b)表示平面内等高线的做法。首先分析一下做法的理由。

显然,该平面上高程为 2 的等高线必通过点 a_2,高程为 6 的等高线也必定通过点 b_6。这两条等高线之间的水平距离,应等于它们的高度差除以平面坡度,就是点 b_6 到等高线 2 的距离。

$$L = \frac{H}{i} = \frac{(6-2)}{\frac{1}{2}} = 4 \times 2 = 8 \text{（单位）}$$

解题如下:过一定点(a_2)作一线(等高线 2)与另一定点(b_6)的距离为定长($L = \frac{H}{i} = 8$)。因此,以点 b_6 为圆心,$R=8$ 为半径(按图中所给的比例尺量取),在平面倾斜方向画圆弧;再过点 a_2 向圆弧作切线,就得出高程为 2 的等高线,立体图见图 10-11c)。四等分直线 a_2b_6,就得到直线上高程为 3、4、5 的三个点。再过各分点作直线与等高线 2 平行,就得到 3、4、5 三条等高线的标高投影。

例 10-2 已知一平面△ABC,如图 10-12a)所示,其标高投影为△$a_0b_{3.3}c_{6.6}$,试求平面上等高线、最大坡度线及平面对基准面的倾角 α。

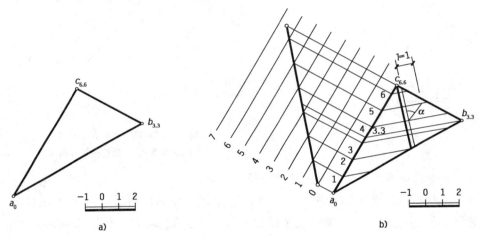

图 10-12 求平面上的等高线和最大坡度线
a)已知条件;b)投影作图

解: 因为平面内的最大坡度线就代表该平面的坡度,而坡度线又垂直于平面内的等高线,因此,定出平面内的等高线,则问题就易于解决。为此先在△ABC 的任意两边定出整数高程点,如图 10-12b)所示,定出直线 AC 的整数高程点,特别要定出此直线上高程为 3.3 的点,以便和 $b_{3.3}$ 点相连确定等高线方向。直线连接相同高程的点,就得到等高线。

作等高线的垂线,就是平面上最大坡度线。以最大坡度线的平距(即等高线的平距)为三角形的一个直角边;按图中此例取 $l=1$ 个单位为三角形的另一个直角边,作直角三角形。其斜边与最大坡度线的夹角,即平面对基准面的倾角 α。

三、两平面相对位置

1. 两平面平行

若两平面平行,则它们的坡度比例尺平行,平距相等,而且高程数字的增减方向一致,如图 10-13 所示。

2.两平面相交

在高程投影中,两平面的交线仍然利用辅助平面法来求,不过在标高投影中的辅助面一般采用整数标高的水平面,其交线是等高线。如图 10-14 所示,一水平辅助面与两平面相交,截交线是两条相同高程的等高线。这两条等高线的交点就是两平面的共有点。

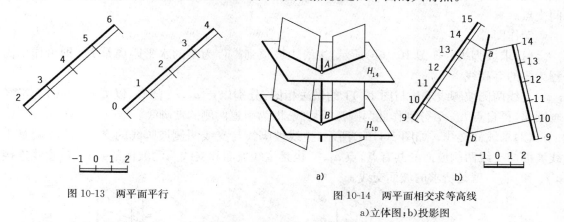

图 10-13 两平面平行

图 10-14 两平面相交求等高线
a)立体图;b)投影图

利用两个辅助面,可得两个交点,连接起来,即得交线[图 10-14a)]。

例 10-3 已知坑底的高程为−3,坑底的大小和各坡面的坡度如图 10-15a)所示。假定地面是一个高程为零的水平面,试作此坑平面的标高投影图。

解:1)分析

需求两种交线:一为坑顶面线,即坑的各坡面与地面高程为零平面的交线;二为各坡面间的交线。为此,先计算各坡面高程为零的水平线与相应坑底边线(高程为−3)的平距 L_1、L_2、L_3。

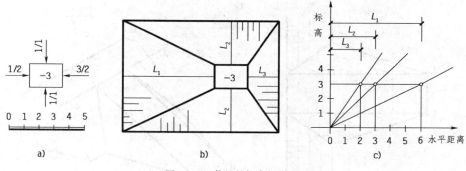

图 10-15 作坑的标高投影图
a)已知条件;b)投影图;c)图解法求水平距离

2)作图

(1)由左侧的坡度为 1/2,可计算 $L_1 = \dfrac{2}{1} \times 3 = 6$,同理 $L_2 = 3$,$L_3 = 2$。

L_1、L_2、L_3 也可用图解法求出,如图 10-15c)所示,先作出斜坡面的坡度线,按已知高差可从图上直接找到相应的水平距离。这种图解称为坡度图解,在比较复杂的题目中,应用此法比较方便。

(2)连接坑底和坑顶的各对应顶点,得到各斜坡面的交线,如图 10-15b)所示。

(3)画出各坡面的示坡线。

例 10-4 如图 10-16a)所示,在高程为零的地面上修一斜坡支线同主线相连,已知主线顶面标高为 4，主线两侧坡面与支线两侧坡面的坡度均为 1:1，试作出其坡脚线及坡面间交线。

解:1)分析

可用坡度图解作出各坡面与地面的交线。为此，先作各坡面的坡度线，在坡度线上求各整数高程的等高线，其为零的等高线就是各坡面的坡脚线，连接相同高程的等高线交点即为坡面间交点。

2)作图

(1)求坡脚线。如图 10-16b)所示，主线边坡顶到高程为零的水平距离是 L_1，即可作出高程为零的等高线。

支线两侧坡脚线求法与图 10-11 的做法相同：分别以点 a_4、b_4 圆心，以 $L_2=4$(m) 为半径画圆弧，再自点 c_0、d_0 分别作此两圆弧的切线，即为引道两侧的坡脚线。

(2)求坡面交线。如图 10-16c)所示，主线坡脚线与支线两侧坡脚线的交点 e_0、f_0 就是主线坡面与支线两侧坡面的共有点，点 a_4、b_4 也是主线坡面和支线两侧坡面的共有点，直线连接 a_4e_0 和 b_4f_0，就是所求的坡面交线。

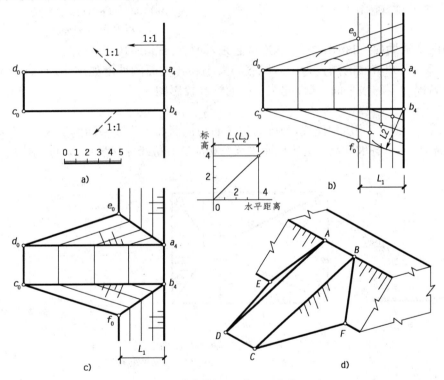

图 10-16 求路堤坡面与地面交线
a)已知条件；b)、c)作图过程；d)立体图

(3)画出示坡线。引道两侧边坡的示坡线应分别垂直于平面上的等高线 e_0d_0 和 f_0c_0。

第三节 曲面的标高投影

一、曲面的表示法

在标高投影中，假设用一系列的水平面与曲面相截，画出这些截平面与曲面截交线的标高

120

投影，就得到曲面的标高投影。

如图 10-17a) 所示，轴线垂直于 H 面的一正圆锥，假若用一系列的水平面 P_1、P_2、…和它相截，其截交线即为等高线。如果使这些截平面的高程为整数高程，则所得的等高线也为整数高程。如图中的等高线 0、1、2、…。在等高线上应注明高程，还要注明锥顶的高程，否则就分不清是圆锥还是圆锥台。标高数字的字头规定朝向高处。

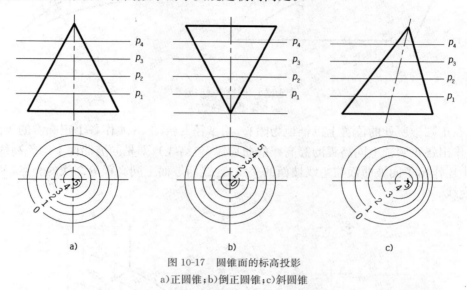

图 10-17　圆锥面的标高投影
a)正圆锥；b)倒正圆锥；c)斜圆锥

图 10-17b) 所表示的是一个倒正圆锥面，因为它的等高线越往外，高程数字就越大。

从图中可以看出，正圆锥和倒正圆锥，它们的等高线都是同心圆，而且平距相等。

图 10-17c) 中斜圆锥面的等高线是一些偏心圆，锥面上各素线长短不同，坡度也不一样，素线长处坡度小，平距大；素线短处坡度大，平距小。相邻等高线的高度差称等高距。

二、同坡曲面

如果曲面上各处最大坡度线的坡度都相等，这种曲面称为同坡曲面。

工程上经常遇到同坡曲面。道路在弯道处的边坡，无论路面有无纵坡，均为同坡曲面。同坡曲面形成如图 10-18 所示，正圆锥的锥顶沿空间曲导线 $ABCD$ 运动，在运动中，圆锥顶角不变，且轴线始终垂直于水平面，则所有这些正圆锥的包络面就是同坡曲面。

运动正圆锥在任何位置时，同坡曲面都与它相切，其切线既是运动正圆锥的素线，又是同坡曲面的坡度线，图 10-18a) 中如果用一水平面同时截切运动正圆锥和同坡曲面，所得两条截交线也一定相切，即运动正圆锥面上和同坡曲面上的同高程等高线也一定相切，如图 10-18b) 所示。

同坡曲面的等高线是曲线且平行。当高差相等时，它们的平距相等，如图 10-18b) 所示。

如图 10-19a) 所示，为一弯曲倾斜支线道路同主线干道相连，主线干道顶面的标高高程为 4m，设地面的标高高程为 0，弯道由地面逐渐升高与主线相连接，弯道两边的边坡就是同坡曲面，同坡曲面等高线的作图步骤如下[图 10-19b)]：

(1)弯道处两条路边线即为同坡曲面导线，定出曲导线上的整数高程点(如 a_1、b_2、c_3、d_4)作为锥顶的位置。

(2)根据 $i=1:1$ 算出平距 $l = \dfrac{1}{i} = 1$ 单位。

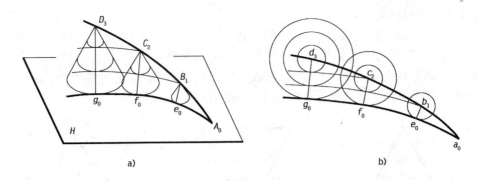

图 10-18　同坡曲面的形成

a)立体图；b)投影图

（3）在正圆锥所处的位置上以锥顶为圆心，用半径 $R=1$、2、3、4 作各个正圆锥的等高线。

（4）作出各正圆锥上同高程的等高线的曲切线（包络线），即是同坡曲面上的等高线。

图中还作出了同坡曲面与主线坡面的交线，连接两坡面上同高程等高线的交点，就得到两坡面的交线。

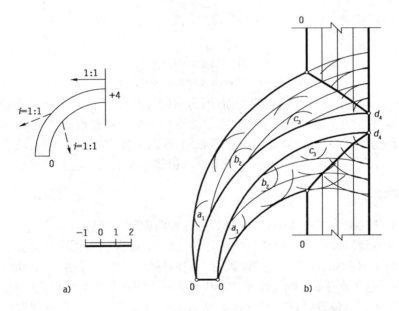

图 10-19　同坡曲面上的等高线

a)已知条件；b)投影作图

三、地形面

地形面的表示方法与曲面相同，也是用等高线来表示，如图 10-20 所示，由于地形面是不规则的曲面，因此地形面等高线也是不规则的曲线。地形面上的等高线有下列特性：

（1）等高线一般是封闭的曲线。在封闭的等高线图形中，如果等高线的高程中间高，外面低，则表示山丘[图 10-20b)]；如果等高线的高程中间低，外面高，则表示凹地[图 10-20c)]。

（2）若等高线越密，则表示地面坡度越陡；等高线越稀，则表示地面坡度越平缓。如图 10-20b)中的山丘，左右两边比较平缓。

122

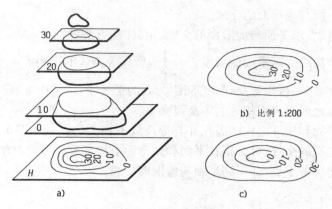

图 10-20　地形面表示法

a)立体图；b)山丘；c)凹地

（3）除悬崖、峭壁外，不同高程的等高线不相交。

如图 10-21 所示是地形面的标高投影，称为地形图。为了便于看地形图，除了解等高线的特性外，还应懂得一些常见地形等高线的特征，具体要求如下：

（1）山脊和山谷。山脊和山谷的等高线都是在同一个方向凸出的曲线。顺着等高线的凸出方向看，若等高线的高程数值越来越小时，则为山脊地形。反之，若等高线的高程数值越来越大时，则为山谷地形。水沟河流多位于山谷中（如图 10-21 中箭头所示）。

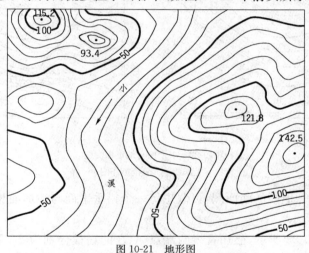

图 10-21　地形图

（2）鞍部。相邻两山峰之间，地形形状像马鞍的区域称为鞍部。在鞍部的两侧同高程的等高线，其排列近成对称形。

（3）在等高线中，每隔四条有一粗线，标有高程数字，该线称为计曲线，其他基本等高线称为首曲线。

第四节　平面、曲面与地形面的交线

一、平面与地形面的交线

求平面与地形面的交线，就是求平面与地形面同高程等高线的交点，顺次用光滑曲线连接这些点,便得到了平面与地形面的交线。

如图 10-22a)所示,求平面与地形面的交线。其作图方法如图 10-22b)所示。

(1)求作平面等高线。因平面的坡度 $i = \dfrac{1}{3}$,所以等高线的平距 $l = \dfrac{1}{i} = 3$,按平面倾斜方向和图中所附比例作平行于等高线 35,间距为 3 的平行线,即平面等高线。

(2)标出平面和地形面高程相等的等高线交点。

(3)内插法求平面和地形面相同高程并与等高线不相交的点。如图 10-22b)等高线 35 与 36,以及 27 与 28 之间的交线,可分别在平面和地形面上加密等高线的办法求出交点。

(4)依次光滑连接各交点,即得到平面与地形面交线。

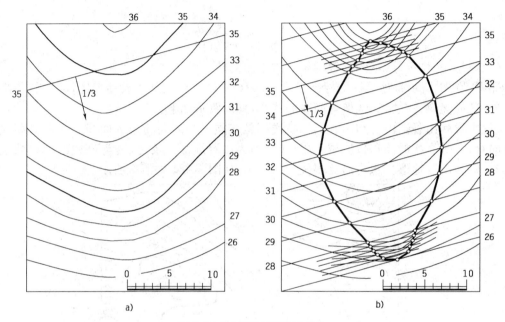

图 10-22 求平面与地形面交线
a)已知条件;b)投影作图

有时需要画出某一地段的断面图,可假想将一个铅垂平面与地形面相截,所得的交线就是地形断面图,如下例所示。

例 10-5 如图 10-23 所示,已知管线两端点 A、B 的高程分别为 24.7m 和 25.7m,求管线与地形面交点的标高投影。

解:1)分析

求直线与地形面的交点,一般采用包含直线作铅垂面 Q,作出铅垂面与地形面的交线,即断面的轮廓线。再求出直线与断面的交点,就是直线与地形面交点。

2)作图

(1)在图 10-23 上方作间距为 1 单位的一组平行线,且与直线 $a_{24.7}b_{25.7}$ 平行,令最下一条直线为 24 并标出各线的高程数字。

(2)包含直线 AB 作铅垂面 Q,该面与地形面等高线的交点就是断面轮廓线的标高投影。在图上方的平行线中对应定出各点。

(3)用光滑曲线连接这些点,即得断面轮廓线,其与画出的 AB 标高直线交于四个点

KLMN，即为管线与地形面的交点。

在图的上方，因完全按比例作间距相等的平行线，所以画出的直线 *AB* 和断面图反映实形。

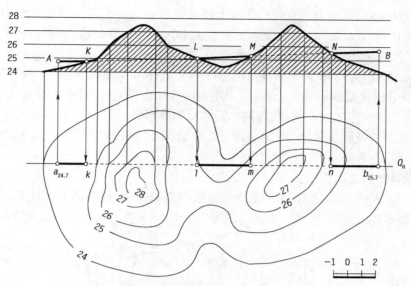

图 10-23　求管线与地形面交点

例 10-6　如图 10-24a)所示，在河道上修一土坝，坝顶面高程为 72m，土坝上游坡面坡度为 1:2.5，下游坡面坡度为 1:2，试求坝顶，上下游边坡与地面交线的标高投影。

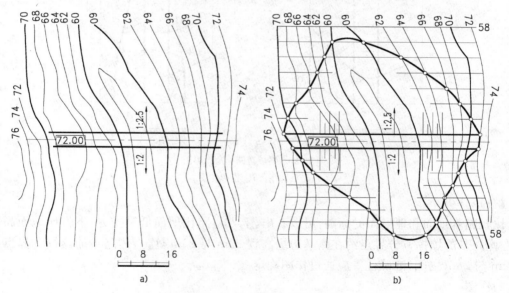

图 10-24　求土坝平面图
a)已知条件；b)投影作图

解：1)分析

坝顶高程为 72m，高出地面，属于填方。土坝顶面为水平面，坝两侧坡面均为一般平面，它们在上下游与地面都有交线，由于地面是不规则曲面，所以交线是不规则曲线。

125

2)作图

(1)土坝顶面高程为72m的水平面,它与地面的交线是地面上高程为72的等高线。延长坝顶边线与高程为72m的地形面等高线相交,从而得的坝顶两端与地面的交线。

(2)求上游坡面同地形面的交线。作出上游坡面的等高线。等高线的平距为其坡面坡度的倒数,即$i=1:2.5$,$l=2.5m$,则在土坝上游坡面上作一系列等高线,坡面与地形面上同高程等高线的交点就是坡脚线上的点。

上游坡面上高程为60m的等高线与地面有两个交点,上游坡面高程为58m的等高线与地形面高程为58m的等高线不相交,这时可采用内插法加密等高线,求出共有点(略)。

依次用光滑曲线连接共有点,就得到上游坡面的坡脚线。

(3)下游坡面的坡脚线求法与上游坡面相同,只是下游坡面坡度为1:2,所以坡面上的相邻等高线的平距$l=2m$。

(4)标注示坡线,完成作图。

例10-7 如图10-25a)所示,为某地面一直线段斜坡道路,已知路基宽度及路基顶面上等高线的位置,路基挖方边坡为1:1,填方边坡为1:1.5,试求各边坡与地形面交线的标高投影。

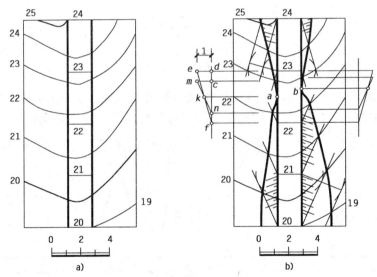

图10-25　斜坡道路标高投影图
a)已知条件;b)投影作图

解:1)分析

比较路基顶面和地形面的标高,可以看出,上方道路比地面低是挖方,下方比地面高是填方,左侧路基的填挖方分界点约在路基边缘高程22m与23m处,右侧路基的填挖分界点大致在22m与23m之间,准确位置应通过作图确定。

2)作图

(1)作填方两侧坡面的等高线,以路基边高程为21m的点为圆心,平距$l=1.5m$为半径作圆弧,由路基边界上高程为20m的点作此圆弧的切线,就得到填方坡面上高程为20m的等高线。过路基边界上高程为21m、22m的点分别引此切线的平行线,得到了填方坡面上相应高程的等高线。

(2)作挖方两侧坡面的等高线。求法与作填方两侧坡面的等高线相同,但方向与同侧填方

126

等高线相反。

（3）分别作左右侧路缘地面的铅垂断面，求出路缘直线与地形断面的交点，即为填挖分界点。

确定左侧填挖分界点。延长路基面高程为 22m、23m 的等高线与图左侧平行路缘的直线相交于点 f、d，此时，左侧 fd 之间等高距为 1，过 f 点作高 1 单位的点 e，连接直线 ef，则 efd 为路缘高程 22m 和 23m 之间的左侧路缘断面；同法作出路缘的地形面高程 22m、23m 等高线之间的左侧地形断面 mnc。直线 ef、mn 相交于点 k，过 k 点作左侧路缘直线的垂线并交于点 a，即点 a 为左侧路缘填挖的分界点。

同法求出路缘右侧填挖分界点 b。

（4）连接交点。将路基坡面与地形面同高程的交点顺次用光滑曲线相连，就得到坡脚线和开挖线。

（5）画出示坡线，完成作图。

二、曲面与地形面的交线

求曲面与地形面的交线，即求曲面与地形面上一系列高程相同等高线的交点，然后把所得的交点依次相连，便得到曲面与地形面的交线。

例 10-8 如图 10-26 所示，在山坡上要修筑一个半圆形的水平广场，广场高程为 30m，填方坡度 1:1.5，挖方坡度为 1:1，求填挖边界线。

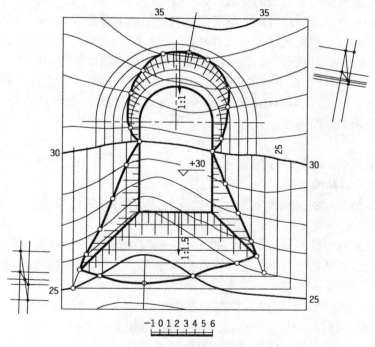

图 10-26 确定修筑场地的填挖范围

解：1）分析

（1）因水平广场高程为 30m，所以等高线 30m 以上的部分为挖方，而等高线 30m 以下的是填方部分。

(2)广场的填方和挖方坡面都是从广场的周界开始,在等高线 30m 以下有三个填方坡面;在等高线 30m 以上也有三个挖方坡面。边界为直线的坡面是平面,边界是圆弧的坡面是倒圆锥面。

2)作图

(1)求挖方坡面等高线,由于挖方的坡度为 1:1,则平距 $l=1$,所以,以 1 单位长度为间距,顺次作出挖方部分的两侧平面边坡坡面的等高线,并作出广场半圆界线的半径长度加上整数位的平距为半径的同心圆弧,即为倒圆锥面上的系列等高线。

(2)求填方坡面等高线。方法同挖方坡面等高线,只是填方边坡坡面均为平面,且平距为 $l=1.5$ 单位。

(3)作出坡面与坡面、坡面与地形面高程相同等高线的交点.顺次连接各坡面与地形面交点,即得各坡面交线和填挖分界线。

挖方坡面上高程为 34m 的等高线与地形面有两个交点,高程为 35m 的等高线与地形面高程为 35m 的等高线不相交,本例采用断面法求出共有点。

同法求出填方坡面等高线与地形面等高线不相交部分的共有点。

(4)画出示坡线,完成作图(图 10-26)。

例 10-9 如图 10-27 所示地形上修筑道路,已知路面位置及道路的标准断面,试求道路边坡与地面交线的标高投影,比例为 1:500。

解:1)分析

(1)求道路边坡坡面与地形面的交线,一般采用求坡面与地形面同高程等高线交点的方法来解决。但本例中,有一段道路坡面上的等高线与地形面上等高线近似平行,用等高线不易求出同高程等高线的交点,因此改用断面法,即沿着道路中线,每隔一定距离作垂直于中线的铅垂面为辅助剖平面去剖切地形面和道路,所得地形面与道路横断面轮廓的交点,就是开挖线或坡脚线上的点。辅助剖切平面上的地形与道路横断轮廓线,即为道路工程中的横断面图。

(2)从图中可以看出,地形面高程约 79m 的一端要开挖,另一端则要填筑。道路路基两侧的填挖分界点,应根据作图确定。

2)作图

(1)沿路线里程按中心桩号作横断剖切,如图 10-27 示。下面以桩号 K5+020(表示 5km 加 020m 的桩位)的横断面为例。

(2)用与地形图相同的比例作 K5+020 桩位的地形断面图,用细单点长画线标出道路中心位置(oo)。

(3)按道路断面画出路基及边坡线。桩号 K5+020 的桩位地面比路基顶面低,所以边坡应按填方断面画出,边坡坡度为 1:1.5。坡脚相交于 $1'$、$2'$。断面图按道路前进方向画,如图 10-27 中的 A-A。

(4)在桩号 K5+020 断面图上,量取水平投影距离 $o1'$、$o2'$,分别于线路平面桩号 K5+020 的剖切线上的中心,向右量 $o1'$,向左量 $o2'$ 距离长度,定出点 1、2。

(5)同理标出其他桩号路基横断面与地形面的各交点。

(6)确定路基两侧填挖分界点。运用内插法在路面上作出 78.6m、78.7m、78.8m、78.9m、79.1m、79.2m、…诸等高线,同时也作出地形面上的 78.6m、78.7m、78.8m、78.9m、79.1m、79.2m、…诸等高线,依次连接相同高程的两加密等高线的交点。

由图可看到,路面等高线 79m 和地面等高线 79m 相交于点 f,路面和地面加密等高线

78.8m相交于点 e。延长直线 ef 和左右侧路缘分别交于 a、b 两点。如图中画出的虚线曲线，这也是扩大斜坡路面与地形面的交点，即点 a、b 为所求分界点。

（7）用曲线依次连接所求同侧各点，即得道路与地形面的填、挖分界线。

（8）画出示坡线，完成作图。

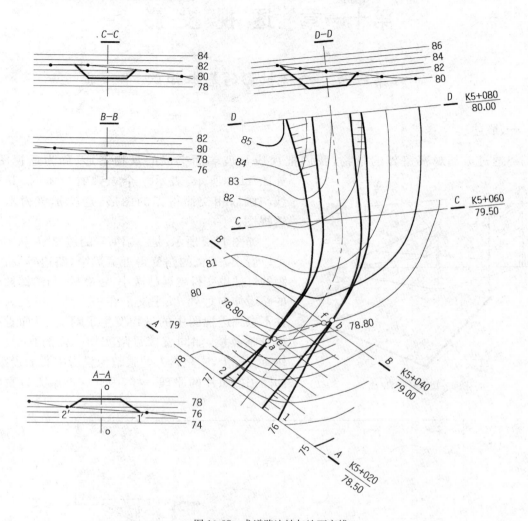

图 10-27　求道路边坡与地面交线

第十一章 透视投影

第一节 透视投影的基本知识

一、概述

当透过玻璃观察室外的景物,我们把视线与玻璃面交成的景物图形,称为透视图。

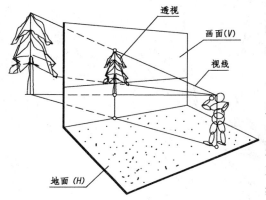

图 11-1 透视的形成

如图 11-1 所示,表示一个人观看树木时,其视线与画面相交而得到的图形,这就是该树木的透视图。

如图 11-2 所示,是一幅街景的透视图,从图中可以看出,等宽的路变得近宽远窄,路边等高、等距的灯柱也变得越远越矮小,越靠拢,与道路两边的路缘伸向远处,几乎交汇在一点上。可是人们并不感到透视图中的景物发生了畸变,反而觉得如身临其境,如同直接目睹实物一样的真切、自然。实际上,它是以人的眼睛为投影中心的投影,如同拍摄照片的原理一样,因此它能给人以真实的感觉。

图 11-2 街景透视图

透视投影为单面投影,透视图又称透视投影,简称透视。

由于透视投影所画得的图形符合人们的视觉印象,所以在土建工程中,经常需要绘制建筑物、规划区域、道路等的透视图,以便直观、逼真地显示出将来建成后的外貌。透视图既可供设计人员研究、分析建筑物的造型和布局等,又可供他人对建筑物予以评价、欣赏以及对其设计方案的评审。

二、基本术语

在作透视图时,经常要用到一些专用的名词术语,如图 11-3 所示,明白它们的确切含意,有助于理解透视的形成过程和掌握透视的作图方法。

基面。安置形体的水平面,当绘制建筑物时,则为地面,以字母 H 表示。

画面。透视图所在的平面,以字母 V 表示。在本章中,除了特别注明外,都是以垂直于基面的铅垂面为画面。

基线。基面与画面的交线,在画面上以字母 $o'x'$ 表示基线,在平面图中则以 ox 表示画面的位置。

视点。相当于人眼所在的位置,即投影中心 S。

站点。视点 S 在基面 H 上的正投影 s,相当于观看建筑物时人的站立点。

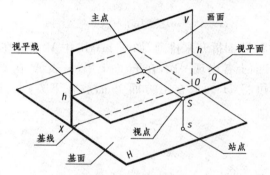

图 11-3 透视常用名词

主点。视点 S 在画面 V 上的正投影 s'。

主视线。视点到画面的垂直线,即视点 S 和主点 s' 的连线 Ss',其长度称为视距。

视平面。过视点 S 所作的水平面。

视平线。视平面与画面的交线,以 $h\text{-}h$ 表示。

视高。视点 S 到基面 H 的距离,即人眼的高度。

第二节 点、直线、平面的透视投影

一、点的透视

如 11-4a)所示,设点 A 的 H 面和 V 面正投影为 a 和 a',视点 S 的 H 面和 V 面正投影为 s 和 s'。得视线 SA 的 V 面投影为直线 $s'a'$。因点 A 的透视 $A°$ 在直线 SA 上,故 $A°$ 必在 $s'a'$ 上。又视线 SA 的 H 面投影是连线 sa,同理 $A°$ 必在 sa 上,也在投影轴即基线 ox 上,ox 与 sa 交于 $a_x°$,连线 $A°a_x°$ 是铅垂线,必垂直于 ox。所以点 A 透视 $A°$,位于该点的 H 面投影 a 和站点之间连线 sa 与 ox 轴交点 $a_x°$ 的铅垂线上。

空间点 A 在 H 面上投影 a 和视点 S 的连线 Sa 同画面 V 的交点称为空间点 A 的次透视 $a°$。又因 a 点的 V 面投影为 ox 轴上的 a_x,所以视线 Sa 的 V 面投影为 $s'a_x$,点 $a°$ 必在其上;又 sa 也是视线 Sa 的 H 面投影,所以 $a°$ 也在过 $a_x°$ 的铅垂线上,如图 11-4b)所示。

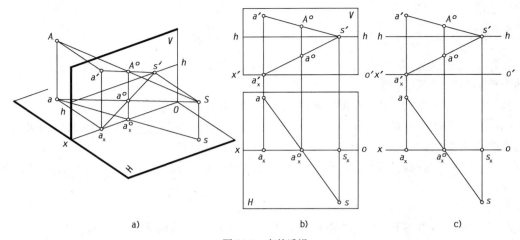

图 11-4　点的透视

a)立体图；b)投影作图；c)无边框透视图

作图中通常将 H 面和 V 面拆开来排列，如图 11-4b)中 V 面排在上方，H 面排在下方，此时，OX 分别在 H 面及 V 面上各出现一次，在 H 面上用 ox 表示，在 V 面上以 $o'x'$ 表示。H 面及 V 面仍竖直对齐。也可将 H 面放在上方而 V 面放在下方，而且通常不画出边框，如图 11-4c)所示。

二、直线的透视

1.直线的透视、迹点和灭点

(1)直线的透视一般情况下仍是直线，当线段或其延长线通过视点 S 时，其透视成为一点。

(2)直线上点的透视，必在直线的透视上，该点的次透视，必在直线的次透视上。

(3)直线与画面的交点称为直线的画面迹点。

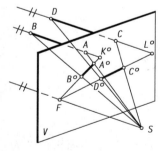

图 11-5　直线的迹点、灭点

如图 11-5 所示，延长直线 AB 与画面相交于点 K，交点 K 就是直线 AB 在画面上的迹点。迹点是直线在画面上的点，其透视就是点本身，且次透视在基线 ox 轴上。

(4)直线上离画面无穷远的点，其透视称为直线的灭点。

直线上的点和视点的连线称之为视线，当直线上点在无穷远时，其视线的极限与直线 AB 平行，极限视线同画面的交点即为直线上无穷远处点在画面上的透视，称为直线的灭点(图 11-5)。

显然，一组与画面相交的平行线有同一个灭点。如图 11-5 所示，AB 平行 CD，它们的灭点均为 F。迹点 K 到灭点 F 即是直线 AB 的透视方向，直线 KF 可称为画面后直线 AB 的全部透视，简称全透视。

2.各种位置直线的透视

1)垂直于基面的直线(铅垂线)

与基面垂直的直线，它们的透视仍表现为铅垂线段。

2)平行于基面的直线

平行于基面直线的灭点是视平线上的点 F。如图 11-6 所示，直线 AB 平行于基面且与画面相交于迹点 K。直线 AB 的灭点，是过点 S 作其平行线 SF 与画面的交点 F。由于直线 AB 平行基面，则 SF 平行基面 H 且在水平视平面内，因此点 F 应在视平线 h-h 上。AB 的 H 面投影 ab 次透视的灭点，也在视平线上，因为 AB // ab，所以，直线 ab 的灭点也是点 F。

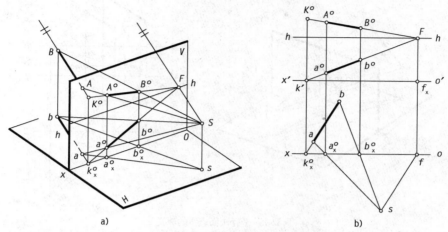

图 11-6　平行于基面直线的透视
a)立体图；b)投影作图

3)垂直于画面的直线

垂直画面直线的灭点是主点 s'。如图 11-7a)所示，过视点 S 作直线 AB 平行 Ss'，由于 AB 垂直画面 V，直线 Ss' 即主视线，且与画面 V 相交于点 s'，所以其灭点应为主点 s'。点 K° 为直线 AB 的迹点，所以直线 AB 在画面后的全透视为 $K^\circ s'$，直线 AB 在画面后的全次透视为 $k_x's'$，如图 11-7b)所示。

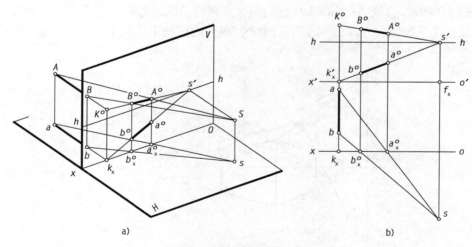

图 11-7　垂直于画面直线的透视
a)立体图；b)投影作图

4)平行画面的直线

由于直线 AB 平行于画面 V，如图 11-8a)所示，因此与画面没有交点，同时，自视点 S 引平

行于 AB 的视线与画面也是平行，所以直线 AB 没有灭点。透视 $A^°B^°$ 平行于直线 AB，且其透视与基面的倾角反映了直线 AB 对基面的倾角 α。同样，ab 平行于视平线 $h-h$，其次透视 $a^°b^°$ 也与 ab 平行。如图 11-8b)所示为平行画面的直线 AB 的透视投影作图，具体作图步骤如下：

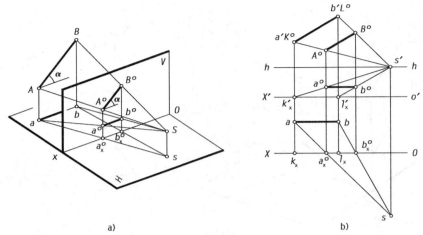

图 11-8 平行画面直线的透视
a)立体图；b)投影作图

(1)过点 A、B 引画面垂直线 AK、BL，如图 11-8b)所示。

(2)求出 AK、BL 两线的全透视 $K^°s'$、$L^°s'$ 和全次透视 $k_x's'$、$l_x's'$。AK、BL 是画面垂直线，灭点为主点 s'。

(3)过点 $a_x^°$、$b_x^°$ 作铅垂线交直线 AK、BL 透视上的点 $A^°$、$B^°$，即得直线 AB 的透视 $A^°B^°$，同样交直线 AK、BL 的次透视上的点 $a^°$、$b^°$ 得 AB 的次透视 $a^°b^°$。

5)一般直线

如图 11-9 所示，直线 AB、BC、ED 它们的灭点在视平线的上方或下方。CB 和 DE 是上行直线，灭点在视平线的上方，而 BA 是下行直线，则灭点在视平线的下方。但它们的次透视灭点 F_1 仍在视平线上。

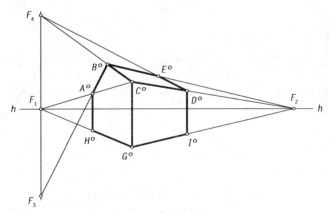

图 11-9 各种直线的透视

如图 11-10 所示，AB 为一般直线，在 H 面投影为 ab，AB 的水平倾角 α。

作平行直线 AB 的视线 SF_2 与画面 V 的交点 F_2，即为直线 AB 的灭点，而次透视的灭点

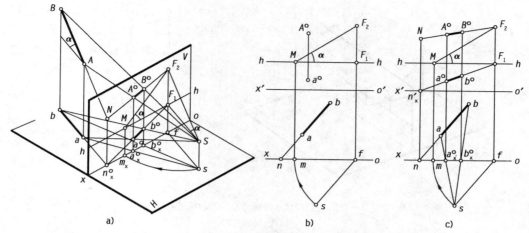

图 11-10　一般位置直线的透视
a)空间状况；b)已知条件及作灭点；c)作透视

位于过 F_2 的铅垂线与视平线 h-h 的交点 F_1 上。具体作图步骤如下：

（1）求作灭点。作 SF_1∥ab，交视平线 h-h 于 F_1 点，即为直线 AB 的次透视灭点；以 F_1 为圆心，直线 F_1S 为半径，交于视平线 h-h 于点 M，过 M 点以 h-h 为一边量取 α 角度作一直线与 F_1 的铅垂线相交于 F_2，点 F_2 即为直线 AB 透视的灭点。如图 11-10b)所示，AB 为上行直线，故 F_2 在 h-h 线的上方。

（2）求点 A 的透视。ab 在基面上，参照图 11-6，定出点 A、B 次透视 $a°$、$b°$，则利用点 A 的已知高度来求出 $A°$，连接 $F_2A°$ 即得出直线 AB 的透视方向。

（3）$F_2A°$ 与过点 B 的次透视 $b°$ 的铅垂线相交于 $B°$，即得直线 AB 的透视 $A°B°$。

求一般位置直线的透视，通常不使用其与画面的交点，除非该画面交点为已知，否则，与画面交点需要通过作图求解，但该交点无实用意义。

作一般位置直线的透视，如已知其 H 面投影和两个端点离开 H 面的高度，也可以利用真高线来求出两个端点的透视再直线连接，即得已知直线的透视。

3. 透视高度的量取

（1）位于画面上的铅垂线，其透视即为直线本身，它反映直线的实长。因为它是铅垂线，故称它为真高线，可利用它来解决透视高度的量取和确定问题。

如图 11-11a)所示，AB 为铅垂线，B 在基面上，要求作直线 AB 的透视。分别过点 A、B 作两平行的水平辅助线 AK 和 BL 并与 V 面交于点 K、L。因 B 在基面上，所以 L 必在 ox 轴上，连线 KL 必垂直 ox，直线 KL 的长度等于直线 AB 的高度，称 KL 为真高线。设辅助线的灭点为 F，则连线 FK 为辅助线 AK 的全透视，$A°$ 必在 FK 线上，同样，$a°$ 也必在连线 FL 上。又如图 11-11b)所示，两辅助线 ak、bl 在 H 面投影重合为一直线，视线 SF 的 H 面投影 sf∥ak 或 sf∥lb。

由图可知，KLF 实际上是画面后以高为 KL 的矩形的全透视，在 KLF 中任一位置平行于 KL 的直线，在空间的真实高度都是 KL，但透视长度却不同，显然，离视点越远，透视的高度越短，反映了透视近大远小的特性。

又如图 11-11a)所示，辅助线方向为任意选取的 H 面平行线，当方向不同时，将有不同的灭点 F 和不同位置的真高 KL，但 $A°B°$ 的位置不变。

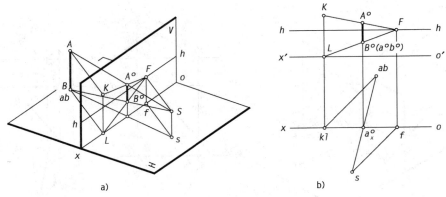

图 11-11　求水平面垂直线的透视
a)立体图；b)投影图

（2）集中真高线。在作图过程中，为避免每确定一个透视高度，就要画一条真高线，可集中利用一条真高线定出图中所有的透视高度，这样的真高线称为集中真高线，如图 11-12 所示。而且，这条线可作于图的左、右任何合适的空白处。

三、平面的透视

平面的透视一般情况下仍然是平面。求作平面的透视可归结为画图形轮廓线的透视。如图 11-13 所示，已知基面上的矩形 $abcd$ 及视点 S 的位置（即确定了站点 s 和视平线的高度），作其透视图。

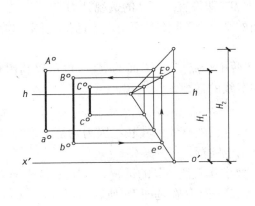

图 11-12　集中真高线

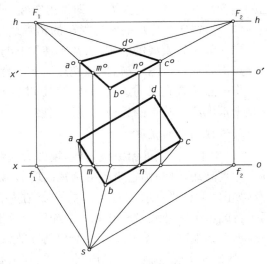

图 11-13　平面的透视

先求边线灭点。如图 11-13 所示，平面图形有两组方向平行线，故有两个灭点。灭点做法参照图 11-6，即 $sf_1 /\!/ ab$ 与 ox 交于 f_1 点，由 f_1 作 ox 轴垂线与视平线 h-h 交于灭点 F_1，F_1 也是 AB 同方向 CD 的灭点。同法作出另一组方向直线 BC、AD 的灭点 F_2。

直线 ab 和 bc 分别交 ox 轴于 m 和 n 两点，是这两直线的迹点。在 V 面的 $o'x'$ 轴上相应得 m°、n°。连接 $F_1 m^\circ$、$F_2 n^\circ$ 交得 b°。又用视线迹点法，求得 a°、c°，连 $F_1 c^\circ$、$F_2 a^\circ$ 交于 d°，图形 $a^\circ b^\circ c^\circ d^\circ$ 就是矩形 $ABCD$ 的透视。

136

四、平面圆和平面曲线的透视

1．圆周的透视

1）圆周平行于画面时，其透视仍然是一个圆

作图时，只要找出圆心的透视和半径的透视长度，便可画出圆的透视。如图 11-14 所示，是一圆管的透视。圆管的前口位于画面上，其透视就是它本身。后口圆周在画面后，并与画面平行，所以透视仍为圆，但半径缩小。为此，先求出后口圆心 O_2 的透视 $O_2°$，并求出后口两同心圆半径的透视 $A_2°O_2°$ 和 $B_2°O_2°$，分别画圆，就得到后口内外圆周的透视。最后作出圆管外壁的轮廓素线，即完成圆管的透视图。

2）当圆所在平面不平行于画面时，圆的透视一般为椭圆

一般采用八个点（即八点法）求作圆的透视，即应先作出圆的外切四边形的透视，然后找出圆上八个点的透视，再光滑地连接成透视椭圆。

图 11-15 所示是水平圆和铅垂圆的透视作图。具体作图步骤如下：

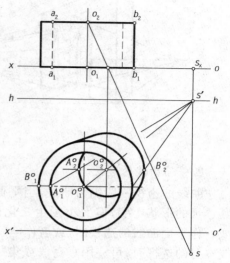

图 11-14　空心圆柱的透视

（1）在外切正方形透视 $A°B°C°D°$ 作对角线和中线，得圆上四个切点透视 $1°$、$2°$、$3°$ 和 $4°$。

（2）求对角线上四个点的透视。当作两点透视时，延长 $F_1B°$ 交基线于点 m，延长 $F_11°$ 交基线于 n，然后以点 n 为圆心以 $A°m$ 为直径作半圆，过点 n 作 $45°$ 直角三角形并在 $o'x'$ 轴上得点 9、10，连线 F_19、F_110，同对角线交于点 $5°$、$6°$、$7°$ 和 $8°$ 四点，如图 11-15a）所示。

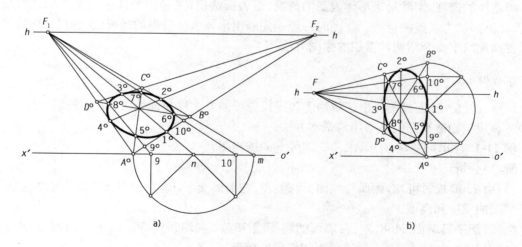

图 11-15　八点法作水平圆和铅垂圆的透视
a）水平圆；b）铅垂圆

当一点透视时，如图 11-15b）所示，以点 $1°$ 为圆心以 $A°B°$ 为直径作半圆，过点 $1°$ 作直角三角形，在直线 $A°B°$ 上得点 $9°$、$10°$，连线 $F9°$、$F10°$ 同对角线交于点 $5°$、$6°$、$7°$ 和 $8°$ 四点。

（3）顺次光滑连接八点，即得圆的透视椭圆。

拱门的透视，主要是解决拱门前、后两个半圆弧的透视作图，作图方法与上述类似，如图 11-16 所示。

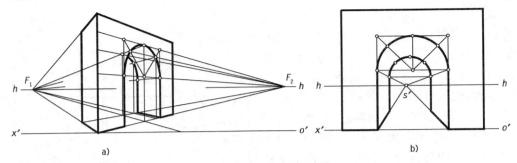

图 11-16　八点法画拱门的透视

2.平面曲线的透视

曲线的透视一般仍为曲线，当平面曲线与画面重合时，其透视即本身；与画面平行时，其透视的形状不变，但大小发生变化；当平面曲线所在平面通过视点时，则透视成为一直线。作平面曲线的透视时，或者作空间曲线的次透视时，均可采用网格法。由次透视求曲线本身的透视时，可应用真高线或集中真高线求出曲线上各点的透视高度，而后顺次连接各点画出透视图。

曲线透视作图时，先在平面图上打上网格，网格大小视图面复杂程度而定，网格越密，精度越高。八点圆法实际上也是网格法中的一种类型。

第三节　透视图的作法

画立体的透视，实际是求形体表面的透视，而表面透视，又是由形体上各个点的透视所组成，因此可归结为求点的透视。作图时一般是先画出形体水平投影的透视（次透视），而后再求其透视高度。下面介绍两种常用的作图方法。

一、视线法

根据视线的 H 面投影作出建筑物上各线段透视的方法称为视线法（或视线迹点法），它是绘制各种建筑物透视图的最常用的基本方法。

例 11-1　如图 11-17 所示，求作一间卧室的透视图。

解：1）分析

（1）由 H 面投影可知，画面与地面，天棚，左、右墙面交于 1357，透视 $1°3°5°7°$ 与之重合，反映了房间的宽度和高度。

（2）画面平行墙面 2468，左、右墙面的墙脚线 78、12 和墙顶线 56、34 垂直画面，灭点为主点 s'，墙面 2468 与墙面 1357 的透视为相似形的矩形。

2）作图

（1）求墙面的透视，连线 $s'1°$、$s'3°$、$s'5°$ 和 $s'7°$，得各墙脚线和墙顶线的全透视，再由 $s2(s4)$、$s6(s8)$ 与 ox 交点作铅垂线。交得墙角线 $2°4°$、$6°8°$；并连得墙脚线 $2°8°$ 及墙顶线 $6°4°$ 均为水平。连接各点得墙面透视。

138

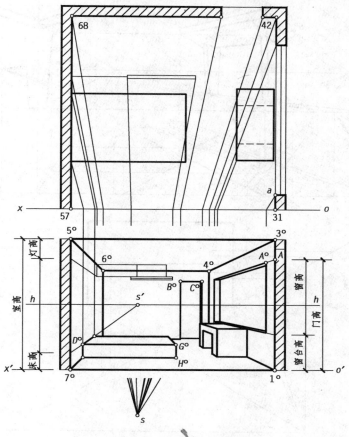

图 11-17　室内透视作法

（2）求作窗的透视，如图平面取点 A 为例，图中 $1°3°$ 为右墙的真高线，在上量取窗台高和窗高，如 A 点为窗顶延长后与画面相交的画面迹点。于是连接 As'，再由 sa 连线和 ox 轴的交点 $a_x°$ 处作铅垂直线，从而交得 $A°$，由此可得窗的透视。

同法，可作出床铺、桌、吊灯等的透视，如图 11-17 所示。

例 11-2　如图 11-18 所示，已知站台的水平面，侧立面投影及视点、画面，试用集中真高线求作站台的透视图。

解：1）分析

此站台由 V 形屋面及两根上大、下小的立柱组成，共有 6 组方向直线，应有 6 个灭点。本例采用集中真高线求解，故不需作出所有的 6 个灭点。从水平面投影看，有两组方向直线，只需求出这两组方向直线的灭点 F_1、F_2，即可作出站台的基面次透视。

2）作图

（1）求出水平投影中 an、cm、…一组的灭点 F_1，ac、bd、…一组的灭点 F_2。

（2）降低基线 $o_1'x_1'$，作出降低基面后的次透视 $a_1°$、$b_1°$、…各点透视。

（3）用降低基面后的 A、B、…各点的真高，确定 $A°$、$a°$、$B°$、$b°$、…各点透视，次透视位置，如图 11-18 中的 PQR 真高矩形所示。

（4）直线顺次连接各点，即得站台的透视图，如图 11-18 所示。

139

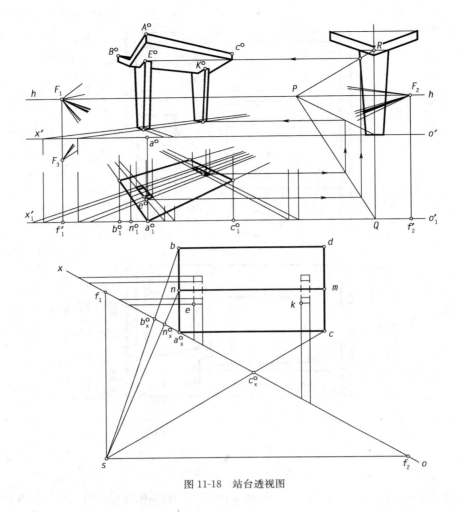

图 11-18　站台透视图

二、量点法

量点法是利用辅助直线的灭点，求已知线段透视的方法。如图 11-19 所示，AB 位于基面上，K 是其迹点且位于 ox 轴上，F 是其灭点，位于视平线上，则 FK 为直线 AB 的全透视。过直线 AB 的两个端点作一组平行于基面的平行线，交 ox 轴于 A_1、B_1，且 $KB=KB_1$，$AB=A_1B_1$，设此时的辅助线 AA_1、BB_1 灭点用 M 表示，则 MA_1、MB_1 分别为辅助线 AA_1、BB_1 的全透视，并与直线 AB 的全透视相交于 $A°$、$B°$，则 $A°B°$ 即为直线 AB 的透视。

显然如图 11-19a) 所示，F 是直线 AB 的灭点，所以 $SF /\!/ AB$，且 M 也是辅助线 AA_1 和 BB_1 的灭点，所以 AA_1、BB_1 也分别与 SM 平行。因而在 $\triangle SFM$ 和 $\triangle KAA_1$ 中，由于有两组对应边平行，故 $\triangle SFM$ 和 $\triangle KAA_1$ 两个三角形相似。又因在 $\triangle KAA_1$ 中，$KA_1=KA$，为一个等腰三角形，故 $\triangle SFM$ 也是一个等腰三角形，由此得到其对应边 $FS=FM$（$sf=fm$）。所以，M 点在基面的位置，就相当于以点 f 为圆心，以直线 fs 为半径作圆弧交 ox 轴上的点 m 而得；在画面上，则是在视平线上的 F 点向站点方向量取 fs 长度而得到，即透视作图过程画面与基面不必对正。

需要指出的是，在画面上作直线的透视时，辅助线 AA_1、BB_1、$\cdots$，不必再画出来，只要在基线上量取 KA_1、KB_1、$\cdots$ 就行了。

140

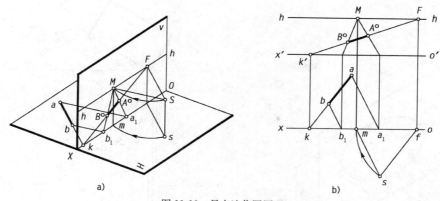

图 11-19　量点法作图原理

a)立体图;b)投影图

利用量点法可将画面 V 与基面 H 分离,缩小了画图空间而方便作图,作出建筑形体基面次透视(或称透视平面图),然后,定出各部分的高度,从而完成整个建筑形体的透视。

第四节　视点、画面和建筑物间相对位置的处理

视点、画面和建筑物三者之间的相对位置,决定了透视图的形象。为了使绘成的透视图形象逼真,能反映出建筑物的构造特征,在画透视图时,应选择合适的视点和画面的位置。

一、视点位置的选择

当人头部不转动,并只以一只眼睛观看前方形体时,所观察范围是有限的,此范围是以人眼为顶点,以主视线为轴线的锥面。图 11-20 所示,称为视锥,视锥顶角称为视角。视锥面与画面相交所得封闭曲线内的区域称为视域。人眼的视域接近于椭圆形,其长轴是水平的,即视锥是一个椭圆锥,其水平视角 α 可达到 $120°\sim148°$,垂直角 θ 可达到 $110°\sim125°$。然而清晰范围只是其中很小一部分。因此在实用上为了方便起见,把椭圆锥近似看成正圆锥。于是视域也就成为圆形。在绘制透视图时,视角通常被控制在 $60°$ 以内,而以 $28°\sim37°$ 为佳。在特殊情况下,视角可稍大于 $60°$,但一般不宜超过 $90°$。

二、视点的选定

视点的选定包括站点、视高两方面内容。

1. 站点的选定

(1)确定视角。如图 11-21 所示,站点 s_1 与建筑物距离较近,其水平视角 α_1 较大,两灭点过近,建筑物收敛过于急剧。图像给人的视觉感受不佳。而站点 s_2 处,水平视角 α_2 较小,两灭点相距较远,水平线透视显得平缓,图像看起来比较开阔舒展,可见视角对透视形象的影响很大。

(2)选定站点。应充分体现建筑物的特征。如图 11-22a)所示,当站点位于 s_1 处时,不能反映出建筑的全貌和相对位置,而站点位于 s_2 处时,如图 11-22b)所示,能反映全貌且效果较佳。

2. 视高的确定

视高应按经常观察建筑物的高度确定。当人立于水平地面时,视高为 $1.5\sim1.8m$,通常视高取为 $1.6m$。但有时为了使透视图取得某种特殊效果,可将视高适当提高或降低,如图11-23所示。

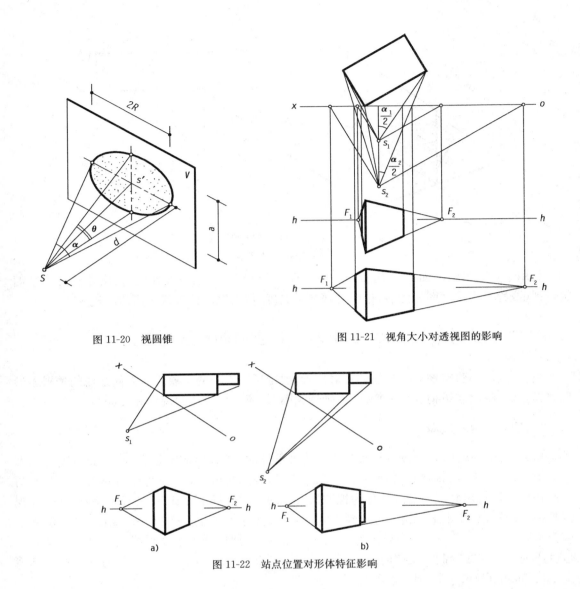

图 11-20　视圆锥

图 11-21　视角大小对透视图的影响

图 11-22　站点位置对形体特征影响

三、画面与建筑物的相对位置

画面与建筑物立面的偏角大小对透视形象有影响。如图 11-24b)所示,在一般情况下,应使建筑物的主立面与画面的夹角成 30°,这样画出来的透视图能使建筑物的主次面分明,它突出了主立面。如图 11-24c)所示,建筑主立面与画面夹角成 0°,透视中主立面与画面 V 重合,侧面透视不分明,而图 11-24d)的建筑物主立面与画面夹角为 60°,则透视轮廓线的两个方向斜度差不多,若对于接近方形的建筑物来说,透视图显得特别呆板。若夹角大于 45°时,则透视图中原较宽的主立面反而比侧立面窄了。

四、确定视点,画面的步骤

(1)过平面图中的某一角点 a 作基线 ox,使与长方向 ab 成夹角(夹角大小按需要定)。

(2)过边缘点 b、d 向基线 ox 作垂线得透视图的近似宽度 B。

(3)在近似宽度中间 1/3 区段内,选取主点投影 s_x,由 s_x 作 ox 的垂线 ss_x。ss_x 长度为近似

142

画面宽度的 1.5～2.0 倍［图 11-25a)］，检验建筑物竖向透视近似高度 H，如图 11-25b)所示，也应同时满足 ss_x 为近似高度的约 1.5～2.0 倍。

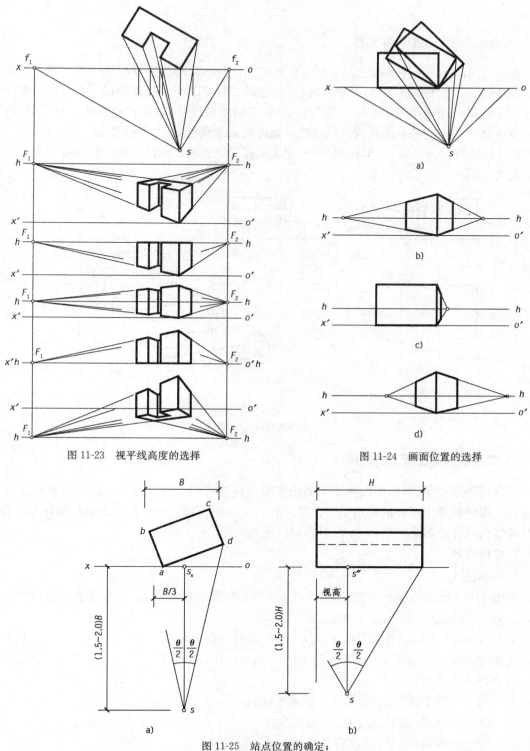

图 11-23　视平线高度的选择

图 11-24　画面位置的选择

图 11-25　站点位置的确定；
a)水平宽度确定站点；b)竖直高度确定站点

第五节　使用计算机绘制透视图

一、Auto CAD 三维作透视图

Auto CAD 画透视图实际上是数解法作透视图。它的原理与本章图解法作透视图完全相同。Auto CAD 三维作透视图,是根据透视图成图原理,变图解为数解,因此,它的运行程序也是包含了数据处理和作图两部分。随着 CAD 程序版本的提高,其画图操作越来越简单,但原理不变。画透视图的基本步骤为:建立模型;选择视点和观察方向;剪裁消隐,完成透视。

图 11-26 所示为 Auto CAD 绘制的某建筑形体的俯视图。具体绘制过程详见第十三章三维绘制透视图。

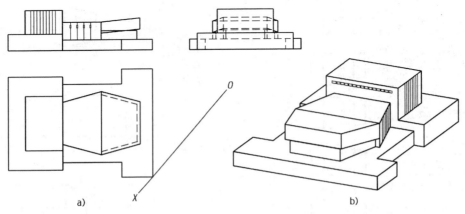

图 11-26　建筑形体鸟瞰图

a)已知条件;b)透视图

二、透视在道路工程上的应用

根据道路平面图、纵断面图和横断面图作出道路透视图,并利用道路透视图,来判断已开始设计又即将被施工道路的构造是否良好,路线的平、纵、横的选择是否合理。利用透视图作为高速公路设计依据之一的做法,已日益被广泛地应用。

1.作图原理

1)基本公式

如图 11-27 所示,空间一点 A(物点)对包含视轴所作的铅垂平面 V_1 及视平面 Q 的投影各为 a'、a,点 s 是视点。则 A、a'、a 的透视各为 $A°$、a_o' 和 a_o。

$$\because \triangle SAa \backsim \triangle SA°a_o,则\ d/D=h_A/H \qquad \therefore h_A=H \cdot d/D \tag{11-1}$$

$$同理,\triangle SAa' \backsim \triangle SA°a_o',d/D=b_A/B \qquad \therefore b_A=B \cdot d/D \tag{11-2}$$

图中:S——视点;

　　　Q——视平面(包含视轴所作的水平面);

　　SX——视轴(视平面与 V_1 面的交线);

　　　V——画面(与 V_1 面及 Q 面垂直);

　　　A——物点;

$A°$——物点的透视；

d——视点到画面的距离；

D——视点和物点在视轴上投影的距离（视距）。

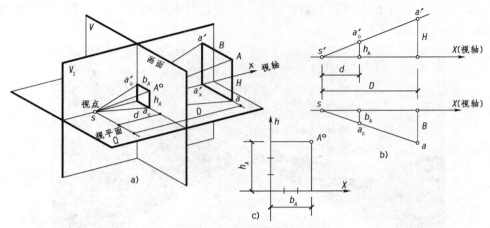

图 11-27　道路透视图的作图原理

a)立体图；b)投影图；c)A 点的透视

H 为物点 A 到视平面的距离，规定在视轴上方为正，下方为负，而 B 表示物点 A 到 V_1 面的距离，规定在视轴右侧为正，左侧为负。

如图 11-27b)所示为视点 S 和物点 A 在 Q 和 V 面上的投影图，其中，B、H 可直接从图中量取，D 值为已知，d 值可根据视角和图幅的大小进行选择，见式(11-3)。因此，把 H、B、D 及 d 值代入式(11-1)、式(11-2)，即可算出物点 A 的透视坐标 b_A 和 h_A。最后选用较大的比例尺根据 b 和 h 坐标系画出物点 A 的透视 $A°$，如图 11-27c)所示。

2)视角、视距 d 和画面图幅的关系

如图 11-20 所示，画面图幅的尺寸和视角 α，视距 d 存在下列关系。

$$2d\tan(\alpha/2)=2R \tag{11-3}$$

选用不同的 d 值，即可得不同的画面图幅尺寸。

在透视图中，驾驶员的注意力集中点与视角、车速有一定关系，车速越大视角越小，注意力集中点越远。例如在高速公路上，车速为 100km/h，其视角在 $30°\sim37°$ 之间。由于考虑采用标准图幅和视距 d 值的需要，当视角 α 选取为 $31°$时，代入式(11-3)得：

$$2d(0.277\,32)=2R$$

2.道路透视图画法

道路透视图采用坐标定点的方法绘制，即沿着道路中线每隔一定距离选取一个测点(横断面)，通过计算把每个测点的透视画出来，并用光滑的曲线连接中线、路肩和路边线各点可得道路透视图。

由于道路纵断面图是展开断面图，设计线均在一平面上，所以可直接按桩号查取路线各点间的长度(以水平长度计)。根据里程桩间距 L 对应地量取(或计算)各点的 H 值。

对于道路平面图，它的设计线是没有经过"拉直"而进行投影，一般不宜直接量取路线的长度 L，由于视距 D 和 B 只有在平面图中才能反映出来，所以，如果要精确地根据桩号间距 L 求取各点的 D、B 值，则必须通过计算求取数值。

道路透视图可分为线形透视图、路线全景透视图、路线动态透视图和路线复合透视图等。

道路透视图的绘制，也是数据处理和绘图的综合。目前，道路透视图一般采用专用程序，根据道路曲线要素、地形要素、坐标方位建立数据模型，计算出各点的透视坐标，用计算机绘制道路各种透视图。如图 11-28 所示，为计算机绘制的道路全景透视。具体做法可参阅有关公路计算机辅助设计等参考书。

图 11-28　道路透视图

第十二章　制图基础知识和基本技能

工程图纸是工程技术人员用来表达设计意图、交流设计思想的技术文件，是"工程技术语言"，是指导施工的基本依据。为了便于方案比较，设计人员经常将方案图配合建筑表现图来形象地表达设计构思，在施工图设计阶段，设计人员又将建筑物各部分的形状、大小、内部布置、细部构造、材料及施工要求，准确而详尽地在图纸上表达出来，作为施工的依据。无论是表现图、方案图或是施工图，都是运用工程制图的基本理论和基本方法绘制，都必须符合国家统一的行业标准规定。本章介绍建筑制图、道路工程制图、水利工程制图以及给水排水制图标准的一些基本规定、制图工具的作用、常用的几何作图方法和土建制图的一般步骤。

第一节　基本规格

一、图幅和图标

图幅即图纸幅面，为了合理使用图纸和便于管理装订、查阅和保存，满足图纸现代化管理要求，图纸的大小规格应力求统一。土建工程图纸及图框尺寸应符合表 12-1 的规定。表中数字是裁边以后的尺寸，单位均为 mm。

图纸的幅面及图框尺寸（单位：mm）　　　　　　表 12-1

尺寸代号　　　幅面代号	A0	A1	A2	A3	A4
$b \times l$	841×1 189	594×841	420×594	297×420	210×297
c		10		5	
a			25		

从表 12-1 中可以看出，A1 图幅是 A0 图幅长边的对折，A2 图幅是 A1 图幅长边的对折，其余类推，上一号图幅的短边即为下一号图幅的长边。

土建工程图，一般在同一项目的图纸应整齐统一，选用图幅时宜以一种规格为主，尽量避免大小图幅掺杂使用。如画图需要，图幅需加长加宽，其长边加宽的规格见表 12-2。

图纸长边加长尺寸（单位：mm）　　　　　　表 12-2

幅面代号	长边尺寸	长边加长后尺寸
A0	1189	1 486　1 635　1 783　1 932　2 080　2 230　2 378
A1	841	1 051　1 261　1 471　1 682　1 892　2 102
A2	594	743　891　1 041　1 189　1 338　1 486　1 635　1 783　1 932　2 080
A3	420	630　841　1 051　1 261　1 471　1 682　1 893

图纸一般有横式幅面和立式幅面两种。横式图纸可按图 12-1a)的形式布置;立式使用的图纸宜按图 12-1c)的形式布置。工程图纸的右下角应绘制标题栏,简称图标。各专业所用的图标规格各不相同,图 12-1b)所示为交通工程图纸上常用的标题栏。图 12-2 所示为学生画图作业的图标。

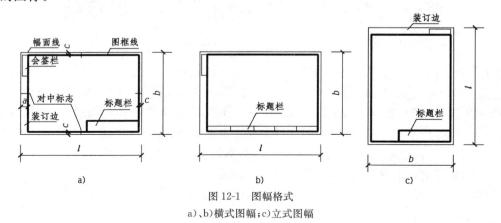

图 12-1 图幅格式
a)、b)横式图幅;c)立式图幅

在工程图纸装订边的上端或右端,应绘会签栏,它是为各工种负责人签字用的表格,如图 12-3 所示。

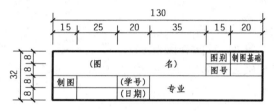

图 12-2 标题栏(尺寸单位:mm)

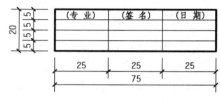

图 12-3 会签栏(尺寸单位:mm)

二、图线

画在视图上的线条统称图线。根据国家标准规定,各类线型、宽度、用途如表 12-3 所示。工程图一般使用三种线宽,且互成一定的比例,即粗线、中粗线、细线的比例规定为 $b:0.5b:0.25b$。因此,先确定基本图线粗实线的宽度 b,再选用表 12-4 中适当的线宽组。在同一张图纸中,如采用相同比例绘制的各图样,应选用相同的线宽组。

图线的线型、线宽及其用途 表 12-3

名 称		线 型	线 宽	一 般 用 途
实线	粗		b	主要可见轮廓线
	中		$0.5b$	可见轮廓线
	细		$0.25b$	可见轮廓线、图例线
虚线	粗		b	见有关专业制图标准
	中		$0.5b$	不可见轮廓线
	细		$0.25b$	不可见轮廓线、图例线

名　称		线　型	线　宽	一　般　用　途
单点长画线	粗		b	见有关专业制图标准
	中		$0.5b$	见有关专业制图标准
	细		$0.25b$	中心线、对称线等
双点长画线	粗		b	见有关专业制图标准
	中		$0.5b$	见有关专业制图标准
	细		$0.25b$	假想轮廓线、成型前原始轮廓线
折断线			$0.25b$	断开界线
波浪线			$0.25b$	断开界线

线　宽　组　　　　　　　　　　　　　　　　表 12-4

线宽比	线宽组（mm）					
b	2.0	1.4	1.0	0.7	0.5	0.35
$0.5b$	1.0	0.7	0.5	0.35	0.25	0.18
$0.25b$	0.5	0.35	0.25	0.18		

除考虑线型外，还要注意各种图线的相交接，表 12-5 是图线相交的正误对比。

图线相交的正误对比　　　　　　　　表 12-5

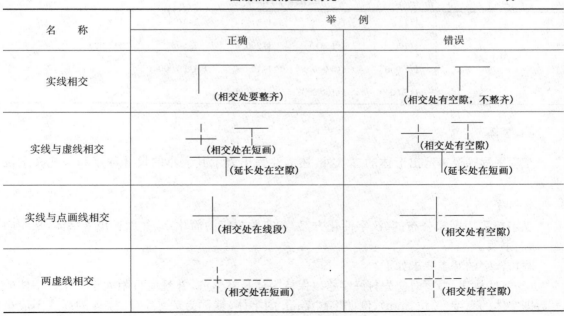

名　称	举　例	
	正确	错误
实线相交	（相交处要整齐）	（相交处有空隙，不整齐）
实线与虚线相交	（相交处在短画） （延长处在空隙）	（相交处有空隙） （延长处在短画）
实线与点画线相交	（相交处在线段）	（相交处有空隙）
两虚线相交	（相交处在短画）	（相交处有空隙）

名　称	举　例	
	正确	错误
虚线与点画线相交	（相交处在线段）	（相交处在短画）
两点画线相交	（相交处在线段）	（相交处有空隙）
实线圆与中心线相交（圆直径小于 12mm 时，以细实线作中心线）	（相交处在线段）	（相交处有空隙）

三、比例和图名

比例是指图形与实物相对应的线性尺寸之比。例如，原来物体的长度为 10m，现在将图形按比例缩小画成 1cm，则称之为 1∶1 000 比例。比例必须采用阿拉伯数字表示。习惯上所称比例的大小，是指比值的大小，如 1∶20 大于 1∶100。

当一张图纸中的各图只用一种比例时，则在标题栏内或附注中注出。

若同一张图内，各图比例不同，则应分别注在各图图名的右侧，字号应比图名字小一号或二号。

绘图时，应根据图样的用途和被绘物体的复杂程度，从表 12-6 中选用常用比例。

绘图常用比例 　　　　　　　　　　　　　　　　　　表 12-6

常用比例	1∶1	1∶2	1∶5	1∶10	1∶20	1∶50
	1∶100	1∶150	1∶200	1∶500	1∶1 000	
	1∶2 000	1∶5 000	1∶10 000	1∶20 000		
	1∶50 000	1∶100 000	1∶20 000			

四、字体

工程图样除要表示出形体的形状外，还需注写出表示其大小的尺寸数字和一些文字说明等。

1. 汉字

汉字应采用国家公布的《汉字简化方案》和有关规定的简化字，并用长仿宋字体，从左向右，横向书写。

写仿宋字的基本要求如下。

(1)字体格式：书写时应先打好字格以保持字体长宽整齐，并且使行距大于字距。字体的号数即字体的高度(单位∶mm)，例如字高 7mm 的字体，就称为 7 号字体，字体的高度不应小

150

于 3.5mm，长仿宋体的字高与字宽之比为 3∶2。常用的字号为 5、7、10 三种(表 12-7)。

长仿宋体字高宽关系(单位:mm)　　表 12-7

字高	20	14	10	7	5	3.5
字宽	14	10	7	5	3.5	2.5

(2)笔画写法:仿宋字不论字形繁简，都是由横、竖、撇、捺、点、挑、厥、钩，这八种基本笔画组成的。所以，在恰当安排笔画的疏密时，还要掌握基本笔画的特点，才能写好仿宋字，见图 12-4。

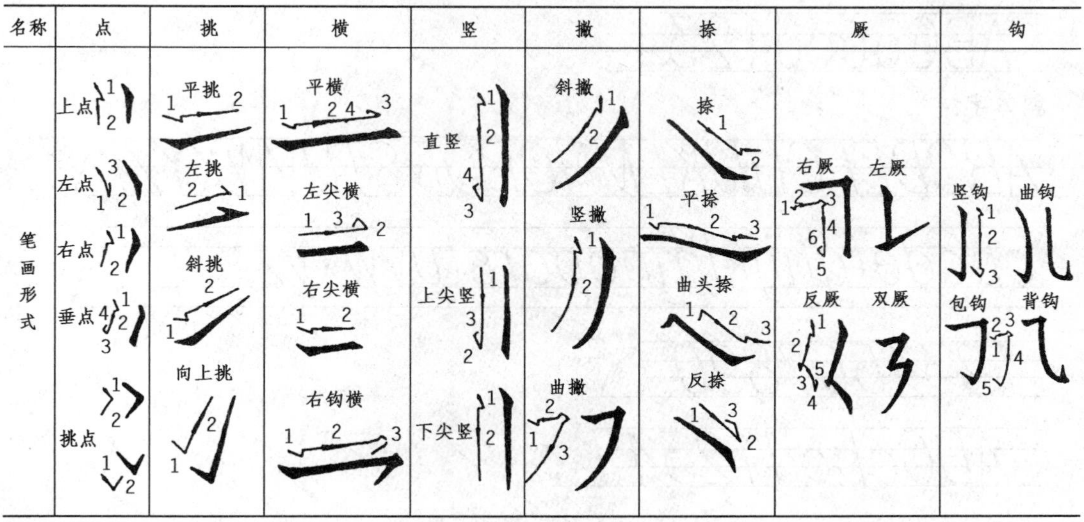

图 12-4　仿宋字体的基本笔画及运笔

(3)写长仿宋字的要领是:横平竖直、起落分明、排列匀称、填满方格，见图 12-5。

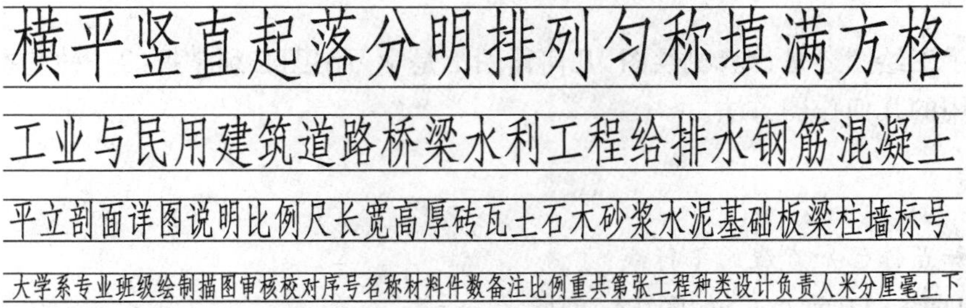

图 12-5　长仿宋字示例

总之，要写好长仿宋字，就是要按字体大小，先打好格子然后写字，要多写、多看、多比较总结，才能练出一手好字。

2. 拉丁字母及阿拉伯数字

拉丁字母和数字都可以用竖笔直体字或竖笔与水平线成 75°的斜体字，阿拉伯数字和拉丁字母的高度应不小于 2.5mm，当阿拉伯数字或拉丁字母和汉字并列书写时，其字高宜比汉字的字高小一号或二号。拉丁字母、数字和少数希腊字母示例见图 12-6。

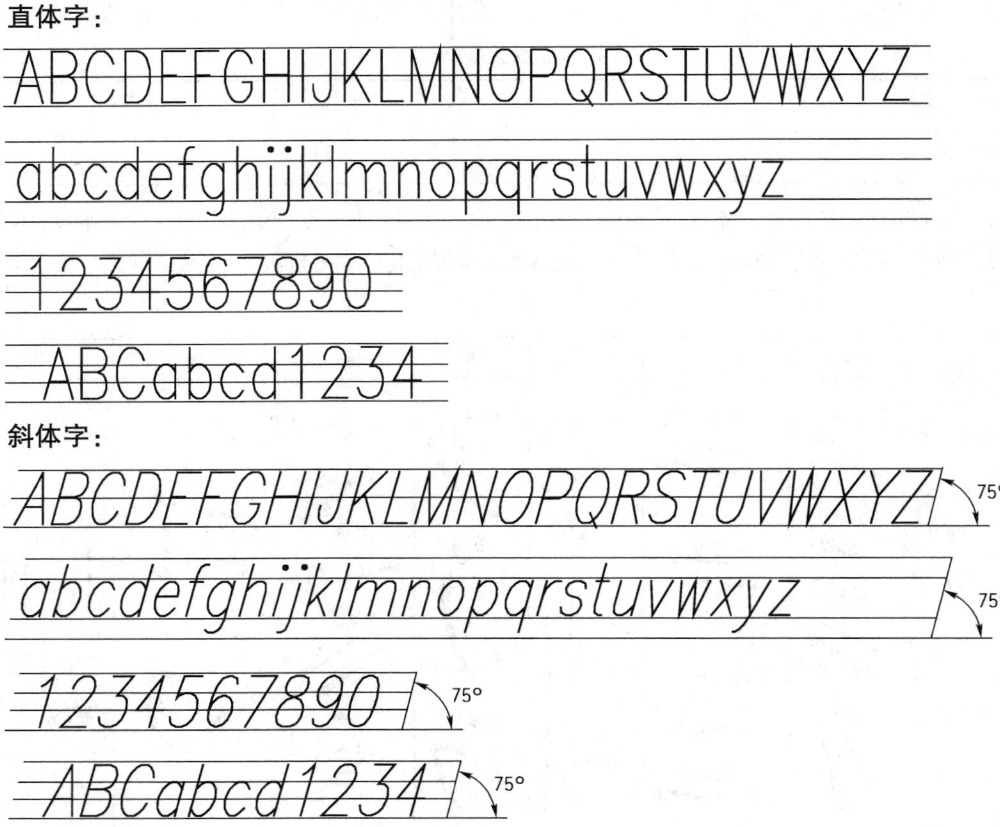

直体字：

ABCDEFGHIJKLMNOPQRSTUVWXYZ

abcdefghijklmnopqrstuvwxyz

1234567890

ABCabcd1234

斜体字：

ABCDEFGHIJKLMNOPQRSTUVWXYZ　75°

abcdefghijklmnopqrstuvwxyz　75°

1234567890　75°

ABCabcd1234　75°

图 12-6　字母及数字示例

第二节　几 何 作 图

　　无论是手工绘图还是计算机绘图,几何作图都是学习制图必须掌握的一种基本技能,本章介绍一些常用的几何作图方法。

一、直线

　　1. 过已知点作已知直线的平行线

　　(1)已知直线 AB 和点 C,如图 12-7a)所示。

　　(2)用 45°三角板的一个直角边与已知直线 AB 重合,再用 30°三角板的一个边与 45°三角板的另一个直角边重合,如图 12-7b)所示。

　　(3)沿着 30°三角板的边,推动 45°三角板下移,使原来对齐直线 AB 的一边正好通过点 C,画一直线,即为所求,如图 12-7c)所示。

　　2. 过已知点作已知直线的垂直线

　　(1)已知直线 AB 和点 C,如图 12-8a)所示。

　　(2)先使 45°三角板的一直角边与 AB 重合,再使它的斜边紧靠 30°三角板,如图 12-8b)所示。

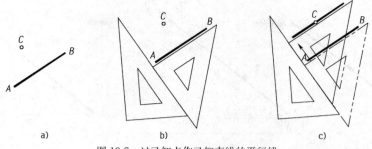

图 12-7　过已知点作已知直线的平行线

（3）推动 45°三角板，使其另一直角边靠紧 C 点，画一直线，即为所求，如图 12-8c)所示。

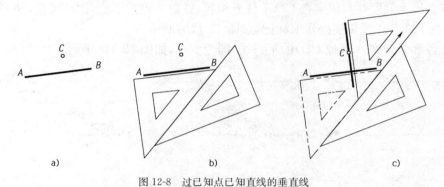

图 12-8　过已知点已知直线的垂直线

3. 作已知直线的垂直平分线

（1）已知直线 AB，如图 12-9a)所示。

（2）分别以 A、B 为圆心，大于 $AB/2$ 的线段 R 为半径作弧，两弧交于 C 和 D，连接 CD 交 AB 于 E，E 为 AB 中点，线段 CD 即为所求，如图 12-9b)所示。

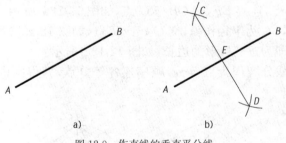

图 12-9　作直线的垂直平分线

4. 分已知直线段为任意等分

（1）已知直线段 AB，如图 12-10a)所示，分 AB 为 6 等分。

（2）过点 A 作任意直线 AC，用直尺在 AC 上从点 A 起截取任意长度的六等份，得 1、2、3、4、5、6 点，如图 12-10b)所示。

（3）连接 $B6$，并过各等分点作 $B6$ 的平行线，交 AB 于 5 个点，即为所求，如图 12-10c)所示。

5. 分两平行线间的距离为任意等分

（1）已知平行线 AB 和 CD，如图 12-11a)所示，分其间距为 5 等分。

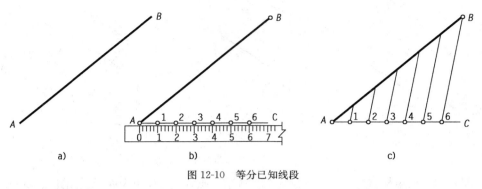

图 12-10　等分已知线段

（2）将直尺上刻度 0 点固定在 CD 上任意位置，并以 0 点为圆心，摆动尺盘，使刻度 5 落在 AB 上，并在 1、2、3、4、5 刻度处作上标记，如图 12-11b）所示。

（3）过各等分点作 AB（或 CD）的平行线，即为所求，如图 12-11c）所示。

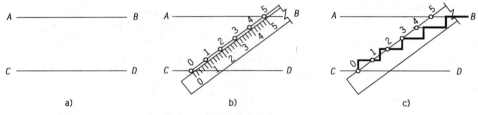

图 12-11　等分两平行线间的距离

二、多边形及圆内接正多边形

1. 作已知圆的内接正五边形

（1）已知外接圆以及相互垂直的直径 AB、CD，作出半径 OB 的等分点 G，即以 OB 为半径作弧，交圆周于 E、F 两点，连接 EF，交 OB 于 G 点，如图 12-12a）所示。

（2）以 G 点为圆心，GC 为半径作弧，交 OA 于 H 点，如图 12-12b）所示。

（3）连接 CH，CH 即为正五边形的边长，如图 12-12c）所示。

（4）以 CH 为边长截分圆周为五等分，顺序连各等分点，即得圆内接正五边形，如图 12-12d）所示。

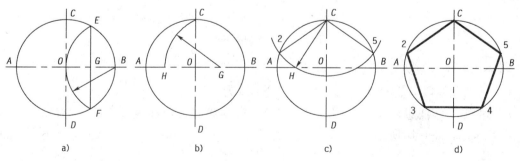

图 12-12　作正五边形

2. 作圆内接任意正多边形

现以七边形为例，作图步骤如图 12-13 所示。

(1)已知外接圆,将直径 AB 分成 7 等份,如图 12-13a)所示。

(2)以直线 AB 为半径,点 B 为圆心,画圆弧与 DC 延长线交于点 E,再自 E 引直线与 AB 上偶数点连接,并延长与圆周交于 F、G、H 等各点,如图 12-13b)所示。

(3)求出 F、G 和 H 对称的点 K、J 和 I,并按顺序连接 F、G、H、I、J、K、A 点,即得到正七边形,如图 12-13c)所示。

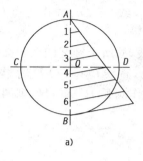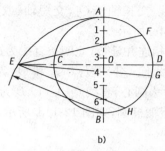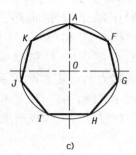

图 12-13 正七边形的近似画法

三、圆弧连接

圆弧连接,见表 12-8。

圆 弧 连 接   表 12-8

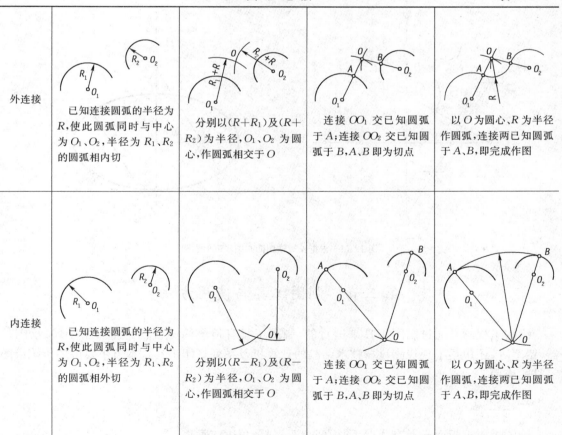

外连接	已知连接圆弧的半径为 R,使此圆弧同时与中心为 O_1、O_2,半径为 R_1、R_2 的圆弧相内切	分别以 $(R+R_1)$ 及 $(R+R_2)$ 为半径,O_1、O_2 为圆心,作圆弧相交于 O	连接 OO_1 交已知圆弧于 A;连接 OO_2 交已知圆弧于 B,A、B 即为切点	以 O 为圆心、R 为半径作圆弧,连接两已知圆弧于 A、B,即完成作图
内连接	已知连接圆弧的半径为 R,使此圆弧同时与中心为 O_1、O_2,半径为 R_1、R_2 的圆弧相外切	分别以 $(R-R_1)$ 及 $(R-R_2)$ 为半径,O_1、O_2 为圆心,作圆弧相交于 O	连接 OO_1 交已知圆弧于 A;连接 OO_2 交已知圆弧于 B,A、B 即为切点	以 O 为圆心,R 为半径作圆弧,连接两已知圆弧于 A、B,即完成作图

四、椭圆的画法

(1)已知椭圆长轴 AB、短轴 CD，求作椭圆，如图 12-14a)所示。

以 O 为圆心，OA 为半径作圆弧，交 DC 延长线于 E；又以 C 为圆心，CE 为半径，作圆弧交 AC 于 F，如图 12-14b)所示。

(2)作直线 AF 的垂直平分线，交长轴于 O_1，交短轴(或其延长线)于 O_2，并作出点 O_1 和 O_2 的对称点 O_3 和 O_4，如图 12-14c)所示。

(3)将 O_1、O_2、O_3 和 O_4 两两相连并延长，此四条直线为连心线，故所求椭圆四个圆弧的切点(即连接点)，必定在此四条直线上。分别以点 O_2 和 O_4 为圆心，直线 $O_2C=O_4D$ 为半径作圆弧 GI 和 HJ，再以点 O_1 和 O_3 为圆心，直线 $O_1A=O_3B$ 为半径作圆弧 JG 和 IH，则四段圆弧 GI、IH、HJ、JG 构成所求的近似椭圆，如图 12-14d)所示。

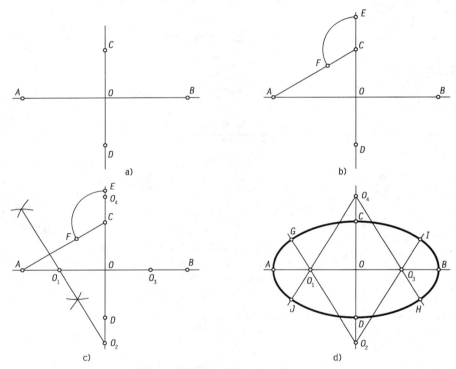

图 12-14　根据长短轴用四心圆作近似椭圆

第三节　制图工具与使用方法

绘制工程图是通过制图工具来进行的，制图工具有传统的图板、三角板、丁字尺、绘图仪器、铅笔等，还包括了现代高科技技术结晶的计算机及系列打印工具。本节主要讲述传统绘图工具的应用。

一、绘图板

绘图板要求板面光滑有弹性，图板两端要平整，角边应垂直。

必须注意爱护,不能受潮或暴晒,以防变形。不画图时,应将绘图板竖立保管。如图12-15所示为绘图板与丁字尺。

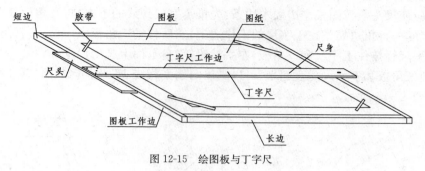

图 12-15　绘图板与丁字尺

二、铅笔

绘图使用的铅笔的铅芯,硬度用 B 和 H 标明,标号 B、2B、…、6B 表示软铅芯,数字越大表示铅芯越软。标号 H、2H、…、6H 表示硬铅芯,数字越大表示铅芯越硬。标号 HB 表示软硬适中。画底稿时常用 2H 或 H 铅芯,描粗时常用 HB～B 铅芯。

削铅笔时,铅笔尖应削成锥形,铅芯露出 6～8mm,削好的铅笔还要用"0"号砂纸将铅芯磨成圆锥形[图 12-16a)],以保证所画图线粗细均匀。要注意保留有标号的一端,以便始终能识别其硬度,如图 12-16a)所示。

画线时,从侧面看笔身要铅直[图 12-16b)],从正面看,笔身要倾斜约 60° [图 12-16c)]。

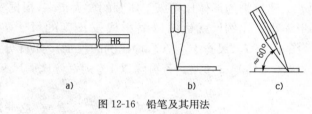

图 12-16　铅笔及其用法

三、丁字尺

丁字尺用后应挂起来,防止尺身变形。用丁字尺画水平线时,应从左向右画出水平线(图12-17)。如果水平线较多,应由上而下逐条画出。画长线或所画线段的位置接近尺尾时,要用左手按住尺身,以防止尺尾翘起和尺身摆动,如图12-17a)所示。

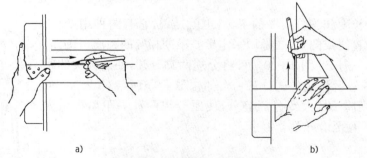

图 12-17　水平线和竖直线画法
a)画水平线;b)画竖直线

四、三角板

一副三角板有 30°＋60°＋90°(简称 30°或 60°三角板)和 45°＋45°＋90°(简称 45°三角

板)两块。

所有的竖直线,不论长短,都必须用三角板和丁字尺配合画出(图12-17)。使用三角板画铅垂线时,应使尺头紧靠图板左边硬木边条,先推丁字尺到线的下方,将三角板放在线的右侧,并使三角板的一直角边靠紧在丁字尺的工作边上,然后移动三角板,直至另一直角边靠贴铅直线,再用左手轻轻按住丁字尺和三角板,右手持铅笔,自下而上画出铅垂线。

用一副三角板和丁字尺配合起来,可以画出与水平线成15°及其倍数角(30°、45°、60°、75°)的斜线,如图12-18所示。

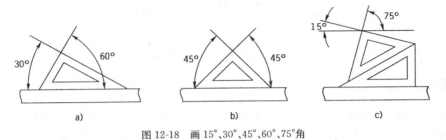

图12-18 画15°、30°、45°、60°、75°角

五、比例尺

建筑物的形体比图纸上所画的要大得多,根据实际需要和图纸大小,选用适当的比例将图形缩小。比例尺就是用以缩小线段长度的尺子。通常做成三棱柱状,所以又称为三棱尺(图12-19)。尺身上只刻着六种比例的尺面。如百分比例尺尺面分别为1:100、1:200、1:300、1:400、1:500、1:600。若再除以10,则百分比例尺又可当千分比例尺使用。

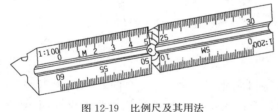

图12-19 比例尺及其用法

比例尺上的数字以米(m)为单位,绘图时不必通过计算,可以直接用它在图纸上量取物体的实际尺寸。例如已知图形的比例是1:200,那么用比例尺上1:200的刻度去量度,也就是将刻度上的零点对准点A,而点B在刻度12.8处,则可读得线段AB的长度为12.8m,即12 800mm。

六、分规

分规是截量长度和等分线段的工具,也就是说,它有两种用处,一是用来等分一段直线或圆弧,二是用来定出一系列相等的距离。例如,要分线段AB为三等分(图12-20),可将分规两脚分开,使两针尖的距离约等于AB/3,然后将AB试分三份。如果最后分到点C,还差BC一小段没分完,则将BC大致分三等分,使原分规两针尖距离再增大BC/3,再行试分,直至恰好等分为止。

七、圆规

圆规是用来画圆或圆弧的仪器,与分规相似。

使用圆规时,先调整针脚,使针尖略长于铅芯,铅芯宜削成斜截圆柱状,并使斜面向外,其硬度应比所画同种直线的铅笔软一号,以保证图线深浅一致。画较大圆弧时,应使圆规两脚与纸面垂直。

图12-20 分规用途

158

画圆时,先把圆规两脚分开,使铅芯与针尖的距离等于所画圆弧半径,再用左手食指来帮助针尖扎准圆心,从圆的中心线开始,顺时针方向转动圆规,转动时圆规可往前进方向稍微倾斜,整个圆或圆弧应一次画完,如图 12-21 所示。

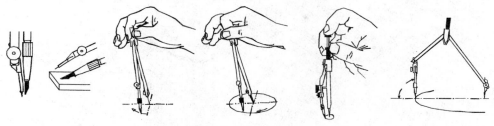

图 12-21　圆规的用法

八、建筑模板及擦线板

建筑模板主要是用来画各种建筑标准图例和常用符号。模板上刻有不同的图例或符号的孔,其大小已符合一定的比例,如图 12-22 所示。擦线板是用来擦去画错图线的工具。当擦掉一条画错的图线时,为了保护邻近的图线,就要用到擦线板。

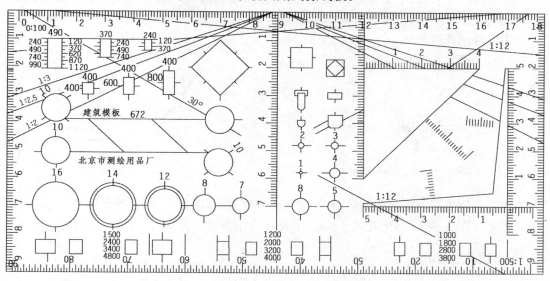

图 12-22　建筑模板

九、曲线板

曲线板是用来画非圆曲线的工具,它是用塑料或有机玻璃制成的。曲线板曲率转变应自然,板内外边缘应光滑,板面平滑。

在使用曲线板之前,必须先按相应的作图法画出曲线上的一些点,也就是先定出曲线上的若干控制点[图 12-23a)],用铅笔徒手顺着各点轻轻地勾画出曲线,所画曲线的曲率转变要很顺畅[图 12-23b)],然后选用适当的曲线,并找出这曲线板与所画曲线吻合的一段,沿着曲线边缘,画该段曲线[图 12-23c)]。同样找出下一段,每段至少应有三点与曲线板相吻合,并应留出一小段与已画曲线段重合,接画曲线才会圆滑[图 12-23d)]。

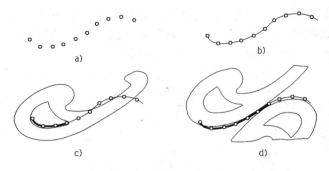

图 12-23　曲线板使用

十、墨线笔

墨线笔分直线笔(又称鸭嘴笔)和针管笔两种,是描图上墨画线工具。

直线笔画线前应加墨水。加墨水时,应用墨水瓶上的吸管或小钢笔蘸取墨水,送入两叶片之间,如图 12-24 所示。加墨应在所画图纸范围外操作。

画线时螺母应向外,小指应搁在尺身上,笔杆向画线方向倾斜约 30°左右,笔尖与尺应保持一定距离,两叶片要同时接触纸面,如图 12-25 所示。笔内一次含墨高度不超过 6mm 为宜,笔杆切不可外倾或内倾。

图 12-24　鸭嘴笔上墨水方法

图 12-25　持鸭嘴笔手势

墨线笔应位于用笔方向的铅垂面内,画线速度要均匀,用力不宜大,但要平稳,中间不能停顿。墨线笔用完后,应立即松开调节螺母,并将叶片上的墨水擦净。

十一、绘图墨水笔

除了用墨线笔画墨线外,还可以用绘图墨水笔画墨线。如图 12-26 所示,针管笔的笔尖是一支细针管,能吸存碳素墨水来使用,描图时毋需频频加墨。笔尖的口径有多种规格,笔尖粗细共分十二种,从 0.1~1.2mm,间隔为 0.1mm,每支笔只可画一种线宽。画图时笔头可略倾斜 10°~15°,但是不能重压笔尖。必须注意的是,用后要洗净才能存放盒内。

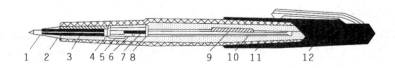

图 12-26　绘图墨水笔构造图

1-笔头;2-笔颈;3-引水通针;4-储水器;5-尖套;6-排气管;7-插座;8-接螺钉;9-笔胆;10-护胆管;11-笔杆;12-笔套

第四节 尺 寸 标 注

在建筑工程图中,除了按比例画出构筑物或建筑物外,还必须准确、完整和清晰地标注出尺寸,作为施工等的依据。图样中的尺寸按物体实际的尺寸数值注写。

一、尺寸的组成

尺寸标注由尺寸线、尺寸界线、尺寸起止符号、尺寸数字等组成,如图 12-27 所示。

(1)尺寸线。采用细实线绘制,应与被标注的长度方向平行,任何轮廓线都不得用作尺寸线。

(2)尺寸界线。采用细实线绘制,应与被注长度垂直,尺寸界线一端应离开图样轮廓线不小于 2mm,另一端宜超出尺寸线 2~3mm。必要时轮廓线也可用作尺寸界线。

(3)尺寸起止符号。一般可用倾斜 45°的中粗短线或箭头作为尺寸起止符号。倾斜 45°的中粗短线的长度宜为 2~3mm;在轴测图中标注尺寸时,其起止符号用小圆点表示。起止符号的使用在同一项目中规格应统一,其画法如图 12-28 所示。

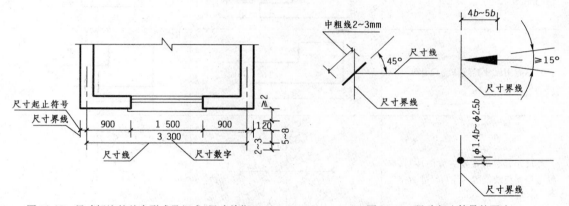

图 12-27 尺寸标注的基本形式及组成(尺寸单位:mm)　　　图 12-28 尺寸起止符号的画法

(4)尺寸数字。应按规定的字体书写,一般是 3.5mm,最小不得小于 2.5mm。

应按表 12-9 的规定标注。

标注尺寸的正误对比　　　　　　　　　　　　　表 12-9

说　明	正确与错误	
	正确	错误
1.尺寸数字一般应写在尺寸上方中间,其方向应垂直于尺寸线		
2.同一张图纸内,尺寸数字大小应一致		

说　明	正确与错误	
	正确	错误
3. 在剖面、断面图中必须注尺寸时，就在尺寸数字填写处留出空位	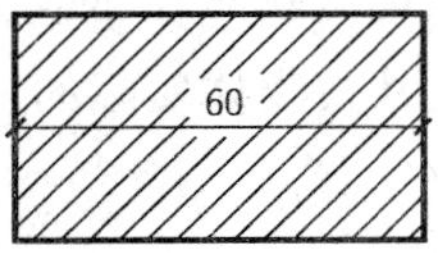	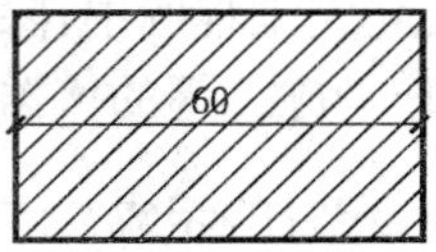
4. 尺寸线应平行于所注的轮廓线，尺寸界线一般应垂直于所注的轮廓线，长尺寸在外，小尺寸在内	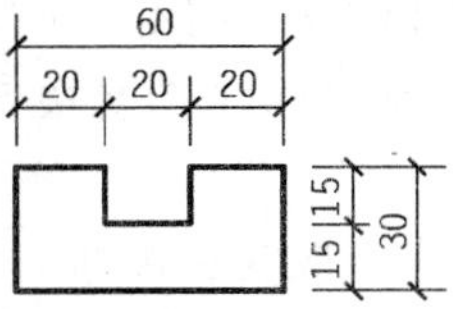	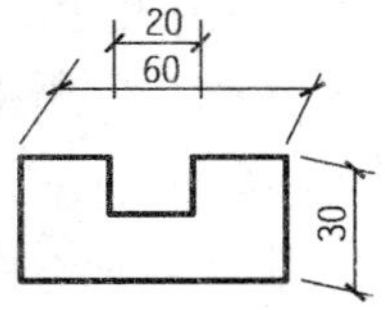
5. 尺寸线同轮廓线、尺寸线之间距约为5～8mm且同张图纸应一致；尺寸界线应越过尺寸起止点约2mm	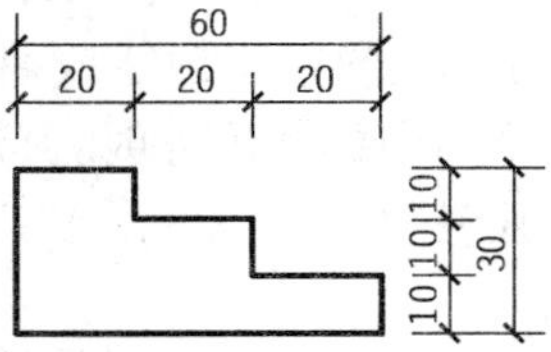	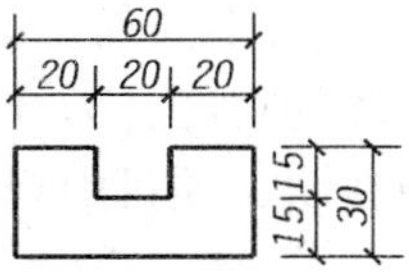
6. 不能用尺寸界线作为尺寸线	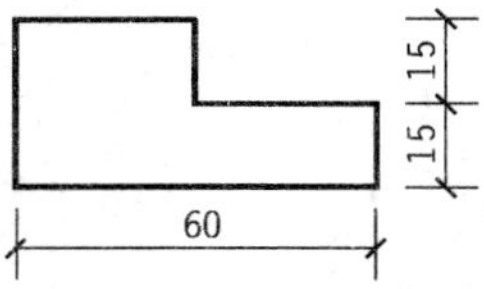	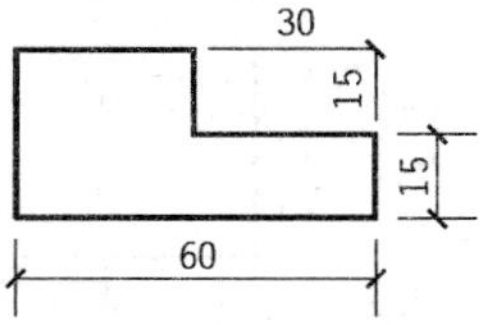
7. 尺寸数字应按规定方向注写，尽量避免在斜线范围内注写尺寸数字	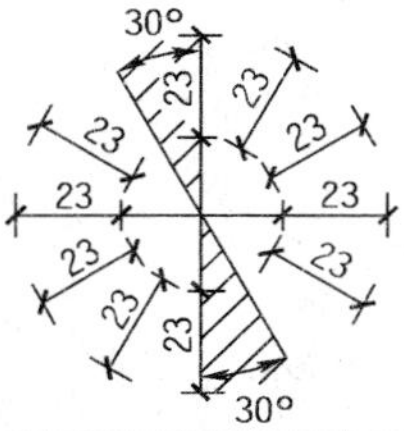	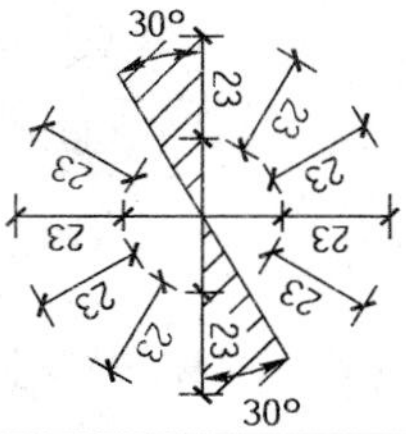
8. 角度用箭头表示，角度数字一律水平标注	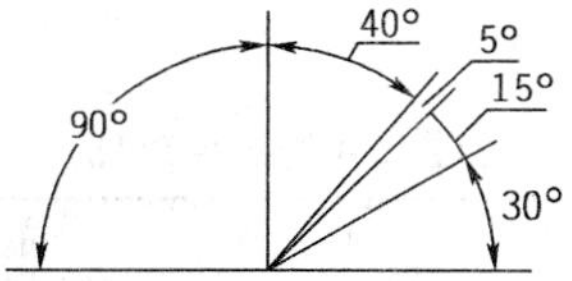	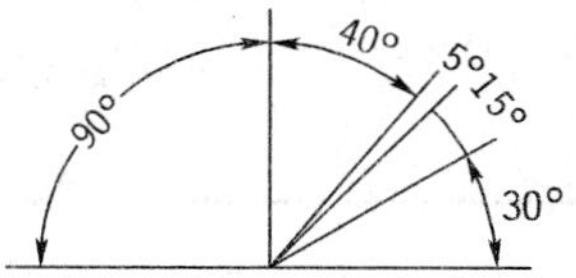
9. 用折断法表示的图上，应画出完整的尺寸线并注出实长	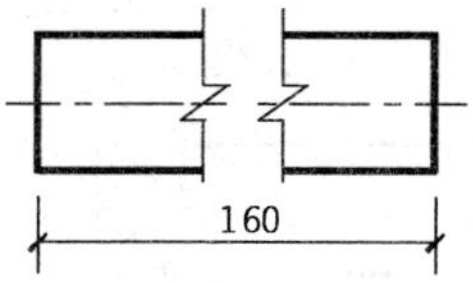	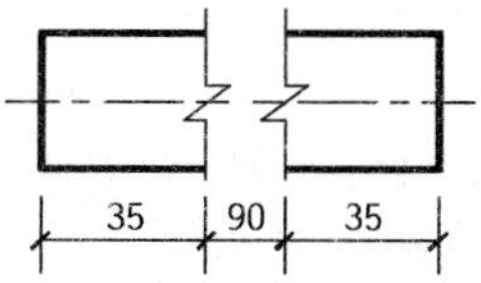
10. 当物体对称，只画一半时，尺寸数字应注实长的1/2，如图中桥面宽为700cm，现只画一半，应注写为700/2而不是350	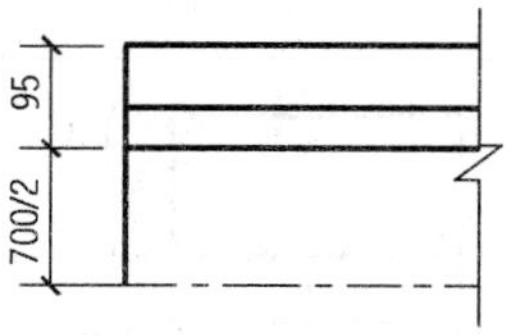	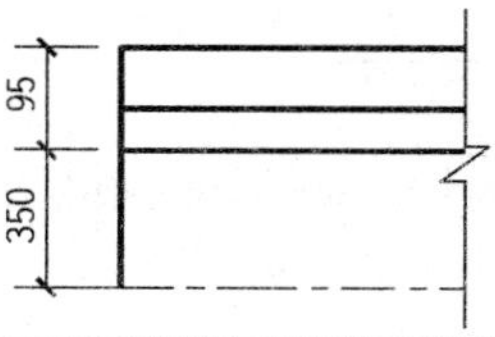

162

说　　明	正确与错误	
	正确	错误
11. 轮廓线、中心线可作为尺寸界线，但不能作尺寸线	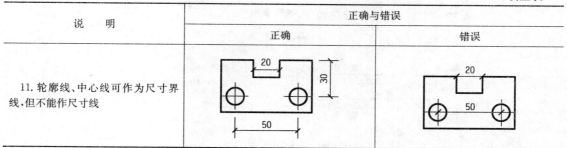	

二、圆、圆弧的尺寸标注

圆、圆弧的尺寸标注如图 12-29 所示。

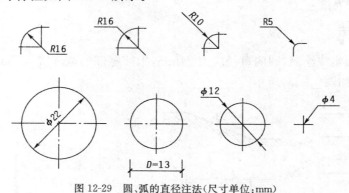

图 12-29　圆、弧的直径注法(尺寸单位:mm)

三、角度、弧长、弦长的标注

角度、弧长、弦长的标注如图 12-30 所示。

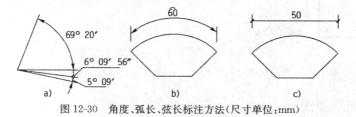

图 12-30　角度、弧长、弦长标注方法(尺寸单位:mm)

四、标高的标注

标高符号的尖端指向所标注物体高度的轮廓线上或引出线上，尖端可向下，也可向上。三角形高约 3mm，用 45°等腰直角三角形表示，用细实线绘制。高程数值以米(m)为单位，高程标注小数点后的位数，一般注至小数点后二～三位数，在构件设计图中，若尺寸单位为厘米，则注至小数点后二位数；若尺寸单位为毫米，则注至小数点后三位数。标高的零点高程应注写成±0.00 或±0.000，正数高程不注"＋"，负数标高需注"－"，如图 12-31 所示。

五、坡度的标注

斜面的倾斜度称为坡度，立面图上用半箭头，平面图上用全箭头，坡度可以用比例表示〔图

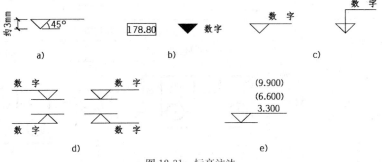

图 12-31　标高注法

12-32a)〕,路基边坡、挡土墙和桥墩墩身的坡度都用这种方法标注。坡度还可以用百分比表示,路面纵坡、横坡等均用此方法〔图 12-32b)〕。坡度也可用直角三角形的形式标注〔图 12-32c)〕标注,如屋顶坡度。

六、指北针画法

指北针宜用细实线绘制,圆的直径应为 24mm,指针尾部的宽度宜为 3mm,在指北针的端部处应注"北"字,如图 12-33)所示。

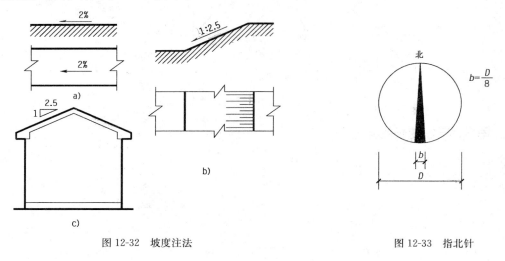

图 12-32　坡度注法　　　　　　　　　　　　　图 12-33　指北针

七、其他尺寸注法举例

对复杂的图形,可用网格形式标注尺寸,如图 12-34 所示。构件外形轮廓为非圆曲线时,采取坐标的形式来标注曲线上某些点的尺寸,如图 12-35 所示。

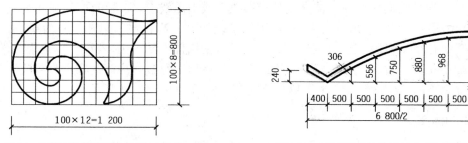

图 12-34　网格法标注曲线尺寸(尺寸单位:mm)　　　图 12-35　坐标法标注曲线尺寸(尺寸单位:mm)

164

第五节　土建制图一般步骤

适度手工绘图是重要基本技能训练,可以学习掌握成图机理,提高制图的准确性和效率,保证制图的质量,同时也为计算机绘图打下扎实基础,做了必要的准备。

一、准备工作

以手工绘图为例做好制图前的准备工作。

(1)要保证有光线充足、环境合适的绘图地点。绘图是一项细致的工作,要求光线从图板的左前方照射下来。绘图桌椅高度要配置合适,图板上方可略抬高一些,使其倾斜一个角度。

(2)备齐制图仪器、工具和用品,并且把图板、丁字尺、三角板、比例尺等擦干净,并把不影响丁字尺上下移动的常用工具、用品放在绘图桌的右边,不常用的工具、用品则放在抽屉内。做到使用方便,保管妥当。

(3)准备有关绘图的参考资料,以备随时查阅。

(4)根据需绘图的数量、内容及其大小,选定图纸幅面大小。在画图板上铺一张较结实而光洁的白纸(如道林纸),再把绘图纸固定在白纸上。图纸在图板上粘贴的位置尽量靠近左边(离图板边缘 3~5cm),图纸下边至图板边缘的距离略大于丁字尺的宽度。

二、画底稿

(1)先画图纸幅面框线、图框线、图纸标题栏外框线等。

(2)进行图面布置。安排整张图纸中应画各图的位置,同时还应考虑要采用的比例和预留标注尺寸、文字注释、各图间的间隔等所需的位置,使图面布置得适中、匀称,以获得良好的图面效果。

(3)图面布置后,根据选定的比例用 H 或 2H 铅笔轻轻地画出底稿。底稿必须认真画,以保证图样的正确性和精确度,画时要轻,以便修改。如果有错误,不要立即就擦,可用铅笔轻轻作上记号,待全图完成之后,再一次擦除,以保证图面整洁。画底稿时,应根据所画图形的类别和内容来考虑先画哪一个图形。例如画房屋的平面图和与之上下对正的立面图,则先从左下方画平面图开始,然后再对准画立面图。相同长度尺寸应一次量取,以保证尺寸的准确和提高画图速度。

(4)画完底稿图后,必须认真逐图检查,看是否有错误和遗漏的地方,然后标注尺寸,先画尺寸线、尺寸界线和起止符号,再注写尺寸数字,最后写仿宋体,先画好格子线,书写各图名称、比例、剖切符号、注释文字等,注意字体的整齐、端正。

三、加深、加粗和描图

在检查底稿确定无误之后,即可加深或描图。

(1)加深、加粗。常用 HB、B 等稍软的铅笔加深加粗,其步骤是自上而下(水平线)和自左向右(垂直线)顺序加深加粗,先画细线,后画粗线;先画曲线,后画直线;先画图后标注尺寸和注解,最后是图框和标题栏。全部完成之后再仔细检查。

（2）描图。有些有保存价值或需要复制的图样需要描图,描图就是将描图纸覆盖在铅笔底稿上用描图墨水描绘,步骤与加深加粗工作基本一致。

四、图样复制

图样复制主要是采用复晒的方法,通过化学方法处理得到图样,这种图样称之为"蓝图"。

第十三章　计算机绘制工程图

第一节　概　　述

以前人们一直使用传统的绘图工具,如丁字尺、三角板、圆规、铅笔、图板等进行工程设计,绘制工程图。使用传统工具,用手工操作来绘制工程设计图,不仅劳动强度大,生产周期长,而且工作效率低,图面精度差。

随着计算机技术的不断发展,计算机辅助设计(CAD)的问世,使绘图技术进入了现代化。这是绘制工程图方法的一次革命。Auto CAD 是当今流行的计算机辅助绘图软件,已经成为设计者与绘图人员的得力工具。它对计算机系统的硬件配置要求不高,而且功能十分强大。

一、计算机绘图的优点

1. 输入方便、精度高

计算机绘图的最大优越性是可以方便地使用多种输入方式(键盘、数字化仪、鼠标器)和图形编辑功能。它不再需要各种绘图板、丁字尺、三角板等一系列传统的绘图工具,而只需在一台计算机上操作,并配有相应的输入输出设备即可完成。Auto CAD 仍然按照图示理论和基本知识来绘制图形,因此操作人员易于掌握。

Auto CAD 在图形绘制过程中不但能够精确地定点坐标、标注尺寸等,而且还具有特定的捕捉功能,这些都是手工绘图所无法比拟的。

2. 速度快

Auto CAD 提供了强大的编辑功能及图形存储功能,极大地提高了绘图效率。用手工绘图,经常因图形修改困难而重画率高,工作效率低,出图的周期长。使用计算机后,可以充分利用计算机的图形编辑功能修改图形,将大量低级的重复劳动让计算机去完成。另外,图中要用到多种标准件,不必每个都重新绘制,只需要将每种标准件做成块,在绘图时根据需要随时插入即可。

3. 图纸的标准化

土木建筑工程施工图的设计从方案设计开始均由计算机参与完成,可以充分利用 Auto CAD 系统的环境设置,使工程图样达到一体化。

二、计算机绘图的发展趋势

随着计算机的不断发展,Auto CAD 也在飞快发展,经历了 R12、R14、2000 版,目前已经发展到 Auto CAD 2012 版,新崛起的中望 2010、2012 版本,也加入了 CAD 绘图队伍。版本越新则功能越多,操作更简便,但它们在土木工程的绘图指令和操作方式却基本一致。在本章中主要介绍 Auto CAD 2010 版的用法,其他版本可触类旁通。

第二节 Auto CAD 的操作方法

一、Auto CAD 的启动

启动 Auto CAD 2010 后,打开"新建或打开文件"对话框,如图 13-1 所示。用户可以打开现有的图形,使用预定义的绘图模板或使用向导系统逐步定义图形配置。

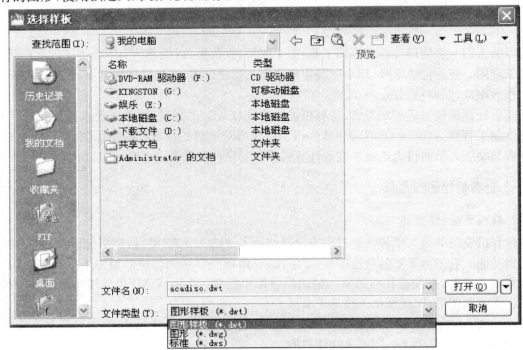

图 13-1 新建或打开文件对话框

1. 打开图形

单击 Open a Drawing 打开图形按钮,用户可打开一个已存在的图形。可从文件列表中选择一个文件,或者单击浏览按钮,找到需要打开的图形文件。

2. 从草图开始

可使用 Start from Scratch 从草图开始创建新的图形。在默认设置区域中,仅有 English 英制单位和 Metric 公制单位两种选择项。

3. 使用样板

选择 Use a Template 使用样板,可以在样板图的基础上创建新的图形。用户可在某一图形文件中进行特定的度量设置和角度设置等,并将其存成样板文件。在每次启动图形时,选择相同设置的样板文件即可。由此,可免去大量的重复设置和准备工作。

4. 使用向导

单击 Use a Wizard 使用向导按钮,可以利用 Advanced Setup 高级设置或 Quick Setup 快速设置来完成基本的图形设置。

选择快速设置后单击确定按钮,出现快速设置对话框。选择其中的小数度量单位,这符合工程图的要求。然后单击下一步按钮,在对话框中设置绘图区域。单击完成按钮,完成设置。高级设置包括绘图单位、角度单位、角度方向和绘图区域等设置对话框。

二、Auto CAD 的窗口

使用"启动"对话框创建图形后,进入 Auto CAD 的程序窗口。如图 13-2 所示,程序窗口的上方是下拉菜单条,菜单条下方为工具条,窗口最下方为命令窗口和状态行,其余部分是绘图区。

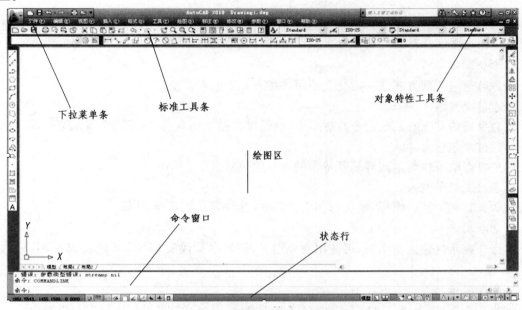

图 13-2　Auto CAD 的窗口

1. 下拉菜单

下拉菜单中包含了通常情况下控制 Auto CAD 运行的功能和命令。一般包含 File(文件)、Edit(修改)和 View(视图)等标题。用鼠标左键点击下拉菜单标题时,在标题下会出现菜单项。要选择某个菜单项,用左键点拾取它。

有些菜单项后面有一黑色的小三角形,将光标放在菜单项上,会自动显示小菜单,它包括了进一步的选项。如果选择的菜单项后有"…"符号,执行命令时就会打开一对话框,其操作与视窗操作相一致。

2. 工具条

右击任何工具条图标,可弹出工具条菜单,单击工具条名称可打开或关闭这个工具条。

工具条的图标上有不同的图像,代表不同的命令,当鼠标指针停在图标上时,会在图标的右下角显示相应的命令提示。

有的图标右下角有小三角形,将鼠标移到图标上并按住鼠标左键不放,会弹出一系列相关的图标,将鼠标移到任一个图标上后松开鼠标左键,所选图标即变成当前图标。

3. 绘图区

绘图区占据了大部分屏幕,在该区域中显示所绘制的图形。当移动鼠标时,在绘图区中会出现随之移动的十字光标。

4. 命令窗口

命令窗口是输入命令名和显示命令提示的区域,在命令(Command):后面输入英文命令名后按回车键,即可执行命令。

5. 状态行

在命令窗口的下方为状态行,它显示出有关绘图的简短信息。

三、Auto CAD 命令的输入

进入 Auto CAD 的图形编辑状态后,用户可以根据需要进行浏览、绘制、修改和输出图形等工作。而这些工作都是通过命令来实现的,因此必须熟练掌握 Auto CAD 的命令。

1. 命令输入方式

用户可通过下列方式之一或交叉使用各种方式来输入命令。

1)通过键盘输入

在命令行的 Command(命令):提示下,通过键盘键入命令名,后按回车键或空格键。

2)通过菜单输入

用户可点取下拉菜单或屏幕菜单中的命令项执行命令。

3)通过工具条输入

点取工具条中某一图标,就执行相应的命令,这种方式较直观、便捷。

2. 命令别名

在命令提示区输入命令时,可使用命令别名,例如用 L 代表 LINE,Z 代表 ZOOM,M 代表 MOVE 等。

3. 命令提示

当执行命令后,Auto CAD 会出现对话框或提示,用户可根据提示进行下一步操作。

4. 透明命令

有一些命令如 ZOOM、PAN 等,不仅可以直接在命令状态下执行,而且可在其他命令执行过程中插入执行。这些命令为透明命令,当透明命令执行完后,恢复被中断命令的执行。

5. 重复命令

按回车键或空格键重复执行上一个命令。

6. 终止命令

在命令执行时,按 ESC 键来中止命令的执行。

四、Auto CAD 数据的输入

在 Auto CAD 中的许多命令被执行后,会提示输入必要的信息。如画直线、圆弧、文本等命令,除了执行命令外,还要求输入点的坐标,以指定它们的位置、大小和方向等。

1. 坐标系统

当开始绘制一个新图时,缺省情况下是使用世界坐标系(WCS),其图标如图 13-3 所示,它由水平的 X 轴、垂直方向的 Y 轴和垂直于 XY 平面的 Z 轴组成。用户也可定义自己的坐标系,即用户坐标系(UCS)(图 13-4)。使用 UCS 命令可以进行移动原点,旋转 X、Y、Z 轴的方向等操作。我们进行绘图时,就是在世界坐标系或用户坐标系中,输入各点的坐标,以完成实体的绘制。

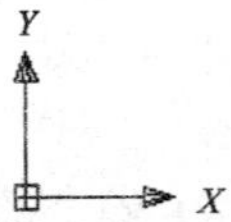

图 13-3　世界坐标系

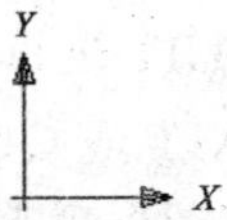

图 13-4　用户坐标系

2. 坐标点的输入

1）使用绝对坐标

用点相对于原点(0,0,0)的位移确定坐标。可以使用多种方式确定坐标,其中包括直角坐标、极坐标、球面坐标和柱面坐标等。

(1)直角坐标。给定点相对于点(0,0,0)的 X、Y、Z 轴位移。用户可用分数、小数或科学记数等形式输入点的坐标值。用逗号分开 X、Y、Z 轴的值,如输入 4,6,9。在负向位移前应加负号"—"。如缺省 Z 坐标时,代表 $Z=0$,表示在 XY 平面上,如输入 4,6。

(2)极坐标。给定点相对于点(0,0,0)的距离和角度,距离和角度用"<"号分开,例如输入 4<45。

2）使用相对坐标

用点相对于上一个点的 X、Y、Z 轴位移或距离和角度确定坐标。在绝对坐标前加@号表示,例如相对直角坐标输入项@4,6 或相对极坐标输入项@4<45。其中,输入的角度为新点与上一点的连线与 X 轴的夹角。

3）直接距离输入

用户可以移动光标确定方向,直接输入与上一点的距离来确定点的坐标,为相对坐标的变体,主要用在位移为正交时。使用时应将正交模式(ORTHO)打开。

4）光标显示

在默认情况下,状态行的左下部显示屏幕光标的绝对坐标,并在光标移动时随时更新。可以利用它用光标在屏幕上拾取一点或从键盘输入点的坐标。

五、Auto CAD 的文件操作命令

1. NEW 新建文件命令

Command:NEW　　　菜单:File(文件)→New(新建)　　　标准工具条图标:

用以上三种方法都可执行该命令,执行命令后出现创建新图形对话框,它与启动对话框的区别在于没有"打开图形"这一项,其他功能与启动对话框一样。

2. OPEN 打开文件命令

Command:OPEN　　　菜单:File→Open(打开)　　　标准工具条图标:

执行命令后,出现打开图形对话框,在文件类型中可选择. DXF 文件或. DWT 文件以及先前版本的. DWG 文件。

3. SAVEAS、QSAVE 文件存盘命令

Command:QSAVE　　　菜单:File→Save(保存)　　　标准工具条图标:

该命令以当前的文件名存储文件,如文件未起名,则显示 Save Drawing As (图形另存为)对话框。

Command:SAVEAS　　　菜单:File→Save As(另存为)…

该命令存储尚未起名的文件或将当前的文件另存为新文件。

4. EXIT 或 QUIT 退出 Auto CAD 命令

Command：EXIT 或 QUIT　　　菜单：File→Exit(退出)

创建或编辑完图形后需退出 Auto CAD 时，正确的方法是执行 EXIT 或 QUIT 命令。如果对图形所做的修改尚未保存，则会出现警告对话框。选择是，将保存对当前图形所做的修改，并退出 Auto CAD；选择否，将不保存从上一次存储到目前为止对图形所做的修改；选择取消则取消该命令的执行。

第三节　基本绘图命令

一、显示控制命令

在用 Auto CAD 绘图时，经常需要对图形进行局部观察或全局审视。Auto CAD 为这些要求提供了手段。比如用 ZOOM 命令来缩放图形，用 PAN 命令来平移图形的视图等。

1. ZOOM(缩放)命令

Command：ZOOM 或 Z　　　菜单：View(视图)→Zoom→任选一个选项

ZOOM 命令具有众多选项，键入该选项中大写的英文字母即可执行，如键入 A 并按回车键，则执行 All 选项。几种常用的选项含义如下。

全部(All)：用于显示在绘图区域内的整个图形。

动态(Dynamic)：显示图形的完整部分，并用光标确定图形的缩放位置。

范围(Extents)：将视图在视区内最大限度地显示出来。

上一个(Previous)：恢复上次显示的视图。

窗口(Window)：缩放由两个对角点所确定的矩形区域。指定一个区域，Auto CAD 将快速放大包含在区域中的图形。用户可不在命令行输入 W，直接在绘图区中指定两个对角点。

〈实时(Real time)〉：为缺省项，按回车键即可执行。单击标准工具条上的实时缩放图标也可执行。该命令用来增加或减小观察图像的放大倍数，该命令执行后，光标变成放大镜状，按住鼠标左键不放，移动鼠标可进行实时缩放。

2. PAN(平移)命令

Command：PAN 或 P　　　菜单：View→Pan→任选一个选项　　标准工具条图标：

该命令用来在任何方向，实时移动观察视图。执行该命令后，光标变手状，按住鼠标左键不放，移动鼠标，视图也发生相应的变化。当执行实时平移或缩放时，单击鼠标右键弹出一快捷菜单，可选择合适的选项，进行快速转换。

注意：显示控制命令 ZOOM、PAN 并不改变图形内容，它们只是一种对图形进行观察的工具。

二、二维绘图命令

土木建筑工程图中的大多数图形都是由直线、圆、弧、多边形和椭圆等组成，以下介绍这些基本图形的绘制方法。

Auto CAD 中图形的绘图工具条如图 13-5 所示。在绘图时，命令行会提示输入点，可以输入绝对坐标、相对坐标，或者单击鼠标左键在屏幕上拾取一点。

图 13-5 绘图工具条

1. LINE(直线)命令

Command:LINE 或 L　　　菜单:Draw(绘图)→Line(直线)　　图标:/

绘制直线是 Auto CAD 中最基本的操作之一。键入 L 后按回车键,执行 LINE 命令。在"Specify fist point(指定第一点):"提示下,输入起点坐标后按回车键。在"指定下一点或[放弃(U)]:"提示下输入下一点坐标。输入 U 后按回车键,则选择 LINE 命令下的"放弃(U)"选项,可取消最后所画的一段线段。输入 C 后按回车键,则选择"闭合(Close)"选项,用一线段将终点和起点连接。按回车键结束 LINE 命令。

例 13-1　试画一个长为 12,宽为 15 的矩形。

在绘制工具条上单击 Line 图标,将光标移到合适处,单击鼠标左键。键入相对坐标@12,0↵(按回车键,后同),键入@0,15↵,键入@−12,0↵,键入 C↵,结果如图 13-6 所示。

2. CIRCLE(画圆)命令

Command:CIRCLE 或 C　　　菜单:Draw→Circle→任选一种方式　图标:

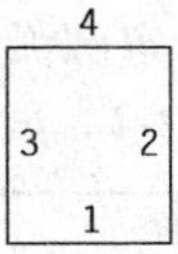

可以通过指定圆心(Center)、三点(3P)等参数的组合绘制圆。

图 13-6　直线命令画图练习

该命令的选项如下:默认选项,给定圆心坐标后,将提示输入半径或直径值;3P 选项,通过圆周上的三个点来确定圆的位置大小;2P 选项,输入两个点作为圆的直径的两个端点。

3. ARC(圆弧)命令

Command:ARC 或 A　　　菜单:Draw→Arc→任选一种方式　图标:/

例 13-2　试画一段半径为 12,角度为 120°的圆弧。

在下拉菜单中选取绘图→圆弧→起点、圆心、角度,在屏幕上选取一点为圆弧起点,输入@−12,0↵,输入 120↵。

4. POLYGON(正多边形)命令

Command:POLYGON 或 POL　　　菜单:Draw→Polygon　图标:⬠

三种画正多边形的方式分别为:已知边长;已知外接圆的半径;已知内切圆的半径。执行命令后输入多边形的边数,之后提示指定多边形中心或边。如选取中心点,则需选择内切圆或外切圆,再输入圆的半径。选择"边(E)"选项,则按边绘制多边形,拾取多边形一个边的起点和终点即可。

5. RECTANG(矩形)命令

Command:RECTANG 或 REC　　　菜单:Draw→Rectangle　图标:▭

RECTANG 命令通过给定的两个对角点绘制矩形。

例 13-3　试画一个长为 12,宽为 15 的矩形。

在绘制工具条上单击▭图标,用光标在屏幕上合适处点取一点,键入@12,15↵。

6. ELLIPSE(椭圆)命令

Command:ELLIPSE 或 EL　　　菜单:Draw→Ellipse→任选一种方式　　图标:⬭

轴、端点方式:指定椭圆的一个轴的两个端点,再指定另一轴的长度;中心点方式:选择此项后首先确定中心点,然后指定一个端点,再指定另一轴的长度。

7. PLINE(多段线)命令

Command:PLINE 或 PL　　菜单:Draw→Polyline　　图标:⤵

该命令用来绘制顶点相连的直线或圆弧段组成的多段线。Auto CAD 将这一系列线视为一个单独的对象。多段线可具有宽度,并且易于被编辑。

执行命令后输入起始点坐标,之后提示指定下个点或[圆弧(Arc)/半宽(Halfwidth)/长度(Length)/放弃(Undo)/宽度(Width)];其中半宽(H)或宽度(W)选项设定线的半宽或宽度,线段的起点和终点宽度可以不同;放弃(U)项用于取消上一段线;闭合(Close)项用于形成封闭图形。

选择圆弧(Arc)选项后进入画圆弧方式,并出现圆弧选项提示,其中闭合(CL)、半宽(H)、宽度(W)和放弃(U)选项的意义同上;角度(A)选项用于输入一个角度指定圆弧的跨度;圆心(C)项指定圆弧的圆心;方向(Direction)项指定该段的切线方向;直线(L)项回到绘直线方式;半径(R)项设定圆弧半径;第二点(Second)项用于三点画弧,输入圆弧的第二点和第三点;默认项为指定圆弧的终点。

例 13-4　试画如图 13-7 所示的图形。

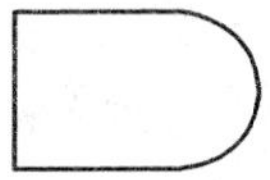

图 13-7　多段线命令画图练习

键入 PL↵,启动 PLINE 命令。在屏幕适当位置拾取一点作为起点,键入 W↵设定宽度,将起点和终点宽度都设为 0.3。输入@12,0↵。键入 A↵,切换到画圆弧方式,输入@0,12,指定圆弧终点。输入 L↵,回到绘直线方式,输入@-12,0↵,输入 C↵,闭合图形。

8. SPLINE(样条曲线)命令

Command:SPLINE 或 SPL　　菜单:Draw→Spline　　图标:∿

样条曲线是通过一系列点的拟合曲线,该命令的默认选项为选取一系列点来生成样条曲线;对象(Object)选项,把从多义线拟合而来的样条曲线变成真正的样条曲线;闭合(CL)选项,从样条曲线的最后一点画切线连接到样条的起点;如在选取点后键入 U,则取消上一段曲线。

9. BHATCH(图案填充)命令

Command:BHATCH 或 BH　　菜单:Draw→Hatch→…　　图标:▦

执行命令后出现"图案填充和渐变色(Boundary hatch)"对话框,如图 13-8 所示。在"图案(Pattern)"下拉列表中选择图案名称。单击"图案"下拉框后的⋯按钮,弹出填充图案选项板,可以直观地选择需要填充的图案形式。在对话框中可设定选定填充图案的缩放比例和角度。用户可利用"添加:选择对象"按钮来选择形成一个区域的若干对象,也可利用"添加:拾取点"按钮在要填充的区域内选择一个点。点击"预览(Preview)"按钮可预览填充图案。

10. MTEXT(多行文本)命令

Command:MTEXT 或 MT　　菜单:Draw→Text→Multiline Text　　图标:**A**

利用该命令可以在图中建立一段文本。执行命令后,在图形上选取要建立的文字区域的第一个角点,拖动光标来确定对角点。

设定范围后则弹出文字格式对话框(图 13-9),在此对话框中可以改变文字的字体、高度及作特殊处理,如黑体、斜体、下画线等,还可以插入各种符号。

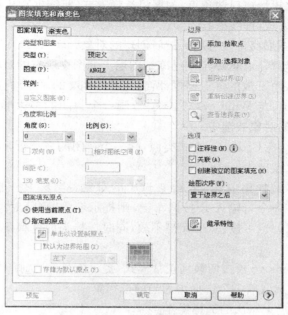

图 13-8　图案填充和渐变色对话框

图 13-9　文字格式对话框

第四节　图形的编辑

无论什么样的建筑图形,都是由许多基本图形组成的,要经常对这些基本图形进行编辑。而且编辑一张图形所花的时间有可能比绘图的时间要长得多。因此,必须掌握好 Auto CAD 的编辑功能。

一、建立对象选择集

要对图形进行编辑和修改,需要选择被编辑修改的图形对象,被选择的对象可以是一个或多个实体。

在 Auto CAD 中可首先选择对象,后执行相应的命令,也可先执行命令,后选择对象。选择的对象会被醒目地显示出来(如用虚线表示)。当输入编辑命令后,用户在"选择对象(Select Objects):"提示下,可将拾取框移到对象上直接选取对象,也可用窗口选取对象或者输入有效的选取选项。常用的选取选项如下。

(1)W(Window):窗口选择方式,选择全部位于矩形窗口内的对象。单击鼠标左键,移动鼠标形成矩形框后再单击鼠标左键确定。

(2)C(Crossing):交叉窗口选择方式,它除选中位于窗口内的对象外,还包括与窗边界相交的对象。一般情况下,用户可不在命令行输入 W 或 C,直接用窗口选取,即无需指明 W、C

选项。如从左至右拾取矩形窗口两角点，为窗口选择方式（实线框）；从右至左拾取矩形窗口两角点，为交叉窗口选择方式（虚线框）。

（3）L(Last)：选取图形窗口内可见的最后创建的对象。

（4）ALL(ALL)：选择不在已锁定或已冻结图层上的图中所有的对象。

（5）F(Fence)：画一个开放的多点栅栏，所有与栅栏相交的对象均会被选中。

（6）WP(WPolygon)：与 Windows 方式类似，画一个封闭的多边形，以它作为窗口来选取对象，全部位于窗口内的对象被选中。

（7）CP(CPolygon)：与 Crossing 方式类似，画一个封闭的多边形，全部位于窗口内的对象或与窗边界相交的对象被选中。

（8）R(Remove)：从选择集中移去已经被选中的对象。当选中一部分图形对象后发现多选了几个对象。此时在命令行输入 R 按回车键，则提示变为"删除对象（Remove objects）："，选中本不需要选的对象。也可按住 Shift 键不放，同时选择当前选择集中的对象，也将从选择集中删除这些对象。

（9）A(Add)：从 Remove 模式切换到正常模式，提示恢复为"选择对象："。

（10）P(Previous)：选取前一个选择集为当前选择集。

（11）U(Undo)：取消上一次的选择操作。

二、图形的编辑命令

Auto CAD 2010 中图形的编辑修改工具条如图 13-10。常用的图形编辑修改命令如下。

图 13-10　修改工具条

1. ERASE（删除）命令

Command：ERASE 或 E　　　菜单：Modify(修改)→Erase　　　图标：✎

其作用是删除选中的图形对象，选择对象后按回车键、空格键或单击鼠标右键将对象删除。

2. COPY（复制）命令

Command：COPY 或 CO　　　菜单：Modify→Copy(复制)　　　图标：⬚

可用 COPY 命令精确复制对象。执行命令并选择对象后，提示用户指定两个点，系统按两点间的矢量确定拷贝的位置。在确定基点后，重复输入位移第二点，则按从基点到多个第二点的矢量复制选择的对象。

例 13-5　试练习 ERASE、COPY 命令。

单击修改（Modify）工具条上的删除工具，选择例 13-1 中线 3 和线 4，按回车键结束命令，结果如图 13-11a）所示。从下拉菜单中选取"修改"→"复制"，选择线 2，按回车键或单击鼠标右键结束对象选择模式。按住 shift 键不放并单击鼠标右键，在出现的弹出菜单中选择端点，将光标移到线 1 与线 2 的交点处，在交点处出现了捕捉标记（Eendpoint Osnap）时，按鼠标左键。用同样方法捕捉水平线 1 的左端点，将线 2 复制，结果如图13-11b)所示（对象捕捉详见本章第 6 节）。

图 13-11　ERASE 和 COPY
命令练习图

3. MIRROR（镜像）命令

Command：MIRROR 或 MI　　菜单：Modify→Mirror　　图标：⚖

该命令的功能是生成所选图形对象的镜像拷贝。执行该命令，并选择要被镜像的对象后，提示输入两点确定镜像线（即对称轴）；确定镜像线后，询问是否删除原对象，默认为 N，即进行镜像复制，若要删除原对象则选择 Y 选项。在对图形进行左右或上下镜像时，可以打开正交功能［单击状态行上的正交（ORTHO）按钮或按 F8 功能键］，即可作出水平或垂直的镜像线。

例 13-6　试在图 13-11a)中补画出线段 3。

键入 Mi↙；选择线 2 按回车键；单击对象捕捉工具条上的捕捉到中点工具，将光标移到线 1 的中点处，在交点处出现了中点标记时，按鼠标左键；按下 F8 键打开正交功能，将鼠标向上移，单击鼠标左键；按回车键选择 N 选项，结束命令，结果如图 13-11b)所示。

4. OFFSET（偏移）命令

Command：OFFSET 或 O　　菜单：Modify→Offset　　图标：▱

此命令可以创建到原图形偏移一定距离的拷贝。直线的偏移拷贝是等长线段。圆弧的拷贝是同心圆弧，并且保持圆心角相同。圆的拷贝是同心圆。执行该命令后，可以输入数值或在屏幕上拾取两点指定偏移距离。之后选定要偏移的对象，并指定偏移方向。若选择"通过（Through）"选项，则选定对象后，再选择偏移后对象所通过的任一点。此后可以继续进行偏移操作，或按回车键结束命令。

例 13-7　试在图 13-11a)中补画出线段 3。

键入 O↙，执行偏移命令。在提示下输入 12↙，指定偏移距离为 12。拾取线 2，将光标移到线 2 的左方，单击鼠标左键，按回车键结束命令。结果如图 13-11b)所示。

5. ARRAY（阵列）命令

Command：ARRAY 或 AR　　菜单：Modify→Array　　图标：▦

该命令对选定的对象进行矩形或环形（Polar）阵列复制。在执行命令后弹出"阵列"对话框。点击"选择对象"按钮，选择对象后，返回"阵列"对话框。选择矩形阵列或环形阵列。如选择矩形阵列，则输入行数、列数、行偏移和列偏移量。如选择环形阵列，则指定阵列中心点、项目数（包括原对象）和阵列填充的角度等。勾选"复制时旋转项目"项，则在复制时绕中心点旋转，否则只作平移。

6. MOVE（移动）命令

Command：MOVE 或 M　　菜单：Modify→Move　　图标：✛

可用 MOVE 命令移动选中的图形对象。执行该命令并选择对象后，指定一点作为基点，然后指定第二点作为新基点。系统按两点间的矢量，移动所选择的对象。

7. ROTATE（旋转）命令

Command：ROTATE 或 RO　　菜单：Modify→Rotate　　图标：↻

该命令可将选择的对象绕指定的中心点旋转。指定物体旋转的中心点后，默认选项为输入旋转角度值（逆时针为正）。选择"参照（Reference）"选项，则先选取两点作为参照角度，再输入新角度。

8. SCALE（比例缩放）命令

Command：SCALE 或 SC　　菜单：Modify→Scale　　图标：▱

将选定的对象按指定的基点进行比例缩放。基点为不动点,即在对象缩放前后图面上没有移动的点。例如在以同一圆心缩放圆时,则以圆心为基点。选择要被缩放的对象,并确定基点后,默认为输入缩放比例值。选择"参照"选项时,首先确定参照长度(可以用鼠标选定两点作为参照距离),再输入新长度,以新长度和参照长度的比值作为缩放比例。

例 13-8 试练习 MOVE、ROTATE、SCALE 和 U 命令。

键入 M↵,用窗口选择图 13-7 所示图形,并按回车键。在屏幕合适处单击左键,键入@12,0。此操作将图形向右平移 12 个单位。键入 Ro↵,键入 P↵,选择前一个对象选择集为当前选择集,按空格键确认。捕捉多段线左下端点作为旋转中心点,输入 90↵。单击修改工具条上的比例缩放工具,选择多段线。捕捉水平线中点为缩放基点,输入 0.8↵。键入 U↵,执行 U 命令。该命令取消上次 Scale 操作。按回车键再次执行 U 命令,取消 Rotate 操作。再按回车键,则取消 Move 操作,图形恢复到图 13-7 所示。

9. TRIM(修剪)命令

Command:TRIM 或 TR　　　菜单:Modify→Trim　　　图标:

使用 TRIM 命令删去某个实体对象超过剪切边的部分。执行命令后,选择剪切边并按回车键或单击鼠标右键确认,然后选择实体对象超过剪切边的部分,即要修剪的那部分。如要一次选中多个剪切对象,可使用"栏选(Fence)"选项。在提示选择剪切边时,可选择所有需要保留的图形对象,在选择要剪切的对象时,选择需要被剪切的那一部分图形对象即可。

10. EXTEND(延伸)命令

Command:EXTEND 或 EX　　　菜单:Modify→Extend　　　图标:

该命令用于将选定的对象延伸到一个边界。执行命令后,首先选择边界,之后选择要延伸的对象。可以连续选取延伸的对象,直到按回车键结束。

例 13-9 试练习 TRIM、EXTEND 命令。

用 LINE 命令和 CIRCLE 命令画出如图 13-12a)所示的图形。键入 Tr↵,选取圆并按回车键,点取线段在圆内的部分并按回车键,结果如图 13-12b)所示。键入 U↵,取消上次操作,图形恢复到图 13-12a)。键入 Ex↵,选取圆并按回车键,选取线段的右端将其延长,按回车键结束命令。结果如图 13-12c)所示。

11. STRETCH(拉伸)命令

Command:STRETCH 或 S　　　菜单:Modify→Stretch　　　图标:

将选定的对象进行局部拉伸或移动。用户必须使用交叉窗口(从右至左拾取矩形窗口两角点)或交叉多边形选择对象要被拉伸的部分,再输入两点确定拉伸的移动位移。对象包含在交叉窗口内的部分只被移动,不完全包含在窗口内的部分则被拉伸,而窗口外的对象保持位置不变。

例 13-10 试练习 STRETCH 命令。

本例将一个长 10 宽 5 的矩形拉伸为长 5 宽 5 的正方形。用 RECTANG 矩形命令画个长 10 宽 5 的矩形,如图 13-13a)所示。键入 S↵,从右至左拾取矩形窗口两角点,将矩形的右部两端点包含在窗口内[图 13-13b)]并按回车键。在合适位置点取一点作为位移基点,输入@-5,0,结果如图 13-13c)所示。

12. BREAK(打断)命令

Command:BREAK 或 BR　　　菜单:Modify→Break　　　图标:

该命令的功能是删除所选对象的一部分或将对象切断成两个实体。选定需打断的图形对象之后,默认的选项为指定对象上的第二断点。如在选择对象时选择对象上的第一个断点,此时选择第二断点,则这两点之间的部分被删除。如键入 F↵,可重新指定第一断点,然后指定第二断点。拾取的第二点可以不在对象上,对象上距拾取点最近的点将被作为第二断点。在指定第二断点时,输入@↵,则两个截断点重合,对象在断点处被分为两部分。

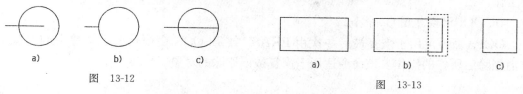

图 13-12   图 13-13

例 13-11 试练习 BREAK 命令。

在修改下拉菜单中选择打断命令。选取例 13-4 练习图如图 13-14a)所示的图形,键入 BR↵,拾取圆弧段的一个端点,拾取圆弧段另一端点,结果如图 13-14b)所示。

13. FILLET(倒圆角)命令

Command:FILLET 或 F   菜单:Modify→Fillet   图标:▢

可使用 FILLET 命令在两个对象(如直线、圆或圆弧)之间按指定的半径加上一段圆弧。选择"半径(Radius)"选项设定过渡圆弧的半径。选择"多段线(P)"项可对多义线的所有角进行倒圆角。如将半径值设为 0,该命令可用于连接两个不相交的对象。

例 13-12 试练习 FILLET 命令。

画出两条长度为 10 的直线段,如图 13-15a)。键入 F↵,输入 R↵,输入 5↵,分别选取两条线段,结果如图 13-15b)。键入 U↵,取消上次操作。再次执行 Fillet 命令;将倒圆角半径设为 0;分别选取两条线,结果如图 13-15c)所示。

图 13-14　BREAK 命令练习图   图 13-15　FILLET 命令练习图

14. EXPLODE(分解)命令

Command:EXPLODE 或 X   菜单:Modify→Explode   图标:▦

此命令用于将一个组合实体分解为其下一级组成成员。其分解的对象有:多段线、块、尺寸、图案填充等。多段线被分解成没有线宽的直线段和圆弧,在以后的处理中,直线段和圆弧均被当作独立实体对待。块被分解后,则整个块回到该块形成前的组成状态,块内的每个图形实体均可单独处理。尺寸被分解为多行文本、直线段、实心体和点。图案填充则被分解为组成填充图案的一条条直线段。通常需要将组合体分解,才能修改其中的对象。

15. UNDO、U、REDO 取消和恢复操作命令

(1)UNDO、U(取消操作)命令

Command:UNDO   菜单:Edit(编辑)→Undo   标准工具条图标:↶

UNDO 命令用于取消前面用户输入过的一个或几个命令的影响而把图形恢复到未用过这些命令之前的状态。U 命令是 UNDO 命令的简化版,该命令每次只能恢复一步,标准工具条的"放弃"工具所执行的就是 U 命令。

179

（2）REDO（恢复操作）命令

Command：REDO　　菜单：Edit→Redo　　　标准工具条图标：⏩

REDO 命令与 UNDO 或 U 命令的作用正好相反，它仅在刚使用过 UNDO 或 U 命令时才能工作。

16. OOPS（恢复图形）命令

OOPS 命令可用于恢复最后一次由 ERASE 或 BLOCK 命令从图形中移去的对象，它不取消删除后所作的操作。该命令适用于恢复被误删除的对象。

第五节　　图层、线型及块

一、图层与线型

在 Auto CAD 之中，图层是一项很重要的组织工具。层用类似叠加的方法来存放各种类型的信息。我们可以把相关图形实体设定在同一个层上，使它们具有相同的颜色和线型，并且可以对整个图层进行管理，如打开/关闭、冻结/解冻、锁定/解锁等。这样绘图时可对一些无关的层进行关闭、冻结或锁定处理，在编辑修改时便不会影响到这些层，这对于绘制复杂图形很有帮助。对图层和线型的操作可以通过图层工具条（图 13-16）来进行。

图 13-16　图层工具条

1. 利用 LAYER 命令控制层

Command：LAYER　　　菜单：Fomat（格式）→Layer（图层）　　图标：🔲

执行命令后出现"图层特性管理器（Layer Properties Manager）"对话框。在对话框中可创建新图层，设定当前层，进行图层管理，设定图层的颜色和线型等。

（1）新建图层：单击 🔲 按钮，则图层列表上会添加一个新层，该层与上面一层的属性相同，层名可以改变。

（2）删除图层：选中要删除的层，单击 ✖ 按钮。当图层上有图形对象时不可删除，还有 0 层、当前层和被外部文件参考的层不可删除。

（3）打开与关闭图层：单击 💡 可以使图层在打开、关闭之间转换。关闭图层则该层上的图形对象不显示，不能绘图输出。

（4）冻结与解冻图层：单击 ☼ 可以使图层在冻结、解冻之间转换。图层冻结后则该图层上的图形对象不显示，不能绘图输出，在图形重新生成时也不包括在内。

（5）图层锁定与解锁：单击 🔓 可以使图层在加锁、开锁之间转换。图层加锁则在锁定层上的图形对象不能被编辑和修改，但可以显示及绘图输出。

（6）设定图层颜色：单击层属性中颜色小框则弹出"选择颜色（Select Color）"对话框，可以设置层的颜色。

（7）设定图层线型：单击"线型（Linetype）"列下的英文词如 Continuous，则出现"选择线型"对话框，在对话框中选择层的线型。单击"加载（Load）"按钮会出现"加载或重载线型（Load or Reload Linetype）"对话框，在该对话框中可以加载或更新线型。

(8)设置当前层:首先选择要成为当前层的层,再单击✔按钮即可。

2.把对象的图层设置为当前层

在绘图时经常需要在多个图层之间进行转换。单击图层工具条上图标，光标变成一小方框,同时提示选择成为当前层上的对象,此时选中对象即可。

3.层列表

利用图层工具条上的层列表图标 ♀ ✿ 🔒 ■图层1   ，可以很方便地管理图层,包括打开或关闭、冻结或解冻、锁定或解锁和设定当前层(从下拉列表中选定当前层即可)等。当需要将某一图形对象从一个图层调到另一图层时,先选中图形对象,再从层列表上选择要放置的图层即可。

4.线型列表

对象特性工具条上图标 ———ByLayer   的用法与图层列表相同。当线型列表中没有所需的线型时,从下拉表中选择"其他…",单击"线型管理器"对话框中的"加载"按钮加载线型。

二、图块

在绘制土木建筑工程图时,经常要用到许多标准件,如门、窗、卫生器具等。在 Auto CAD 之中可以把使用频率较高的图形定义成块存储起来。块可以随时调用,也可以按比例放大或缩小及旋转一定角度以满足要求。

1.使用 BLOCK 命令定义图块

Command:BLOCK 或 B   菜单:Draw→Block→Make   绘图工具条图标: 创建

执行该命令后,出现"块定义(Block Definition)"对话框。在"名称"框中可指定将要创建的图块名。在"基点(Base Point)"区中的 X,Y,Z 框中输入坐标值来指定图块的插入点,也可单击"拾取点(Pick)"按钮,在屏幕中指定一点作为插入点。在"对象"区中,单击"选择对象"按钮,可选择要定义成图块的对象。选中"保留(Retain)"使用的对象仍然保留;选择"转换为块(Convert)"用块替换原有的对象;选择"删除(Delete)"选项,则指定块定义后,组成块的对象被删除。

2.使用 INSERT 命令插入图块

Command:INSERT 或 I   菜单:Insert →Block   绘图工具条图标:

与 BLOCK 定义图块命令相对应,插入图块命令可以将已建立的图块或图形文件,按指定位置插入到当前图形中,并可以改变插入图形的比例和角度。

执行该命令后,出现"插入(Insert)"对话框。在"名称"下拉表中选择要插入的图块名。"在屏幕上指定(Specify on Screen)"选项用于决定是在屏幕中指定,或是在"插入"对话框中输入参数。如选择"插入点"区中的"在屏幕上指定"选项,不选择"缩放比例(Scale)"和"旋转(Rotation)"区中的该选项,单击"确定"后,在屏幕中指定插入点,即可插入图块。

第六节 对象捕捉及动态输入

在绘图时,常提示输入点。有时需要利用到一些特殊位置上的点,如端点、中点、交点、圆心点等,Auto CAD 提供的对象捕捉功能能够满足这种要求。通过捕捉获取的点都是准确的,这样就能够提高绘图精度和速度。

一、运行对象捕捉

对象捕捉只是一种获取精确点的方式，而不是可单独运行的命令，所以它只可以在输入点的提示下执行。在运行对象捕捉后，当把光标移至满足条件的特征点附近时，就会显示出相应的捕捉标记，点击左键即捕捉到相应点。如果没有找到捕捉对象，将按没有设置捕捉模式拾取点。

用户可以通过以下几种方法运行对象捕捉。

（1）对象捕捉（Object Snap）工具条：单击对象捕捉工具条上的图标。

（2）弹出式菜单：在绘图区中按住 Shift 键不放，单击鼠标右键，在当前光标位置出现的弹出菜单中选择一种方式。

（3）键盘：从命令行输入目标捕捉方式的缩写，如 END、MID 等。

（4）设置自动捕捉：

Command：OSNAP 或 OS　　菜单：Tool →Drafting Settings　　捕捉工具条图标：

用以上方法都可以打开"草图设置"对话框，在"对象捕捉"选项卡中可指定一种或多种自动捕捉选项，在各选项旁都有一个图形符号，即是各自选项的捕捉标记。如自动捕捉功能为打开状态，Auto CAD 将自动选择最接近的捕捉点，而无须从工具条或菜单中选择捕捉方式。按F3 功能键可打开或关闭自动捕捉功能。

二、对象捕捉的捕捉方式

对象捕捉工具条如图 13-17 所示，主要的对象捕捉方式如下（其中大写字母为缩写名）。

图 13-17　　对象捕捉工具条

（1）ENDpoint（端点）：捕捉直线或圆弧等离拾取点最近的端点。

（2）MIDpoint（中点）：捕捉直线或圆弧等的中点。

（3）INTersection（交点）：捕捉直线、圆、圆弧等之间两两相交的交点。

（4）CENter（中心点）：捕捉圆或圆弧等的圆心。

（5）QUAdrant（象限点）：捕捉圆、圆弧、椭圆、椭圆弧的象限点（在当前坐标系中，以圆心为原点，圆上与圆心成 0°、90°、180°、270°的四个点）。

（6）TANgent（切线点）：捕捉与圆、圆弧、椭圆、椭圆弧及样条曲线相切的切点。

（7）PERpendicular（垂线点）：捕捉从直线、圆、椭圆等实体外的一点，垂直于这个实体的法线的垂足点。

（8）INSert（插入点）：捕捉插入文件中的图块、文本等的插入点。

（9）NODe（节点）：捕捉点对象，包括尺寸的定义点。

（10）NEArest（最近点）：捕捉对象上到光标中心距离最近的点。

（11）NONe（无捕捉）：暂时关闭任何 Osnap 模式。

（12）FROm（捕捉自）：捕捉与所选点相关的点。如可捕捉在某线段中点左侧或右侧两个单位的点。

三、动态输入

Auto CAD 2010 相对以前版本,为用户提供了动态输入功能。单击状态栏上的 DYN 按钮可以打开或关闭动态输入。右击 DYN 按钮,在弹出的快捷菜单中选择"设置",弹出"草图设置"对话框。在其中可以进行动态输入的各种设置。

在动态输入打开时,用户可以在绘图区中的工具栏中输入坐标或命令,而不必在命令行中输入,这样可以帮助用户将注意力集中在绘图区。在默认的输入格式下,指定点时,输入第一个点时为绝对坐标,第二个点开始为相对坐标。即从第二个点开始,用户在输入相对坐标时,无需在坐标前加@符号。而如要输入绝对坐标,则要在坐标前加♯号。

第七节 尺 寸 标 注

在工程制图中,经常需要标注图形的尺寸。通过这些尺寸,我们可以了解物体的各部分的实际大小。一个完整的尺寸是由尺寸数字、尺寸线、尺寸界线和尺寸箭头组成的。Auto CAD 提供的尺寸标注包括:线性尺寸标注、角度尺寸标注、半径尺寸标注和直径尺寸标注等。尺寸标注工具条如图 13-18 所示。

图 13-18 标注工具条

一、DDIM 设置尺寸标注样式命令

尺寸标注样式控制尺寸标注的外观及特性,如箭头类型、标注文字等。

Command:DDIM 或 D　菜单:Dimension(标注)→Style(标注样式)　图标:

执行命令后打开"标注样式管理器(Dimension Style Manager)"对话框。在对话框中可创建新样式、修改现有样式、设置当前样式以及对两个已有样式进行比较等。

单击"新建"按钮,将打开"创建新标注样式(Greate New Dimension Style)"对话框,在"新样式名(New Style Name)"框中输入尺寸样式名。在"基础样式"下拉表中,选择作为新样式基础的尺寸标注样式。在"用于"下拉表中,选择需要用于该样式中的尺寸标注类型,如选择"所有标注"外的选项,则该样式只能用于这种选择的尺寸标注类型。

单击"继续",出现"新建标注样式"对话框,用户可对该尺寸样式进行所需的修改。在对话框中包括直线、符号和箭头、文字、调整、主单位、换算单位和公差选项卡。用户可使用直线选项卡控制尺寸线、尺寸界线、使用符号和箭头选项卡控制箭头,使用文字选项卡控制尺寸文字,用调整选项卡控制文字的位置,以及用主单位选项卡定义尺寸标注文字的单位等。例如绘图时使用毫米为单位,标注需要以厘米为单位时,可将"主单位"选项卡中的"测量单位比例"区中的比例因子值设为 0.1。

例 13-13　试创建尺寸标注样式。

(1)键入 d↲,打开"标注样式管理器"对话框。

(2)单击"新建"按钮,弹出"创建新标注样式"对话框。在"新样式名"框中输入 Arch,单击"继续"按钮,打开"新建标注样式"对话框。当前为"直线和箭头"选项卡。

(3)在"尺寸界线"区的"超出尺寸线"框中输入 15,"起点偏移量"框中输入 10。

（4）选择"箭头"选项卡，在"箭头"区中打开第一个下拉表，选择"建筑标记"，设置箭头大小值为 10。

（5）选择"文字"选项卡，将"文字外观"区的文字高度值设为 15，在"文字位置"区的垂直下拉表中选择"上方"，设置从尺寸线偏移值为 6。选择"文字对齐"区中的与尺寸线对齐项。

（6）选择"主单位"选项卡，将"线性标注"区的精度值设为 0。单击 Ok，回到"标注样式管理器"对话框。

（7）在"样式"栏中选择 Arch，单击"置为当前"按钮。

（8）单击关闭，关闭对话框。

二、DIMLINEAR 线性标注命令

Command：DIMLINEAR 或 DLI　　　菜单：Dimension→Style　　图标：

该命令一般用于标注水平、垂直方向的尺寸。执行命令后提示选择要标注尺寸的第一条和第二条尺寸界线的起点，之后确定尺寸线的位置。在提示选择第一个尺寸界线起点时，按回车键，可选择需要标注的对象，之后指定尺寸线的位置。在提示指定尺寸线位置时，选择 M 项则弹出多行文字编辑器；选择 T 项可直接输入尺寸值；A 项用来改变标注文字的角度；R 项可将尺寸旋转指定的角度。

例 13-14　试练习线性尺寸标注。

按照例 13-13 创建尺寸标注样式。键入 Dimlinear↵；依次选取图 13-6 中的线 1 的左右两端点；键入 @0，-5↵。再次重复命令，键入 Dimlinear↵；选择线 2；键入 @5，0，结果如图 13-19 所示。

图 13-19　练习线性尺寸标注画图练习

三、DIMALIGNED 对齐标注命令

Command：DIMALIGNED　　　菜单：Dimension→Aligned（对齐）

图标：

该命令实现尺寸线与尺寸界线的起点连线平行的标注。此命令的执行和线性尺寸标注命令基本相同，只是没有水平和垂直选项。注意，因为标注与尺寸界线的起点有关，因而必须打开对象捕捉方式，以便准确确定尺寸界线的起点。利用此命令按回车键选取所画的圆后，可以标注圆的直径。

四、DIMBASELINE 基线标注命令

Command：DIMBASELINE　　　菜单：Dimension→Baseline（基线）　　图标：

该命令可方便地创建一系列基于一点的尺寸标注。为使用该命令，用户必须首先创建一个尺寸标注。执行命令后，指定第二条尺寸界线的起点，它以上一个尺寸的第一条尺寸界线作为第一尺寸界线，尺寸线平行于上一尺寸线并相隔一定的距离。

五、DIMCONTINUE 连续标注命令

Command：DIMCONTINUE　　　菜单：Dimension→Continue（连续）　　图标：

连续标注创建一系列基于上一个尺寸标注的终点的尺寸标注。它将上一个尺寸标注的第二条尺寸界线作为第一条尺寸界线，直接指定第二条尺寸界线的起点后，系统会自动作连续标注，尺寸界线平等，尺寸线在同一直线或圆周上。

六、QDIM 快速标注命令

Command：QDIM　　　菜单：Dimension→QDIM（快速标注）　　　图标：

该命令可对一系列的对象进行尺寸标注，在很多情况下可取代连续标注命令。执行命令后选择一系列需要标注的对象，接着指定尺寸线的位置。

七、DIMRADIUS 半径标注命令

Command：DIMRADIUS　　　菜单：Dimension→Radius（半径）　　　图标：

该命令用来标注圆或圆弧的半径尺寸。执行命令后选择要标注的圆或圆弧，然后确定标注线的位置。标注半径尺寸时，尺寸文字前会自动出现半径符号，当圆或圆弧内放不下尺寸文字时，可将之移至圆或圆弧外。

八、DIMDIAMETER 直径标注命令

Command：DIMDIAMETER　　　菜单：Dimension→Diameter（直径）　　　图标：

用来标注圆或圆弧的直径尺寸。此命令的使用与半径尺寸标注命令的使用相同，只是标注的为直径值，在数值前会自动加上直径符号。

九、DIMANGULAR 角度标注命令

Command：DIMANGULAR　　　菜单：Dimension→Angular（角度）　　　图标：

此命令用于标注圆、圆弧或线的角度尺寸。执行命令后，如选择圆弧，系统会自动测出整个圆弧的圆心角，移动光标到合适的位置确定即可；若选择圆，则选择点为要标注角度的第一点，再确定圆上的另一点后，系统自动给出角度值；若选择直线段，则选取第二条直线后，移动光标，可以标注相交两直线所形成的四个角的角度；按回车键，则采用角的顶点和两边的方式来标注角度。

十、QLEADER 快速引线命令

Command：QLEADER　　　菜单：Dimension→LEADER（引线）　　　图标：

该命令从图形对象上引出注释项。确定起始点并画出引线段后，按回车键可键入文字，再按回车键结束命令。可使用命令中的"设置（S）"选项进行引线设置。

十一、DIMEDIT 编辑标注命令

Command：DIMEDIT　　　菜单：Dimension→Oblique（倾斜）　　　图标：

此命令用来修改尺寸标注文字。执行命令后，选择 N 选项则弹出多行文字编辑器，可以修改标注文字；R 项可以将标注文字放置指定的角度；O 选项将尺寸倾斜给定的角度；选择 H 项则返回到默认位置。

十二、DIMTEDIT 编辑标注文字命令

Command：DIMTEDIT　　　菜单：Dimension→AlignText（对齐文字）→选择所需的方式
图标：

此命令用来调整尺寸文本的位置。执行命令后首先选取要编辑的尺寸。其中的 A 项可将文本旋转至指定的角度；L 和 R 项可沿尺寸线左对齐或右对齐文本；H 项将尺寸文本移至缺省位置；也可以移动光标来确定标注位置。

第八节　二维绘图实例

本节用一些较常用的命令绘制如图 13-20i)所示的图形，具体步骤如下。

例 13-15　试练习绘制复杂二维图形，步骤要求如下：

(1)启动 Auto CAD，创建一个新文件，将其命名。

(2)设置绘图界限。从下拉菜单中选取"格式"→"图形界限"；指定点(0,0)作为图形左下角点；指定点(500,600)作为图形右上角点。

(3)键入 Z↙；输入 e↙。缩放视图，观察整个绘图区域。

(4)打开并设置目标捕捉，打开并设置动态输入，具体步骤见 13-6 节。

(5)键入 L↙；输入 100,100↙；输入@112,0↙；输入@0,160↙；输入↙。使用 Arc 命令绘制一段圆弧，半径为 140，角度 78°。具体步骤参照例 13-1、例 13-2，结果如图 13-20a)所示。

(6)执行 Offset 偏移命令，分别将圆弧 3 和线段 2 向左偏移 112 单位，结果如图 13-20b)所示。

(7)键入 L↙；在绘图区中空白处选择一点为起点；输入@124<0↙；输入↙，生成线段 6。

(8)执行 Offset 偏移命令，将线段 6 向下偏移 15 个单位，生成线段 7；接着将线段 7 向下偏移 65 个单位，生成线段 8；再将线段 8 向下偏移 15 个单位，生成线段 9，如图 13-20c)所示。

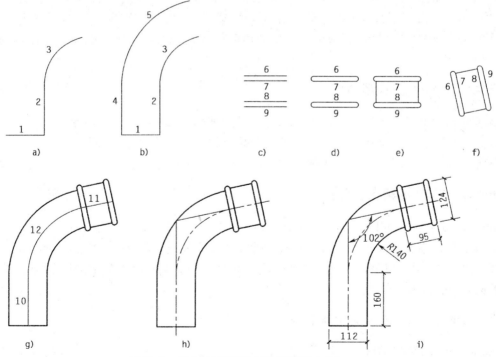

图 13-20　复杂二维图形绘制练习图(尺寸单位:mm)

186

（9）执行 Fillet 命令，将倒角半径设为 0（默认），选取线段 6 上的左端一点，再选取线段 7 上的左端一点，将两平行直线段用一个半圆相连；用同样方法生成右边的圆弧；将线段 8 与线段 9 进行同样操作[图 13-20d]。

（10）分别用 Line 命令连接线段 7 与线段 8 的两端点[图 13-20e]。

（11）执行 Rotate 命令，将步骤 7、8、9、10 所画的图形用线段 9 的左端点作为基点，逆时针旋转 102°[图 13-20f]。

（12）用 Line 命令连接圆弧 3 与圆弧 5 的上方端点成一辅助线段。键入 M↙，选取图 13-20f）所示的图形，依次捕捉线段 6 的中点和所画辅助线段的中点，将其与圆弧部分连接；键入 E↙（删除辅助线段与线段 6），键入 L↙，重新画出线段 6。

（13）以线段 1 的中点为起点，作出一条长垂直线 10；连接线段 6 和线段 9 的中点，画出线段 11；画出中心线圆弧 12（直接将线段 3 向左平移 56）；键入 Tr↙，选取圆弧 12 作为剪切边，将线段 10 超过圆弧 12 的部分剪去[图 13-20g]。

（14）执行 Copy 命令，依次选取线段 11 的右端点和左端点，将其拷贝；用同样的方法，依次选取线段 10 的下端点和上端点，将线段 10 向上拷贝；执行 Fillet 命令，依次选取线段 10 的上半部与线段 11 的左半部，将新生成的两线段连接起来，结果如图 13-20h）所示。

（15）将线段 9 向右方偏移 10 个单位；键入 Ex↙，选取偏移线作为边界，选取线段 11 将其延长，并删除偏移线；用同样方法将线段 10 向下延长 10 个单位。

（16）加载 CENTER 线型，具体步骤见 13-5 节。在"标准"工具条中单击"对象特性"图标，弹出"特性"对话框；选择线段 10、线段 11 和圆弧 12；在"线型"框中选择 CENTER；在"线型比例"输入框中调整线型比例，关闭对话框。

（17）创建尺寸标注样式（见例 13-13）；用线性尺寸标注命令（见例 13-14）标注水平和垂直方向的尺寸；分别使用对齐尺寸标注、半径尺寸标注和角度尺寸标注命令完成其他标注。最终结果如图 13-20i）所示。

第九节　三　维　绘　图

平面图形用长和宽表示两个向度，可以用 X、Y 轴来对应表示，则称之为二维图形。三视图所用的方式一般为二维图形。立体图需用三个向度来表示长、宽、高，通常也用 X、Y、Z 轴来对应表示，习惯上称为空间三维表示的图形。

Auto CAD 中创建的三维图形有三种：线框模型、表面模型和实体模型。线框模型仅有直线和曲线组成，没有面和体的特征；表面模型有线和面的特征，没有体的特征；实体模型具有线、面和体的特征，各实体之间可以进行各种并集、差集、交集等布尔运算，从而得到新的实体。

一、绘制三维线框模型

本例以图 13-21a)所示的线框模型为例，介绍绘制三维线框模型的方法，具体步骤如下。

例 13-16　试练习绘制三维线框模型。

（1）输入 L 执行直线命令，依次指定点(0,0)、(3 600,0)、(3 600,1 800)、(0,1 800)，输入 C↙。绘制一个长方体的矩形底面。

（2）从下拉菜单中选取"视图"→"三维视图"→"东南等轴测"，这时的视图就像是站在图的右上方看;也可打开"视图"工具条,选取其中的选项以调整视图[图 13-21a)]。

(3)输入 Co 执行拷贝命令,通过指定点(0,0,0)、(0,0,1 500)将底面复制,生成长方体的顶面[图 13-21b)]。

(4)执行直线命令,分别捕捉长方体的顶面和底面上的端点作为直线的两个端点,绘制长方体的一条垂直边[图 13-21c)]。

(5)执行拷贝命令,将垂直边复制,生成另外三条垂直边[图 13-21d)]。

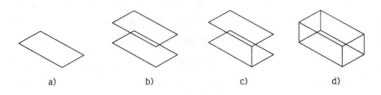

图 13-21 三维线框模型

二、绘制三维表面模型

Auto CAD 中的一个与三维有关的属性是"厚度",可将实体厚度设置为大于 0,把二维实体变成三维形式。另一个与三维有关的属性是"高程",高程可为实体设定 Z 轴坐标,默认实体的高程为 0。利用这两个属性,可以建立大多数的三维图形。

例 13-17 试练习绘制三维表面模型。

如图 13-22a)所示为一形体的三面投影图,试作其透视图。

(1)用 Pline 命令绘制的矩形 M(长 2 000,宽 1 500)及矩形 N(长 1 000 宽 500),如图 13-22b)所示。

(2)从下拉菜单中选取"视图"→"三维视图"→"西南等轴测",观察模型,如图 13-22c)所示。

(3)单击"工具"工具条上的"对象特性"按钮,弹出"特性"对话框。选择 M 线,在对话框中设定"厚度"的值为 500。按 Esc 键取消对 M 线的选择,选择 N 线,设定"厚度"的值为 1 500,设定"标高"值为 500。

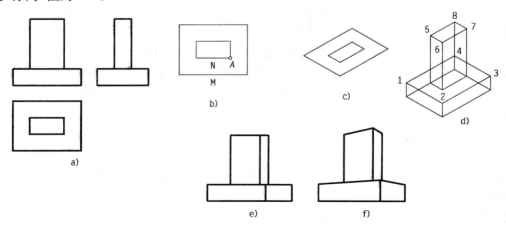

图 13-22 三维表面模型

188

（4）从下拉菜单中选取"绘图"→"曲面"→"三维面"，分别拾取点1、2、3、4和点5、6、7、8完成顶面[图13-22d)]。

（5）Auto CAD提供Dview命令产生透视图。键入Dv↙，选取整个图形后出现提示，可使用其中的选项调整透视图。选择PO选项，点取点A作为照相机的聚焦点，再点取点S作为摆放相机的位置，得到一个平行投影[图13-22e)]。选择D项调整相机和目标点之间的距离，并进入透视图状态。在得到满意的视图后，单击鼠标确定。用户可选择CA项改变观察点，选择Z选项调整焦距等。使用H选项，消除隐藏线，并作最后观察。

（6）退出Dview命令，执行Hide命令，最终得到如图13-22f)所示的透视图。选择菜单"视图"→"命名视图"，可把不同状态的透视图分别设文件名存入。

三、绘制三维实体模型

例13-18 已知三视图如图13-23a)所示，试练习绘制三维实体模型。

本例绘制图13-23e)所示的实体模型，具体步骤如下：

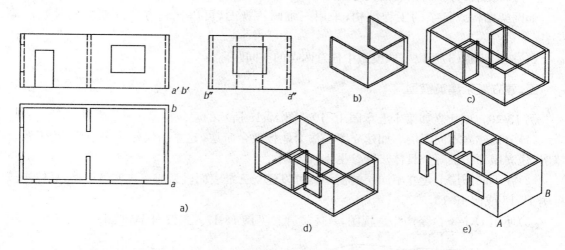

图13-23　三维实体模型

（1）输入PL执行多段线命令，依次指定点$A(0,0)$、$B(4\,400,0)$、$(4\,400,4\,200)$、$(0,4\,200)$、$(0,4\,000)$、$(4\,200,4\,000)$、$(4\,200,200)$、$(0,200)$，输入C↙，绘制一条闭合多段线。

（2）从下拉菜单中选取"视图"→"三维视图"→"东南等轴测"命令，将视点转换为东南视图。

（3）输入Ext执行Extrude拉伸命令，选择多段线并按回车键，输入3\,000↙，再次按回车键。将多段线沿Z轴正方向拉伸3\,000个单位，如图13-23b)所示。

（4）再次输入PL执行多段线命令，依次指定点$(0,0)$、$(-4\,000,0)$、$(-4\,000,4200)$、$(0,4\,200)$、$(0,2\,800)$、$(-200,2\,800)$、$(-200,4\,000)$、$(-3\,800,4\,000)$、$(-3\,800,200)$、$(-200,200)$、$(-200,1\,400)$、$(0,1\,400)$，输入C↙，绘制一条闭合多段线。

（5）再次执行Extrude拉伸命令，将多段线拉伸3\,000个单位[图13-23c)]。

（6）输入Uni执行Union并集命令，选择拉伸后的两个实体并按回车键，将两个墙体合并。

（7）从下拉菜单中选取"绘图"→"实体"→"长方体"命令，输入$(-2\,400,0)$、$(-3\,200,$

3 400),输入 1 500 并按回车键。创建一个长 1 800,宽 200,高 1 500 的长方体实体。

(8)从下拉菜单中选取"修改"→"实体编辑"→"差集"命令,选择墙体并按回车键,选择长方体实体并按回车键,将窗洞口从墙体中剪去[图 13-23d]。

(9)参照步骤 7、8、9 将其余的门窗洞从墙体中剪去。输入 Hi 执行 Hide 消隐命令,效果如图 13-23e)所示。

四、根据三维模型获取二维信息

例 13-19 根据三维模型获取二维信息。

(1)建立如例 13-17 所示的三维模型。

(2)生成三视图。从下拉菜单中选取"视图"→"三维视图"→"俯视",生成平面图。选取"主视",生成立面图。选取"左视",生成侧面图。

(3)将视图转为西南视图。输入 Dist 执行查询距离命令,捕捉三维模型底部长方体的两个对角点,得到长方体对角线的长度。

如网架结构或复杂的工程结构,采用三维画三视图,可以比较方便地获取构件长度等信息。

(4)按照步骤(3)可以获取模型中任意两点的空间距离。

五、建立复杂建筑模型

例 13-20 试建立如第十五章图 15-10～图 10-15 所示的建筑模型。

(1)分别建立不同图层。如建立图层作为地板及台阶层,建立图层作为一层门窗、阳台及墙层,建立屋顶图层等。具体步骤参见 13-5 节。

(2)在不同图层上建立不同层的模型。可以建立三维表面模型或三维实体模型,具体步骤见例 13-17 或例 13-18。

(3)使用 Dview 命令产生透视图,具体步骤参见例 13-17。最终可得到如图 13-24 所示的

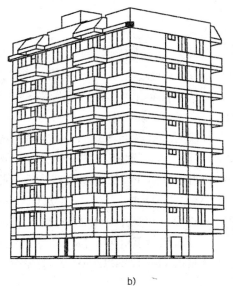

a)   b)

图 13-24 建筑模型

a)主视点在主立面;b)主视点靠近侧面

190

透视图。如图 13-25 所示为某教学楼透视图进行了配景并彩色渲染后的效果图。

图 13-25　某教学楼效果图

第十四章　组合体的投影

第一节　概　述

组合体是指多个几何形体(柱体、长方体、锥面体、圆柱体及球面体等)按不同形式组合而成的形体。如图 14-1c)所示的挡土墙可以看成是由图 14-1b)所示的五个几何形体组合而成，图 14-1a)为其投影图。土建工程中的任何建筑物不论复杂程度如何，一般都可以概括地看成是由几何形体叠砌或切割而成。

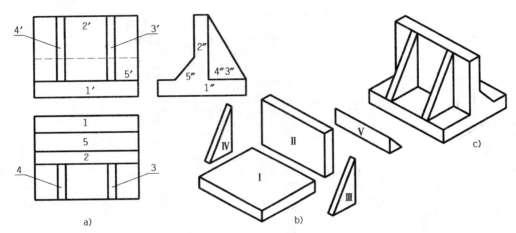

图 14-1　叠加式挡土墙的组合体
a)投影图；b)部件图；c)立体图

一、组合体的组成方式

(1)叠加式。由基本几何形体叠砌而成，如图 14-1 所示。

(2)截割式。由基本几何形体被一些面截割后而成。如图 14-2a)所示的组合体是由长方体被三个平面和一个半圆柱面截割而成。

(3)综合式。由基本几何形体叠加和被截割后而成，如图 14-2b)所示。

二、组合体的三视图

1. 三投影图的形成和名称

在画法几何中，把形体在 V、H、W 面上的正投影(图 14-3)称为三面投影图。在工程制图中，通常又称为三视图。

V 面投影图，称为正立面图，简称立面图，或正视图；

H 面投影图，称为水平面图，简称平面图，或俯视图；

W 面投影图，称为左侧立面图，简称侧面图，或侧视图。

192

2.三视图的投影规律

画出组合体中各几何形体的三视图,并按其相对位置组合,就可得到组合体的三视图(图14-11)。

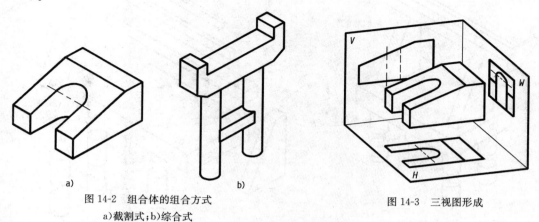

图 14-2　组合体的组合方式
a)截割式;b)综合式

图 14-3　三视图形成

三视图之间不画各投影间的联系线,但三视图各投影之间的位置关系和投影规律仍保持不变。

(1)投影关系如下:

正立面图、水平面图长对正。

正立面图、侧立面图高平齐。

水平面图、侧立面图宽相等。

(2)方位关系如下:

正立面图反映上、下、左、右位置关系。

水平面图反映前、后、左、右位置关系。

侧立面图反映上、下、前、后位置关系。

第二节　组合体视图的绘图

一、形体分析

如图 14-4a)所示的埋置式桥台,是由多个几何形体构成的组合体。它由台帽、台身、承台和桩基四部分组成。其中,台帽部分还包括防震挡块、背墙、耳墙、牛腿等几何块体。如图 14-4b)所示,桥台可分解为几部分:台帽、防震挡块、背墙、承台为长方体;牛腿、耳墙、台身为四棱柱体;桩基为圆柱体。

它们的相对位置以承台为参照体:四根桩基位于承台底面之下,台身由两块四棱柱体组成位于承台的上顶面,台帽下底面同台身相交。它们结合处都要画交线;而台帽部分,背墙在台帽上方与台帽一侧铅垂面共面,共面处不画交线;牛腿与台帽背墙共面的平面相交接,其交接处应画交线;耳墙、挡块在台帽的两端,它们同背墙、台帽端头共面,共面处不画交线,如图 14-4a)所示。

二、视图选择

视图选择的原则是用较少的视图把形体完整、清晰地表示出来。

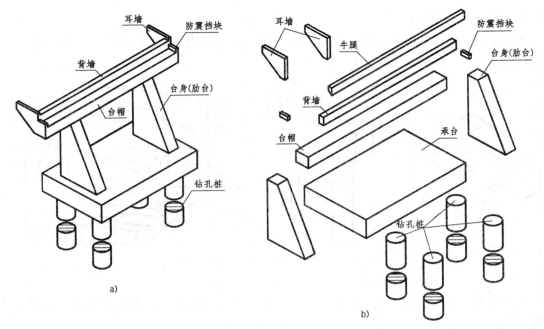

图 14-4　埋置式桥台

a)立体图；b)部件图

1.确定放置位置

通常按形体的工作状态放置,并应将形体的主要表面平行或垂直于基本投影面。如图 14-4a)所示的桥台,应使桩在下、台帽在上,并将主要平面如承台顶面、台帽顶面放置成水平面。

但也有些形体是按预制加工时位置放置,如未打入地下的钢筋混凝土预制桩,则采用水平放置画预制桩视图。

2.选择立面图

按三方面考虑,使立面图尽量反映形体各组成部分的形状特征及相对位置,各视图中虚线较少,合理利用图幅。

以如图 14-4a)所示的桥台立体图为例,挡块之间的台帽为搁置桥面板位置,这一侧往耳墙方向的投影视图称台前,从耳墙往挡块方向的投影视图称台背,其余两个方向称桥台侧面,共有四个方向可得到视图。台背埋入土内,台前部分埋入土内,部分外露,显然,选择立面图可选用台前作为立面或桥台侧面作为立面。

一般图幅是水平方向尺度大,纵向方向尺度小,如选择桥台侧面作为立面图,那么桥台平面图在纵向上所占位置过多,而使得图面布局差,故综合考虑,应选用台前作为立面图。如图 14-5 所示,为一桥墩布置图。图 14-5a)图面布置好,但图 14-5b)图面布置就不好。

3.确定视图数量

简单的图形并不是都需要三个视图,如图 14-16 所示的基本几何形体,一般只需两个视图,如果注上尺寸,有的形体甚至只需一个视图,如球面体,只要在它的半径上加注 $S\phi\times\times$ 就可以,其中 $\times\times$ 为尺寸数字。

视图的个数一般由构成组合体的各基本几何形体所需的视图个数确定。如图 14-4a)中的台身,在立面图确定后,需要三个视图,而桩基(圆柱)只需两个视图,显然,视图的总个数就需要三个视图,即 V、H、W 面投影,如图 14-6 所示。

194

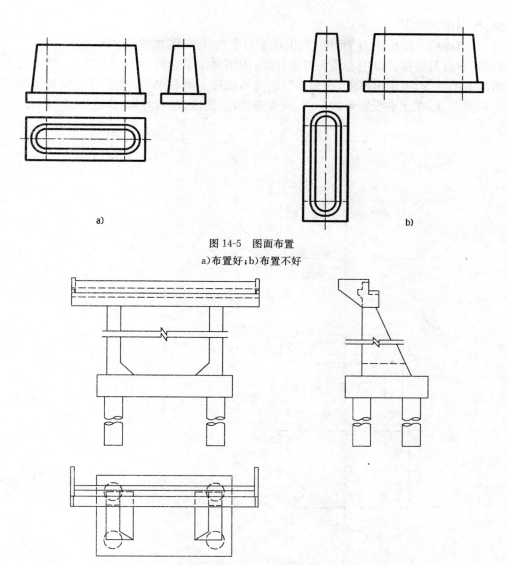

图 14-5　图面布置
a)布置好；b)布置不好

图 14-6　埋置式桥台的投影图

三、画出视图

1. 选择比例和图幅

有先选比例后定图幅和先选图幅后定比例两种。若是先选比例，可结合确定的视图数量，得出各视图所需面积，再估计注写尺寸、图名和视图空间所需面积，确定出图幅大小；若先选定图幅大小，也应根据视图数量和布置，留足注写尺寸、图名、视图空间等位置来确定比例。如果比例不合适，再重新定出比例。

2. 画出视图

布置视图，在确定每个视图的位置时，每个图形用水平和竖直方向以两条基准线定位，使每两个投影图布置都有共同基准。应注意视图匀称美观，不致过稀或过密。然后用 H 或 2H 铅笔画出稿线。

例 14-1　根据图 14-4a)画出埋置式桥台的三视图。

解:作图步骤如下：

(1)确定比例。按比例为1:100,作出水平和竖直基准线,如图 14-7a)所示。

(2)画承台及桩基。以中心线为对称轴线,用圆规把承台的另一边角定出,然后定出平面图和侧面图的宽度,再定出厚度,作出承台的三面投影。画桩基时,桩基在立面和侧面图的投影均为长方形,而在水平投影为四个圆,且为虚线,它前后、左右对称,位置见图 14-7b)。

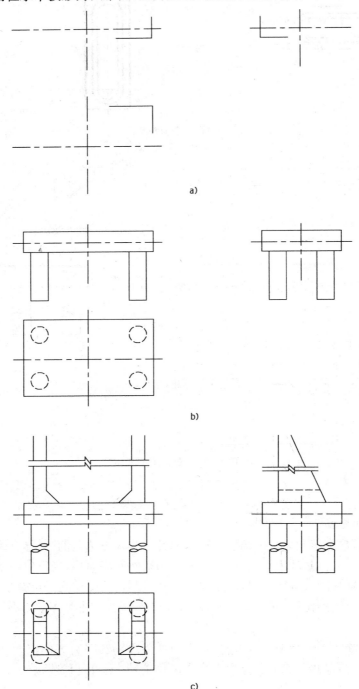

a)

b)

c)

图 14-7　桥台的画图步骤

196

（3）画台身。两个台身也是沿中心线对称分布，先画它的正面和水平面投影，再画侧面投影，然后把台身看不见的线改画成虚线，见图14-7c）。

（4）画台帽及检查描深。台帽的结构较为复杂，先画侧面，再画立面和水平面投影，并把看不见的线画成虚线；同时，检查底稿，擦掉作图线和多余的线条后再描深。此时注意同类线型应保持浓度和粗度一致，见图14-6。

四、组合体视图的 Auto CAD 画法

如图14-6所示的埋置式桥台，若采用计算机绘图，其步骤如下：

（1）选择比例和图幅，选好线型及线型的宽度、图层、颜色，文字和数字的字型、字高等。

（2）在 CAD 程序之下，建立放大窗口，按所定比例作出立面图，移位到基准线上。或直接在基准线上作图。可直接标注尺寸、书写文字。

立面图中的台身和桩基，可分别完整绘制单个的台身和桩基，再采用复制图形（或镜像复制）完成立面图的另一台身和桩基。

（3）同样比例，作出平面图和侧面图。各视图的对应线条要对齐。

（4）如果需要，可重新调整比例布局、线型和文字，直到合适满意为止。

第三节　组合体的读图

读图是根据形体视图想象形体空间形状的过程，也是培养和发展空间想象能力、空间思维能力的过程。读图时除了应熟练运用投影规律进行分析外，还应掌握读图的基本方法。

一、读图的基本知识

（1）掌握三面投影图的投影规律，特别是"长对正、高平齐、宽相等"的关系。

（2）掌握各种位置直线和各种位置平面的投影特性。

（3）掌握基本几何形体的投影特性，并能根据基本几何形体的投影图进行形体分析。

（4）要按投影关系把有关的视图联系起来分析。

通常只看一个视图不能确定形体的空间形状，如图14-8所示的三组视图中，立面图都相同，图14-9所示的四组视图中，平面图也相同。显然，只看形体的一个视图就会判断错误，而根据两个视图才可以判断出各自的空间形状。

有时只根据两视图也不能判断形体的空间形状。如图14-10所示的三组视图，它们的立面图和侧立面图相同，只有把它们各自的三视图配合起来，才能正确判断形体的空间形状。

（5）分析图中线条和线框（指线条围成的封闭图形）的意义。

①线条的意义。视图中的每一线条可以表示一个投影有积聚性的面[图14-8a]，表示两个面的交线[图14-9b)]，表示曲面的转向轮廓线[图14-9c)]。

②线框的含义。

a. 视图中的一个线框一般表示形体的一个表面的投影。如图14-8中的 p、q 表示平面，r 表示曲面。

b. 表示两个面的重影，如图14-10a)中的 s''。

c. 视图中相邻两线框一般表示形体上两个不同表面，如果两线框的分界线是线的投影，则表示两面相交。

视图中反映表面的线框在其他视图中的对应投影有两种可能，即类似形或一线段。如在

某视图中的一表面投影为线框,而另一投影没有与它对应的类似多边形,其对应投影一般积聚为一线段,如图 14-8c)中的 M 平面,在 H 面投影为一个三角形线框,而立面图上无与其对应的类似三角形,平面 M 在立面图上积聚为一斜线。

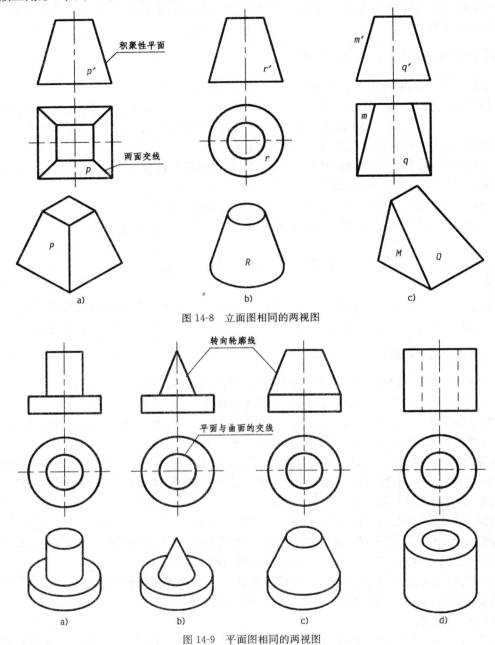

图 14-8　立面图相同的两视图

图 14-9　平面图相同的两视图

二、组合体的读图方法

组合体读图的基本方法分为形体分析法和线面分析法,一般以形体分析法为主。

1. 读图方法

(1)形体分析法。先以特征比较明显的视图为主,根据视图间的投影关系,把组合体分析

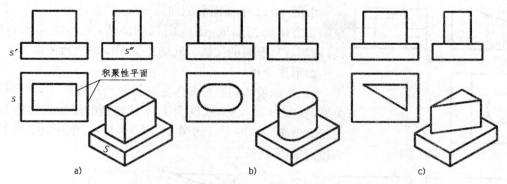

图 14-10　正立面图、侧立面图相同的三视图

成一些基本的几何形体,并想象各基本几何形体的形状,再按它们之间的相对位置,综合想象组合体的形状。此法常用于叠加法。

（2）线面分析法。根据线面的投影特性,分析视图中线段、线框的含义,及其相互位置关系,综合想象出组合体的形状。此法常用于截割式组合体。

2.读图步骤

（1）概括了解。

（2）用形体分析法分析形体,想象形状。

（3）综合整体。

（4）对照验证。

应当指出,读图的方法和步骤不应一成不变,而应根据各自具体情况,灵活掌握。

例 14-2　图 14-1 为组合体的三视图,想象其空间形状。

解:1)概括了解

从平面图和侧立面图可知组合体前后对称。从三视图看,组合体由五部分叠加而成。本题宜采用形体分析法。

2)形体分析

从结构较明显的立面图中,根据线框,找投影关系,再分析形体,想象空间形状。

（1）由立面图中的矩形线框 $1'$ 用"长对正"找出在 H 面的投影为矩形线框 1,用"高平齐、宽相等"找出在 W 面的投影为矩形线框 $1''$,把它们从组合体中分离出形体的三视图,由三视图想象出形状是长方体 Ⅰ。

（2）同理,线框 $2'$ 在 H 面的对应投影为 2,在 W 面的对应投影为 $2''$,空间形状是长方体 Ⅱ。

线框 $3'$ 在 H 面的对应投影为 3,在 W 面的对应投影为 $3''$,空间形状是三角形体 Ⅲ,且与形体 Ⅳ 空间形体全等。

线框 $5'$ 在 H 面的对应投影为 5,在 W 面的对应投影为 $5''$,空间形状是三棱柱体 Ⅴ。

3)综合整体

把上述分别想象的几个基本几何体按照图 14-1a)所给定的相对位置综合为组合体,如图 14-1b)所示。

4)对照验证

按照想象出的组合体[图 14-1b)]对照已知的三视图[图 14-1a)],结果完全相符,说明读图正确无误。

例 14-3　如图 14-11 所示,为一形体三视图,想象形体的空间形状。

解:1)概括了解

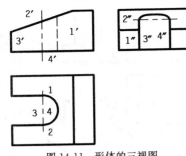

图 14-11 形体的三视图

由图 14-11 平面图和侧面图可知,该形体前后对称,是由原始长方体切割而成,图内出现的曲线,是形体被曲面(圆柱)切割后与平面的交线。此题主要用线面分析来读图。

2)形体分析

(1)按未被切割的长方体立面投影外形线框 1′,对照投影关系,找出 H 面投影,线框为 1,未被切割的原始长方体在 W 面投影也应为矩形 1″。如图 14-12a)为Ⅰ的线框图,图 14-12b)为Ⅰ的空间形状长方体。

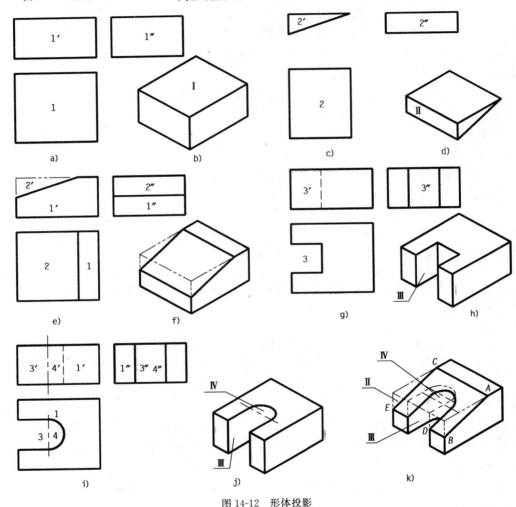

图 14-12 形体投影

(2)从 V 面投影可知线框 2′为增加的线框,属多余部分。根据投影规律可知,在 H 面为 2 [图 14-12c)],在 W 面投影为 2″,Ⅱ的空间形体为三棱柱[图 14-12d)]。即长方体Ⅰ切去三棱柱体Ⅱ后,得到五棱柱体[14-12f)],其三视图如图 14-12e)所示。

(3)假设Ⅰ仍为完整的长方体,则从 H 面投影中的 3 表示被切割的长方体在 H 面的投影,那么,Ⅲ在 V 面投影为矩形[图 14-12g)],长方体Ⅰ切割Ⅲ后立体如图 14-12h)所示。

同样,从 H 面投影中的 4 表示从原始长方体Ⅰ中被切割去的半圆柱,其投影如图 14-12i)所示,长方体Ⅰ切割Ⅲ、Ⅵ后的空间立体形状如图 14-12j)所示。

3)综合整体

该形体实际上是将原始长方体Ⅰ，切割去块体Ⅱ、Ⅲ、Ⅵ后所形成[图14-12k)]。AB为Ⅰ切割Ⅱ后的交线，Ⅰ切割Ⅱ块体后，同块体Ⅱ的斜面交线CE平行AB，则可做块体Ⅲ同Ⅱ斜面的交线，块体Ⅳ同块体Ⅱ斜面交线为椭圆弧，具体做法可在顶面圆上取若干条素线同块体Ⅱ的斜面求作交点，而后光滑依次连接成曲线即可，图14-2a)即为图14-11的空间形状。

4)对照验证

根据图14-2a)对照图14-11三视图，完全相符，说明正确无误。

三、根据组合体的两面投影补画第三面投影

根据已知的两面投影，补画出形体的第三面投影，是训练读图能力的一种方法，这就要求用形体分析方法和线面分析方法看懂两面投影所表示形体的空间形状，然后逐个补画各基本几何体的第三面投影，最后处理虚线、实线以及各线段的起止位置。

例14-4　如图14-13所示形体的两面投影图，补画水平投影图。

解：1)概括了解

从立面图看是外形为矩形的线框去掉了左上角，从侧立面图上看也是外形为矩形的线框去掉前上方一块，可知组合体的原始形状为长方形。由立面图外形线框内还有线条，可知组合体是由长方体被一些平面截割而成。故本题主要用线面分析法来解决。

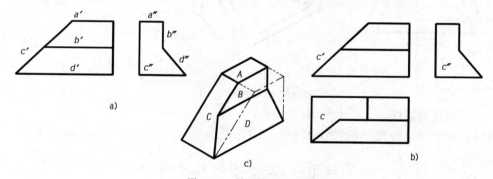

图14-13　补画第三面投影
a)已知投影；b)三面投影图；c)切割后的形状图

2)线面分析

由a′、a″可知A面为水平面，水平投影a应反映实形。由b′、b″可知B面为正平面，b′为平面实形，水平投影上有积聚性，应为一直线，依次分析可知该形体是一个横放的五棱柱体。侧面投影为该柱右端面实形，左端面C为正垂面。

3)综合整体

五棱柱体被端面C所切割后的形状如图14-13c)所示。或作一长方体被平面C、D、B切割后的形状。

4)画图

(1)各棱均为侧垂线，长度可在立面图上直接量出，然后按顺序连成左端面C，其形状与侧面投影类似，右端面为一竖直线。

(2)也可补画原始长方体的水平面投影，逐个作出各截平面B、C、D的水平面投影。最后，应用投影的规律检查所补视图是否正确无误。

例 14-5　如图 14-14 所示为涵洞洞口的平面和侧面图投影,补画洞口的立面投影。

解:1)概括了解

涵洞口在水平面上左右对称,立面上也左右对称。涵洞口由洞口铺底、八字翼墙、端墙及圆形洞口组成,故本题宜用形体分析法求解,如图 14-15 所示。

2)形体分析

按相对位置,画出各形体的立面投影,立面图上端墙一部分被翼墙遮挡看不见而用虚线表示。

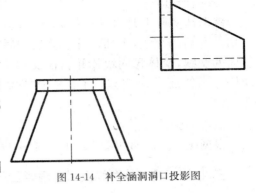

图 14-14　补全涵洞洞口投影图

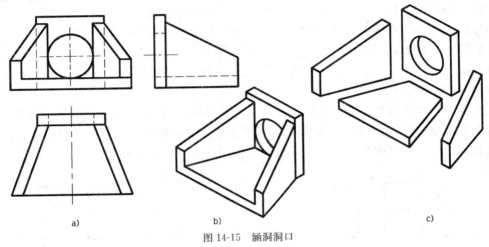

a)　　　　　　　　b)　　　　　　　　c)

图 14-15　涵洞洞口

a)三视图;b)立体图;c)形体分析

3)对照验证各视图

最后应对照验证各视图,显然图 14-15a)的三视图与图 14-15b)对照,准确无误。

第四节　组合体的尺寸标注

形体的视图只能表示形体的形状,而形体的真实大小和各部分的相对位置,必须由视图上标注足够的尺寸来确定。

一、基本几何体的尺寸标注

基本几何体的尺寸标注如图 14-16 和图 14-17 所示。

二、组合体的尺寸标注

1.尺寸的种类

(1)定形尺寸:确定组合体中各基本形体大小的尺寸。

(2)定位尺寸:确定各基本形体相对位置的尺寸。

(3)总体尺寸:确定组合体的外形总长、总宽和总高的尺寸。

2.尺寸的标注

在标注尺寸时,要先标注定形尺寸,其次是定位尺寸,最后才是总体尺寸。标注时先选择

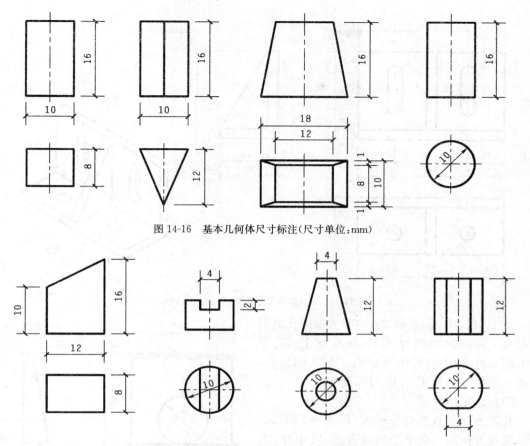

图 14-16 基本几何体尺寸标注(尺寸单位:mm)

图 14-17 有切割的几何体尺寸标注(尺寸单位:mm)

尺寸基准,也就是选择一个或几个标注尺寸的起点。若形体是对称的,可选择对称中心轴线作为长度和宽度的起点;若形体不对称,那么高度方向一般以顶面或底面为起点,宽度方向一般以前表面或后表面为起点,长度方向一般以左侧面或右侧面为起点。

例 14-6 试标注如图 14-18 所示组合体的尺寸。

解:组合体中所标注的定形尺寸如下:

它的每个圆通孔的直径为20,通孔深14(与板厚相同);底板长200、宽80、高14;竖板长200、宽14、高110;肋板高110、宽66、厚14。

标注的定位尺寸如下:

竖板的两个长端圆孔的定位尺寸为:高度方向的30、50、30和长度方向50、100、50,因长端圆孔在竖板上是通孔,不需标注宽度方向的定位尺寸。

水平底板上两个圆孔的定位尺寸为:长度方向50、100、50和宽度方向的30、50,因圆孔在水平底板上是通孔,不用标注高度方向的定位尺寸。

肋板的定位尺寸是:长度方向的66、高度方向的110和宽度方向的14。

标注的总体尺寸是:总长为200、总宽为80、总高为124。

例 14-7 试标注如图 14-19 所示的涵洞口三视图的尺寸。

解:1)形体分析

由图可知,它由上、中、下三个基本部分组成:上部为横放的五棱柱,它的定形尺寸为长

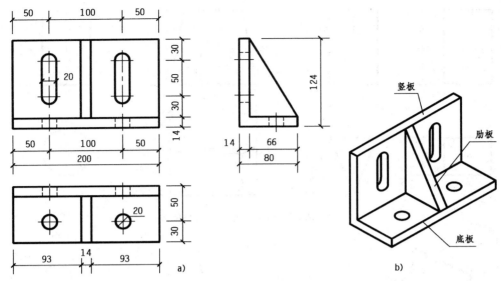

图 14-18　组合体的尺寸标注(尺寸单位:mm)

400、宽10和30、高10和20;中部为带圆孔的四棱柱体,它的定形尺寸为长380、宽上40、下100、高300、圆孔的直径为200;下部为四棱柱,它的定形尺寸为长420、宽140、高60。

2)标注定位尺寸

长度方向起点选对称轴线,尺寸为380、20、400;宽度方向起点选下部的前表面,尺寸为20、100;高度方向以底面为起点,尺寸为60、300;圆孔的定位尺寸为160。

3)标注总体尺寸

总长420、总宽140、总高380。

从上述的例子可知,标注组合体的尺寸,一般要求注意以下几点:

(1)尺寸标注要齐全,不得遗漏,保证读图时能直接读出各部分尺寸。

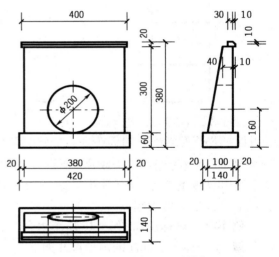

图 14-19　涵洞口尺寸标注(尺寸单位:mm)

(2)尺寸尽可能要标注在图形的轮廓线外面,还要尽可能标注在两投影图之间及靠近被标注的轮廓线上。

(3)尺寸宜注在反映形状特征的投影图上,且尺寸线尽可能排列整齐。

(4)尺寸宜采用封闭式标注,即检查每一方向细部尺寸的总和应等于总体尺寸。

(5)尺寸标注要符合国家制图标准的基本规定。

第五节　视图的分类

一、六面视图

当工程构造物比较复杂时,有时采用三面投影还不能把形体表达清楚,因此需要增加几个面的投影来表示。

如图 14-20a)所示,是形体的六面视图。它在原有的立面、平面和左侧立面三个投影面的基础上,再增设右侧立面、底面和背面三个投影面。这六个投影面的展开方法是:正立投影面保持不动,其他各投影面逐一展开在同一平面上,如图 14-20b)所示,各投影间仍保持"长对正、宽相等、高平齐"的规律。

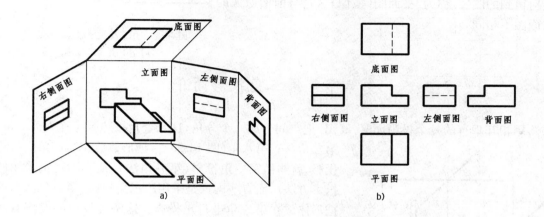

图 14-20　踏步的六面视图
a)六面视图展开;b)投影图的排列位置

二、斜视图

斜视图又称为方向视图,它是在平行于形体倾斜部分的辅助投影面上画出的视图。这样,就可以把这些倾斜部分的真实形状表达清楚。如图 14-21a)所示为采用 A 向的局部斜视图,斜视图一般按投影关系配置,必要时也可配置在其他位置,或将图形转正画出。如图 14-21b)所示为用斜视图显示钢桁架斜面的实形。

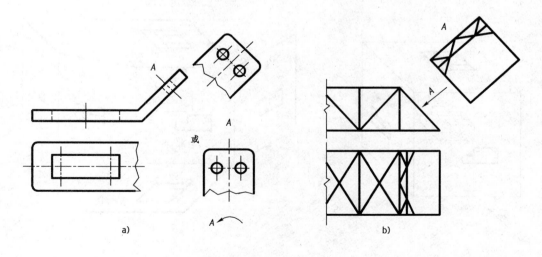

图 14-21　斜视图
a)构件斜视图;b)钢桁架斜视图

205

三、镜像视图

镜像投影法用直接正投影法所绘制的示意图不易表达清楚时使用，且在图名后注写"镜像"两字。如图 14-22 所示，把镜面放在形体的下面代替水平投影面，在镜面中反射得到的图像，称为"平面图（镜像）"，它与前面所说的平面图不相同。

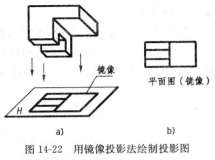

图 14-22　用镜像投影法绘制投影图
a)立体图；b)投影图

第六节　第三角投影简介

用相互垂直的三个投影面 V、H、W 把空间分成八个分角，这八个角按照顺序称为第一角、第二角、…、第八角（图 14-23）。把形体放在第一角进行正投影，就叫做第一角投影（第一角法），是我国规定采用的投影方法。而有些国家是采用第三角投影（第三角法），即把形体放在第三角进行正投影。这两种投影的顺序有所不同。第一角投影的顺序为：观察者→形体→投影面；而第三角投影的顺序为：观察者→投影面→形体，即第三角投影把投影面当作透明的玻璃板，并把玻璃板放在观察者与形体之间，如图 14-24a)所示。

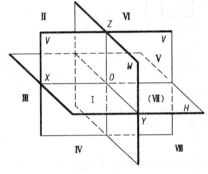

图 14-23　八个分角的形成

第三角投影面的展开方法是正立投影面保持不动，其他投影面如图 14-24b)所示，逐一展开在同一平面上。投影图的排列位置和第一角投影完全相同，各投影间仍保持"长对正、宽相等、高平齐"的规律，如图 14-25 所示。

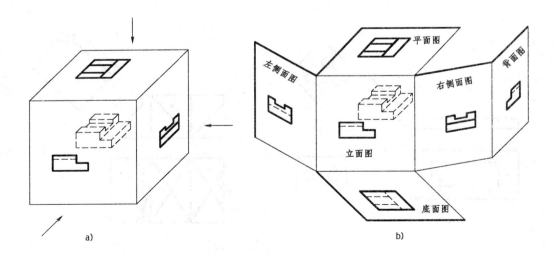

图 14-24　第三角投影的形成
a)立体图；b)展开图

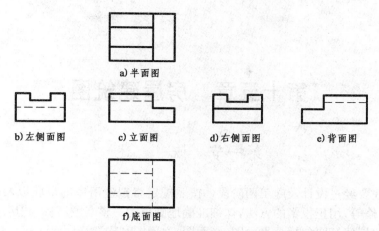

a)半面图

b)左侧面图　　　c)立面图　　　d)右侧面图　　　e)背面图

f)底面图

图 14-25　第三角六面投影图的排列位置

如图 14-26a)所示,为第三角投影的展开示意图,图 14-26b)是第三角三视图的一般表示方式。

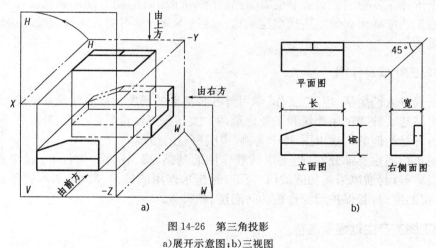

图 14-26　第三角投影
a)展开示意图;b)三视图

第十五章 房屋建筑图

第一节 概 述

　　房屋的修建要经过设计及施工两阶段。按照规定将拟建房屋的形状以及各部位的构造、结构、设备及装修等，用正投影的方法，详细准确地画出的一整套图纸称为"房屋建筑图"，也称为"施工图"。房屋建筑图包括总平面图、平面图、立面图和构造详图等。房屋建筑图是用来表达设计构思和意图的"工程技术语言"，是用来指导施工的依据。通过它人们可以相互沟通设计思想，并将设计付诸实施。

　　从事土木建筑专业的人员要学会看懂已经绘制的施工图，而且能绘制及设计施工图，并且还能按照施工图准确无误地建造房屋建筑物。通过本章的学习将为阅读及绘制房屋建筑图打下一定基础。

一、房屋的组成及作用

　　房屋是提供人们生活、生产、工作、学习等各种活动的场所。按照建筑物的使用功能不同，一般可将房屋建筑分为民用建筑和工业建筑两大类。房屋建筑尽管功能、外观各不相同，但其基本组成内容是相似的。现以图 15-1 为例，说明房屋的组成。

　　构成建筑物的主要部分有：起支承荷载作用的基础、墙、柱、梁、楼板等；起交通作用的楼梯、台阶、走廊等；起通风采光功能的门、窗等；起排水作用的檐沟、散水、雨水管等；起保温、隔热、防水作用的屋面；起保护墙身作用的防潮层、勒脚等。

二、施工图的产生过程及内容

　　房屋的设计工作一般分为初步设计阶段和施工图设计阶段。对于一些较大或技术上比较复杂、设计要求高的工程，还应在两个设计阶段之间增加技术设计阶段。初步设计阶段及技术设计阶段可合起来称为扩大初步设计阶段。

　　(1)初步设计阶段。根据建设单位提出的设计任务和要求，进行调查研究、收集资料，提出设计方案。其内容包括必要的工程图纸、设计概算和设计说明等。初步设计阶段的图纸和文件只能作为方案研究和审批之用，不能作为施工的依据。

　　(2)技术设计阶段。在已经审批的初步设计方案基础上，进一步解决各种技术问题，协调各工种之间的矛盾，进行深入的技术经济比较及计算等。

　　(3)施工图设计阶段。在已经审批的初步设计图或技术设计基础上，绘制出能反映房屋整体及细部详尽的建筑施工图纸，作为施工及预算的依据。一套完整的施工图是在建筑、结构、水电、暖通、预算等工种的共同配合下完成的，其内容包括工程施工各专业的基本图、详图及其说明书、计算书，整个工程的施工预算书等。绘制施工图是一项复杂、细致的工作，施工图纸必须做到详细完整、前后统一、正确无误、尺寸齐全，符合国家制图标准，在绘图过程中应力求做到表达清晰、字体工整、比例适当、图面整洁美观等。

一套完整的施工图应包括如下内容。

1. 图纸目录

将各工种图纸按顺序编号列出,说明图纸名称、张数和图号顺序,以便于查找。一般按专业分别单独编制目录,如建筑施工图有建筑施工图的图纸目录,结构施工图有结构施工图的图纸目录等。

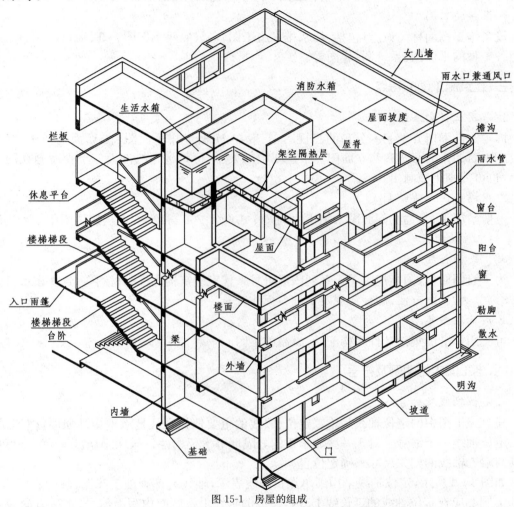

图 15-1 房屋的组成

2. 设计首页

(1)设计总说明。主要说明工程的概貌和总体要求。内容一般包括工程施工图设计的依据;工程的概况如建筑名称、建设地点、建设单位、设计规模及建筑面积、建筑等级、人防工程等级、抗震设防烈度、主要结构类型等,施工要求,本子项的相对标高与总图绝对标高的关系,用料说明及特殊做法,对采取新技术、新材料的做法说明等。

(2)门窗表。本工程中所有门窗的汇总与索引,以便制作和施工。

(3)工程做法。本设计范围内的各部位如楼地面、顶棚、屋面、墙面、勒脚、散水、台阶、坡道、室内外装修等的建筑用料及构造做法。可用文字或表格说明,必要时还应绘出构造节点详图。

3. 建筑施工图

建筑施工图简称为建施,主要表示房屋建筑设计的内容,如房屋的平面布置、外部造型、尺寸、装修、材料用法、施工要求等。图纸包括总平面图、平面图、立面图、剖面图及构造详图等。该部分为本章讲述的主要内容。

4. 结构施工图

结构施工图简称为结施,主要表示房屋的结构设计内容,如基础、柱子、墙体、楼板、楼梯等承重结构的布置情况,构件类型、大小以及构造做法等。图纸包括结构平面布置图和各构件结构详图。

5. 设备施工图

设备施工图简称为设施,包括:给水排水施工图、电气照明施工图、采暖通风施工图。图纸包括各工种的平面图、系统图、详图等。

三、建筑施工图的特点

1. 采用正投影法绘制

即本文前面所介绍第一分角的三视图,一般在 H 面上作平面图,在 V 面上作正、背立面图,在 W 面上作剖面图和侧立面图。根据图幅的大小,可将平、立、剖面三个视图画在同一张纸上,也可分别单独画出。

2. 用缩小比例法绘制

一般情况下,平、立、剖面图采用小比例如 1:100、1:200 等绘制,而构造详图用较大比例如 1:20、1:50 等绘制。

3. 用图例符号绘制

为了绘图简便,国标规定了一系列图形符号来代表建筑构配件和材料等,这些图形符号称为"图例"。为读图方便,国标还规定了许多标注符号。

4. 用标准图集绘制

可套用标准图集设计许多构配件,绘制施工图。

四、施工图中的图例及符号

1. 定位轴线及编号

建筑施工图中的定位轴线是施工定位、放线的重要依据。凡是承重构件如墙、柱等,都应画出定位轴线并予编号。对于一些非承重的分隔墙等次要构件,一般可画出分轴线,也可只注明其与附近轴线的相关尺寸来确定位置。

如图 15-2 所示,定位轴线采用细单点长画线表示,轴线端部画细实线圆,圆的直径为 8～10mm,圆心应在定位轴线的延长线上或延长线的折线上。圆圈内写上编号,水平方向编号用阿拉伯数字从左至右编写;竖向编号用大写拉丁字母由下向上编写。拉丁字母 I,O 及 Z 不宜用做轴线编号,以免和数字 1、0 和 2 混淆。在平面图中,定位轴线一般注写在左方与下方,不对称或复杂的平面图也可在右方与上方标注。

在两个轴线之间的附加分轴线,编号用分数表示。分母为前一轴线的编号,分子为阿拉伯数字,应按顺序表示附加轴线编号(图 15-3)。

在详图中,如果一个详图适用于多个轴线时,应同时注明各轴线编号,如图 15-4 所示。

2. 尺寸和标高

施工图中房屋各部分均应标注尺寸,标注尺寸的基本规则和方法在前面有关章节中已作详细介绍。

总平面图尺寸以米(m)为单位,建筑施工图、结构施工图及设备施工图尺寸以毫米(mm)

为单位。

　　施工图中房屋各部分的高度用标高符号表示。标高分绝对标高与相对标高两种。绝对标高是采用规定海平面为基准来标注标高，又称海拔标高，一般在总平面图中使用。相对标高则是把底层室内地坪定为相对标高零点，其他标高以它为基准。相对标高与绝对标高的关系应在建筑设计总说明中说明。房屋的标高也有建筑标高与结构标高之分。建筑标高是指包括粉刷层厚度在内的完成面标高，结构标高则是指不包括粉刷层厚度在内的结构面标高，是构件的毛面标高。

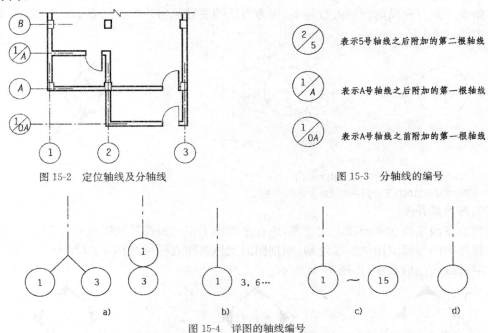

图 15-2　定位轴线及分轴线

图 15-3　分轴线的编号

图 15-4　详图的轴线编号

a)用于两根轴线；b)用于三根或三根以上轴线；c)用于三根以上连续编号的轴线；d)通用详图的定位轴线不注写编号

3. 索引符号和详图符号

　　由于平、立、剖面图比例较小，因而某些局部或构配件需用较大比例画出详图。详图需要用索引符号索引，在需要绘详图的部位编上索引符号，并与所绘详图上标注的详图符号相一致，以便于查找。

　　如图 15-5 所示，索引符号以细实线绘制，由直径为 10mm 的圆和水平直径组成。引出线指向被索引部位并应对准圆心。上、下半圆各用阿拉伯数字编号，上半圆数字为该详图的编号，下半圆则为该详图所在图纸的图纸号。如详图与被索引图在同一张图纸内，则在下半圆中画一段水平细实线表示。当索引出的详图采用标准图时，应在索引符号水平直径的延长线上注明该标准图例的编号。索引的详图是局部剖面（或断面）详图时，索引符号应在引出线的一侧加画一剖切位置线，引出线所在一侧为剖视方向。

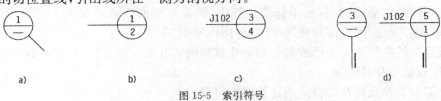

图 15-5　索引符号

a)详图与被索引图在同一张图纸内；b)详图与被索引图不在同一张图纸内；c)采用标准图集时；d)用于索引剖面详图时

详图符号的圆应以直径为 14mm 的粗实线绘制。详图与被索引图样同在一张图纸内时，在圆内用阿拉伯数字注明详图编号；不在同一张图纸内时，应用细实线画一段水平直径，在上半圆内注明详图编号，下半圆内注明被索引图纸的图纸号，如图 15-6 所示。

4.指北针及风向频率玫瑰图

在底层建筑平面图上应画上指北针，建筑总平面上画带指北针的风向频率玫瑰图。

风向频率玫瑰图简称风玫瑰图。风玫瑰图是在 8 个或 16 个方向线上，将一年中不同风向的天数分别按比例用端点与中心点的线段长度表示。风向由各方向吹向中心。端点离中心越远的方向表示此方向风向刮的天数越多，称为当地的主导风向。粗实线表示全年风向，虚线表示夏季风向，如图 15-7 所示。

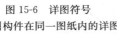

图 15-6 详图符号
a)与被索引构件在同一图纸内的详图符号；
b)与被索引构件不在同一图纸内的详图符号

图 15-7 风玫瑰图

5.室内内视符号

为表示室内立面在平面图上的位置，应在平面图上用内视符号注明视点位置、方向及立面编号。符号中的圆圈应用细实线绘制，根据图面比例圆圈直径可选择 8～12mm。立面编号宜用拉丁字母或阿拉伯数字，如图 15-8 所示。

图 15-8 室内内视符号
a)单面内视；b)双面内视；c)四面内视

第二节 建筑总平面图

建筑总平面图按上北下南方向布置，它反映了拟建工程范围内的建筑平面形状、位置和朝向，室外场地、道路、绿化等的总体布置，地形地貌及新建筑与周围环境的关系等。总平面图也是建筑施工定位、土方施工以及其他专业管线总平面图和施工总平面图设计的依据。

一、图示内容及方法

(1)用细线画出坐标网，标出坐标值。其中，测量坐标网应画成交叉十字线，坐标代号用"X,Y"表示，施工坐标网应该画成网格线，坐标代号用"A,B"表示。

(2)新建筑的定位施工坐标或其与相邻建筑物的相互关系尺寸[一般以米(m)为单位]，新建筑的名称或编号及其层数。

(3)相邻有关建筑物及要拆除的建筑物的位置。

(4)地形地物，如等高线、道路、河流、池塘、护坡、绿化等。

(5)地面坡度,道路的起点与坡度及雨水排除方向。

(6)新建筑的室内外标高。

(7)规划红线。

(8)用指北针表示建筑朝向,有时也用风玫瑰图表示常年风向频率。

(9)建筑物使用编号时,应列出名称编号表。

(10)说明栏内容:施工图的设计依据、尺寸单位、比例、高程系统、补充图例等。

上述内容可根据工程性质和实际情况需要进行选择,对于一些简单的工程可不绘出等高线、坐标网、绿化等。

由于总平面图所包括的范围较大,绘制时通常采用1:500、1:1 000、1:5 000等较小比例。新建的、原有的、拟建的建筑物以及地形环境、道路和绿化布置等应用图例来表示。常用的图例如表15-1所示。当标准图例不够用,必须另行设定图例时,应在总平面图中画出自定的图例并注明其名称。

二、图示实例

如图15-9所示,从图名可知此总平面为一住宅小区总平面图,总图比例为1:1 000。对照表15-1可知各种图例所表示的具体内容。根据风玫瑰图可知图上方为北向,当地夏季主导方向为东南风。由北向道路经入口大门进入小区。拟新建两幢7层宿舍楼,为南北朝向。靠北一幢宿舍楼室内地坪的绝对高程为49.80m,室外地坪的绝对高程为49.60m。图中还表示出拟新建建筑的位置,周围的道路交通、绿化等环境。图中用中虚线画出了计划扩建的一幢食堂。由等高线可知该地地势由东南向西北逐渐升高。

总平面图常用图例 表 15-1

名　称	图　例	画法说明	名　称	图　例	画法说明
新建建筑物	 n ▲	需要时用▲表示入口,右上角用点数或数字表示层数	护坡	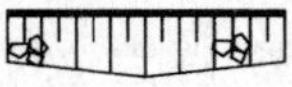	
原有建筑物	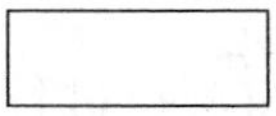	用细实线表示	计划道路		
拆除建筑物	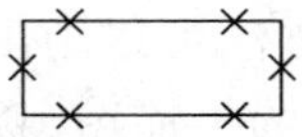	用细实线表示	原有道路		
计划扩建的建筑物或预留地		用中虚线表示	拆除的道路	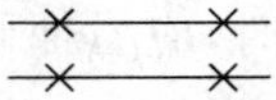	斜线为45°细线
建筑物下的通道	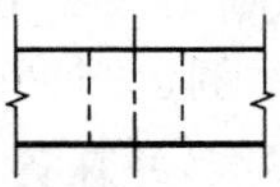		挡土墙		被挡土在突出一侧
材料露天场	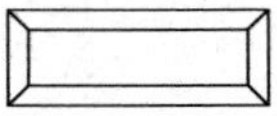		台阶	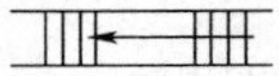	箭头指向表示向下
铺砌场地	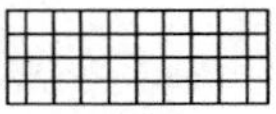		坐标	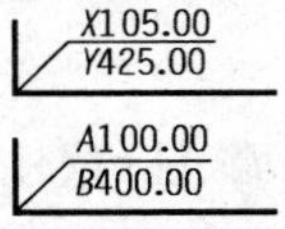 X105.00 Y425.00 A100.00 B400.00	上图表示测量坐标,下图表示施工坐标
围墙及大门	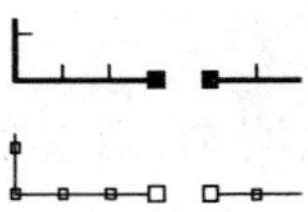	上图为实体性质围墙,下图为通透性质围墙,可不画出大门	新建的道路	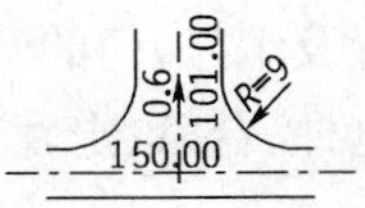 0.6 101.00 R=9 150.00	R表示转弯半径;"0.6"表示纵坡度0.6%;"101.00"表示变坡点间距离;"150.00"表示路面中心标高高程

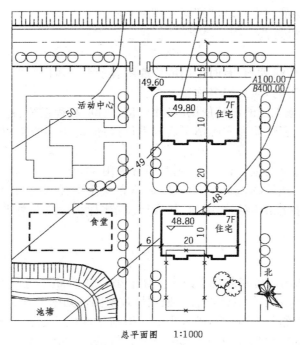

图 15-9　某住宅小区总平面图(尺寸单位:m)

第三节　建筑平面图

　　假想用一水平剖切平面沿窗台上方在门窗洞口处将房屋剖开后,对剖切面以下部分进行投影所得的水平投影图,称为建筑平面图,简称平面图。建筑平面图表示出建筑物平面形状、大小和房间功能布局及相互关系等,是施工图中的基本视图之一。

　　一般来说,多层房屋应画出各层平面图。当沿房屋底层的门窗洞口进行剖切时,得到底层平面图;沿二层门窗洞口剖切时,得到二层平面图;用同样的方法可以画出三层、四层、…、顶层平面图。当有相同的楼层时,相同楼层可只画出一个共同的平面图,称为标准层平面图。若有局部不同时,应另加画出不同的局部平面图,如果某些局部平面内部组合较复杂或设备较多时,也应用较大比例另画局部放大平面图。一般房屋画出底层平面图、标准层平面图、顶层平面图即可,在各平面图的下方应注明相应的图名和比例。当平面图左右对称时,可只画出左边一半,右边画另一层的一半,中间用对称符号作分界线,并在各自图下方注明图名。

一、图示内容

　　(1)承重和非承重墙、柱(壁柱),定位轴线、分轴线及编号。

　　(2)注明房屋名称或编号,房间的特殊要求(如防爆防火、洁净度等)。

　　(3)门、窗的位置及编号,门的开启方向。

　　(4)注出楼梯、电梯、台阶、走廊、坡道、管道井、阳台、雨篷、散水、明沟、雨水管等的位置及尺寸。

214

(5)地下室、地沟、孔洞、进风口、管线竖井的位置尺寸及标高。

(6)卫生器具、水池、工作台、黑板、橱柜、隔断等设备的布置。

(7)注出外轮廓总尺寸、轴线间尺寸、门窗洞口尺寸,墙身厚度、柱宽、柱深及与轴线关系尺寸。

(8)注出室内外地面、楼面、阳台、卫生间、厨房等的标高,底层地面高程为±0.000。

(9)剖面图剖切符号及编号(一般只注在底层平面图中)、详图索引符号、指北针等。

(10)屋面平面图应画出楼电梯间、水箱间、天窗、分水线、变形缝、屋面坡度、排水方向、女儿墙、檐沟、落水口等屋面构件及设施。

二、图示方法

1.图线

建筑平面图中被剖切到的墙、柱断面用粗实线(宽度为 b)画出,没被剖切到的可见轮廓线,用中粗实线(宽度为 $0.5b$)画出。尺寸线、标高符号用细实线(宽度为 $0.25b$)画出,轴线用细单点长画线画出。

2.图例及代号

平面图的比例大于或等于 1:50 时,应画出其材料图例和抹灰层的面层线。在比例为 1:100～1:200 的平面图中一般不画出抹灰层面层线,断面材料图例可用简化画法,如砖墙涂红(手工画图)、钢筋混凝土涂黑等。

视图中门窗等构造均应按规定用图例绘制,如表 15-2 所示。门窗等构件在平面图内要注写编号。构件的编号一般按拼音的第一个字母,如门代号为 M,窗代号为 C,雨篷代号为 YP,代号后写上编号,如 M1、M2、C1、C2、YP1、YP2、…。在设计首页中一般附有门窗表,可列出门窗编号、尺寸、数量及所选的标准图集。门窗等构件的具体形式大小,应在有关建筑立面、剖面、平面图中按投影关系准确画出。

3.尺寸标注

在建筑平面图中,一般在图形左方及下方标注三道尺寸。

第一道尺寸:表示外轮廓的总尺寸即房屋两端外墙面的总长、总宽尺寸。

第二道尺寸:表示轴线间的距离,说明开间及进深尺寸。

第三道尺寸:表示细部位置及大小,如门窗洞宽度位置、墙、柱的大小位置等,应从轴线注起。

除三道尺寸外,还应单独注出其他局部构配件尺寸,如台阶、明沟、散水、室内门窗洞及室内设备等。

三、绘图步骤

(1)确定合适的比例,进行合理的图面布置。

(2)定出轴线位置,并根据轴线绘出墙身和柱。

(3)确定门窗洞的位置。

(4)画出其他细部,如楼梯、台阶、散水、花池、卫生器具等。

(5)检查无误后,除去多余的作图线,并按平面图的图线要求加深图线。

(6)标注尺寸、轴线编号、门窗编号、剖切符号,注写必要的文字说明及图名、比例等。

名　　称	图　　例	画 法 说 明	名　　称	图　　例	画 法 说 明
墙体 隔断 栏杆	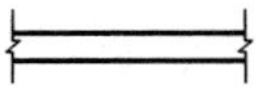	加注文字或填充图例表示墙体材料,在项目设计图纸说明中列材料图例表给予说明 适用于各种材料到顶与不到顶的隔断	楼梯	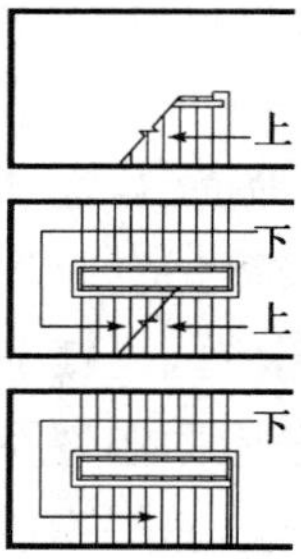	1. 上图为底层楼梯平面,中图为中间层楼梯平面,下图为顶层楼梯平面; 2. 楼梯及栏杆扶手的形式和楼梯踏步数应按实际情况绘制
单层外开平开窗	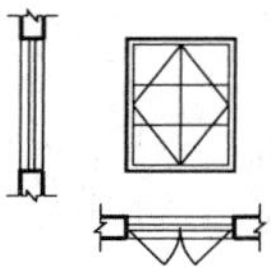	1. 立面图中的斜线表示窗的开启方向,实线为外开,虚线为内开; 2. 图例中剖面图所示左为外,右为内,平面图所示前为外,后为内; 3. 平面图和剖面图上的虚线仅说明开关方式,在设计图中不需表示; 4. 窗的立面形式应按实际绘制; 5. 小比例绘图时,平、剖面的窗线可用单粗实线表示	单扇门(包括平开或单面弹簧)	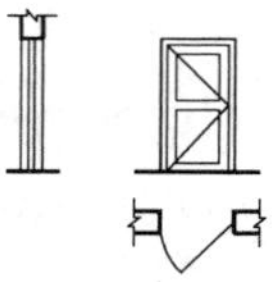	1. 立面图中的斜线表示门的开启方向,实线为外开,虚线为内开; 2. 图例中剖面图所示左为外,右为内,平面图所示前为外,后为内; 3. 立面图上的开启线在一般设计图中可不表示,在详图及室内设计图上应表示; 4. 立面形式应按实际绘制
单层内开平开窗	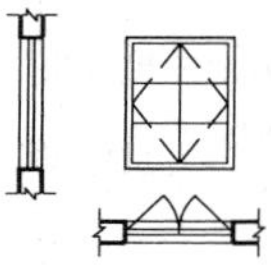		双扇门(包括平开或单面弹簧)	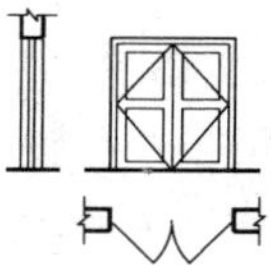	
推拉窗	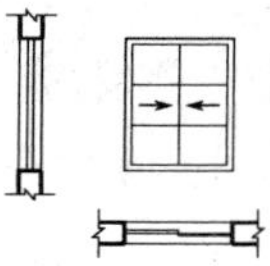		推拉门	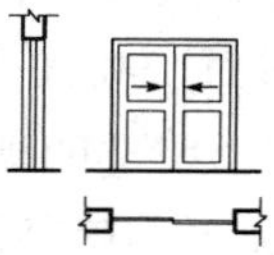	
梁式悬挂起重机	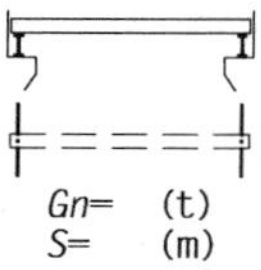 Gn=　(t) S=　(m)	1. 上图表示立面,下图表示平面; 2. 起重机的图例宜按比例绘制; 3. 有无操纵室,按实际绘制; 4. 需要时,可注明起重机的名称、行驶的轴线范围及工作级别	烟道	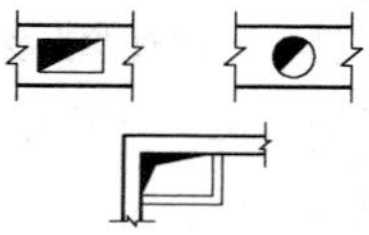	1. 阴影部分可以涂色代替; 2. 烟道与墙体为同一材料,相接处墙身线应断开
桥式起重机	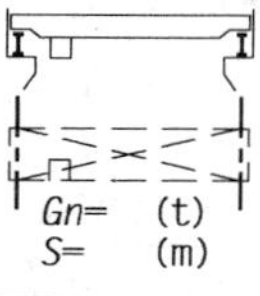 Gn=　(t) S=　(m)		通风道	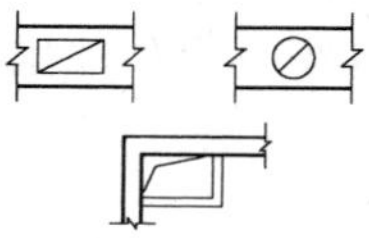	
坡道	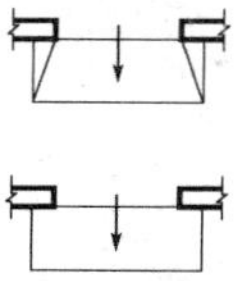	门口坡道	电梯	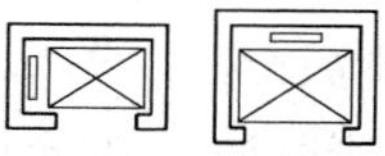	1. 电梯应注明类型,并绘出门和平衡锤的实际位置; 2. 观景电梯等特殊类型电梯应参照本图例按实际情况绘制

四、图示实例

下面以图 15-10～图 15-12 所示的平面图为例,说明平面图的内容及其阅读方法:

(1)由图 15-10～图 15-12 可知,此为某住宅各层平面图,比例为 1:100。

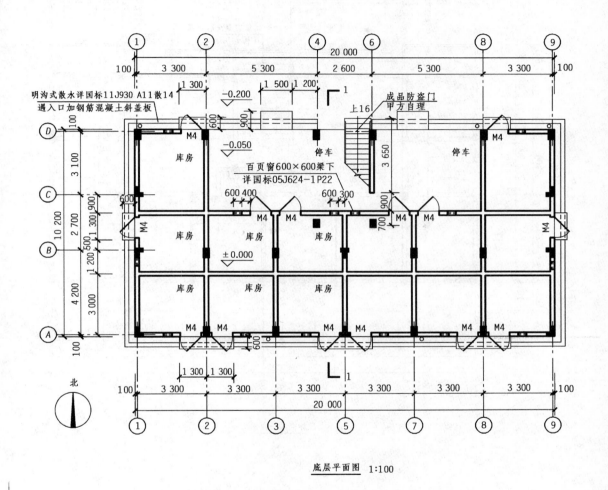

底层平面图 1:100

图 15-10 某住宅底层平面图(尺寸单位:mm)

(2)平面图可按从底层到上层,从墙外到墙内的顺序阅读。底层平面图中标注出了明沟、台阶、坡道等的位置和尺寸。图中画出了剖面图的剖切位置及剖切符号,以便与剖面图相对照。由指北针可知,房屋坐北朝南,即上方为北向,下方为南向。

(3)从各层平面图中墙柱的位置和房间的名称,可了解各房间的功能、相互间关系及交通组织等。本例为一幢一梯两户的住宅楼,由北向楼梯间入口,每层有两户,每户有三间卧室、一间起居室、一间厨房和两个卫生间。

(4)根据图中定位轴线的编号及其间距,了解各承重构件的位置和房间的大小。本例房屋的结构形式为钢筋混凝土框架结构,横向轴线为①～⑨,竖向轴线为Ⓐ～Ⓓ。

217

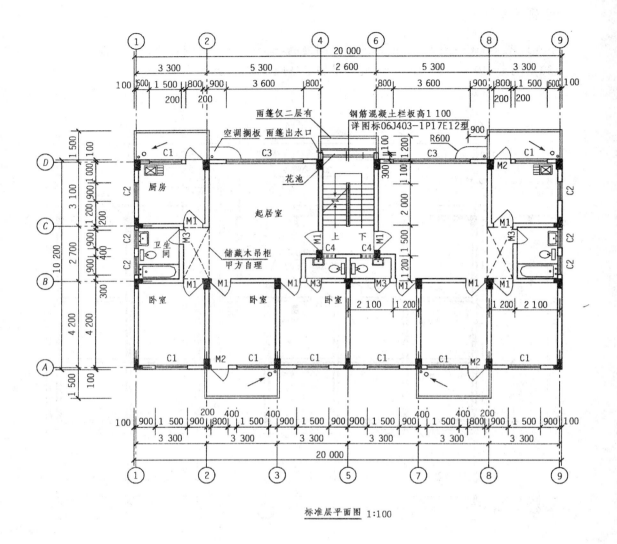

图 15-11 某住宅标准层平面图(尺寸单位:mm;比例 1:100)

(5)由最外道尺寸线可知,房屋外墙的总长度为 20 000mm,总宽度为 10 200mm。第二道尺寸表明各房间的开间、进深尺寸。第三道尺寸表明砖墙垛的长度尺寸和门、窗洞的尺寸。

(6)由平面图所注的各种尺寸,可以计算出房屋的占地面积、建筑面积、居住面积及平面利用系数等。

(7)从图中各门窗图例及编号,可了解到门窗类型及位置。

(8)了解其他细部如楼梯、阳台、厨厕、搁板、卫生设备等的配置和布置情况。

(9)屋顶平面图中标出了水箱、楼梯间、雨水管的位置。屋面是比较平缓的两坡泛水,坡度为 3%。

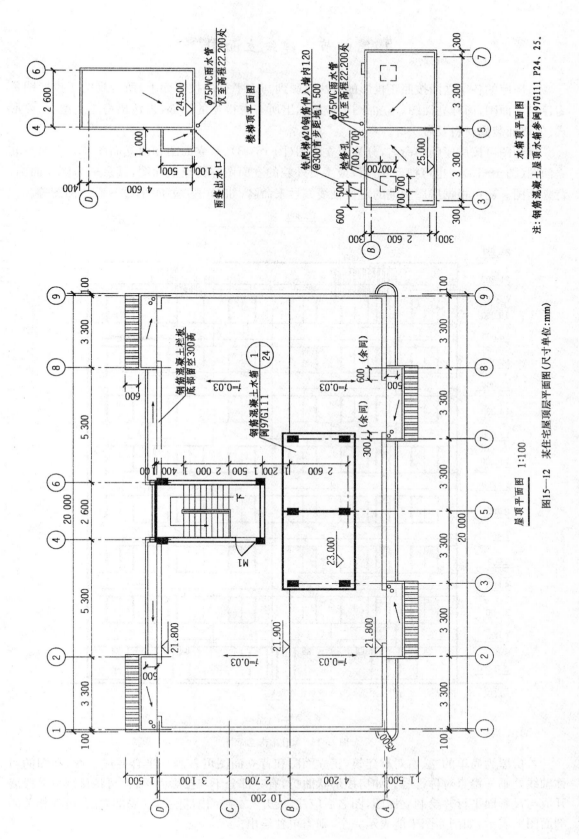

楼梯顶平面图

φ75PVC雨水管
仅至高程22.200处

24.500

雨蓬出水口

水箱顶平面图

铁爬梯φ20钢筋φ300伸入墙内120
@300首步距地1 500

φ75PVC雨水管
仅至高程22.200处

检修孔
700×700

25.000

700 700

注：钢筋混凝土屋顶水箱参阅97G111 P24、25。

钢筋混凝土栏板
底部留空300高

钢筋混凝土水箱
阅97G111

i=0.03

i=0.03

i=0.03

24.500

23.000

21.800

21.900

21.800

i=0.03

i=0.03

屋顶平面图 1:100

某住宅屋顶层平面图(尺寸单位：mm)

图15—12

219

第四节　建筑立面图

将房屋的各个立面按照正投影的方法投影到与之平行的投影面上,所得到的正投影图称为建筑立面图,简称立面图。立面图上应表示出所有看得见的细部,表达出房屋造型、门窗形式、外墙面装修材料及做法等。

立面图可按房屋朝向命名,分为南立面图(图15-13)、东立面图和西立面图(图15-14)、北立面图(图15-15)。也可把反映入口或主要外貌的立面图称为正立面图,其余称为侧立面图、背立面图。还可根据房屋两端的定位轴线编号来命名,如①～⑨立面图,⑨～①立面图等。

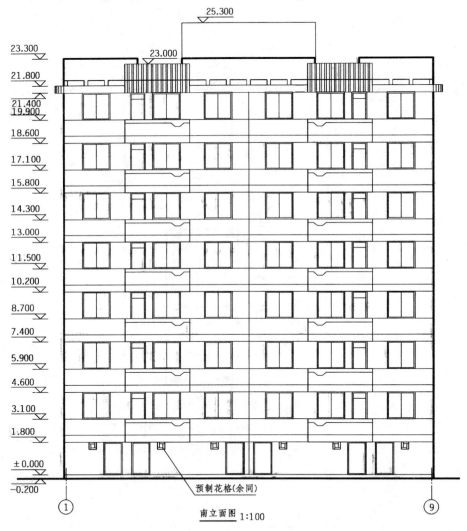

南立面图　1:100

图15-13　某住宅南立面图

若房屋为简单的左、右对称建筑,正立面图和背立面图可各画一半合并成一图,在图的对称轴线处画一铅直对称符号。如房屋形状曲折,有一部分不与投影面平行,可将该部分分段展开成与投影面平行并绘制立面图,图名后应注"展开"二字。内部院落的局部立面,可在相关的剖面图上表示,如剖面图未能表示完全,则需单独绘出。

220

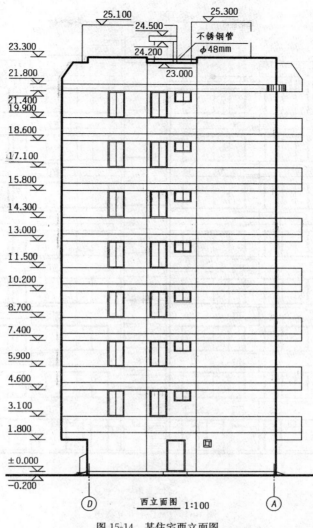

不锈钢管
φ48mm

西立面图 1:100

图 15-14　某住宅西立面图

一、图示内容

（1）画出建筑室外地坪线及建筑物的外形全貌，如房屋的阳台、门窗、台阶、花池、勒脚、雨篷、檐口、屋顶女儿墙、外墙的预留洞，室外的楼梯、墙、柱，墙面分格线或其他装饰构件等。

（2）立面两端的定位轴线及其编号。

（3）外墙上主要部位的相对标高及尺寸。

（4）各部分构造、装饰节点详图的索引符号。

（5）用图例或文字说明外墙面、阳台、雨篷、勒脚、引条线等的装修材料及做法。

二、图示方法

1. 定位轴线

在立面图中一般只画出两端的定位轴线及其编号，以便与平面图相对照来确定立面图的观看方向。

221

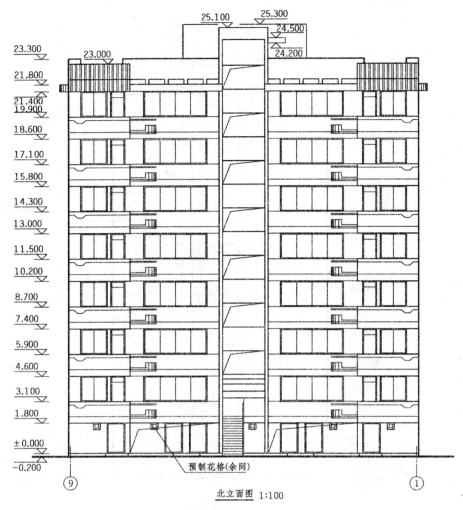

北立面图 1:100

图 15-15 某住宅北立面图

2.图例

由于立面图的比例较小,对于无法按比例绘出的门窗、阳台、墙面装修等细部构造及做法可用图例表示,并应另附详图或文字说明。习惯上对这些细部可在局部重点画出一两个作为代表,其余部分只画出轮廓线。

3.图线

一般在立面图上使用四种图线:室外地坪线用加粗实线(宽 1.4~2b);最外轮廓线用粗实线(宽 b);外轮廓线中的主要轮廓线,如门窗洞、阳台等用中实线(宽 0.5b);标高符号、尺寸、分格线、门窗扇、雨水管、引出线等用细实线(宽 0.25b)。

4.标高及尺寸

立面图上主要标注标高尺寸。应标注出外墙各主要部分的标高高程,如室外地坪、台阶、雨篷、窗台、门窗顶、阳台、檐口、屋顶等处完成面的标高高程。当建筑立面对称时,高程一般注在左侧,立面不对称时,左右两侧都应标注。一般高程注在图形外部,符号应做到大小一致、排列整齐。为了表达清楚,必要时也可注在图内。一般立面图上可不标注高度方向尺寸,但对于外墙预留洞,除标高外,还应注出其定位尺寸及大小尺寸。

三、绘图步骤

(1)定出室外地坪线、外墙轮廓线和墙顶线。

(2)画出室内地面线、各层楼面线、中间的各条定位轴线。

(3)定出门窗位置,画出细部如阳台、窗台、花池、檐口、雨篷等。

(4)检查无误后,擦去多余的作图线,并按要求加深图线,画出少量门窗扇、装饰、墙面分格线。

(5)标注标高高程、符号、编号、图名、比例及文字说明等。

四、图示实例

下面以本章实例的住宅楼北立面图为例(图 15-15),说明立面图表达的主要内容及其阅读方法:

(1)从图名或轴线编号可知,该图是表示房屋北向的北立面图,比例为 1∶100。

(2)从图中可看出该建筑的外部造型是否美观大方,也可了解该建筑的屋顶形式,门窗、阳台、楼梯间、檐口、屋顶水箱等细部形式及位置。

(3)该建筑包括底层库房在内共 8 层。除底层层高为 2 200mm 外,2～8 层层高都为 2 800mm。房屋室外地坪处相对标高的高程为－0.200m,最高处女儿墙顶面处标高的高程为 23.300m,所以房屋的外墙总高度为 23 500mm。

(4)从图可知立面各部分的装修做法,没有说明的做法应在建筑设计总说明中列出。

第五节   建筑剖面图

假想将房屋用一个或多个垂直于外墙轴线的铅垂剖切面剖开,所得的正投影图,称为建筑剖面图,简称剖面图。剖面图用以表示建筑物内部的结构形式、构造方式、分层情况和各部位的材料、高度等,它同时反映了建筑物在垂直方向各部分之间的组合关系。建筑剖面图与平面图、立面图一样,是不可缺少的基本图样之一。如图 15-16 所示为某住宅剖面图。

剖面图的数量一般由房屋的复杂程度及施工需要确定。剖切位置应选在层高不同,层数不同,内外空间比较复杂的、能有效反映房屋内部构造的比较典型部位,如通过主要入口、门窗洞口、楼梯间等处。

剖面图一般选用与平面图相同的比例,图中线型、材料图例应与平面图相一致。剖面图的图名应与平面图上所标注的剖切线的编号相一致,以便相互对照。

一、图示内容及方法

(1)墙、柱、定位轴线及其编号。

(2)房屋高度方向的结构形式及构造内容,如室内外地面、地坑、地沟、各层楼面、顶棚、梁、屋顶(包括檐口、女儿墙、保温或隔热层、天窗等)、楼梯、阳台、门窗、檐口、雨篷、踢脚线、墙裙、防潮层、散水、排水沟、留洞等被剖切到和能见到的内容。

(3)标高与尺寸。剖面图中宜标注出室内外地坪、楼面、平台、阳台、女儿墙顶、檐口、高出屋面的楼梯间顶部、水箱顶部等处的标高高程。底层地面标高高程为±0.000。外部高度方向应标出门、窗洞、洞间墙、女儿墙或檐口高度尺寸,层高及建筑总高度三道尺寸。有时,后两部

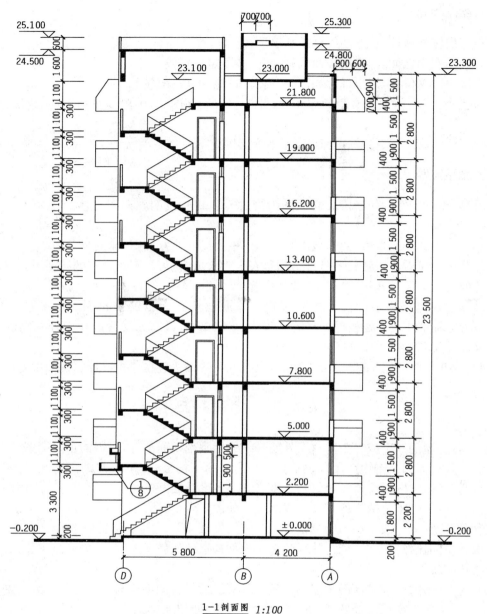

1-1剖面图 *1:100*

图 15-16　某住宅剖面图(尺寸单位:mm;高程单位:m)

分尺寸也可不注。内部高度方向尺寸标出吊顶下净高尺寸、室内门窗、隔断、平台的高度等。另行标注出雨篷、栏杆、装饰件等部件的尺寸。在剖面图的下方应注出被剖到的墙或柱的定位轴线及其间距尺寸。平、立、剖面图中的尺寸应与标高相一致。

　　(4)如在剖面图中直接表示楼、地面及屋面的构造做法,一般可用多层构造说明法表示,用引出线指向被说明部位,并顺序通过各层。文字说明注写在横线上方或端部,并按照被说明部位的构造层次,逐层顺序说明。说明顺序由上至下,由左至右(见图 15-17 墙身详图)。如果另画有详图或已在施工总说明中阐明,在剖面图中可用索引符号引出说明,也可不作任何标注。

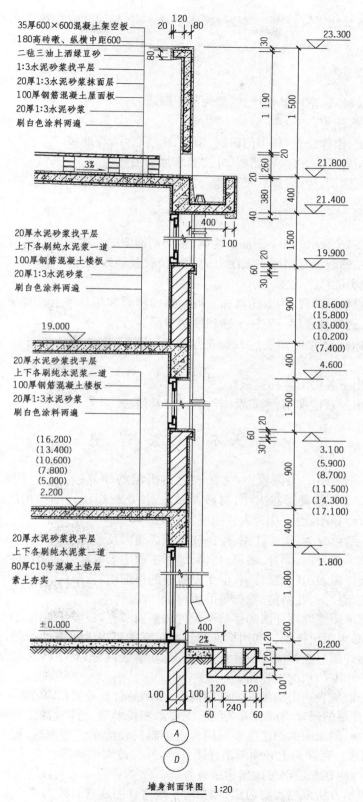

35厚600×600混凝土架空板
180高砖礅、纵横中距600
二毡三油上洒绿豆砂
1:3水泥砂浆找平层
20厚1:3水泥砂浆抹面层
100厚钢筋混凝土屋面板
20厚1:3水泥砂浆
刷白色涂料两遍

120
20 80
30
23.300

80

1 190 | 1 500

3%

20
260 20
21.800

380 400
21.400

40
400

100
1 500

20厚水泥砂浆找平层
上下各刷纯水泥浆一道
100厚钢筋混凝土楼板
20厚1:3水泥砂浆
刷白色涂料两遍

60 20
30
19.900

900
(18.600)
(15.800)
(13.000)
(10.200)
(7.400)

19.000

400
4.600

20厚水泥砂浆找平层
上下各刷纯水泥浆一道
100厚钢筋混凝土楼板
20厚1:3水泥砂浆
刷白色涂料两遍

1 500

(16.200)
(13.400)
(10.600)
(7.800)
(5.000)

60 20
30
3.100

2.200

900
(5.900)
(8.700)
(11.500)
(14.300)
(17.100)

400

20厚水泥砂浆找平层
上下各刷纯水泥浆一道
80厚C10号混凝土垫层
素土夯实

1.800

1 800

200
120 120
±0.000

400
2%
0.200

120
100

100 100
120 120
120
100

60 240 60

Ⓐ

Ⓓ

墙身剖面详图 1:20

图 15-17 外墙身详图(尺寸单位:mm;高程单位:m)

（5）细部构造做法需以较大比例绘制成详图时，应在剖面图中注出索引符号，表明详图编号及所在图纸号。

二、绘图步骤

（1）定出定位轴线、室内外地坪线、楼面与屋面线。

（2）画出墙身、柱子。

（3）定出门窗、楼梯位置，画出门窗洞、阳台、雨篷、台阶等细部。

（4）检查无误后，除去多余作图线，并按要求加深图线。

（5）画出材料图例，注出标高、尺寸、图名、比例及必要文字说明。

三、图示实例

下面以图 15-16 所示的 1-1 剖面图为例，说明剖面图的表达内容及其阅读方法：

（1）用图名及轴线编号对照平面图上的剖切位置及轴线编号可知，1-1 剖面图是通过楼梯间剖切后向右投影的横剖面图。

（2）楼梯每层敷设两段，为双跑楼梯。被剖到的梯段和楼梯平台涂黑表示，没被剖到的梯段用细线表示。楼梯从底层一直往上通到顶层屋面。

（3）从图中标高尺寸可知底层及标准层高度，阳台、楼梯间的栏板高度和内部门、窗高度等。

（4）墙外绘出了各层阳台的投影。

（5）图中标出屋顶楼梯间、水箱及檐沟的尺寸及做法。

第六节 建筑详图

由于平、立、剖面图的比例较小，无法表达出房屋的细部构配件。用较大比例如 1:20、1:10、1:5、1:2、1:1 等将其形状大小、材料及做法，按正投影法详细绘出的图样，称为建筑详图。建筑详图简称详图，也可称为大样图或节点图。

建筑详图大致可分为：构造详图、配件和设施详图以及装饰详图等。

构造详图表示如屋面、墙身、吊顶、楼梯、地下工程防水等部位的构造做法。

配件和设施详图表示门窗、幕墙、卫生设施等的详细用料、形式、尺寸和构造做法。

装饰详图表示柱头、花格窗、壁饰等的用材、尺寸及构造。

对于套用标准图或通用详图的建筑构配件和剖面节点，只要注明所套用图集的名称、编号或页次即可，不必再画出详图。利用标准图和通用详图可以大量节约时间，提高工作效率，但是标准图和通用详图只能解决一般性量大面广的功能性问题，对于特殊的做法和构造处理则需要自行绘制非标准的构配件详图。

建筑详图一般应表达出构配件的详细构造、所用的材料及规格，各部分的连接方法和相对位置关系，注出详尽的尺寸、标高、有关的施工要求和说明等。建筑详图的画法及绘图步骤与相应的建筑平、立、剖面图的画法基本相同。当绘制比较简单的详图时，可只采用线宽为 b 和 $0.25b$ 的两种图线。在详图上必须画出详图符号，并与被索引的图样上的索引符号相对应，如需再另绘详图时，应在相应部位画出索引符号。

建筑详图表示方法依据需要而定，例如对于墙身详图通常只需用一个剖面详图表示即可，而对于细部构造较复杂的楼梯详图则需画出楼梯平面详图及剖面详图。详图是施工的重要依据,房屋建筑图通常需要绘制如墙身详图、楼梯间详图、阳台详图、厨厕详图、门窗及壁柜等详图,下面仅介绍墙身详图、楼梯详图和门窗详图。

一、墙身详图

墙身详图一般多取建筑物的外墙部位绘制。墙身详图表达了房屋的屋面、楼地面、女儿墙、檐口、窗台、门窗顶、勒脚、散水、明沟等处的构造及楼板与墙身的连接情况等,是施工和预算的重要依据。

墙身详图常用比例为 1:20。若多层房屋中间各层的做法一致,则可只画出中间层和顶层表示。画图时可在窗洞中间断开成为各节点的组合图(图 15-17),也可单独画出各节点。在要画的几个墙身大样中选取最有代表性的部位,从上到下连续画出,其他部位则可简化。详图宜从剖面图中直接引出,且剖视方向也应一致,以便对照看图。墙身详图实际上为局部剖面的放大图,详图上标注尺寸和标高与剖面图基本相同,图线要求也与剖面图中一致。

以图 15-17 为例,介绍墙身详图的图示内容与阅读方法。

(1)由剖面图编号对照平面图上的剖切符号,可知该详图的剖切位置和投影方法。该详图适用于 A、D 两轴线,也就是说在 A、D 两轴线上墙身相应部分的构造是相同的。

(2)底层勒脚部分主要表达外墙面的防潮、防水及排水做法及地面构造。室内地面构造采用多层构造说明法表示。室内地面分 3 层,从下至上依次为:素土夯实,80mm 厚 C10 混凝土,水泥砂浆找平层厚 20mm。从图中可知墙身防潮、明沟、踢脚板等的做法。

(3)从中间层部分可知楼板为现浇钢筋混凝土板,图中表明窗的位置及窗台、雨披的构造做法等。

(4)顶层部分表示出屋面承重结构为现浇钢筋混凝土板,上面有柔性防水层和架空层。雨水通过雨水口、天沟及雨水管排放到地面。

(5)详图中应详细标出室内外地面、楼地面板、屋面、各层窗台、窗顶、女儿墙、檐口顶高、吊顶底面等部位的标高。另应注出沿高度方向和墙身细部的尺寸,如层高、门窗高度、窗台高度、台阶或坡道高度、线脚高度、墙身厚度、雨篷挑出长度等。

(6)以图例及文字说明墙身内外表面装修的材料、厚度等。

二、楼梯详图

楼梯是多层房屋中上下垂直交通的主要设施,它的构造较复杂,一般需另画出详图表示。楼梯由梯段、平台、栏杆扶手组成。详图中主要表示出楼梯类型、结构形式、各部分尺寸、装修做法及梯段栏杆(栏板)的材料与做法。楼梯详图分为建筑详图与结构详图,一般分别绘制各编入"建施"和"结施"中,对比较简单的楼梯可将建筑详图和结构详图合并,编入建筑施工图或结构施工图中。楼梯详图一般由平面图、剖面图及节点详图组成,是施工放样的主要依据。

1. 楼梯平面图

假想用一个水平平面在楼梯每层的向上第一梯段的任一位置剖切后,对剖切面以下部分进行投影而产生的正投影图就是楼梯平面图,如图 15-18 所示。

一般来讲,每一层楼梯平面图都要画出,但当多层房屋中间各层的楼梯平面图相同时,一般只画出底层、中间层及顶层平面图。若中间层的楼梯有变化,应将变化层平面图另行画出。

按国标规定,各层被剖到的梯段在平面图中以一条 45°折断线表示。用细长箭头表示上下方向,并注写"上"、"下"文字及层间踏步步数。如图 15-18 中注有"上 18"表示一层间的两个

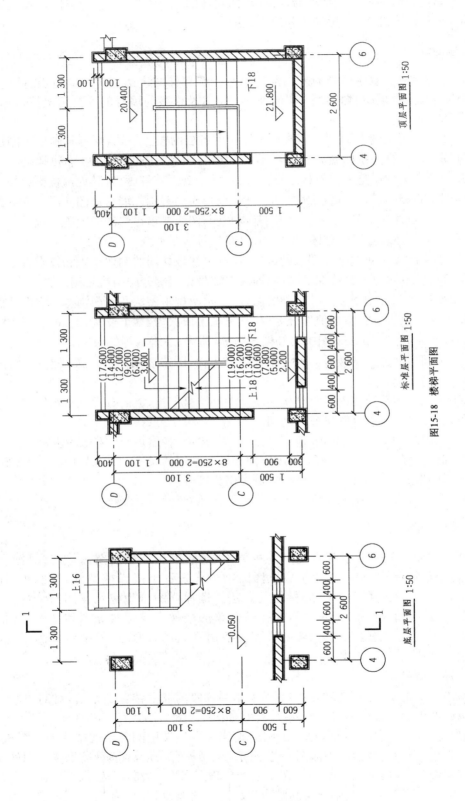

图15-18 楼梯平面图

梯段共有 18 个踏步。应注意,平面图上的踏面格数比踏步数少 1。底层平面图中只画出一个被剖切的向上梯段及栏板,注有"上"字的长箭头。中间层平面图则画出上下梯段及平台,分别注有"上"、"下"文字的长箭头。顶层平面图中则只注有"下"字的长箭头。

平面图中应标注出轴线及编号、各细部尺寸和标高。一般将踏面宽度尺寸与踏面数及梯段长度尺寸注写在一起,如图中"8×250=2 000"表示该梯段踏面宽 250mm,踏面数为 8,梯段总长度为 2 000mm。各层平面图中应注出必要文字说明及索引符号。底层平面图中还应注明楼梯剖面图中的剖切位置及编号。

2.楼梯剖面图

假想用一铅垂面通过各层楼梯的梯段及门窗洞将楼梯剖开,向另一梯段作正投影图即得楼梯剖面图。

在多层建筑中,若中间层构造相同,则可将底层、中间层、顶层剖面图合并画出,并在中间层处用折断线分开,如图 15-19 所示。

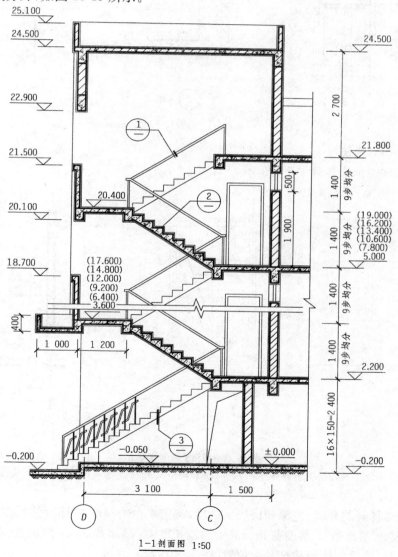

1—1 剖面图 1:50

图 15-19　楼梯剖面图(尺寸单位:mm;高程单位:m)

229

楼梯剖面图应表示出楼梯结构形式,画出楼地面、休息平台、门窗洞、梁,以及栏杆、扶手等细部,并注明尺寸和高程。梯段高度方向尺寸注法与平面图梯段长度注法相同,所不同处是高度尺寸注的踏步级数比踏面数大1。屋面与房屋屋面做法一般相同,可不画出。

本例楼梯为一个现浇钢筋混凝土板式楼梯。底层层高2 200mm,做成单跑楼梯,即只有一个梯段,由一层直接上到二层。二层开始做成等跑双跑楼梯,每层有两个梯段,每段梯段9级,即 $9 \times 156 \approx 1 400$。

剖面图中应标注出各节点详图的索引符号以及必要的文字说明。楼梯节点详图一般为踏步、扶手、栏板详图(图15-20)。

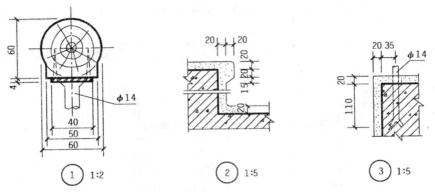

图15-20　楼梯节点详图(尺寸单位:mm)

3. 楼梯详图的画法

楼梯平面详图画法步骤如下(图15-21):

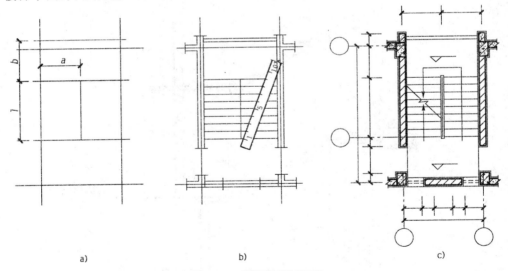

图15-21　楼梯平面图的画法

a)定出定位轴线、平台线、楼段端线、楼梯井等的位置;b)定出踏步线、门窗、栏板的位置;c)加深图线、画出材料图例、标注标高尺寸等

(1)根据楼梯间的开间、进深和楼层的高度,确定平台的深度 b,梯段的长度 l,梯段的宽度 a,梯井的宽度 k,踏级数 n,踏面宽 m。其中梯段长度 $l=$踏面宽(m)×踏面数($n-1$)。由此定出轴线、平台线、梯段端线与楼梯井的位置[图15-21a]。

230

（2）根据 l、n 可采用等分两平行线间距的方法，求得各踏步线，并画出墙身厚度和门窗洞口[图 15-21b)]。

（3）画出材料图例、栏杆、箭头、折断线。按要求加深图线，注写剖切符号、标高、尺寸、图名、比例及文字说明等[图 15-21c)]。

（4）剖面图画法如图 15-22 所示，先定出墙、楼地面、平台位置，再用等分两平行线间距的方法求出踏步位置。应注意尺寸比例与平面图中一致，栏板坡度与梯段坡度相同。

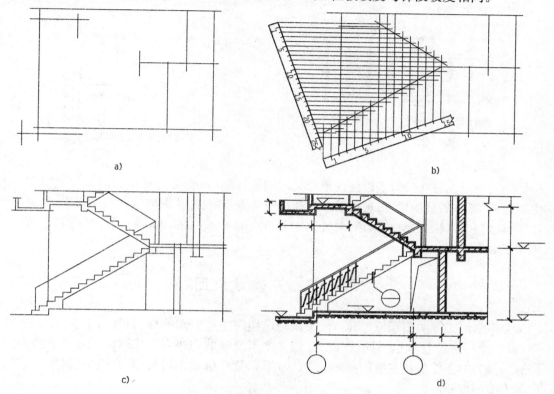

图 15-22　楼梯剖面图画法

a)画出轴线、定出楼地面、平面、梯段、墙位置；b)定出踏步位置线；c)画出墙、楼面、平台、梯段板的厚度，接着画门窗、栏杆、梁等细部；d)加深图线，画出材料图例，标注标高尺寸、索引符号等

三、门窗详图

门窗详图主要用来表达门窗的制作要求，如尺寸、形式、开启方式、注意事项等，同时也供土建施工和安装使用。当有标准图集时可套用标准图集，不必再画出详图。当与标准图集差别较大，无法应用标准图集时应另行绘制出门窗详图。一般门窗详图以立面图为主，主要包括立面图、门窗详图说明、节点大样等。以下简单介绍门窗立面图及详图说明。

1.门窗立面图

门窗详图以立面图表明了门窗形式、开启方式和方向、主要尺寸及节点索引号。如图 15-23 所示，图中用实线表示外开，虚线表示内开，开启线交点处表示旋转轴的位置。推拉窗在推拉扇上用箭头表示开启方向，固定窗则无开启线。窗樘用双细实线画出，也可用粗实线代替，窗扇和开启线均用细实线画出。弧形窗和转折窗应绘制展开立面图。

如图 15-24 所示，门窗立面图上注有三道尺寸：外面一道尺寸为门窗洞尺寸，也就是建筑

231

平面图和剖面图上所注的尺寸;中间一道尺寸为门窗樘的外包尺寸;最里面一道尺寸为门窗扇的尺寸。弧形窗或转折窗的洞口尺寸应标注展开尺寸。

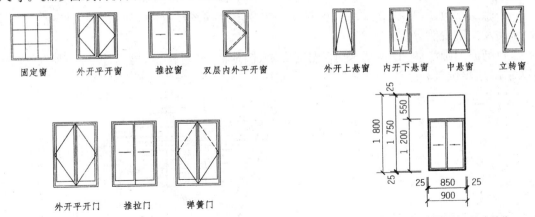

固定窗　外开平开窗　推拉窗　双层内外平开窗　　外开上悬窗　内开下悬窗　中悬窗　立转窗

外开平开门　推拉门　弹簧门

图 15-23　门窗立面图　　　　　图15-24　门窗立面尺寸的标注(尺寸单位:mm)

2.详图说明

详图说明可注写在门窗表附注内或相关的门窗详图内,也可写在首页的设计说明中。内容主要包括:框料的断面尺寸、玻璃的厚度和构造节点,详见标准图册或由厂家确定;门窗的立樘位置;玻璃和框料的选材与颜色;对特殊构造节点的要求,如防火、隔音等;其他制作及安装要求和注意事项。

第七节　厂房建筑图

工业厂房施工图的图示原理和读图方法与民用房屋施工图一样,只是由于生产工艺条件不同,对工业厂房的要求也不同,因此,在施工图上反映的一些内容或图例符号就有所不同。厂房通常分为单层厂房和多层厂房两大类。本节以某厂房某车间为例,介绍单层(排架结构)厂房建筑图的主要内容。

单层厂房可以采用装配式钢筋混凝土结构或装配式钢结构。其主要构件有下列几部分,如图 15-25 所示。

(1)屋盖结构,包括屋面板和屋架等。屋面板安装在屋架上,屋架安装在柱上。

(2)吊车梁,两端安装在柱的牛腿(柱上部的凸出部位)上。

(3)柱,用来支撑屋架和吊车梁,是厂房的主要承重构件。

(4)基础,用来支承柱,并将厂房的全部荷载传递给地基。

(5)支撑,包括屋架结构支撑和柱间支撑。其作用是抵抗风和吊车的水平力,加强结构的整体稳定性。

(6)围护构造。在排架结构厂房中,外墙的围护结构是起围护或分隔作用,包括外墙和抗风柱。

一、平面图

车间平面为一矩形,厂房承重柱子的平面定位轴线交织形成了网格,如图 15-26 所示,横向定位轴线如 1、2、3、…,其横向轴线共 7 个开间,中间柱距 7.5m,两端柱距 6.85m,但两端角柱与

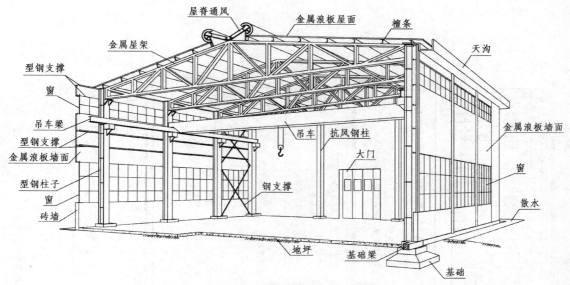

图 15-25 钢桁架屋架工业厂房的组成

轴线有 200m 距离。纵向轴线如 *A*、*B*、*C*、…，纵向轴线通过柱子外侧表面与墙的内沿，车间的跨度 18m。车间柱子采用工字形断面的型钢柱。车间设有一台手控桥式吊车。吊车图例表示，注明吊车起重量（$Q=5t$）和轨距（$S=16.2m$）。室内两侧粗单点长画线表示吊车轨道的位置。车间四面各设大门一个，中间编号为 M1，山墙编号 M2，在图 15-27 中，画有该屋面的平面图。

二、立面图

立面图反映厂房的外貌形状以及屋顶、门、窗、雨篷、台阶、雨水管等细部的形式和位置。

在立面图上通常要注写室内外地面、窗台、门窗顶、雨篷底面以及屋顶等处的标高。

从图 15-26 中可看到彩色金属浪板墙面的划分、门窗位置及其规格编号。从勒脚至窗口是砖砌墙，浅灰色涂料饰面。有 C1 在上方、C2 在下方的两种窗及 M1、M2 两种门。厂房墙面是由金属浪板墙面装配而成。

从图 15-27 中立面图，可了解厂房山墙立面的形状及组成山墙压型金属浪板墙面等构件。

三、1-1 剖面图

从平面图中的剖切位置线可知，1-1 剖面图为一阶梯剖面图（图 15-26）。从图中可看到带牛腿柱子的侧面，工字形吊车梁搁置在柱子的牛腿上，手控桥式吊车则架设在吊车梁的轨道上（吊车是用立面图例表示）。从图中还可看到屋架的形式、屋面板的布置、通风屋脊的形式和檐口天沟等情况。对剖面图中的主要尺寸，如柱顶、轨顶、室内外地面高程和墙板、门窗各部位的高度尺寸，均要细读。

四、详图

一般包括檐口、屋面、屋顶通风器节点详图，墙、柱及门窗节点详图等。从这些图样上可详尽地看到它们的所在位置及其构造情况。如图 15-27 所示是该厂房檐口、屋面节点部分详图。

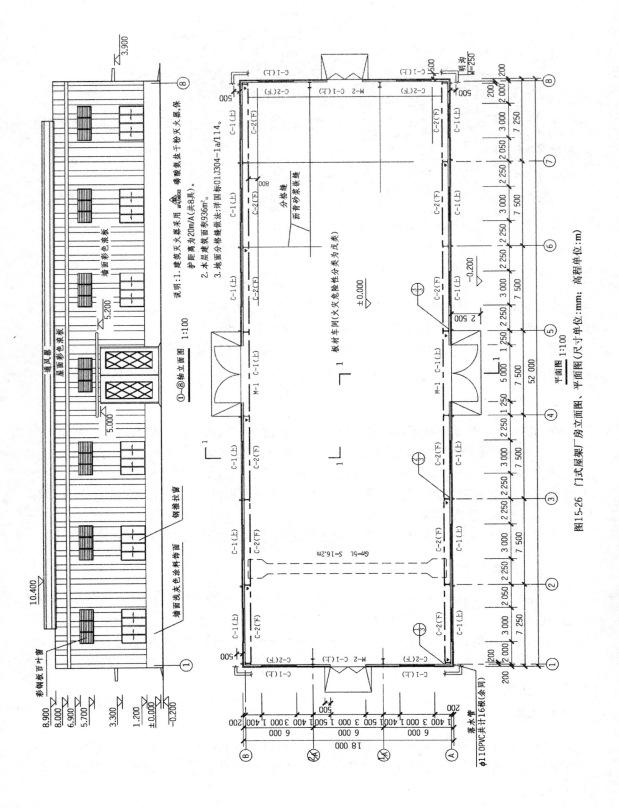

图15-26 门式屋架厂房立面图、平面图（尺寸单位：mm；高程单位：m）

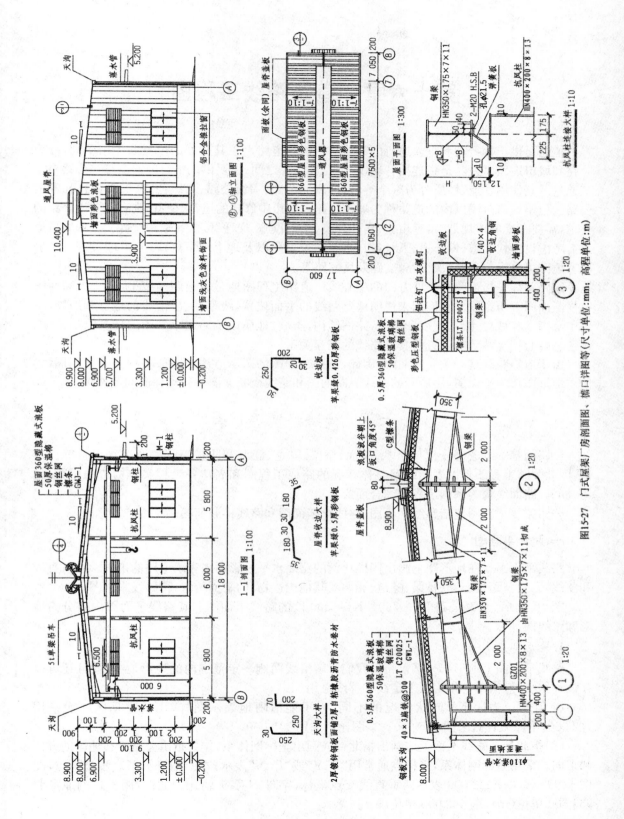

图15-27 门式屋架厂房剖面图、端口详图等（尺寸单位：mm；高程单位：m）

235

第十六章 道路路线工程图

　　道路是供车辆行驶和行人通行的带状结构物。道路由于其所处的位置及作用不同,分为公路和城市道路。公路是指连接各城镇、乡村和工矿之间,主要供汽车行驶的道路。公路根据交通量及其使用功能、性质分为五个等级,即高速公路、一级公路、二级公路、三级公路和四级公路。位于城市范围以内的道路称为城市道路。城市中修建的道路(街道)则有不同于公路的要求,需要考虑城市规划、市容市貌、居住环境、生活设施、交通管理、运输组织等。例如城市道路需考虑设置快车道、慢车道、人行道、绿化、街景美化以及地上地下杆线、管道埋设等。一般城市道路可分为主干路、次干路、支路及区间路等。

　　道路路线是指道路沿长度方向的中心线。道路工程图通常由道路路线平面图、纵断面图及横断面图等所组成。它们用来说明道路路线的平面位置,线型状况,沿线的地形和地物,线路中心高度和坡度,路基宽度和边坡,路面结构,土壤、地质以及线路上的附属构造物如桥梁、隧道、涵洞、挡土墙等的位置及其与路线的相互关系。

　　由于道路路线是一条空间曲线,因此,道路工程图的图示方法与一般工程不完全相同,它使用地形图作为平面图,用展开的路线纵断面图和路线横断面图代替立面图和侧面图。

第一节　公路路线工程图

　　公路的基本组成部分包括路基、路面、桥梁、隧道、涵洞和防护工程以及排水设备等构造物,因此公路工程图是由表达线路整体状况的路线工程图和表达各工程实体构造的桥梁、隧道、涵洞、路面结构等系列工程图综合而成。

　　公路路线工程图包括路线平面图、路线纵断面图和路线横断面图。

一、路线平面图

　　路线平面图是在地形图上画出同样比例的路线水平投影图来表示道路的走向、线形(直线和曲线)以及公路构造物(桥梁、隧道、涵洞及其他构造物)的平面位置,称路线平面图。

　　图 16-1 所示为某公路 K0+750～K1+500 段的路线平面图。其路线平面图内容分为地形和路线两部分。

　　1.地形部分

　　路线平面图上地形部分不仅帮助我们了解沿线两侧一定范围内的地形地物,而且还可以在设计路线时,借助它作为纸上定线和移线之用。

　　(1)比例。根据地形起伏情况的不同,为了能清晰地表示图样,山岭重丘区一般采用1∶2 000,平原微丘区采用1∶5 000。本图比例采用1∶2 000。

　　(2)指北针。路线平面上应画出指北针或画出坐标网体系,作为指出公路所在地区的方位和走向。采用坐标网体系,坐标点通常用"X,Y"或"E,N"表示,本图用"E,N"表示坐标点,图中十N935 600、E462 000 表示两垂直线交点坐标,字母 N 字头朝北为北向,距坐标网原点北935 600 单位(m),东 462 000 单位(m)。

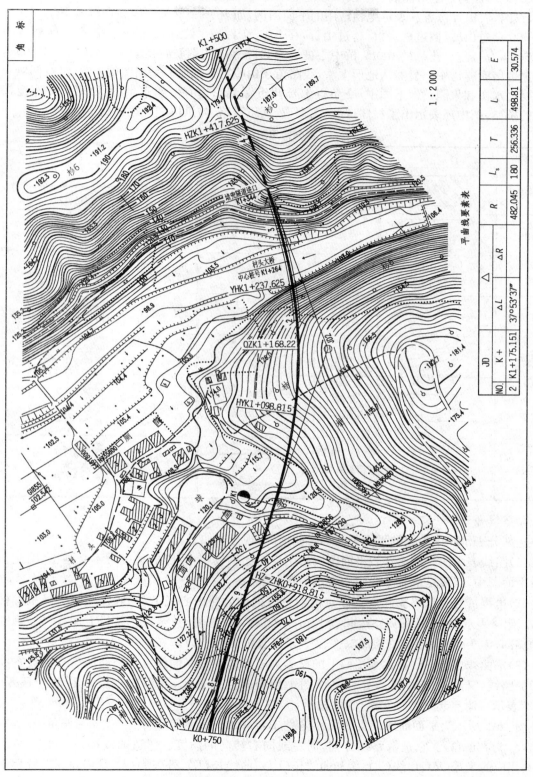

1 : 2 000

平曲线要素表

JD		△						
NO.	K +	△L	△R	R	L_s	T	L	E
2	K1+175.151	37°53′37″		482.045	180	256.336	498.81	30.574

图16-1 路线平面图

K1+500

HZK1+417.625

诸申隧道进口
K1+544

村头大桥
中心桩号 K1+264

YHK1+237.625

QZK1+168.22

JD2

HYK1+098.815

ZHK0+918.815

K0+750

237

(3)地形地物。地形图表达了沿线的地形地物，即地面起伏情况和河流、房屋、桥梁、隧道、涵洞、铁路、农田等位置。表示地物常用的平面图例，如表 16-1 所示。线路在桩号 K0＋750～K1＋000 穿过山坡，擦过村头村，越过山谷，在 K0＋918.815 处进入反向弯道，在反向弯道内的溪流上，有一座 1 孔跨径 100m，桥中心桩号为 K1＋264 的钢筋混凝土拱桥，到 K1＋344 时，线路穿进堵兜隧道中。显然从地形上看，线路位于山岭重丘地段。平面图例表明，沿线两侧农田主要是水田和果园。地形图中，交角点 JD2 附近溪流东边有一座水坝，而西边有一座连接村庄的桥梁，图中还表示出了村庄房屋、大车道、低压线路、防洪堤坝等地物的位置。

部分常用图例　　　　　　　　　　　　　　　　　表 16-1

名称	符　号	名称	符　号	名称	符　号
房屋	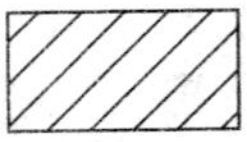	水稻田	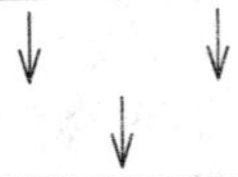	隧道	
棚房		草地		互通式立交（按实际形式画）	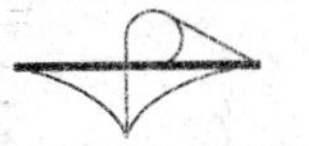
堤坝	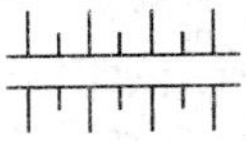	果地	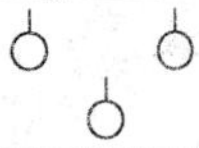	水泥稳定土	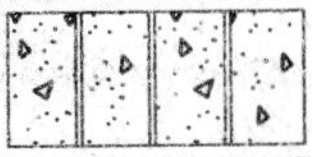
人工开挖		旱地	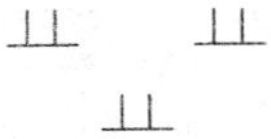	泥结碎砾石	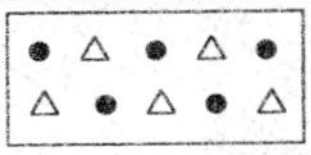
河流	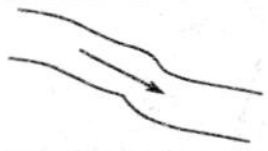	菜地	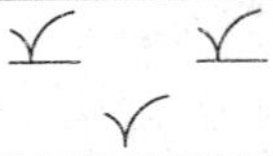	水泥稳定碎砾石	
高压电力线低压电力线		涵洞通道		石灰土	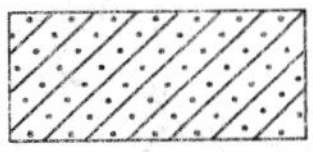
学校	 文	桥梁（大中桥按实际长度画）		沥青贯入碎砾石	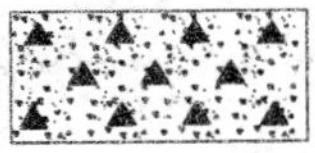

2.路线部分

这部分表示路中心线的平面长度和弯曲情况，现分述如下。

(1)路线表示法。由于路线平面图所采用绘图比例较小，公路的宽度可不必画出，因此在路线平面图中，路线是沿着路线中心表示的粗实线。

(2)里程桩号。从路线起点到终点沿前进方向的公路中心线上，一般在左侧编号里程桩(km)，用 ❶ 表示，如 K1，即离路线起点 1km；右侧编写百米桩，数字写在路线上加有"┃"短细线的端部，字头朝向上方，如 1、2、3、…、9 表示百米桩(图 16-1)。

(3)平曲线要素。线路在水平面上的投影为规律的直线和曲线。在公路的转弯处设置曲线形的路线(又称弯道)，转弯处在平面图中用交角点来表示，简称交点。如图 16-1 所示，"JD2"表示从原点起第 2 号交点，其左偏角 $\alpha=37°53'37''$。

图 16-2 所示为平面曲线设置的两种类型，JDn 中的 n 表示第 n 号交点。α 为偏角(α_z 为左偏角，α_y 为右偏角)。它是沿路线方向，向左或向右转向的角度。弯道曲线按设计半径 R 设置，其相应的半径(R)、切线(T)、缓和曲线长(L_s)、曲线长(L)、外矢距(E)及偏角(α)，统称平曲线要素。如图 16-2a)所示为不设缓和曲线的平曲线，路线平面图中标出曲线起点 ZY(直

238

圆），中点 QZ（曲中）和曲线终点 YZ（圆直）三个特征桩。图 16-2b）所示为带有缓和曲线的平曲线，它从直线到定圆曲线（R）之间有一段过渡曲线称缓和曲线，其带有缓和曲线的弯道各特征桩为 ZH（直缓）、HY（缓圆）、QZ（曲中）、YH（圆缓）、HZ（缓直）5 个，其桩位位置如图 16-2b）所示。

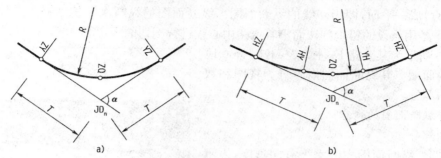

图 16-2　平曲线要素

a）不设缓和曲线的平曲线；b）设有缓和曲线的平曲线

（4）图中还标出了用于三角网测量的三角点和控制标高的水准点，如"▪ GI855"表示编号为 GI855 的三角点，分母数字 102.542 表示第 GI855 号水准点的标高高程为 102.542m。

如果采用 1∶1 000 或较大比例的地形图，也可以画出路基宽度以及填方的坡脚线和开挖的边界线，如图 16-17 所示。

平面图上路线的前进方向规定从左往右，以便和纵断面图对应。

3.画路线平面图应注意的几点

（1）用和已知地形图相同比例，将各转角点换成坐标，注入地形图，而后根据各转角点的平曲线元素，画出路线中心线。

（2）若无可用的现成地形图，则应先画出路线中心线，根据纵断图和横断面图，作出路线各桩号及在桩号断面附近注明各点的高程，并以路线中心为导线，现场补测路线两侧一定宽度的地形图。

（3）路线主线用粗实线，比较线用粗虚线。为使路中心线与等高线有显著区别，一般以 2 倍左右以计曲线的粗度画出。

（4）由于道路平面图是狭长、曲折的长条形状，所以还常需要把图纸拼接起来绘制，如图 16-3 所示。在拼接的每张图幅上都应画指北针（或坐标网格），每张图纸右上角绘出角标，注明图纸序号及图纸的总张数。

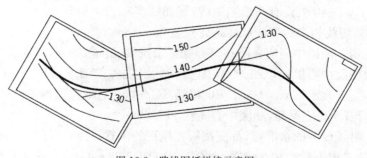

图 16-3　路线图纸拼接示意图

二、路线纵断面图

路线的纵断面图，相当于一般图示中的立面图，用它来表示路线中心的地面起伏、地质及沿线设置的构造物、路线的纵向设计坡度和竖曲线状况。

1.路线纵断面图的形成

路线纵断面图是沿道路中心线用假想、连续的平面或曲面(柱面)作垂直剖切,而后把剖切面展平(拉直)成一平面,即为路线的纵断面图。纵断面图的纵断水平长度就是路线的长度。图16-4所示是用假设的铅垂剖切面沿着道路中心线进行剖切的示意图。

图16-5所示为某公路K0+750~K1+500段的路线纵断面图。其纵断面图内容分为视图和数据资料表两部分。

图16-4 路线纵断面图形成示意图

2.路线纵断面图的内容

1)视图部分

(1)比例。纵断面图中的水平方向长度,表示路线长度,垂直方向高度表示地面及道路设计线的标高。由于设计线的纵向坡度较小,因此它的高差比路线的长度小得多,如果水平向与垂直向用同一种比例画,则就很难把垂直向高差清楚地表达出来,所以规定水平向的比例比垂直向的比例缩小10倍画出。

一般在山岭重丘地区水平向采用1:2 000。垂直向采用1:200;平原微丘区,因地形起伏变化较小,可采用水平向1:5 000,垂直向1:500。本图水平向采用1:2 000,垂直向1:200,这样,图上所画的坡度较实际为大,看起来比较明显。

(2)地面线。图上不规则的细实线折线,是地面线。它是顺着路线中心原地面上一系列中心桩的连接线。具体画法是将水准测量得到的各桩高程,按水平向1:2 000定出纵向桩位坐标位置,再按1:200在桩位的垂直方向上点绘其桩号标高,然后顺次用细实线段连接起来,即为地面线。表示地面线上各点的高程,称为地面标高。

(3)设计线。图上比较规则的直线与曲线相间的粗实线,称为路线设计线,用于表示路基边缘的设计标高(高速公路的路线设计线,则是以路中心线隔离带边缘的路面标高来表示)。路线设计线通常根据地形及《公路路线设计规范》(JTG D20—2006)等技术标准来设计。

(4)竖曲线。在设计线纵度变更处,应按规范的规定设置圆弧竖曲线,以利汽车行驶。竖曲线分为凸形和凹形两种,如图16-6所示,竖曲线半径(R)、切线长(T)和外距(E),图16-5路线纵断面图中在K1+140处设有凸形竖曲线,竖曲线半径为$R=10\,000$m,切线$T=105$m,外矢距$E=0.55$m,两切线相交的变坡点标高高程为138.48m。

(5)桥梁构造物。图样中还应在所在里程处标出桥梁、隧道、涵洞、立体交叉和通道等人工构造物的名称、规格及中心里程。图16-5中,分别标出梁桥、箱形涵洞的位置和规格,涵洞图例"○"表示管涵,"□"表示箱涵。1-3×3RC箱涵/K1+030表示在里程K1+030处有一孔径宽3m、高3m的钢筋混凝土箱涵,涵底中心高程117.60m。

(6)水准点。沿线设置的水准点,都应按所在里程的位置标出,并标出其编号、标高和路线的相对位置。本例采用坐标控制点标高,水准点BM编号为 ⊡ GI856,标高高程为137.72m。

2)数据资料表内容

资料表包括地质、纵坡、坡长、填和挖设计标高、地面标高、里程桩号以及平曲线等。路线纵断面图的资料表与路线纵断图上下对应布置。

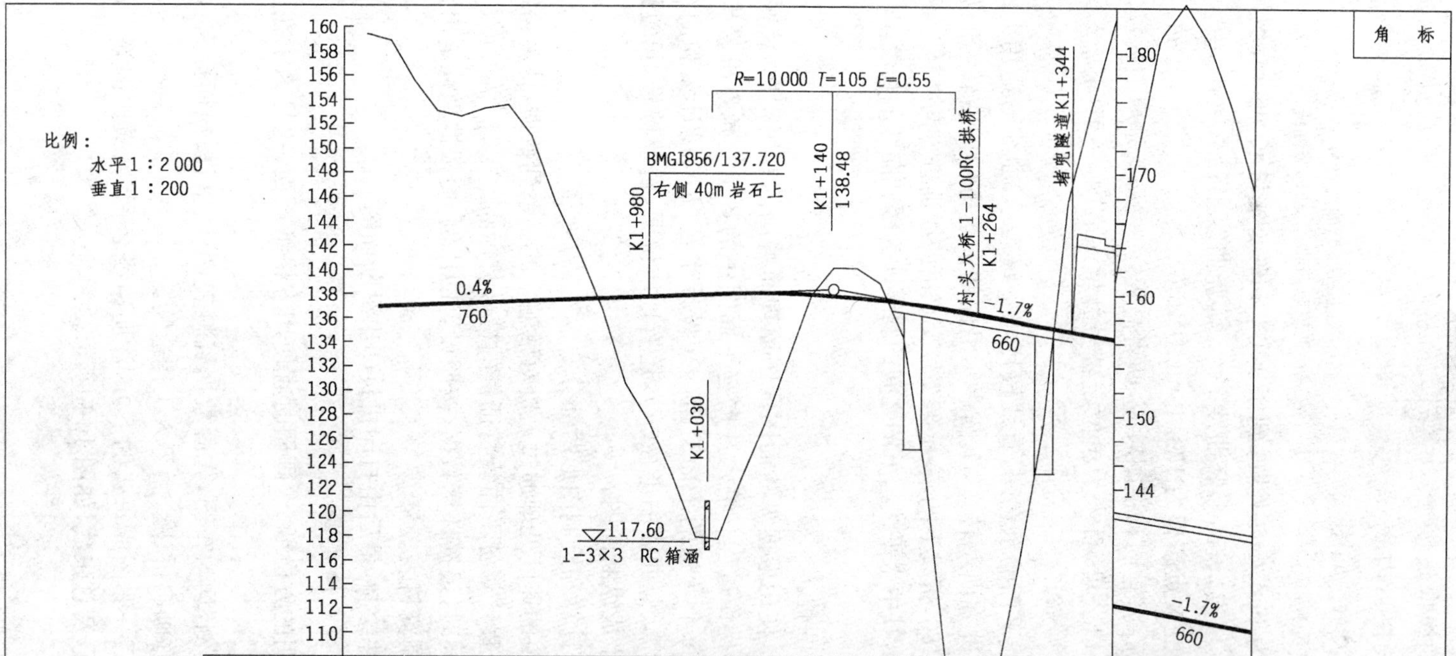

图16-5 路线纵断面图

比例: 水平 1:2 000
　　　垂直 1:200

竖曲线 K1+344

水上大桥 1—100RC 箱桥 K1+264

北 −1.7%

R=10 000　T=105　E=0.55
K1+140　138.48

BMGI856/137.720
右侧 40m 岩石上
K1+980

K1+030
▽117.60
1−3×3 RC 箱涵

0.4%　760

−1.7%　660

JD2 R=482.045, L_s=180

左侧标尺（高程 m）：160, 158, 156, 154, 152, 150, 148, 146, 144, 142, 140, 138, 136, 134, 132, 130, 128, 126, 124, 122, 120, 118, 116, 114, 112, 110

右侧标尺（高程 m）：−180, −170, −160, −150, −144

里程桩号	设计高程(m)	地面高程(m)	填挖高程(m)
KD+750	136.92	159.43	−22.51
760	136.96	158.9	−21.94
780	137.04	155.6	−18.56
800	137.12	153.11	−15.99
820	137.2	152.66	−15.46
840	137.28	153.31	−16.03
860	137.36	153.61	−16.25
880	137.44	151.12	−13.68
900	137.52	145.65	−8.13
ZH918.82	137.6	141.68	−4.08
940	138.68	137.68	1
960	137.76	130.64	7.12
980	137.84	127.48	10.36
K1	137.92	123.06	14.86
20	138	118	20
40	138.08	117.84	20.24
60	138.13	122.73	15.4
80	138.14	127.35	10.79
HY98.82	138.11	132.45	5.67
120	138.04		0.00
140	137.93	140.25	−2.33
160	137.78	140.22	−2.44
180	137.59	139	−1.41
200	137.36	134.55	2.81
220	137.09	122.97	14.12
HY237.63	136.82	107.86	28.96
260	136.44	106.24	30.2
280	136.1	105.61	30.49
300	135.76	116.05	19.71
320	135.42	127.46	7.96
340	135.08	145.73	−10.65
360	134.74	153.57	−18.83
380	134.4	160.79	−26.39
K1+400	134.06	172.11	−38.05
HZ417.63	133.76	180.82	−47.06
440	133.38	184.01	−50.63
460	133.04	180.83	−47.79
480	132.7	175.51	−42.81
500	132.36	168.61	−36.25

地质概况：亚粘土　亚砂土　填亚粘土　亚砂土　亚粘土　亚砂土　亚粘土　卵石　亚粘土　坡积灰岩

表格行项：地质概况　设计高程(m)　地面高程(m)　填挖高程(m)　里程桩号　平曲线

角标

241

(1)地质说明。标出沿线的地质情况，为设计、施工提供资料。

(2)坡度、坡长。是指设计线的纵向坡度和其水平投影长度，可在坡度坡长栏目内表示，也可在图样纵坡设计线上直接表示。如图16-5所示，由图样纵坡设计线可看出K0+750～

图16-6　竖曲线符号
a)凹形竖曲线；b)凸形竖曲线

K1+500 段先有坡长 760m，坡度为 0.4%的上坡；到了 K1+140 变成坡长 660m，坡度为 −1.7%的下坡，桩号 K1+140 是变坡点，设凸形竖曲线一个，其竖曲线半径 $R=10\ 000$m，切线长 $T=105$m，外矢距 $E=0.55$m，变坡点高程为 138.48m(图 16-6)。

(3)标高。分设计标高和地面标高，它们和视图对应，两者高程之差数，就是填挖的数值。

(4)桩号。按测量所得的数字，以公里、百米为单位定桩号并填入表内，一般间隔 20m 设置一个桩号。

(5)平曲线。平曲线一栏是路线平面的示意图，直线段用水平线表示，曲线弯道用下凹或上凸折线表示，下凹表示沿路线前进方向左转弯，上凸表示沿路线前进方向向右转弯。如图16-5平曲线栏中：$R=482.045$，$L_s=180$，折线下凹，表示第 2 号交点沿路线前进方向左转弯，平曲线半径 482.045m，缓和曲线长 180m，其中水平线与下凹之间的斜线即为缓和曲线的长度 180m。

3.路线纵断面图的画法

纵断面图绘制分计算机和手工两种。

计算机绘制纵断面图，实际上是使用根据纵断面图成图原理而编制的专用程序，将平面、纵断面的一系列数据输入计算机的操作过程。输入数据有平面图中的各个交角点桩号坐标，中线各测量里程桩号及地面标高，每个弯道的平面交角(α)、设计半径(R)、设计缓和曲线长(L_s)；纵断面上各个变坡点桩号、标高、竖曲线的半径(R)，还有地质说明，桥址桩号，长短链桩号。通过人机对话式的操作，便可生成纵断面图。

纵断面图程序的原理分为数据计算和绘制图形两部分。

(1)数据的计算。计算机以极快的速度处理通过人机对话输入的一系列数据，计算路线设计线，计算各桩号填挖数据，根据里程计算各平曲线特征桩的桩号及标高。

(2)画图。计算机处理数据的同时，根据计算数据，按照设置的比例，便根据坐标定出路线设计线，并绘制设计线、地面线、绘制资料表表格。

(3)地质资料。桥涵资料输入并绘制，最后由打印机打印出纵断面图。

4.关于手工画路线纵断面图应注意的几点

(1)路线纵断面图一般画在透明的方格纸上，画图时宜使用方格纸反面，这是为了在擦改时能够保留住方格线。

(2)纵断面图绘制顺序：确定比例，均匀布图，先画数据资料表，填注里程、地面标高、设计标高、平曲线，然后绘制纵断面图，并画出桥、隧、涵等人工构造物。

(3)纵断面图的标题栏绘在最后一张图或每张的下方，注明路线名称、纵横比例等。每张图纸右上角应有角标，注明图纸序号及总张数，如图16-5所示。

三、路线横断面图

1.路线横断面图形成

路线横断面图是在路线的各个中心桩处用垂直于路线中心线的剖切平面剖切道路路基，

画出剖切面与地面交线及设计的道路横断面,称之为路线横断面图,又称路基断面。如图16-7所示,断面图中的路基和路面结构可以用图例来表示它们的结构。

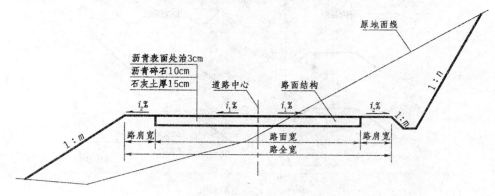

图16-7　道路断面构造图

2.路线断面图的内容

1)路线断面的形式

(1)填方路基,即路堤,如图16-8a)所示。

(2)挖方路基,即路堑,如图16-8b)所示。

(3)半填半挖路基,这种路基是前两种路基的综合,如图16-8c)所示。

2)路线横断面的内容

(1)比例。路线断面图的纵横向采用同样比例,一般用1:200,也可用1:100或1:50。

(2)里程桩号。每个横断面都应注上桩号。排列顺序沿着桩号从下到上、从左到右画出,如图16-9所示。

(3)路基断面工程量。注明边坡坡度,填(h_T)、挖(h_W)高度,填方(A_T)、挖方(A_W)工程数量。

3.画路线横断面应注意的几点

(1)手工绘制横断面图一般使用方格纸或透明方格纸,既便于计算断面的填挖面积,又方便施工放样。

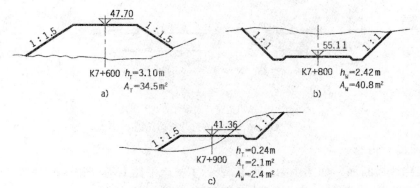

图16-8　路线横断面的基本形式
a)填方路基;b)挖方路基;c)半填半挖路基

(2)横断面图的地面线一律画细实线,设计线一律画粗实线。

(3)每张断面图的右上角写明图纸序号及总张数,在最后一张的右下角绘制图标,如图16-9所示。

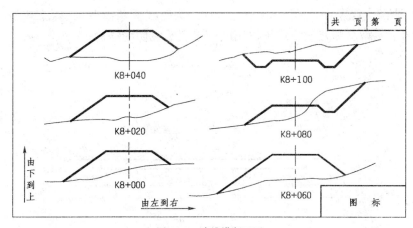

图 16-9　路线横断面图

第二节　城市道路路线工程图

城市道路包括机动车道、非机动车道、人行道、分隔带、绿化带、交叉口和交通广场以及高架桥道路、地下道路等。路线平面图、纵断面图和横断面图同样是城市道路线型设计的基本图示方式。由于城市道路所处的地形一般都比较平坦，且其道路的设计是在城市规划与交通规划的基础上进行，交通性质和组成部分比公路复杂得多，因此体现城市道路的横断面就比公路复杂得多。

一、路线横断面图

1. 城市道路横断面的基本形式

城市道路横断面图由车行道、人行道、绿化带和分离带等部分组成。如图 16-10 所示，为城市道路横断面设计的基本形式。

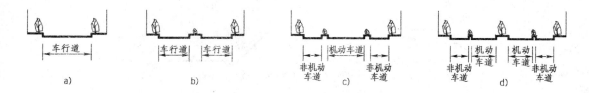

图 16-10　城市道路断面布置的基本形式
a)一块板；b)二块板；c)三块板；d)四块板

2. 横断面图的内容

（1）标准路线横断面。如图 16-11 所示，表示了某南平路 K5＋700～K7＋280 路线横断面的基本形式，称为从 K5＋700～K7＋280 的标准断面设计图。图中表示出该段路采用四块板的断面形式，并表示了各组成部分的宽度以及结构设计。

（2）施工路线横断面图。为计算土石方工程量和施工放样的断面图，与公路路线横断面相同，需绘出各个中心桩的现状横断面并加绘设计横断面，标出中心桩的里程和设计标高。

（3）城市道路的路线横断面图。根据道路的等级、城市规划街道的宽窄，而有不同的横断

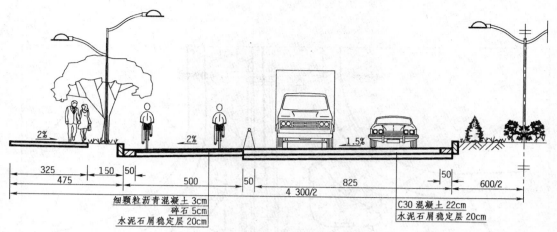

图 16-11　南平路标准断面设计图(尺寸单位:cm)

面布置,一般应包括车行道,绿化带,人行道等部分,地面上设有电力及照明杆线等,地下要埋设各种管线如地下电缆、污水管、煤气管等公用设施。

二、路线平面图

城市道路平面图与公路平面图相似,同样用来表示道路的方向和线形。由于城区地形图的比例较公路的大,一般为 1:500,且市区道路也较公路宽。因此,道路宽度应按实际比例画出。如图 16-12 所示,是某城市道路南平路其中一段的平面图,它表示市区道路的设计情况。

1.道路部分

(1)道路中心线用细单点长画线表示,道路中心线上应标有里程,如图 16-12 所示的平面图表示从 K6+250~K6+730 一段的道路平面图。

(2)道路平面图内"+"符号表示坐标网,JD5 坐标 $X=2\,892\,727.505$,$Y=431\,963.005$,前方交点 JD6 坐标 $X=2\,892\,903.000$,$Y=431\,223.000$(在另一张图上,本章未图示),读图时可几张图拼接起来阅读。从指北针方向可知,路线走向是北偏东。

(3)从图中可看出,道路由"四块板"构成,中间分隔带宽6m,两侧机动车道宽8.25m,非机动车道宽 5m,机动车与非机动车道之间的分隔带宽 0.5m。

(4)图中与南平路平面交叉的东山路,约为西偏南走向。

2.地形和地物情况

(1)本段属郊区扩建的城市道路,原有道路为宽约5m的水泥路。新建道路占用沿路一些民房、学校和厂房用地。地物和地貌情况,可使用表 16-1 所示的平面图图例查知。

(2)市区道路所在地势一般比较平坦,除等高线外,还用大量的地形测点表示标高高程。

三、路线纵断面图

1.视图部分

城市道路纵断面图的图示方法与公路路线纵断面图完全相同,其垂直方向比例也比水平方向大 10 倍。不同的是使用的比例比较大。通常水平方向 1:500,垂直方向采用 1:50。

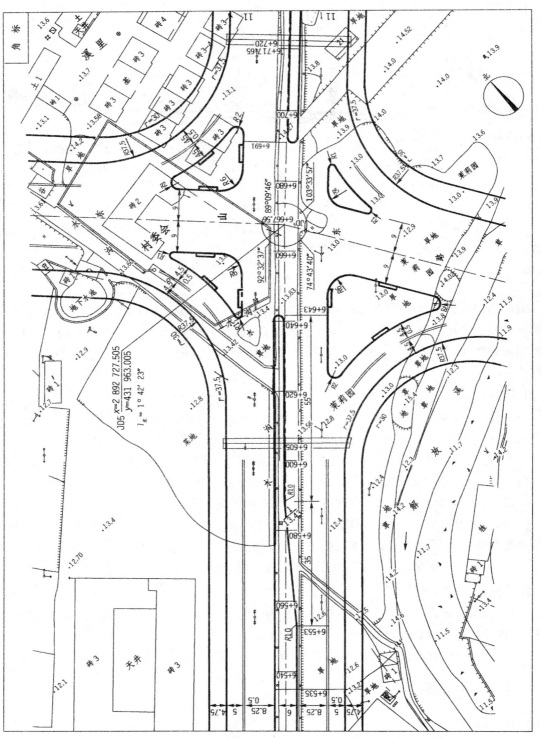

图16-12 南平路平面图

2.数据资料表部分

城市道路纵断图资料表基本上与公路路线纵断面图相同,要求与道路中心、地面线图样上下对应,并且要标注有关设计内容。

城市道路除作道路中心线的纵断面图之外,当纵向排水有困难时,还需作出街沟纵断面图。对于排水系统的设计,可在纵断面图中表示,也可单独设计并图示。

第三节 道路交叉口

道路与道路(或铁道)相交的地方称为交叉口,它是道路系统中重要的组成部分,是道路交通的咽喉。根据各相交道路在交叉点的高度情况,交叉可分为平面交叉和立体交叉两大类。

一、平面交叉口

按交叉形式分为:十字形交叉,X字形交叉,T字形交叉,Y字形交叉,错位交叉和复合交叉,如图16-13所示。

十字交叉是常见的交叉口形式,构造简单,交通组织方便[图16-13a)]。

复合交叉是用中心岛(转盘)组织车辆按逆时针方向绕中心岛单向行驶的一种形式,用于车辆的分流和交通组织,以提高交通安全和连续性[图16-13f)]。

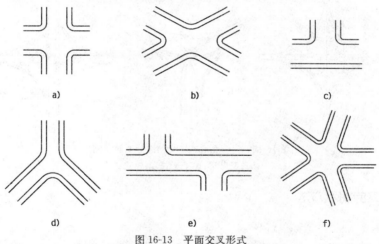

图16-13 平面交叉形式

a)十字形;b)X字形;c)T字形;d)Y字形;e)错位形;f)复合形

二、立体交叉口

立体交叉是指交叉道路在不同高程相交时的道口,在交叉处设置跨路桥,一条路在桥上通过,另一条路在桥下通过。各相交道路上的车流互不干扰,能保证车辆安全、迅速地通过交叉口。

我国《公路工程技术标准》(JTG B01—2003)规定,高速公路、一级公路与其他各级公路相交时应采用立体交叉。随着交通运输事业的发展,公路和城市道路等级的提高,为解决行车安全和提高通行能力,在重要道路的交叉口采用了立体交叉。立体交叉已在我国的公路和城市道路中被广泛采用。本节对立体交叉的形式、图示内容和图示特点作一简要介绍。

如图16-17所示的J-J线机耕道除外,为喇叭形立体交叉,是由跨线桥、坡道、匝道所组成。

(1)跨线桥。跨越相交道路的构筑物。

（2）引道。干道与跨线桥相接的桥头路，其范围是由干道的加宽或变速路段的起点与桥头相连接的路段。

（3）坡道。一般指立体交叉桥下低于现场地面标高的路段，其范围是由干道变宽变速长度起点与立交桥下路面相顺接路段。

（4）匝道。用以连接上、下两条相交道路的左、右转弯车辆行驶的道路。

三、立体交叉类型

立体交叉按有无匝道连接上下道路，可分为分离式和互通式两种。

1. 分离式立体交叉

相交道路在空间上完全分隔，彼此间无匝道连接，车辆不能互相往来。它适用于道路与铁路的交叉、高等级道路不允许相交道路车辆进入的交叉（图16-14），又如图16-17所示的 J-J 线。

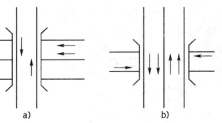

图16-14　分离式立体交叉

2. 互通式立体交叉

相交道路有匝道连接，车辆可互相流通。它又可分为完全互通式立交（图16-15），部分互通式立交（图16-16）。

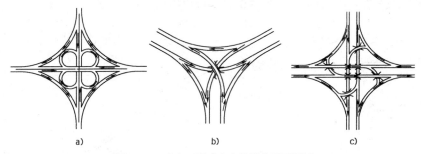

图16-15　完全互通式立交的部分平面图例
a)苜蓿叶形；b)Y形；c)涡轮式

四、立体交叉的图示方法

1. 平面图

如图16-17所示为丰山互通式立交平面布置图，高速公路主线从东田到上魁，连接丰山的立体交叉，形式为喇叭形互通式立交。互通式立交的平面图从内容上分为地形和路线两部分。

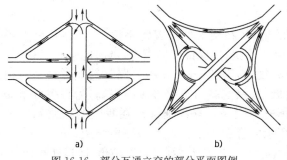

图16-16　部分互通立交的部分平面图例
a)菱形；b)半苜蓿叶形

平面图的比例一般采用1:1 000～1:3 000，本例采用1:1 000。

（1）立体交叉的范围。立体交叉形式选用应根据地形条件，车流、车速等情况来综合考虑，它的范围一般从主线的正常路基断面开始变宽点起作为减速车道，到加速车道道路断面恢复到正常断面止；支线也是从支线的正常断面开始变化作为加速车道起。在这个范围以内的所有主线、支线、匝道及其相应的人工构

248

通道、涵洞表

序号	桩号	形式	孔数及孔径
1	YK13+877.073 ZK13+885	钢筋混凝土盖板机耕通道（兼排水）	1-7.0×5.0
2	YK14+160 ZK14+170.024	钢筋混凝土盖板人行通道（兼排水）	1-3.5×3.5
3	AK0+125	钢筋混凝土盖板人行通道（兼排水）	1-3.5×3.5
4	AK0+781.969	钢筋混凝土盖板机耕通道（兼排水）	1-5.0×4.5
5	CK0+210	钢筋混凝土盖板人行通道（兼排水）	1-3.5×3.5
6	CK0+300	钢筋混凝土盖板机耕通道（兼排水）	1-5.0×4.5
7	EK0+230	钢筋混凝土盖板人行通道（兼排水）	1-5.0×4.5
8	GK0+238.09	钢筋混凝土圆管涵	1 φ1.5

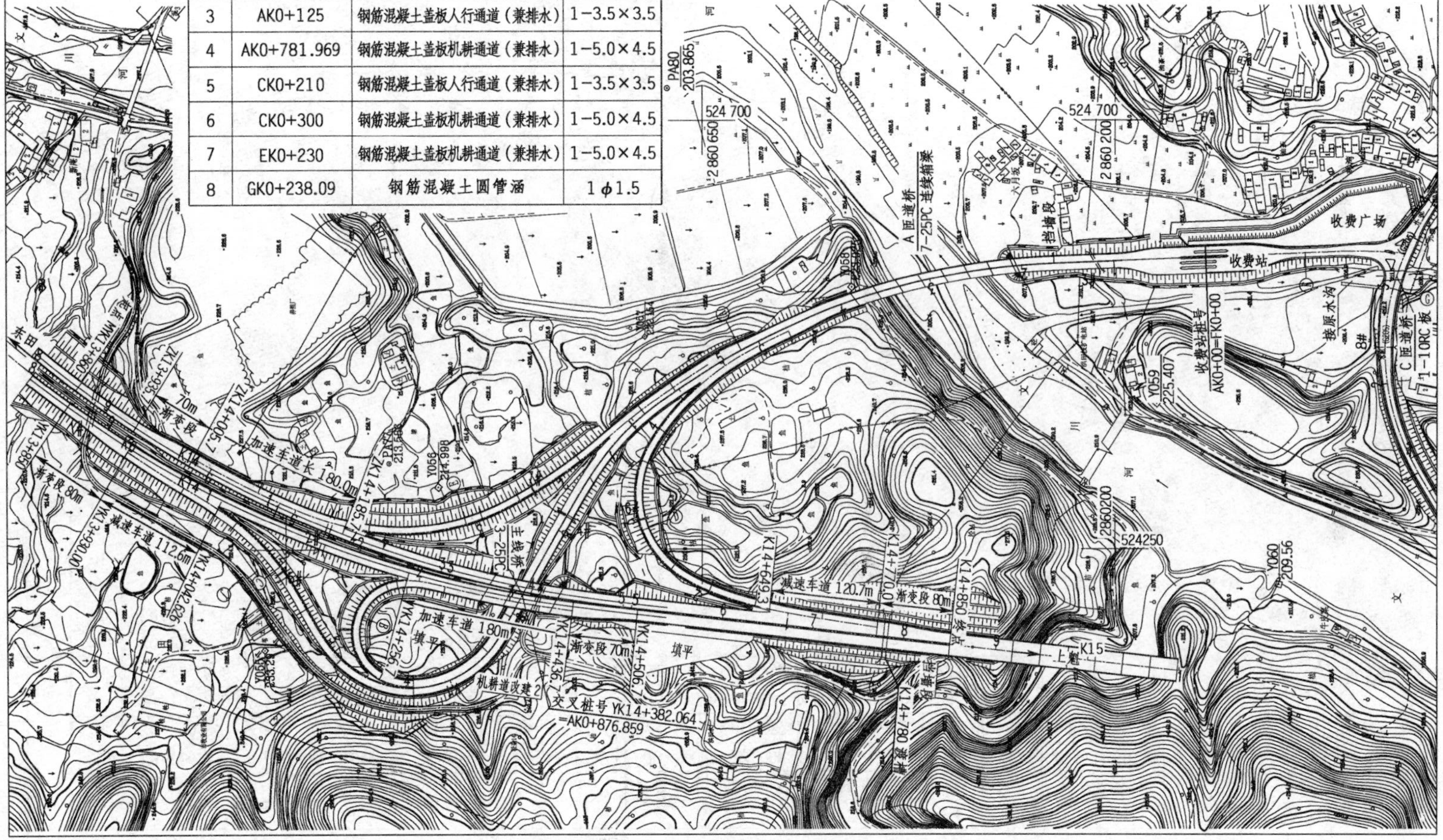

图16-17 丰山互通立交平面布置图

249

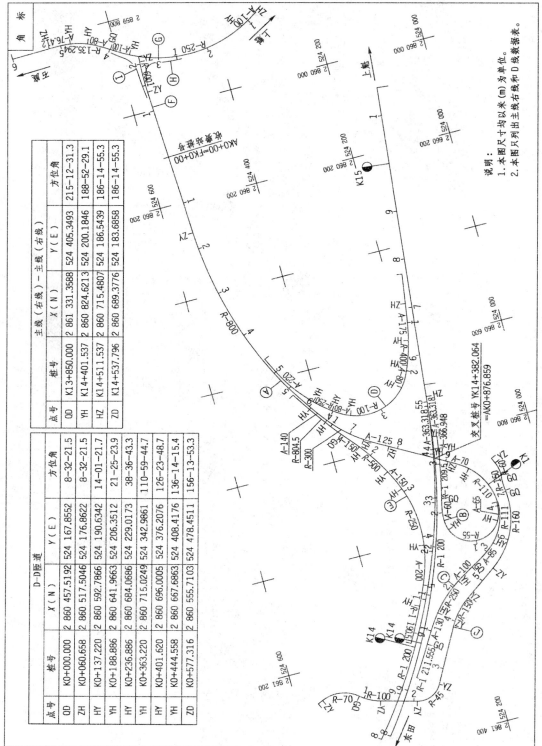

图16-18 丰山互通立交平面线位数据图

主线（右线）-主线（右线）

点号	桩号	X（N）	Y（E）	方位角
QD	K13+850.000	2 861 331.3588	524 405.3493	215-12-31.3
YH	K14+401.537	2 860 824.6213	524 200.1846	188-52-29.1
HZ	K14+511.537	2 860 715.4807	524 186.5439	186-14-55.3
ZD	K14+537.796	2 860 689.3776	524 183.6858	186-14-55.3

D-D匝道

点号	桩号	X（N）	Y（E）	方位角
QD	K0+000.000	2 860 457.5192	524 167.8552	8-32-21.5
ZH	K0+060.658	2 860 517.5046	524 176.8622	8-32-21.5
HY	K0+137.220	2 860 592.7866	524 190.6342	14-01-21.7
YH	K0+188.886	2 860 641.9663	524 206.3512	21-25-23.9
HY	K0+236.886	2 860 684.0686	524 229.0173	38-36-43.3
YH	K0+363.220	2 860 715.0249	524 342.9861	110-59-44.7
HY	K0+401.620	2 860 696.0005	524 376.2076	126-23-48.7
YH	K0+444.558	2 860 667.6863	524 408.4176	136-14-15.4
ZD	K0+577.316	2 860 555.7103	524 478.4511	156-13-53.3

交叉桩号 YK14+382.064
=AK0+876.859

AK0+00=FK0+00

说明：
1. 本图尺寸均以米（m）为单位。
2. 本图只列出主线右线和D线数据表。

250

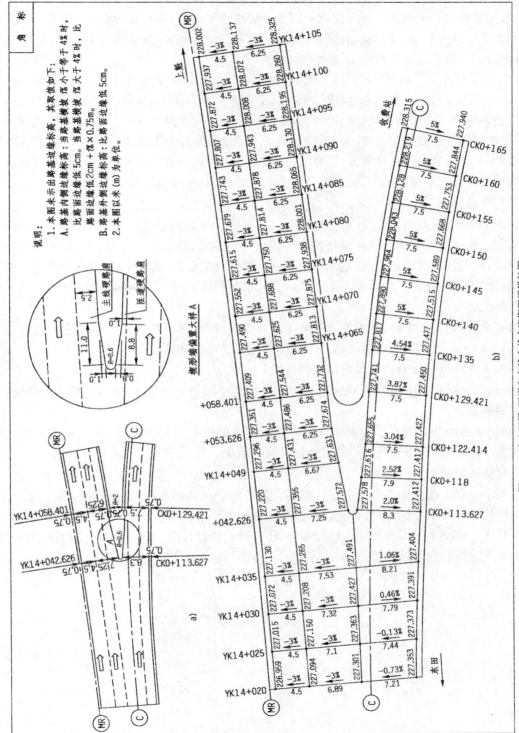

图16-19 丰山互通C匝道和主线右线合流楔形端设计图
a)合流楔形端图;b)标高高程数据图

251

造物,都属立体交叉范围。加速车道的长度、宽度,应根据《公路路线设计规范》(JTG D20—2006)确定。本例将机耕道改线 J-J 及连接 G205 公路的 F~G 线也列入互通设计。

(2)互通式立交的平面图。其内容类同于一般路线平面图,表明互通立交同地形地物周围环境的关系及填挖界限。图上标有测量控制点,如 ▪ Y058/223.025 的测量控制点,位于 A-A 支线桥头边上,控制点标高高程为 223.025m。

(3)路线方面。主线从 MYK13+860~MK14+850,主线长 990m;支线 A-A 从 AK0+000~AK1+040.744,A-A 线长 1 040.744m。匝道还有 B-B、C-C、D-D、E-E 四条。

根据表 16-1 所示的平面图例,可以阅读平面图上的具体内容,例如,A-A 下穿主线并有 7×25 钢筋混凝土连续箱梁大桥一座及编号为 3、4 的两道涵洞。A-A 支线起点在收费站同 F-F 相接,下穿主线之前路基是填方,下穿之后为挖方,然后和 B-B、C-C 匝道平交相接。互通内 A-A 匝道是中间设隔离带的双向行驶车道,而其他的主线、匝道线路都为单向车道。

2.线位数据图

如图 16-18 所示为丰山互通式立交的线位数据图。互通式立交在空间比较复杂,丰山互通为两层空间交叉。有的互通甚至是四层空间交叉。因此,有必要把主线、支线、匝道一条条分离出来,标明各线段的走向、起止点里程、平曲线特征桩、偏角、曲线长,以及与平面图上的坐标网相连接关系的各桩号坐标点。平面曲线各元素等数据如图 16-18 中的表所列。

3.路线纵断面图

组成互通的主线、支线、匝道等各线均应进行纵向设计,用纵断面图表示。它们各自独立分开,但又是一个统一协调的整体,纵断面图图示方法与前述相同。

4.互通连接部详图和路面标高高程数据图

图 16-19a)所示为丰山互通 C 匝道和主线右线的平面交叉口详图,表明匝线主线分流、合流楔形端的设计。

如图 16-19b)所示为 C 匝道和主线右线互通路面的标高高程数据图,表示 C 匝线和主线平面交叉,并表明各线路对应桩号的设计标高高程数据。

5.路线横断面图

本例未表示互通交叉各道路的标准断面。各道路的路线断面图应参照路线施工断面图,按里程桩号逐一图示并标明其路面横坡、路基边坡等各要素。

互通式立体交叉工程视图除上述图纸外,还有跨线桥设计图、涵洞设计图、路面结构图、管线及附属设施等系列设计图等。

第十七章　桥隧涵工程图

第一节　概　述

在公路、铁路、城市和农村道路以及水利建设中，为了跨越各种障碍（如河流、沟谷或其他线路等），必须修建各种类型的桥梁（渡槽）与涵洞。因此，桥涵是交通土建和水利工程中的一个重要组成部分。

桥梁按结构可分为梁式桥、拱式桥、悬吊式桥三种基本体系以及它们之间的各种组合。如图 17-1 所示为三孔桥梁，中间一跨为梁和拱的结合体系，两侧边孔为梁式体系。桥梁按其使用的材料又可分为钢桥、钢筋混凝土桥、石桥和木桥。

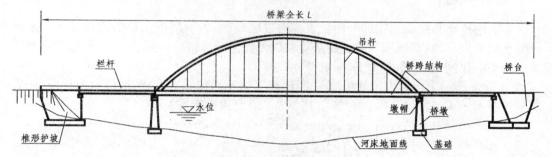

图 17-1　桥梁立面示意图

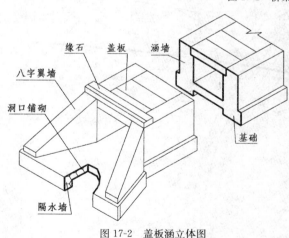

图 17-2　盖板涵立体图

涵洞同桥梁的主要区别在于跨径的大小，根据《公路工程技术标准》（JTG B01—2003）规定，凡单孔跨径小于 5m，多孔跨径总长小于 8m，以及圆管涵、箱涵，不论管径或跨径大小，孔径多少，均称为涵洞，图 17-2 所示为一盖板涵。

隧道工程可使山岭地区的道路缩短里程，降低纵坡，减小土石方工程数量，在高速公路、城市道路和水利引水工程中被广泛采用。

就桥、隧、涵而言，无论它们的形式和建筑材料如何不同，但在画图方面，都采用前面所讲述的理论和方法，我们运用这些理论和方法，结合专业图的图示特点，来阅读和绘制桥、隧、涵工程图。

第二节　桥梁工程图

桥梁由几个主要部分组成。

1. 上部结构

上部结构也称桥孔结构、桥跨结构,是线路遇到的障碍(如河流、山谷或其他线路等)而中断时,跨越这类障碍的结构物,如图 17-1 中所表示的梁、梁拱组合体系所组成的桥跨结构。它的作用是供车辆和人群通行。

2. 下部结构

下部结构包括桥墩、桥台以及墩台基础,是支承桥跨结构物的建筑物。通过它们把桥上全部荷载传至地基上去。桥台设在桥的两端,桥墩则在两桥台之间(图 17-1)。桥墩支承桥跨结构;而桥台除了支承桥跨结构的作用外,还要与路堤衔接,并防止路堤滑塌。为保护路堤填土,桥台两侧通常设置锥形护坡。

3. 附属结构

附属结构包括栏杆、灯柱以及防护工程和导流工程。

要表达一座桥梁并使得它能够施工,所需要的图纸很多,若将图纸分类,则可分为桥位平面图、桥位地质断面图、总体布置图、构件图和大样图等几种。下面通过钢筋混凝土梁桥加以叙述。

一、桥位平面图

主要表明桥梁和路线连接的平面位置。通过地形图,表示出桥位置的道路、河流、水准点以及附近的地形和地物(房屋及其他建筑等),以便作为设计桥梁,施工定位的根据。这种图一般采用较小的比例,如 1:500,1:1 000,1:2 000 等。

如图 17-3 所示为新前中桥的桥位平面图,除了表示路线平面形状、地形和地物外,还表明了测量控制点 ▣ GI108/5.010 的位置。其中 5.010 是水准标高高程。

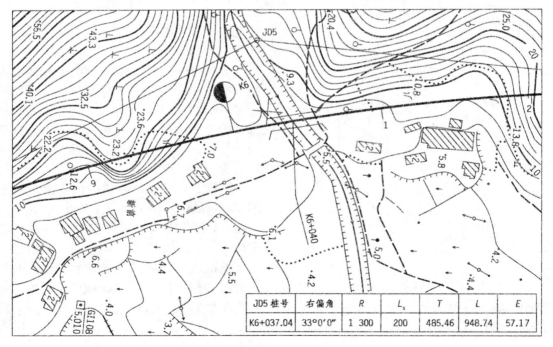

JD5 桩号	右偏角	R	L_s	T	L	E
K6+037.04	33°0′0″	1 300	200	485.46	948.74	57.17

图 17-3　新前中桥桥位平面图

桥位平面图中的植被、水准符号、测点标高及地物等字体均应朝正北方向标注,而图中路线桥位文字方向则可按路线要求以及总图标定方向来决定。

二、桥位地质断面图

根据水文调查和由钻探所得的水文地质资料,绘制桥位所在河床位置的地质断面。包括河床地面线、测量时水位线,以便作为水文计算确定桥梁的设计水位及作为设计桥梁、桥台、桥墩和计算土石方工程量的根据。地质断面图一般为了节省图幅,水平方向与垂直方向可采用不同比例。如图 17-4 所示,垂直方向的地形高度比例采用 1∶300,水平方向比例采用 1∶500。

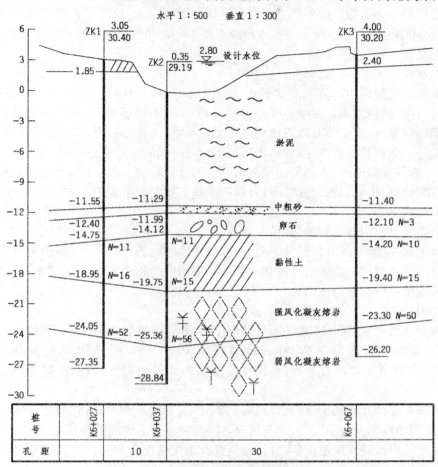

图 17-4　新前中桥桥位地质断面图

从图 17-4 可知,分别在 K6+027、K6+037 和 K6+067 的钻孔编号为 ZK1、ZK2 和 ZK3。钻孔 ZK1 的 3.05/30.40 中,分子表示孔口标高高程为 3.05m,分母表示钻孔总深度 30.40m。钻孔穿过黏土层、淤泥层、中砂层等,于标高高程为 -24.05m 达到弱风化凝灰熔岩地质层。钻孔旁边还标有 $N=11$、$N=16$ 等,表示用标准贯入锤击数 N 来反映土层的松密、软硬程度。

对于较大型工程,还应单独列出地质钻孔位置平面图,作为基础设计的根据。

桥位地质断面图可以单独列出,作为设计的图纸之一。实际设计中,通常把地质断面图按垂直方向和水平方向同样比例直接画入总体布置图中。

三、桥梁总体布置图

桥梁总体布置图又称为桥型总体布置图。它主要表明桥梁的形式、跨径、孔数、总体尺寸、各主要构件的相互位置关系、桥梁各部分的设计标高、工程数量以及总技术说明(对于较大型的桥梁,工程数量和总技术说明可分别单独用图纸列出),作为施工时确定墩台位置、安装构件和控制标高高程以及施工组织的依据。

如图 17-5 所示为桥中心里程 K6＋040,桥梁全长 43m 的三孔空心板梁桥的桥梁总体布置图,本桥为并列双幅式桥梁。为便于标记和识读,我们把沿路线前进方向的右边桥称右幅桥,左边桥称左幅桥。图上比例 1：300。

1. 立面图

立面图以桥中心线为界由半正立面图和半剖面图所组成,反映了桥梁的特征和桥型。如图 17-5 所示,桥跨共有三孔,桥孔的标准跨径都是 13m。两侧桥台后耳墙背之间长度为 43m,称之为桥梁全长。

1)下部结构

桥梁下部结构两端为埋置式肋式桥台,河床中间有两个柱(桩)式桥墩。桥墩由台帽、立柱、系梁和钻孔桩共同组成。桥中心线左边桥墩画外形,右边桥墩画剖面,桥墩墩帽和系梁的材料采用钢筋混凝土,在 1：200 以下比例或图形较小时,可涂黑处理,本图未涂黑,因为涂黑后不易分清构件。立柱和桩按规定画法,即剖切平面通过轴的对称中心线时,可不画材料断面符号,只画外形而不画剖面线,本例剖切平面未剖切到立柱轴的对称中心。桥台由台帽、台身(肋台)、承台、钻孔桩所组成。右剖面图中,台帽后牛腿上搁置着踏板。

2)上部结构

上部为简支预应力空心板梁桥,桥跨总长 3×13m。

正立面图的左侧设有标尺(尺寸单位：m),以便绘图时进行参照,也便于对照各部分标高尺寸来进行读图和校核。本图钻孔桩和地质钻孔采用折断断面形式表示。河床地质断面需参照各钻孔的地质层标高进行读图。

3)定位编号

图中墩台上方②称为定位轴线编号,“2”表示第 2 座桥墩,细单点长画线表示所在第 2个墩的桥中心位置。细单点长画线左侧数字“K6＋046.50”表明里程桩号,右侧数字“7.078”表示设计线中心位置高程,本例是防撞栏内侧路面的标高高程,即图中“设计标高”标示位置。

正立面图左半部分梁底至桥面上,画有三条线,表示梁高和栏杆(防撞栏)高度,右半部分画剖面,下面两条线部分表示梁高,梁与桥面之间剖面线表示桥面铺装厚度。

总体布置图也反映河床地质断面、钻孔位置及水文情况。根据标高及尺寸可以知道墩台基础的埋置深度,以及梁板、墩台主要构件形状和桥中心的标高高程等。

2. 平面图

平面图一般采用半平面和半剖面图的画法来表示,而半剖面的部分又可以采用分层剖切(局部剖面图)来表示。对照桥中心 K6＋040 桩号的右面部分,是把上部结构揭去后,左幅显示桥墩上墩帽的布置,而右幅显示墩柱系梁及钻孔桩的布置,即每幅每座墩的墩柱是由两根直径 100cm,其基础是两根直径 120cm 的钢筋混凝土圆柱。画右端埋置式肋式桥台平面图时,通常把桥台的回填土也揭去;剖切部位两侧锥形护坡省略不画,目的是使桥台平面图更为清晰。右半图左幅画桥台台帽耳墙的布置,右幅则表示钻孔桩的布置。

3. 横剖面图

它是由Ⅰ-Ⅰ和Ⅱ-Ⅱ剖面图合并组成,对照Ⅰ-Ⅰ、Ⅱ-Ⅱ剖面图,可以看出是双幅的桥面,每幅桥面净宽 11m,每幅的两侧均设有 0.5m 宽的防撞栏。

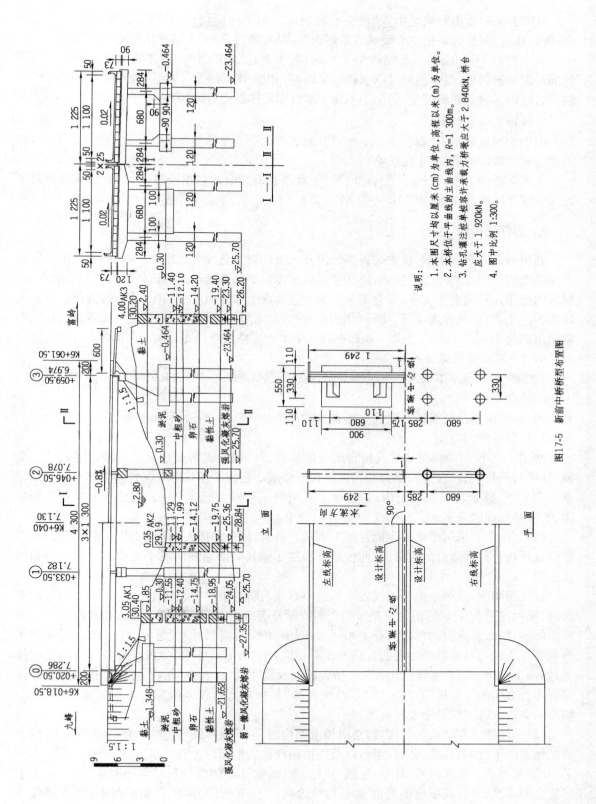

说明：

1. 本图尺寸均以厘米 (cm) 为单位，高程以米 (m) 为单位。

2. 本桥位于平曲线内的曲线内，$R = 1\ 300\text{m}$。

3. 钻孔灌注桩单桩容许承载力桥墩应大于 2 840kN，桥台应大于 1 920kN。

4. 图中比例 1:300。

图17-5 新前中桥桥型布置图

257

从图上又可看出每幅是由 12 块空心板组成。由于比例较小,且空心板基本为长方形断面,所以在画图时,只是把空心板画成矩形而不涂黑,因为涂黑,不易看出空心板的块数。

左半剖是 Ⅰ-Ⅰ 剖面,下部结构是 2 号墩;右半剖是 Ⅱ-Ⅱ 剖面,下部结构是富岭台。为了使剖面图清晰起见,每次剖切可以仅画所需内容,如图 17-5 所示。显然,按照投影理论,Ⅰ-Ⅰ 剖面后面的富岭台亦属可见,但由于不属于本剖面范围的内容,按习惯不予画出。

4. 数据表及资料表

图中应列有数据表"墩台中心坐标表",表示墩台中心与地形图坐标网相关的坐标数值,作为现场施工放样的依据(本图从略)。

在平面图的下方,列出一个与立面图、平面图上下对应的数据资料表,数据资料表类同于路线纵断面图的资料表(图 17-5 中从略)。

四、构件结构图

在桥型总体布置图中,桥梁的各部分构件无法详细完整地表达出来,因此只凭总体布置图不能进行构件制作和施工。为此,还必须根据总体布置图采用较大的比例把构件的形状大小、材料的选用完整地表达出来,作为施工依据。这种视图称为构件结构图,简称构件图。由于采用较大的比例,故又称为详图,如桥台图、桥墩图、主梁图(上部构件图)和栏杆图等。构件图的常用比例为 1:10～1:100,当某一局部在构件中不能完整清晰地表达时,可采用更大的比例如 1:2～1:10 等来画局部详图。

构件图中,仅表示形状大小,而未确定材料规格等级(混凝土、钢筋、石料)的图样称为构造图。

1. 桥台图

当前,我国公路桥梁桥台形式主要有实体式桥台、埋置式桥台、轻型桥台、组合式桥台等。

1)桥台一般构造图

如图 17-6 所示为埋置式肋式桥台的一般构造图。埋置式肋式桥台由台帽(包括背墙、牛腿、耳墙)、两片肋台(台身)、承台和四根钻孔桩构成。它的工作状态是除台帽露出一部分以支承桥面板外,其余均埋入填土内,是桥梁上常用的一种桥台形式之一。它由三个投影图即立面、平面和侧面图来表示。

(1)立面图。采用单幅桥台的台前来表示。桥台台前,是指人站桥中(或河流的一边)顺着路线观看桥台前面所得的投影图,而台后是指站在路基后沿路线向桥中观看桥台背后得到的投影图。

在立面图中,由细单点长画线表示的路中心线表明桥梁沿中心线左右各一座,是双幅两座桥台,图示比例为 1:100,但台身是采用折断线断开表示的示意图。由于路面超高和横坡及纵坡的影响,桥面各点位的标高高程不相同,如图中"桥台标高尺寸表"所示,内侧肋顶、外侧肋顶标高高程不同,因此,各桥台各肋台高度也不相同,由"细部尺寸表"中可查得各部位的相应尺寸,如图 17-6 所示的"细部尺寸表"和"桥台标高及尺寸表"。表中"九峰至富岭"指的是九峰往富岭车行方向的一幅桥(右幅),而"富岭至九峰"是指从富岭往九峰车行方向的这一幅桥(左幅),由此查取各部位尺寸及标高高程。

(2)平面图。同立面图一样,都是设想上部构造(主梁或拱圈)未安装,桥台也未填土,这就清楚地表示了台帽、耳墙、肋台、承台以及四根钻孔桩的平面位置和大小。

(3)侧面图。反映台帽、耳墙、牛腿、肋台、承台、钻孔桩侧面的形状大小和位置,显然由于各肋台的高度不同,其相应的肋底宽 b_i 和襟边宽 c_i 也不相同,同样可根据图中的"细部尺寸表"查得 b_i、c_i 数值。

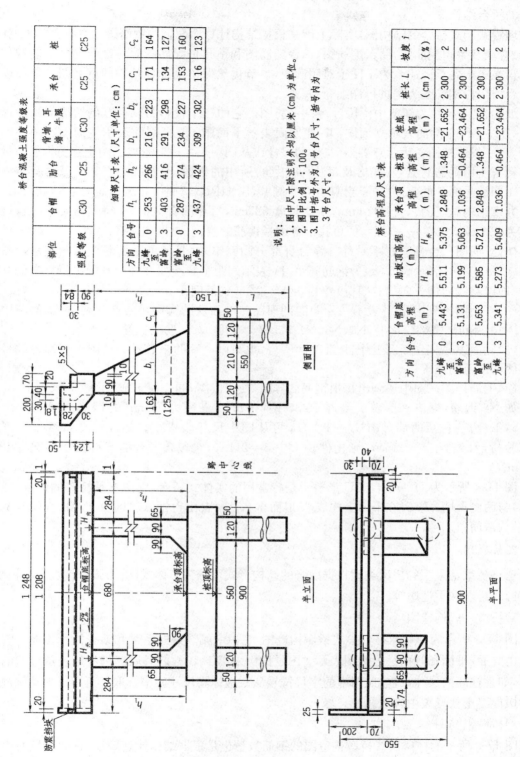

桥台混凝土强度等级表

部位	台帽	肋台	背墙、耳墙、牛腿	承台	桩
强度等级	C30	C25	C30	C25	C25

细部尺寸表（尺寸单位：cm）

方向	台号	h_1	h_2	b_1	b_2	c_1	c_2
九峰至富岭	0	253	266	216	223	171	164
	3	403	416	291	298	134	127
富岭至九峰	0	287	274	234	227	153	160
	3	437	424	309	302	116	123

说明：
1. 图中尺寸除注明外均以厘米（cm）为单位。
2. 图中比例 1：100。
3. 图中括号外为 0 号台尺寸，括号内为 3 号台尺寸。

桥台高程及尺寸表

方向	台号	台帽底高程（m）	肋板顶高程（m）	承台顶高程（m）	桩顶高程（m）	桩底高程（m）	桩长 L（cm）	坡度 i（%）
		$H_右$	$H_左$	$H_右$	$H_左$			
九峰至富岭	0	5.443	5.511	5.375	2.848	1.348	-21.652	2 300	2
	3	5.131	5.199	5.063	1.036	-0.464	-23.464	2 300	2
富岭至九峰	0	5.653	5.585	5.721	2.848	1.348	-21.652	2 300	2
	3	5.341	5.273	5.409	1.036	-0.464	-23.464	2 300	2

图17-6 新前中桥桥台一般构造图

259

桥台构造各部位所采用材料类别规格,详见"桥台混凝土强度等级表"。

2)桥台结构图

埋置式肋式桥台的结构图,实际上就是根据结构计算而配置的钢筋图。它有台帽配筋图、耳墙、背墙及牛腿配筋图,肋台配筋图,承台配筋图和钻孔桩配筋图等。钢筋混凝土结构的基本知识在第十九章讲述。为了便于对照读图,本节仍然保留了部分结构的钢筋图。下面以桥台肋台(台身)钢筋图为例进行详细介绍。

如图17-7所示为新前中桥桥台台身钢筋图。它的三个投影图以相互剖切的剖视图形式体现,图中,Ⅰ-Ⅰ剖面表示立面图,Ⅱ-Ⅱ剖面表示平面图,Ⅲ-Ⅲ剖面表示侧面图。图中比例1:60,但三投影视图各为示意图,其具体的尺寸应从图中尺寸表内查取。图中台身钢筋数量表列出台身所用钢筋的编号、规格及每片(每根肋)所用的根数、全桥的总根数及总质量等。例如,N1即编号为1的钢筋,位于台身直立的侧壁,属 HRB335 钢(Ⅱ级钢筋,ϕ表示规格,详见第十九章结构施工图),直径 20mm,平均长度 527cm,每片肋有 7 根,全桥共需要 56 根,钢筋质量为 729kg。这样一一对照,便可找出各编号钢筋的位置、数量和规格。

(1)立面图。台身左右不对称。除台身部分画完整外,其他可用折断线折断表示。图中 $h_i=11×a_i$,其 h_i 表示高度,a_i 为钢筋间距,11 表示间距个数。如九峰至富岭车行方向的 0 号桥台(即以路线前进方向的右幅桥)外侧 $h_1=253cm$,钢筋间距 $a_1=23cm$,共有 11 个间隔。

(2)平面图。只用Ⅱ-Ⅱ表示一片肋的剖面图。剖面从肋脚和承台面间切过,剖面图中的 N11、N13 是肋加宽部位钢筋,N1、N3、N4、N5 等为宽度 90cm 肋的钢筋。

(3)侧面图。从立面图上作Ⅲ-Ⅲ剖面所得,也只画一片肋来表示。从图中可知各编号钢筋在侧面图上的位置。

(4)钢筋详图。图中还画出每根钢筋的详图,便于读图,同样便于施工。

如 N6 钢筋,规格 $\phi10$ 表示是属 R235 钢(Ⅰ级),直径为 10mm 的钢筋。钢筋构件长 L_i-5,下料长(包括两端弯钩)L_i+18。L_i 可从图中尺寸表查得。如九峰至富岭车行方向的 0 号桥台,外侧 $L_1=216cm$,则构件长 $L_1-5=211cm$,它包含弯钩的下料长度是 $L_1+18=234cm$。

图 17-8 所示为 U 形桥台。U 形桥台是较常用的实体式桥台,它由支承桥跨的台身(或称前墙)与两侧翼墙(侧墙)在平面上构成 U 形而得名。桥台由台帽(或拱座)、台身、翼墙和基础组成,构造简单。

2. 桥墩图

道路桥梁常采用的桥墩类型根据墩身的结构形式可分为实体式(重力式)桥墩、空心桥墩、柱(桩)式桥墩和柔性墩等。

1)桥墩一般构造图

图 17-9 所示为单幅双柱(桩)式桥墩构造图,它由墩帽、墩柱、系梁和钻孔桩所构成。它的图形由立面、平面和侧面三投影图表示。图示比例采用1:100,但对局部仍只是表示形状的示意图,如各柱高的尺寸,应参照图中的字母符号从桥墩标高尺寸表中查取。所用材料类别规格从桥墩混凝土数量表中查取。

2)桥墩钢筋图

图 17-9 所示的柱(桩)式桥墩构造图的钢筋数量也是根据结构计算确定,它的图纸有墩帽(含防震挡块)钢筋图、系梁钢筋图、柱(桩)钢筋图。下面仅例举柱(桩)钢筋图,如图 17-10 所示,比例为1:60,它的图由用折断线表示的柱(桩)钢筋立面图和Ⅰ-Ⅰ、Ⅱ-Ⅱ、Ⅲ-Ⅲ断面图所

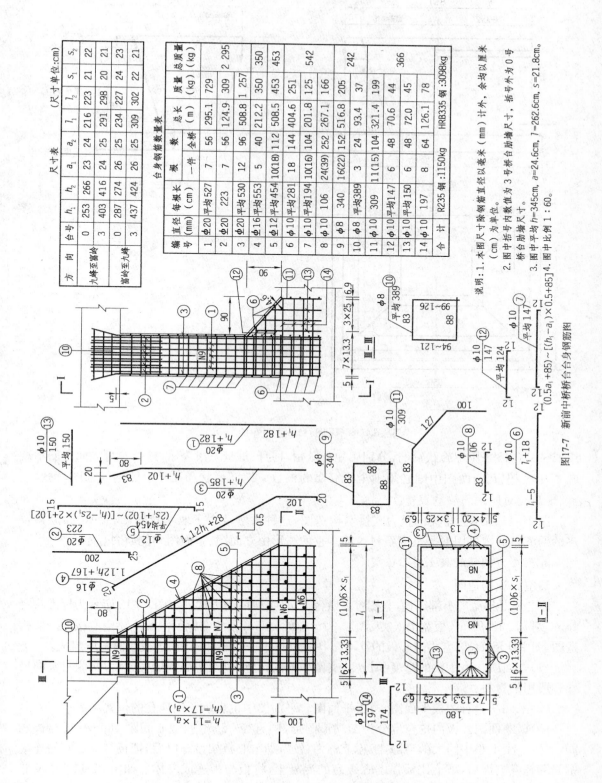

尺寸表

方 向	台号	h_1	h_2	a_1	a_2	l_1	l_2	s_1	s_2
九峰至富岭	0	253	266	23	24	216	223	21	22
	3	403	416	24	25	291	298	20	21
富岭至九峰	0	287	274	26	25	234	227	24	23
	3	437	424	26	25	309	302	22	21

台身钢筋数量表

编号	直径 (mm)	每根长 (cm)	根数 一件	根数 全桥	总长 (m)	质量 (kg)	总质量 (kg)
1	Φ20	平均527	7	56	295.1	729	
2	Φ20	223	7	56	124.9	309	2 295
3	Φ20	平均530	12	96	508.8	1 257	
4	Φ16	平均553	5	40	212.2	350	350
5	Φ12	平均454	10(18)	112	508.5	453	453
6	Φ10	281	18	144	404.6	251	
7	Φ10	平均194	10(16)	104	201.8	125	542
8	Φ10	106	24(39)	252	267.1	166	
9	Φ8	340	16(22)	152	516.8	205	242
10	Φ8	平均389	3	24	93.4	37	
11	Φ10	309	11(15)	104	321.4	199	
12	Φ10	平均147	6	48	70.6	44	366
13	Φ10	平均150	6	48	72.0	45	
14	Φ10	197	8	64	126.1	78	
合 计		R235 钢:1150kg		HRB335 钢:3098kg			

说明:1. 本图尺寸除钢筋直径以毫米（mm）计外，余均以厘米
（cm）为单位。
2. 图中括号内数值为 3 号台助墙尺寸，括号外为 0 号
桥台助墙尺寸。
3. 图中平均 h=345cm，a=24.6cm，l=262.6cm，s=21.8cm。
$(0.5a_1+85)\sim[(h_1-a_1)\times0.5+85]$ 4. 图中比例 1:60。

图17-7 新前中桥桥台台身钢筋图

261

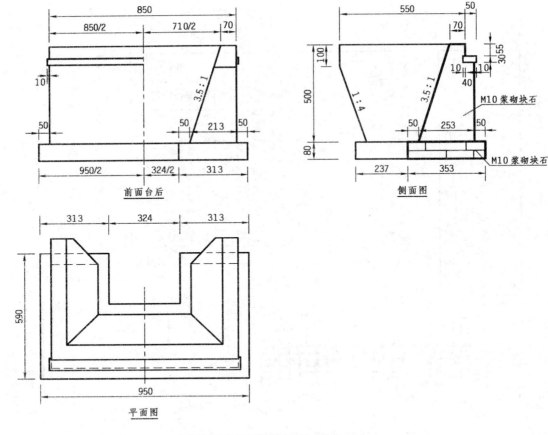

图 17-8　U 形桥台图(尺寸单位:cm)

组成。柱(桩)采用螺旋状箍筋,分别用柱与墩帽、柱身、桩身三段表示;柱(桩)身立面主筋示意画了几根,但其断面图中则必须画全所需要的根数。钢筋形状和尺寸参照钢筋详图,钢筋位置、根数应对照钢筋数量表查读。

图 17-11 所示为常见的重力式桥墩构造图,这种桥墩常用于地基较好,或流冰、漂流物较多的河流。桥墩可用混凝土或石料筑成。它的图形由立面图、平面图和侧面图表示。

3.预应力钢筋混凝土空心板梁

1)空心板构造图

空心板是桥梁的上部结构,它搁置在墩台上,是主要的受力构件。图 17-12 所示为标准跨径 13m(实际长 12.96m)、板宽 1m(实际宽 0.99m)、高 0.55m 预应力钢筋混凝土梁空心板的一般构造图,图中比例 1:30,它由空心板的立面图,中板、边板平面图和中板、边板断面图所组成。

(1)立面图。表示梁的高度和长度,支座中心的位置,以及空心板梁完成后,两侧封头的尺寸和所用的材料。

(2)平面图。有中板平面图、边板平面图。平面图中也表示了锚栓孔的位置和大小。

(3)横断面图。板内挖空部分为圆端形图形,圆直径 36cm,两圆心间距 18cm。板与板之间,产生一个上小中间大的空隙,工程上称为“铰”,即空心板架设好以后,把板与板之间的连接钢筋绑扎或电焊后,填上比板强度等级高的混凝土,将板与板连成一体。如图 17-12 中“铰缝钢筋施工大样”图所示。

262

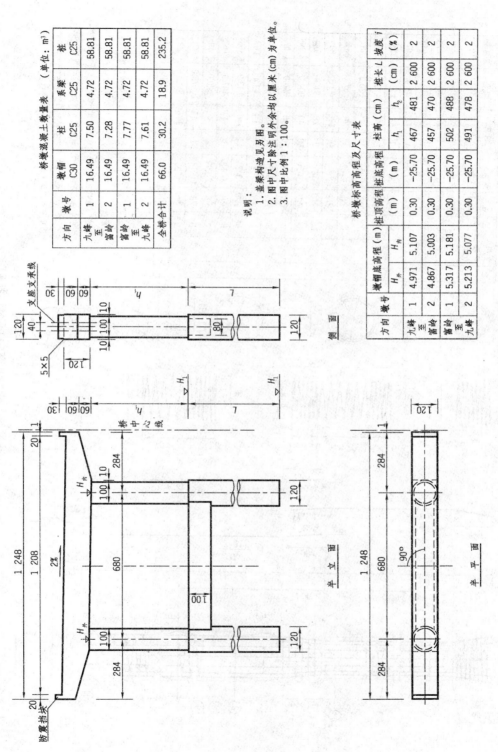

桥墩混凝土数量表 （单位：m³）

方向	墩号	墩帽 C30	柱 C25	系梁 C25	桩 C25
九峰至富岭	1	16.49	7.50	4.72	58.81
	2	16.49	7.28	4.72	58.81
富岭至九峰	1	16.49	7.77	4.72	58.81
	2	16.49	7.61	4.72	58.81
全桥合计		66.0	30.2	18.9	235.2

说明：
1. 盖梁构造见另图。
2. 图中尺寸除注明外余均以厘米（cm）为单位。
3. 图中比例 1：100。

桥墩标高高程及尺寸表

方向	墩号	墩帽底高程 (m) $H_外$	$H_内$	桩顶高程 (m)	桩底高程 (m)	柱高 (cm) h_1	h_2	桩长 L (cm)	坡度 i (%)
九峰至富岭	1	4.971	5.107	0.30	−25.70	467	481	2 600	2
	2	4.867	5.003	0.30	−25.70	457	470	2 600	2
富岭至九峰	1	5.317	5.181	0.30	−25.70	502	488	2 600	2
	2	5.213	5.077	0.30	−25.70	491	478	2 600	2

侧面

图17-9 浙前中桥桥墩一般构造图

263

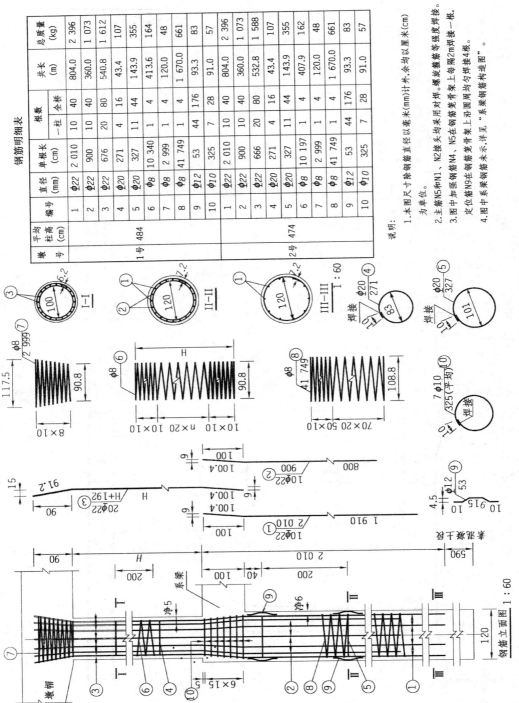

钢筋明细表

墩号	平均柱高 (cm)	编号	直径 (mm)	单根长 (cm)	根数 一柱	根数 全桥	共长 (m)	总质量 (kg)
1号墩	484	1	Φ22	2 010	10	40	804.0	2 396
		2	Φ22	900	10	40	360.0	1 073
		3	Φ22	676	20	80	540.8	1 612
		4	Φ20	271	4	16	43.4	107
		5	Φ20	327	11	44	143.9	355
		6	Φ8	10 340	1	4	413.6	164
		7	Φ8	2 999	1	4	120.0	48
		8	Φ8	41 749	1	4	1 670.0	661
		9	Φ12	53	44	176	93.3	83
		10	Φ10	325	7	28	91.0	57
2号墩	474	1	Φ22	2 010	10	40	804.0	2 396
		2	Φ22	900	10	40	360.0	1 073
		3	Φ22	666	20	80	532.8	1 588
		4	Φ20	271	4	16	43.4	107
		5	Φ20	327	11	44	143.9	355
		6	Φ8	10 197	1	4	407.9	162
		7	Φ8	2 999	1	4	120.0	48
		8	Φ8	41 749	1	4	1 670.0	661
		9	Φ12	53	44	176	93.3	83
		10	Φ10	325	7	28	91.0	57

说明:
1. 本图尺寸除钢筋直径以毫米(mm)计外,余均以厘米(cm)为单位。
2. 主筋N5和N1、N2接头均采用对焊。螺旋箍筋等强度焊接。
3. 图中加强钢筋N4、N5在钢筋笼骨架上每隔2m焊接一根,定位筋N9在钢筋笼骨架上沿圆周均匀焊接4根。
4. 图中系梁钢筋未示,详见"系梁钢筋构造图"。

图17-10 新前中桥桥墩柱桩钢筋图

264

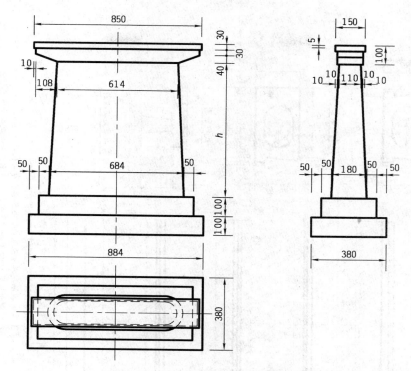

图 17-11　重力式桥墩构造图(尺寸单位:cm)

2)空心板钢筋图

空心板的钢筋图有中板钢筋图、边板钢筋图。下面以中板钢筋图为例叙述,如图 17-13 所示,其比例为 1:25。

(1)立面图。立面图以折断线表示半跨的钢筋图。如钢筋 N16 是箍筋,第一个距离梁端 3cm,第二个距离第一个 5cm,然后是 9 个间距为 10cm 的排列,到梁中 N16 间距则为 20cm,立面图上还表示 N13、N14 编号钢筋的位置。N10 为吊钩钢筋。

(2)平面图。也是以折断线表示一根梁的钢筋图。右半部分表示空心板板面的钢筋布置情况,是箍筋 N16 和分布钢筋 N11 的平面位置布置图;左半部分是底层分布钢筋 N11 和主钢筋预应力钢索的平面位置布置图。本例为先张法预应力钢筋混凝土板梁,即先把预应力钢筋(钢束)张拉到设计应力并临时锚固在张拉台座上,然后立模浇捣混凝土,待混凝土达到规定强度(一般不低于设计强度的 80%),预应力钢筋已与混凝土黏结牢固后,再将预应力钢筋放松。于是,混凝土就因钢筋的弹性回缩通过握裹力的传递而得到预压,称为预应力钢筋混凝土。它是桥梁中常见的结构形式之一。

图中 $\phi^s 12.70(7\phi 5)$ 表示预应力钢束直径 12.70mm,它由 7 根直径 5mm 的高强钢绞线组成。图中预应力钢筋有效长度指的是钢筋在跨中部向板两端对称延伸存有预应力的钢筋长度。N1～N6 钢筋长度都是 1 296cm,但左半图中,N1～N6 钢筋有的画虚线,有的画实线,画实线是表示钢筋内存有预应力,画虚线表示不存有预应力,或称失效预应力,见图 7-13"说明"中的第 6 条说明。

(3)横断面图。表示图中 N1～N6 以及其他钢筋在图中的位置,横断面图下面的小格内数字为钢筋的编号。

(4)详图。表示每根编号钢筋的弯曲形状及其尺寸。

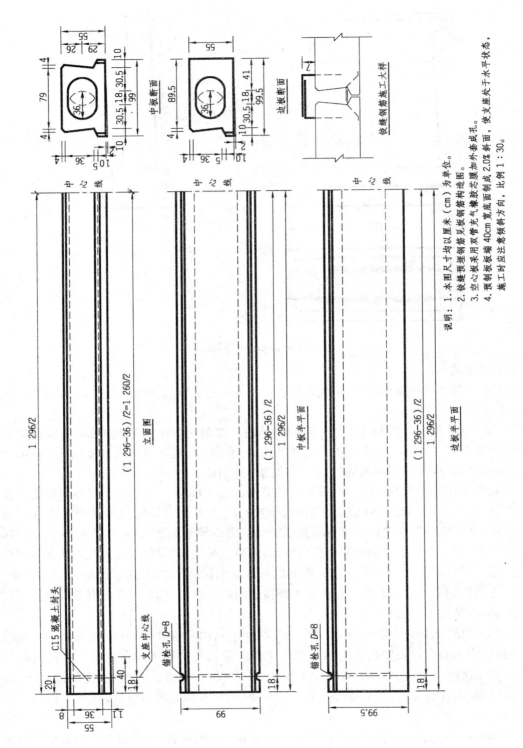

图17-12　跨径13m空心板一般构造图

说明：
1. 本图尺寸均以厘米（cm）为单位。
2. 铰缝预埋钢筋见板钢筋构造图。
3. 空心板未用双管无气橡胶芯模加外套成孔。
4. 预制板板端40cm宽底面制成2.0%斜面，使支座底面处于水平状态，施工时应注意倾斜方向，比例1：30。

266

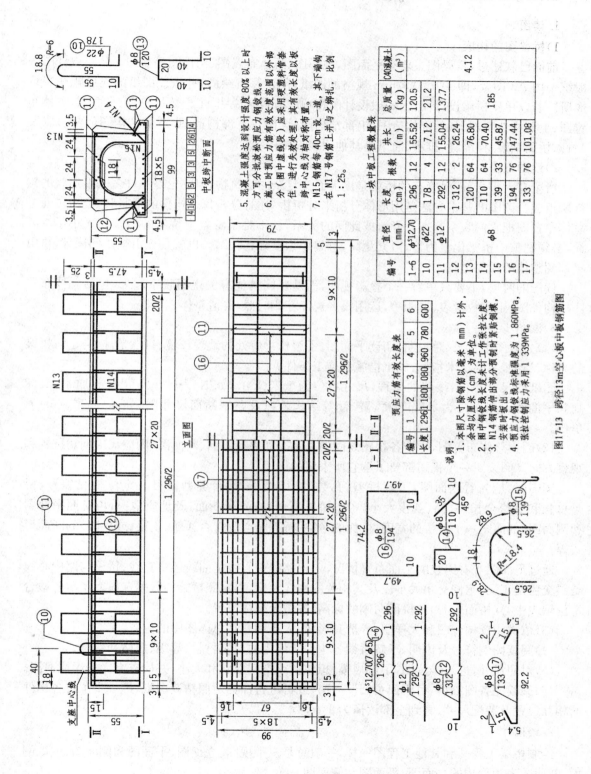

立面图

中板跨中断面 1:25。

I—I   II—II

一块中板工程数量表

编号	直径(mm)	长度(cm)	根数	共长(m)	总质量(kg)	C40混凝土(m³)
1-6	φS12.70	296	12	155.52	120.5	4.12
10	φ22	178	4	7.12	21.2	
11	Φ12	292	12	155.04	137.7	
12		312	2	26.24		
13	φ8	120	64	76.80		
14		110	64	70.40	185	
15		139	33	45.87		
16		194	76	147.44		
17		133	76	101.08		

预应力筋有效长度表

编号	1	2	3	4	5	6
长度(cm)	1296	1180	1080	960	780	600

说明:
1. 本图尺寸除钢筋以毫米(mm)计外,余均以厘米(cm)为单位。
2. 图中预应力钢铰线长度未计工作张拉长度,图中N14钢筋放长伸出部分供张拉侧锚,安装时割板则出。
3. 安装时割板则出。
4. 预应力钢铰线标准强度为1860MPa,张拉控制应力采用1339MPa。

5. 混凝土强度达到设计强度80%以上时方可分批放松预应力钢铰线。
6. 施工时预应力筋有效长度范围以外部分(图中虚线段)应采用塑料套管套住,进行失效处理,其有效长度以板跨中心线为轴对称布置。
7. 在N17号钢筋上并与之绑扎,比例1:25。N15钢筋每40cm设一道,其下端钩住。

图17-13 跨径13m空心板中板钢筋图

267

五、桥梁图读图和绘图步骤

1.读图

1)桥梁图的构成

前面已叙述过,桥梁图主要有平面图、地质图、总体布置图、构件图等视图。公路设计图一般统一用 A3 图幅,即 420×297mm 规格的图纸,用计算机绘图,并按照图纸的先后顺序装订成册。若以单座桥梁设计而言,一般设计图按顺序有目录说明、工程数量总表、平面图、总体布置图、上部构造断面图、上部构造图、上部结构图(详图)、下部构造图、下部结构图(详图)以及栏杆、桥面铺装、伸缩缝、排水、通讯等其他附属设施图纸。

2)读图方法

桥梁有大小之分,尽管有的桥梁是庞大而又复杂的建筑物,但它也是由许多基本形状的构件所组成。读图的基本方法是用形体分析来分析桥梁图,分析每一构件的形状和大小,再通过总体布置图把它们联系起来。弄清彼此间的关系,就不难了解整个桥梁的形状和大小了。因此,必须把整个桥梁化整为零,由繁化简,再集零为整,由简变繁,也就是先由整体到局部,再由局部到整体的反复过程。

读图的时候,不要只单看一个投影视图,而是要同其他有关视图联系起来,包括总体布置图或构件图、工程数量表、说明等,运用投影规律互相对照,弄清整体。

3)读图步骤

(1)先看图纸目录、总说明,阅读平面图,了解桥梁所处的地理环境、自然条件,再了解桥梁的名称、类型,主要技术指标,施工措施和施工条件。

图纸的尺寸单位:线路的里程,尺寸单位为千米(km),如 K6+040 表示 6km 加 40m;标高和平曲线元素单位为米(m);桥、隧、涵等结构物以及路基断面尺寸则一般以厘米(cm)为单位。

(2)阅读总体布置图,弄清各视图之间的关系。如果有剖面、断面图,则应找出剖切位置和观察方向。阅读每一个视图都要了解它所采用的比例。

读图时,应先看立面图,了解桥型、孔数、跨径大小、墩台类型数目及定位轴线编号,桥梁总长和桥跨全长、总高、规模大小,了解桥下断面(或河床断面)及地质情况,再对照平面图和侧面图(剖面图),了解桥的宽度、桥面的净空、桥下净空及有否通航、主梁(或拱圈)的断面形式等。

通过平面图观看路线的平面布置情况,了解路线中心线是曲线还是直线、桥梁与路中心线是斜交还是正交、它们交角大小以及其相关的曲线元素,再对照桥梁的数据资料表了解各墩台定位轴线中心(桥面中心)和桥面两侧的标高、各墩台坐标位置。

(3)依次阅读构件图和大样图,弄清其形状、大小和它在总体图中的位置。

(4)阅读图例符号及说明,了解桥梁各构件所使用的建筑材料、等级、规格和数量。

(5)对照尺寸,进一步读图,了解规模,想象桥梁空间形状和大小,并检查有无错误或遗漏。

(6)阅读完各图纸后,可再回头阅读一遍,或再进行穿插对照精读图纸,进一步了解各构件的相互位置及装配尺寸,直到全部读懂为止。

2.绘图

绘制桥梁工程图和其他工程图一样,一般总是三个视图:立面图、平面图和侧面图,或以剖面、断面图表示形式的立面图、平面图和侧面图。

公路工程的图幅一般规定采用 A3 图幅。桥梁各类视图常用比例如表 17-1 所示。

桥梁图常用比例参考表 表 17-1

项目	图 名	说 明	比 例	
			常 用 比 例	分类
1	桥位图	表示桥位及路线的位置及附近地形、地物情况,对于桥梁、房屋及农作物等只画示意符号	1:500～1:2 000	小比例
2	桥位地质断面图	表示桥位处的河床、地质断面及水文情况,高度比例较水平向比例放大数倍画出	垂直方向1:100～1:500,水平方向1:500～1:2 000	
3	桥梁总体布置图	表示桥梁全貌、长度、高度尺寸,通航及桥梁各构件的相互位置	1:100～1:500	普通比例
4	构件构造图	表示上部结构、墩台、人行道和栏杆等构件的构造	1:10～1:100	大比例
5	大样图(详图)	钢件接头、构件接头、栏杆细部等	1:2～1:10	大比例

桥梁绘图分手工和计算机绘图两种,绘图的操作方法不相同,但对于视图的要求都是一致的。下面以图 17-14 为例,说明画图的方法和步骤。

1. 手工使用绘图仪器绘制总体布置图

(1)布置和画出投影图的基线。本图比例为 1:300。根据所选比例及各视图的相对位置,把它们匀称地分布在图框内,布置时要留出图标、说明、视图名称和标注尺寸的位置。当投影图位置确定之后,便可以画出各视图的基线,一般选取各视图的中心线作为基线,如图 17-14a)所示,其余则以对称轴线作为基线。立面图和平面图对应的铅垂中心要对齐。

(2)画出各构件的主要轮廓线。以基线或中心线(定位线)为起点,根据标高或各构件尺寸,上下对正、左右平齐、宽度相等画出构件的主要轮廓线。

(3)画出各构件细部。根据主要轮廓线从大到小画全各构件的投影,注意各投影图的对应线条要对齐,并把剖面(Ⅰ-Ⅰ剖面按习惯画法,只画剖视方向的第一个桥墩,后面桥台部分规定不必画出)、栏杆(防撞栏)、坡度符号线位置、标高符号及尺寸等画出来,如图 17-14b)所示。

(4)加粗或上墨。图线加粗或上墨前要详细检查底稿,而后加粗或上墨,最后画断面符号、标注尺寸、书写文字等(图 17-5)。

2. 计算机绘制桥梁总体布置图

也用 1:300 比例作图。分类选好线型,确定细线、粗线的宽度和图层,选用数字、文字的字型及大小。作图时可直接画粗线、细线,直接标注尺寸、书写文字。

(1)画投影图基线。先画立面图,由于桥面有 -0.8% 的纵坡,各墩台面的高程不相同,以各墩台顶高程作水平基准线与墩台的定位铅垂线相交,交点作为各墩台帽顶的基准点。

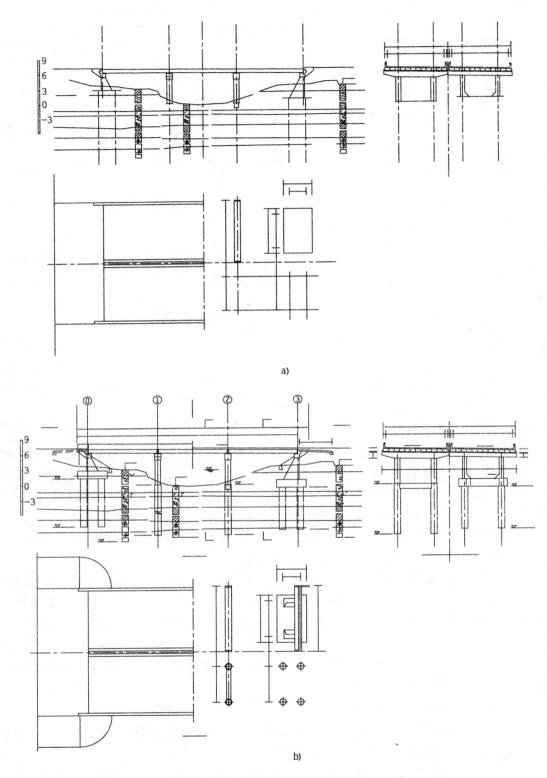

图 17-14　桥梁总体布置图的作图步骤

a)布置投影图的基线,画出构件主要轮廓线;b)画各构件的细部

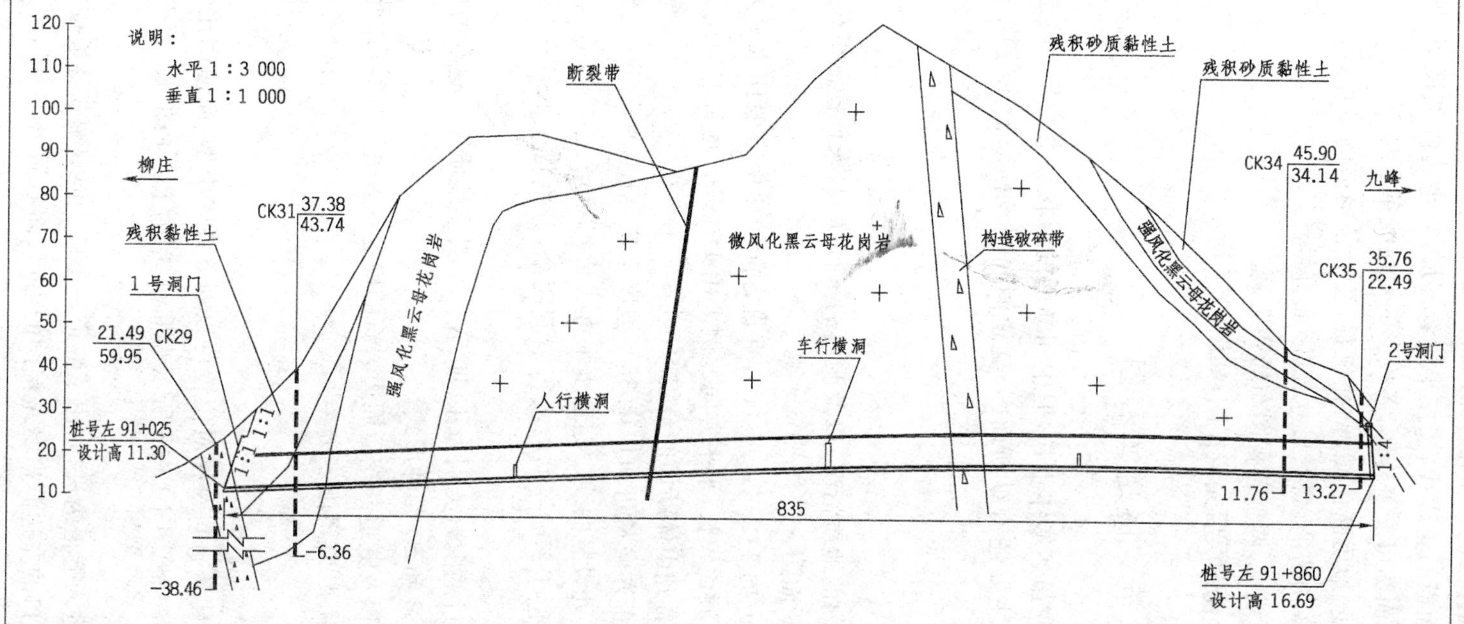

图17-15 白山隧道左洞纵面

1	围岩类别	II		III		IV		III		IV		II		IV	
2	衬砌形式	S0	S2	S3		S4		S3		S4		S2		S4	
3	坡度（%）			1.35								-0.75			
	坡长（m）					980						820			
4	设计高程（m）	11.30	11.63	12.04	12.31	12.99	13.66	14.34	15.01	15.68	16.36	16.94	17.38	17.85	17.68	17.87	17.50	17.20	17.14	16.84	16.69
5	地面高程（m）	23.00	30.60	40.50	52.00	80.00	94.00	94.70	90.60	86.20	90.40	108.20	121.10	102.10	111.50	90.40	62.00	77.20	44.80	40.00	32.00
6	桩号（m）	K91+025	+050	+080	+100	+150	+200	+250	+300	+350	+400	+450	+500	+600	+550	+650	+750	+700	+800	+840	+860
7	竖曲线资料（m）										凸形竖曲线 K91+580 R=18 000 H=18.79 T=189 E=-0.992										

271

（2）建立放大的窗口，作 0 号台的轮廓图样并移位到 0 号台的定位点上。再镜像对称复制 0 号台的图样，并将其移位到 3 号台的定位点上。同法，作出桥墩的立面投影。

（3）在各墩台顶面，按比例作出桥面板的轮廓线，按左半边看外形，右半边画剖视图，画出桥梁立面图投影。立面图、平面图和侧面图可交替作图，各投影的对应线条要对齐。

（4）按相应的比例，画出河床地面线、地质断面图、钻孔位置，注上各构造的名称、尺寸、剖断面符号。作各剖面图、断面图，注上各构造的名称、尺寸、剖断面符号。

（5）如需要，可改字高字宽，改线型线宽，调整各视图布局和比例。

（6）完成数据资料表、文字说明，检查无误后完成作图，如图 17-5 所示。

第三节　隧道工程图

隧道是道路穿越山岭的构筑物。它虽然形体很长，但中间断面的形状很少变化。隧道工程图除了用平面图表示它的位置外，主要还有纵断面图、隧道洞门图及横断面图等视图来表达。

一、隧道纵断面图

隧道纵断面图表示隧洞穿过山体内的地质情况，以及洞内的车行横洞、人行横洞的位置，如图 17-15 所示为白山隧道左洞的纵断面图。

隧洞纵断面图比例一般采用水平方向 1:2 000～5 000，垂直方向的比例一般比水平方向大 10 倍，即 1:200～500。本图由于隧洞比较长，水平方向比例采用 1:3 000，垂直方向比例为 1:1 000，而不采用 1:300，这样便可以看到山体断面的全貌。

（1）隧道平面投影位于直线上，竖直方向从进口以 1.35% 坡度上坡，到 K91+580 是变坡点，再至出口为 -0.75% 的下坡，变坡点处设竖曲线。隧道水平直线长 835m。

（2）隧道内共设有车行横洞一个，位于 K91+475；人行横洞两个，分别位于 K91+240 和 K91+650。

（3）从资料表内可以看出，隧道通过的围岩类别为 II、III、IV 三个类型地质段。隧洞的衬砌形式随地质不同而不同，采用 S0、S2、S3 和 S4 四种形式。

围岩分类是指按地质的工程条件以及隧道开挖后周边岩石的稳定状态进行分类，详见《公路隧道设计规范》(JTG D70—2004)附录"隧道围岩分类"。

二、隧道洞门图

隧道洞门形式很多，从构造形式、建筑材料及相对位置可以划分许多类型，而使用比较多的有端墙式、翼墙式、仰斜式（削竹式）三种。图 17-16 所示为仰斜式洞门立体图，图 17-17 为端墙式洞门。

隧道进出口按线路前进方向分，进入隧道为进口，出了隧道是出口。但双幅式隧道按线路前进方向，进隧道右洞为进口，右洞进口的左边洞口是左幅洞的出口；而右洞出口洞门的左边洞口是左幅洞进口。

如图 17-16 所示，为仰斜式（削竹式）双洞隧道进口洞门投影图。

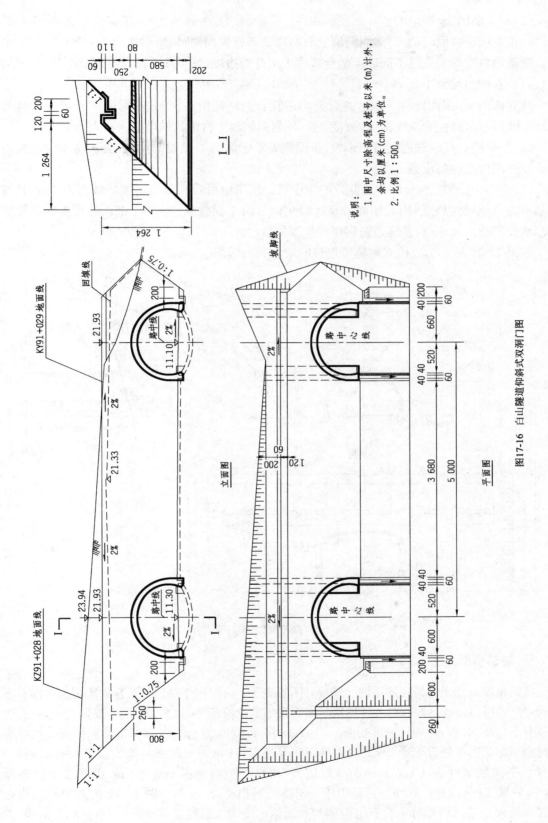

图17-16 白山隧道仰斜式双洞门图

说明：
1. 图中尺寸除高程及桩号以米 (m) 计外，余均以厘米 (cm) 为单位。
2. 比例 1：500。

立面图

平面图

I—I

（1）正立面图，是洞门的正立面投影视图。不论洞门是对称与否、是单洞或双洞，均应全部画出。正立面反映洞门墙式样，洞门墙上面高出的部分为顶帽，顶帽后虚线表示坡度2%的水沟。隧道洞口左侧为三段不同坡度的台阶式人工开挖边坡，坡度从下面向上面分别是1∶0.75、1∶1、1∶1，右侧边坡为1∶0.75。

从立面图上可看出，两个隧道的洞身均由复合曲线组成。左洞、右洞的中心高程分别为11.30和11.10，路面为双向横坡，坡度2‰，每洞两侧设立台阶式的电缆沟和人行道。

（2）平面图。仅画靠近洞口一小段，平面图表示了洞门墙顶帽的宽度，洞顶排水沟的构造及洞口外两边水沟的位置。

（3）Ⅰ—Ⅰ剖面图，也仅画靠近洞口的一小段。从图中可看到洞门墙倾斜坡度为1∶1，其坡度基本为自然稳定坡度，因此墙面可直接绿化而节约工程数量，从Ⅰ—Ⅰ剖面还可看到顶帽宽度和水沟的断面尺寸，以及隧道衬砌厚度加厚的区段。

如图17-17所示为白山双幅隧道出口的端墙式洞门图。

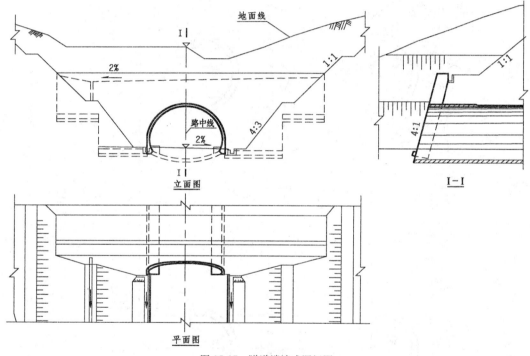

图17-17　隧道端墙式洞门图

三、隧道横断面图

隧道横断面图通常是用隧道的衬砌设计图来表示。有时由于隧道较长且地质情况各段又不相同，那么，可以设计一些针对各种地质断面而采用的标准断面，如图17-15中资料表上，衬砌断面就有S0、S2、S3和S4四种标准断面。图17-18所示S2为复合式衬砌标准面断面图。图中洞身衬砌断面是由半径$R=560cm$的圆弧拱圈和半径$R=1\,400cm$的圆弧仰拱圈所构成的图形。洞身水平向最宽处为1\,120cm。洞身采用复合衬砌，喷射混凝土厚20cm，拱圈二次衬砌厚60cm，仰拱二次衬砌厚50cm。道路中线与洞轴线不相重合，应参照图17-17的隧道洞口投影图对照阅读。道路两侧分别设有电力缆沟和通信电缆沟。道路又是由路面、平整层等构成。

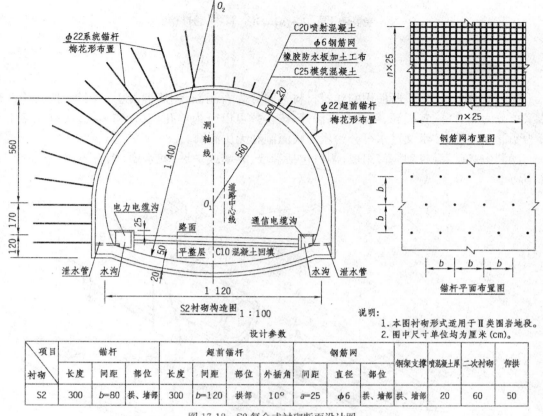

图 17-18　S2 复合式衬砌断面设计图

设计参数

| 项目\衬砌 | 锚杆 | | | 超前锚杆 | | | | 钢筋网 | | | 钢架支撑 | 喷混凝土厚 | 二次衬砌 | 仰拱 |
	长度	间距	部位	长度	间距	部位	外插角	间距	直径	部位				
S2	300	$b=80$	拱、墙部	300	$b=120$	拱部	10°	$a=25$	$\phi6$	拱、墙部	拱、墙部	20	60	50

四、行车横洞和行人横洞

行车横洞和行人横洞,主要是为隧道维修人员和车辆使用而设置的。它们沿路线方向交错设置在双洞之间,作为连接双洞的人工构筑物。如图 17-19 所示为隧道人行横洞图。

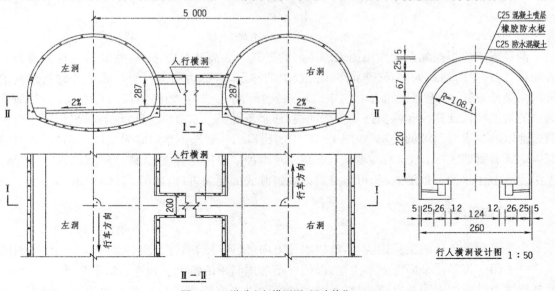

图 17-19　隧道人行横洞图(尺寸单位:cm)

275

第四节　涵洞工程图

一、涵洞的分类

涵洞的种类很多,按所使用的建筑材料不同分为石涵洞、钢筋混凝土涵洞等;按其构造形式又可分为圆管涵、盖板涵、箱涵及拱涵等;按孔数可以分为单孔、双孔和多孔;按有无覆土可分为明涵和暗涵;按水文过水可分为压力式涵洞和无压涵洞。

涵洞由基础、洞身和洞口组成,洞口包括端墙、翼墙或护坡、截水墙、帽石等组成,如图 17-20 所示。

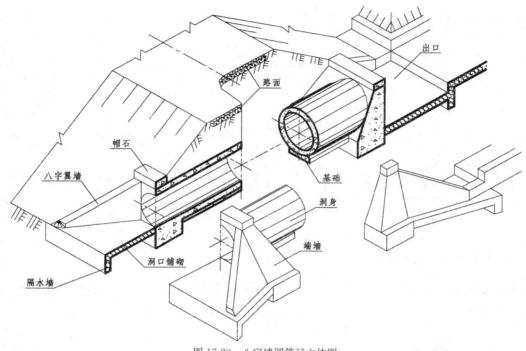

图 17-20　八字墙圆管涵立体图

洞口形式应根据涵洞的作用而采取不同的形式。如高速公路中,有些涵洞只是为通行人群而设置,或平时通行人群,又兼作下雨时过水的涵洞,可称为通道。洞口除了考虑与路基边坡的衔接外,还应考虑涵底同人群往来的道路连接(图 17-22);如涵洞仅为过水而设置,那么洞口的构造应保证涵洞和两侧路基免受冲刷,使水流顺畅。水流湍急的涵洞,其出口还应设有消力池以减少水对边坡的冲刷,如图 17-20 中的出口。一般进出水口宜采用同一形式,常用的洞口形式有翼墙式(图 17-2)、端墙式(图 17-20)两种。山区道路的涵洞,当进水口地形较高,无法建立上述两种洞口形式时,可将进口改成窨井式的涵洞进口,如图 17-21 所示。

二、涵洞的表示法

由于涵洞是狭长的工程构造物,故以水流方向(或通道的通行方向)为纵向,并以纵剖面图代替立面图。为了使平面图表示清楚,画图时不考虑洞顶的覆土。如进出口形状不一样时,一般要把进出口的侧面图画出,有时平面图和侧面图以半剖形式表达。水平剖面一般沿基础顶

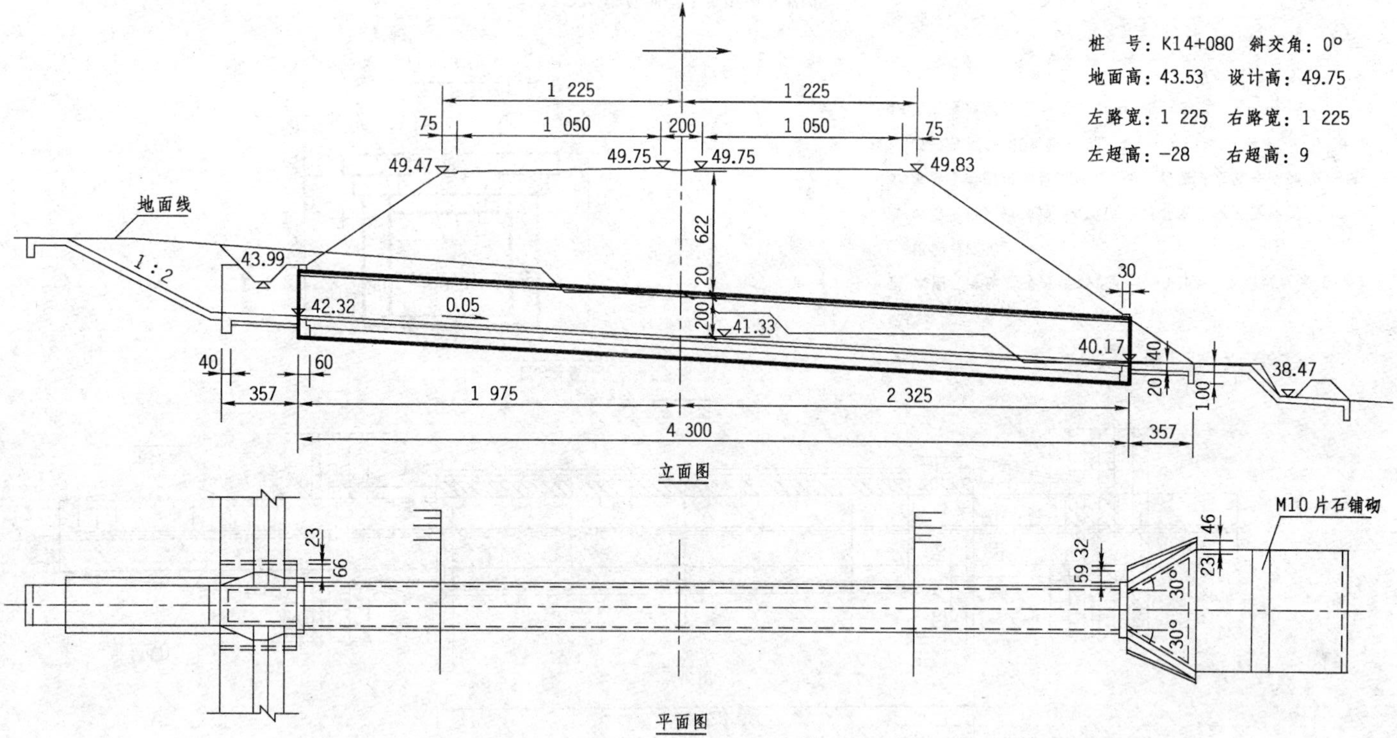

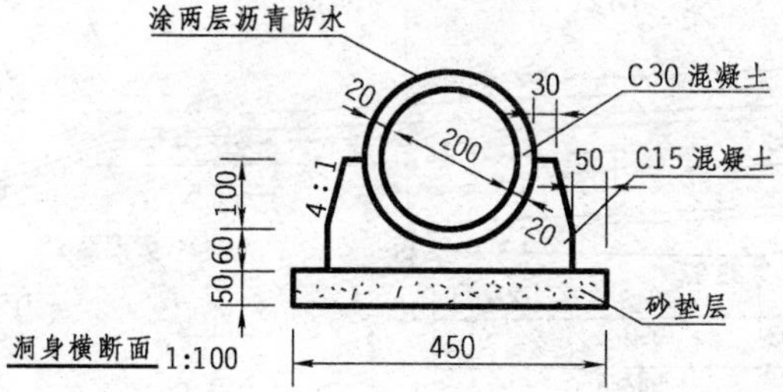

图17-21 圆管涵布置图

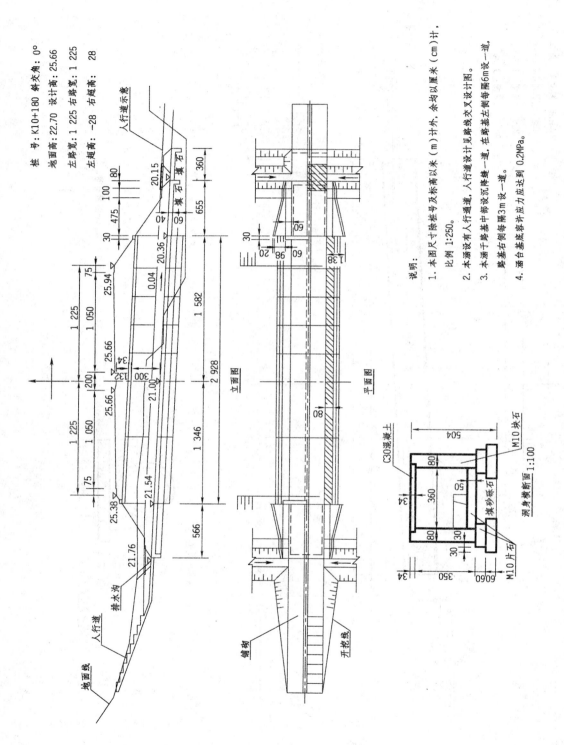

图17-22 钢筋混凝土盖板涵布置图

说明:
1. 本图尺寸除桩号及标高以米(m)计外, 余均以厘米(cm)计。
2. 本涵设有人行通道, 人行道设计见路线交叉设计图。
3. 本涵于路基中部设沉降缝一道, 在路基左侧每隔6m设一道, 路基右侧每隔3m设一道。
4. 涵台基底容许应力应达到0.2MPa。

桩　号: K10+180　斜交角: 0°
地面高: 22.70　设计高: 25.66
左路宽: 1 225　右路宽: 1 225
左坡高: −28　右坡高: 28

比例 1:250。

278

面剖切,横剖面图则垂直于纵向剖切。除上述三种投影图外,还应画出必要的构造详图和结构图,如翼墙断面图、钢筋布置图等。

涵洞体积较桥梁小,故画图所选用的比例较桥梁图稍大,一般采用比例 1∶50、1∶100、1∶200等。

1. 圆管涵

如图 17-21 所示为钢筋混凝土圆管涵洞,比例 1∶250,洞口为端墙式,并用八字翼墙与路基边坡连接。涵管内径为 200cm,涵管长为4 300cm,再加上两边洞口铺砌长度得出涵洞总长5 014cm。它采用纵剖面图、平面图和洞身横断面图来表示。

(1)纵剖面图,采用全剖面图。图中画出了地面线同涵洞的位置,涵洞基础位于挖方区域。剖面图中表示出涵洞各部分相对位置和构造形状,截水墙的形式,路基的宽度,路中、路肩的标高,涵底中心、进出口标高,涵底纵坡、边坡坡度等。各部分材料可在图中用图例表示出来,也可在《工程数量表》中标明所用材料的规格(本图从略)。

进口由端墙、翼墙、洞口铺砌及护坡构成窨井式洞口,进口路基边沟位于翼墙上方,出口翼墙与涵洞纵向轴线呈 30°,出口翼墙顶面与路基边坡同坡度。

涵管在纵向长度上一般每隔 2～6m 设置沉降缝一道,可用细实线画出或以文字说明。立面图正上方"↑"纵向箭头表示线路方向,横向箭头表示涵洞出口方向及与路线斜交情况。

(2)平面图,表达洞口基础,八字墙、帽石的平面形状和尺寸。涵顶覆土虽未表达,但路基边缘线应予画出,并以示坡线表示路基边坡。

(3)侧面图。省略了洞口立面图。由洞身断面图上可知,管壁厚为 20cm 的 C30 混凝土,防水层涂两层沥青。洞身断面上还可以看出洞底基础的铺砌材料和厚度。

在图中把洞口的投影图按习惯称为正面图。涵洞工程图中,在不影响图示完整的情况下,可不画洞口立面图。

2. 钢筋混凝土盖板涵

钢筋混凝土盖板涵根据洞身上部构造形式而命名,如图 17-2 所示。其盖板如是钢筋混凝土,则称为钢筋混凝土盖板涵;如是石头盖板,则称石盖板涵。如图 17-22 所示,表示一钢筋混凝土盖板涵,比例 1∶250,进出口都采用翼墙连接路基边坡且平行涵洞纵向轴线。涵洞净高300cm,净跨360cm,洞身长 2 928cm,总长 4 149cm。

(1)纵剖面图。图中画出了地面线同涵洞的位置,涵洞基础左大半部分位于挖方区域,右侧在填石方上。进出口采用翼墙式洞口。显然,进口利用地形做成斜坡,以避免大开挖,减少工程数量。洞底纵坡为-0.4%。进口斜坡右侧是人行道踏步,左侧是片石铺砌的水沟。从图上看,涵洞进口路基边坡水沟在进口铺底上,而出口水沟位于翼墙和人行道下,进出口翼墙和路基边坡的坡度相同。

(2)平面图。平面图由涵洞半个外形及水平的半个剖面表示,由图中可以看到洞口铺砌,进出口人行道、水沟、翼墙等的位置和平面尺寸。平面图的外形是假想涵洞砌完后还未填土时的投影,而剖面部分则是在洞底平面与墙身交接处作剖切面得到剖面图。

(3)侧面图。省略了洞口立面图。在洞身横断面图中,可以看到洞身各部分尺寸,同时反映出盖板、人行道和基础的位置及它们的侧面形状。

如果盖板涵的顶面盖板、两侧的涵身和底面的铺底都一次性用混凝土浇筑成型,其断面形状是矩形环状,则称它为箱涵(图 17-23)。

3. 拱涵

图 17-24 所示为单孔石拱涵的洞口立面、洞身断面构造图。从图上可知,涵洞洞身高 150

cm,加上矢高 $f=150\mathrm{cm}$,净跨 $L=300\mathrm{cm}$,拱圈厚 $40\mathrm{cm}$ 的圆弧拱圈,矢跨比 $f/L=1/2$;进出口为八字翼墙构造的涵洞。

拱涵的其他方面的表达类似于圆管涵和盖板涵,本节从略。

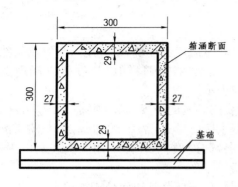

图 17-23　箱涵断面图(尺寸单位:cm)

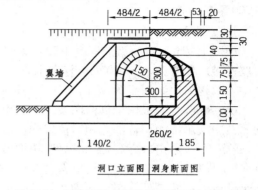

图 17-24　石拱涵洞口、洞身断面图(尺寸单位:cm)

第十八章 水利工程图

第一节 概　　述

表达水利工程建筑物及其设计施工过程的投影视图称为水利工程图，简称为水工图。水工建筑物（如拦河坝、水电站、水闸、船闸、渡槽、涵洞等）是为利用或控制自然界的水资源而修建的工程设施。它们一般形体庞大，综合性强，通常建筑在复杂多变的地形面或水中。反映水利工程的图纸包含了水工建筑物、房屋建筑、道路、机械、电气、管线、水文和工程地质等专业的内容。

水利工程兴建一般需要经过规划、勘测、设计、施工、验收等几个阶段，各个阶段对视图均有不同的要求。规划阶段有规划图；勘测阶段有地形图、地质图；设计阶段有枢纽布置图、建筑物构造图、结构图；施工阶段有施工详图；验收阶段有竣工图。

就水利工程图而言，无论它们的形式和建筑材料如何不同，但在画图方面，采用的都是前面所讲的理论和方法，这是各专业一致的共同基础，运用这些理论和方法，结合水工图的图示特点来阅读和绘制枢纽大坝、电厂、引水渠、水闸、船闸等水工图。

一、规划示意图

规划图是示意性视图，按照水利工程的范围大小，有流域规划图、水利资源综合利用规划图、地区或灌区规划图等。

规划图通常绘制在地形图上，图 18-1 是某河流域规划图，图中示出在河道上拟建四个水电站，第一级电站在形成了水库，并通过压力式隧洞引水到一级电站，同样，又分别在不同地段的峡谷中建坝，利用水落差建立了二、三、四级电站。

二、枢纽布置图

在水利工程中，由若干个水工建筑物有机组合互相协同工作的综合体称水利枢纽。每

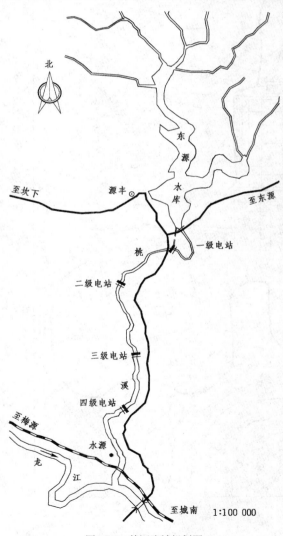

图 18-1　某河流域规划图

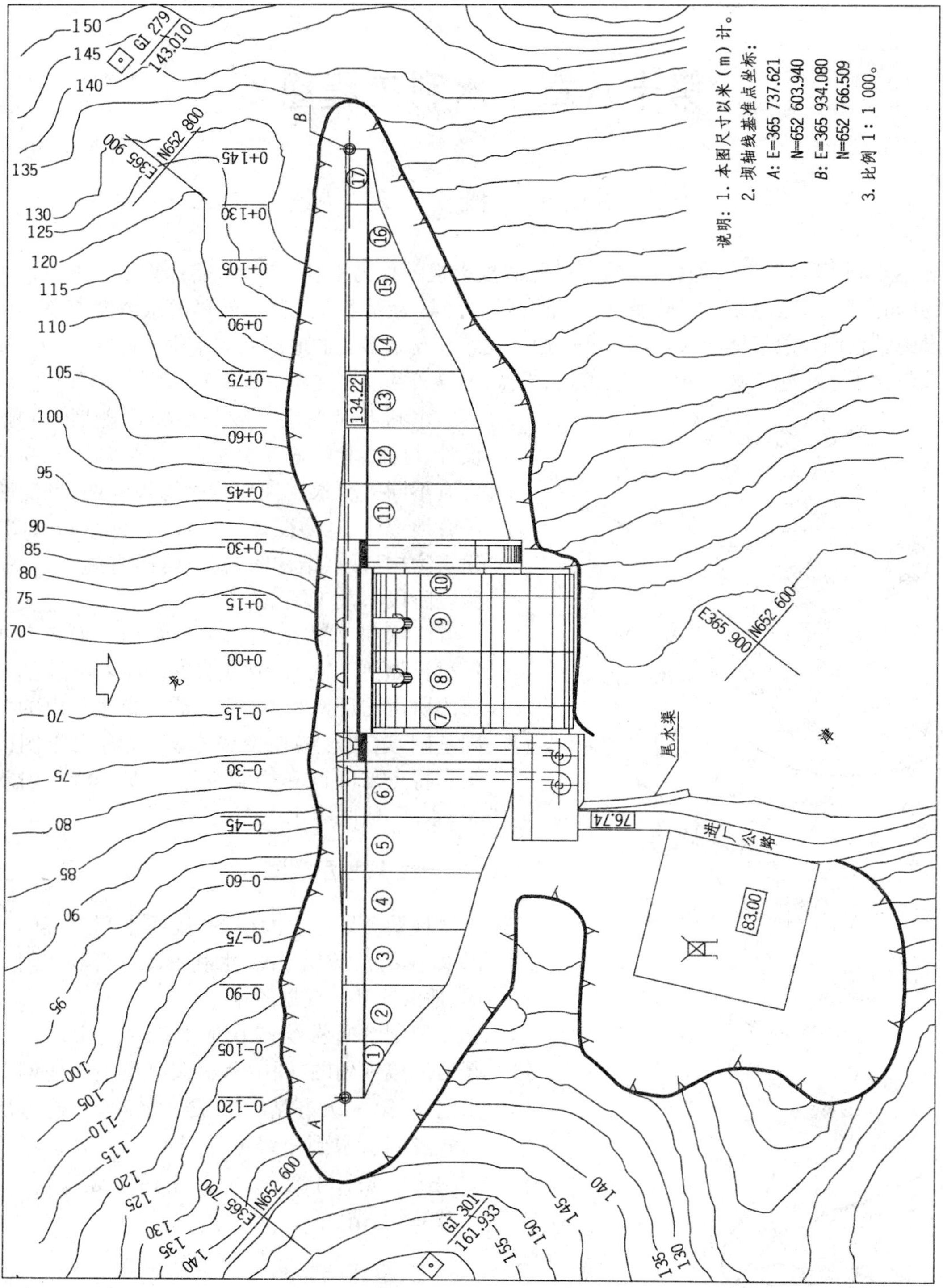

图18-2 某河电站枢纽布置图

说明：1. 本图尺寸以米（m）计。
2. 坝轴线基准点坐标：
A：E=365 737.621
　　N=652 603.940
B：E=365 934.080
　　N=652 766.509
3. 比例 1：1 000。

GI 279
143.010

134.22

尾水渠

进厂公路

76.74

83.00

GI 301
191.933

老

E365 900 N652 600
E365 800 N652 900
E365 700 N652 600

个枢纽都以它的主要任务命名,如以发电为主的称为水力发电水利枢纽;以灌溉为主的称为灌溉水利枢纽。

把整个水利枢纽主要建筑物的平面图形绘制在地形图上,这种图形称为水利枢纽布置图。如图18-2是某河电站枢纽布置图。枢纽布置图的主要作用是说明平面布置情况,作为各建筑物定位施工放样、土石方施工及绘制施工总平面图的依据。

枢纽布置图一般包括以下内容:

(1)水利枢纽所在地区的地形、地物、河流、水流方向(用箭头表示)、所用比例、地理方位(画指北针)、水准标高和主要建筑物控制点(基准点)的测量坐标。

(2)各建筑物的平面形状及其相互位置。

(3)各建筑物与地形面相交的情况。

(4)各建筑物的主要标高高程及其他主要尺寸。

三、建筑结构图

建筑物的视图一般可分为两类:一类只表示建筑物的形状大小、外观尺寸,可称为构造图。另一类为结构图,是以某一对象的工程,根据受力安全需要而选用的材料结构布置图,如分部或细部标注出材料的构造图,以及钢筋混凝土图等。建筑结构图应包括以下主要内容。

(1)表示建筑物整体的形状、大小、构造以及所选用的材料类别、规格。

(2)表示建筑物基础的地质情况及建筑物与地基的连接方法。

(3)表示建筑物与相邻建筑物的连接情况。

(4)表示建筑物工作条件,如上下游各种设计水位、水面曲线等。

(5)表示建筑物细部构造的形状、大小、结构、材料类别及规格。

(6)表示建筑上附属设备的位置。

四、施工图

同建筑工程和道路工程一样,按照设计要求,用来指导工程施工的视图统称施工图。建筑结构图也是施工图的一部分内容。同时,施工过程中的施工组织、施工程序、施工方法等内容,与施工图一样统称施工文件。如施工场地布置图、基础开挖图、大体积混凝土分块浇筑图、流程图等都是属于施工图范畴的施工文件。

第二节 水工图的表达方法

一、视图的选择及配置

水利工程是一个系统工程,内容广泛,涉及面宽,图纸包含了水工建筑物、房屋、道路、机械、电气、管线等专业内容的视图。其中,建筑工程图、道路工程图已分别讲述过。各专业工程都具有其各自的特点,专业视图的表达虽有不同的规定和要求,但它们表达的基本原理和方法却一致。对于水工图,同样是应用了正投影法的三视图和标高投影。

水工图上常用的三视图,即本教材前面所介绍正投影第一分角的三视图,即平面图(俯视图)、立面图(正视图)、侧面图(侧视图)。水工图同样采用了大量的剖视图(剖面图)、剖面图(断面图)和图例来表示工程构造的形状、大小和使用的材料。

注意：水利工程图中的剖视图，与建筑工程、道路工程图中的剖视图(也称剖面图)含义相同。其意指用假想剖切平面剖开形体，把处在观察者和剖切平面之间的部分移去，再把剩余的部分形体向投影面投影所得的图形，是立体的投影；水工图中的剖面图则类同于建筑工程图和道路工程图中的断面图，仅表示剖切平面接触部分的图形，是平面的投影(详见第八章剖面和断面图)。本章按《水利水电工程制图标准》(SL 73—95)中的称呼仍称之为剖视图、剖面图。

1. 主要视图的选择及配置

在水工图中，因为平面图反映建筑物的平面布置以及建筑物与地面的关系等情况，所以平面图往往是一个较为重要的视图。对于坝、电站的平面图，通常把水流方向选取为自上而下，并用箭头表示水流方向，如图 18-3 所示。对于过水建筑物，如水闸、涵洞、溢洪道等平面图，则通常把水流方向选为自左向右。为了区分河流的左岸和右岸，一般面向顺水流方向，左边叫做左岸，右边叫做右岸。视图中表示水流方向的符号，根据需要可按图 18-4a)～图 18-4c)所示的形式绘制，平面图上指北针可根据地形图情况而定，如果是国家统一绘制的地形图，则地形图上标有坐标网格，用"X,Y"或"N,E"表示坐标。本章中用"N,E"表示。E 指向东，N 指向北，图中字母 N 字头朝北，E 字头朝西。等高线高程数字字头朝向高处(图 18-2)。专业内容的字头朝向除按专业规定外，图中地物、地名及测点字体的字头一律朝北，因此，可以不标注指北针。若局部小范围的地形平面图显示不出坐标网格就要标上指北针的符号，如图 18-4d)、e)所示。指北针一般画在图的左上角。

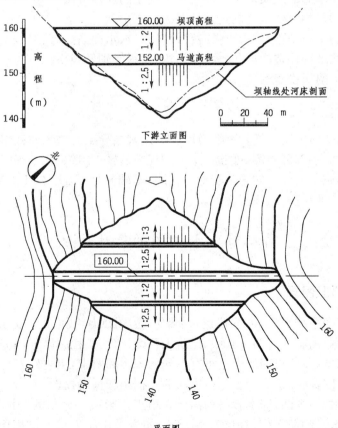

图 18-3　土坝视图的配置

2.视图的名称标注

为了看图方便,每个视图都要标注图名,图名格式应统一,可标在视图的下方或统一标在上方。视图应尽可能按投影关系配置。

二、比例

水工建筑物一般都比较庞大,所以水工图通常采用较小的比例。绘制视图时,比例大小的选择,宜根据建筑物的大小及其复杂程度和图幅大小而定。

为了便于读图和画图,建筑物同一部分的几个视图应尽可能采用同一比例,在特殊情况下,允许同一视图中的铅垂方向和水平方向分别采用不同的比例,例如,渠道的纵断面图,引水隧道的纵断图等。又如图18-3所示,土坝的长度和高度两个方向,尺寸相差较大,所以在下游立面图上,其高度方向采用的比例比长度方向大,显然这种视图不能反映建筑物的真实形状。

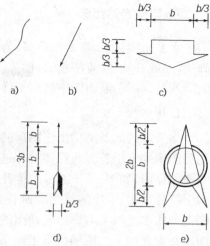

图 18-4　水流及指北针符号的画法
a)、b)、c)水流符号;d)、e)指北针符号

各种常用比例如下:

规划图	1:2 000～1:10 000
布置图	1:200～1:5 000
结构图	1:50～1:500
详图	1:5～1:50

三、图线

水利工程应采用《水利水电工程制图标准》(SL 73.1—95)中规定的实线、虚线和点画线的宽度,分为粗、中粗、细三个等级(详见第十二章),并要求在同一张图纸上,同一等级的图线,其宽度应一致。

当图上线条较多、较密时,可按图线的不同等级将建筑物的外轮廓线、剖视图的断面轮廓等用粗线画出,将廊道断面轮廓、闸门、工作桥等用中粗线画出,使所表达的内容重点突出,主次分明。

为了增加图样的明显性,水工图上的曲面应用细实线画出其若干素线,斜坡面应画出示坡线,如图18-5所示。

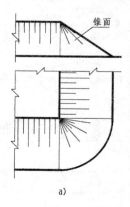

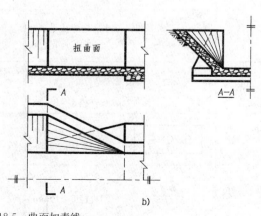

图 18-5　曲面加素线

四、其他表达方法

水工图项目多,涉及专业多,为了能准确又简单地表示出工程图,水工图上采用大量特殊画法,如展开画法、省略画法、拆卸(分层局部剖面)画法以及简化画法,这些具体画法,在本书的第八章剖面和断面图中已作了详细的叙述。

1.局部放大图

当形体的局部结构由于图形的比例较小而表示不清楚或不便于注写尺寸时,可采用建筑工程图中的索引符号与详图符号进行表示,并将这些局部结构用较大的比例绘制,称为局部放大图或详图,如图 18-6 所示。其表达方法是:在原图形上用细实线圆表示需要放大的部位,用索引符号引出,引出线指出要画详图的地方,在线上另一端画一细实线圆,其直径为 10mm。圆内细实水平线上方标明该详图的编号,下半圆用阿拉伯数字注明详图所在的图纸号。若详图画在本张图纸内则细线下半圆用"—"表示。

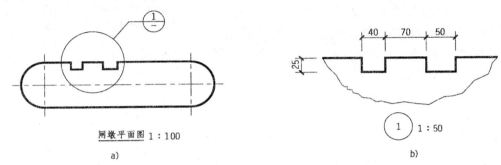

图 18-6　索引符号画详图(尺寸单位:cm)
a)投影图;b)详图

2.图例表示

当图形的比例较小致使某些细部构造无法在图中表示清楚,或者某些附属设备(如闸门、启闭机、吊车等)因另有专门的图纸表示,不需在图上详细画出时,可以在图中相应部位画出图例,如表 18-1 所示。

水工建筑常用图例　　　　　　　　　　　　　　　　表 18-1

名 称		图 例	说 明	名 称	图 例	说 明
水库	大型		水库边缘徒手画;水线水平	混凝土坝		地面交线徒手画
	小型		河流徒手画;水线水平;圆直径 8~10mm	土石坝		地面交线徒手画
水电站	大比例尺		用尺子画;小圆表示机组	水闸		用尺子画
	小比例尺		水线水平;圆直径 8~10mm	船闸		用尺子画

名　称	图　例	说　明	名　称	图　例	说　明
弧形闸门	a) c) b) d)	用尺子、圆规画； a)侧面图； b)平面图； c)上游立面图； d)下游立面图	溢洪道		用尺子画； 素线用细线
			跌水		用尺子画
虹吸	（大） （小）	用尺子画	渡槽		用尺子画

五、水工图的尺寸标注

标注尺寸的基本规则和方法在前面的有关章节中已作详细介绍,这里主要根据水工图的特点,讨论水工图的尺寸标注。

1. 铅垂尺寸的注法

1)标高的注法

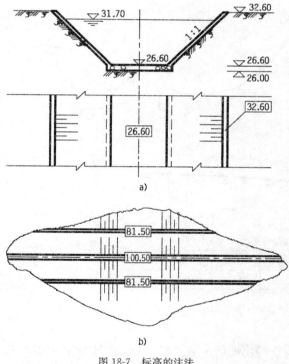

图 18-7　标高的注法

水工图中的标高是采用国家规定的海平面为基准来标注的。标高尺寸包括符号和数字两部分。

(1)立面图和铅垂方向的剖视图、剖面图中,标高符号的尖端向下指(也可以向上指),符号的尖端必须与被标注高度的轮廓线或引出线接触,标高数字一般注在标高符号的右边,如图 18-7 所示。

标高数字一律以米(m)为单位。零点标高的高程注成±0.000,负数标高数字前加注"—",正数标高数字前一律不加"+"号。

(2)平面图中的标高符号也可采用如图18-7所示用细实线画出的矩形线框表示,标高数字写入线框中。当图形较小时,可将符号引出标注,见图 18-7a),或断开有关图线后标注,如图 18-7b)。

(3)水面标高(简称水位)的符号如图18-7a),水面线以下画三条细实线,特征水位标高的标注形式如图 18-11 所示。

2)高度尺寸

铅垂方向的尺寸可以只注标高,也可以既注标高,又注高度。对结构本身尺寸和定型工程设计一般采用标注高度的方法。

287

2.水平尺寸注法

1)基准面和基准点

对于水利枢纽中各建筑物的位置都是以所选定的基准点或基准线进行放样定位。基准点的平面位置是根据测量坐标确定的,两个基准点相连即确定了基准线的平面位置。如图18-2所示某河流电站枢纽平面图中,坝轴线的位置由坝端 A、B 两个基准点的测量坐标(N、E)确定,坝轴线的走向用方位角表示,以建筑物轴线(大坝)或建筑物上的主要轮廓线为基准来标注尺寸。如图 18-17 所示水闸,它的宽度尺寸就是以中心线为基准来标注的。

2)连接圆弧的尺寸注法

连接圆弧要注出圆弧所对圆心角的角度。角的一个边用箭头指到与圆弧连接的切点(图18-8 中的 M 点);角的另一边带箭头(也可不带箭头)指到连接圆弧的另一端点(图 18-8 中的 N 点)。在指向切点的角的一边上注写圆弧的半径尺寸,连接圆弧的圆心,切点以及圆弧另一端点的标高和它们之间的长度方向尺寸均应注出,如图 18-8 所示。

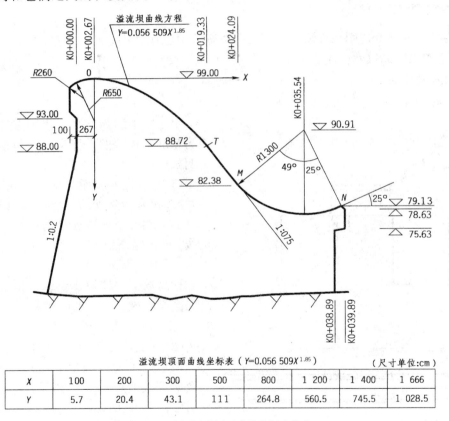

图 18-8　圆弧及非圆弧曲线的尺寸注法

溢流坝顶面曲线坐标表（$Y=0.056\,509X^{1.85}$）　　　　　　（尺寸单位:cm）

X	100	200	300	500	800	1 200	1 400	1 666
Y	5.7	20.4	43.1	111	264.8	560.5	745.5	1 028.5

3)非圆曲线的尺寸注法

非圆曲线(如溢流曲线)通常是在图纸上列表写出曲线上各点的坐标,如图 18-8 中的坐标值表。

4)桩号注法

水工建筑物河道、堤坝、渠道及隧洞的轴线,中心线的长度,可用"桩号"的方式进行标注。桩号标注形式为 K ± m ,K 为公里数,m 为米数。如图 18-9 所示为隧洞的桩号标注法,图中

K0+030 表示隧洞的起点桩,第二号桩为 K0+037,两桩之间相距为 7m。桩号数字一般垂直于轴线方向,字头朝前进方向注写且注在同一侧,当轴线为折线时,转折点处的桩号数字应重复标注,如图 18-9 所示。

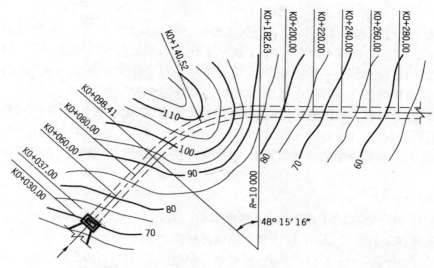

图 18-9　桩号标注法

5)不同类型水工图的尺寸标注

表达水工建筑物的顺序一般是先总体,再分部结构,最后表达细部构造。因此,不同类型的水工图之间形成了一定的层次关系,其表达范围和对尺寸的要求也不相同。

(1)枢纽布置图。一般应标注出设计基准面,建筑物的主要标高及其他尺寸,设计基准面在图上表现为通过基准点的直线——基准线,用以确定水工建筑物的平面位置。

(2)结构图。一般应标注出建筑物的总体尺寸、建筑结构的定形和定位尺寸、细部结构和附件的定位尺寸等。

(3)细部详图。一般应标出细部的详细尺寸。

(4)尺寸单位。除了里程、标高以米(m)计外,枢纽布置图一般以米(m)计,水工结构物一般以厘米(cm)为单位,单独厂房设计一般以毫米(mm)为单位。由于水工结构物多由系统项目所组成,尺寸单位有所不同,所以要求每张水工图纸均应对尺寸单位进行说明。

除上述之外,水工结构物的尺寸标注类同于建筑工程和道路交通工程,例如,都允许采用封闭尺寸和重复尺寸,以便于读图和施工。

第三节　水工图的阅读和绘制

一、水工图的阅读

前面已经叙述过水利工程是一个系统工程,它是地形图、地质图、大坝、渠道、厂房、道路交通等系列工程项目的综合。阅读水工图的方法,同阅读建筑工程图、交通工程图一样,即水工建筑物也是由基本形体组成,同样可以采用形体分析的方法来分析水工图。分析每一构件的形状和大小,再通过枢纽布置图把它们联系起来。弄清楚彼此间的关系就不难了解整个水工建筑物的面貌了。因此,可归纳为先概括了解,再深入探讨,先整体后局部,然后再综合为整

289

体。阅读枢纽布置图,则要了解枢纽的地理位置、地形、河流状况,各建筑物的位置、主要尺寸、相互关系。通过结构图了解各建筑物的名称、功能、结构类型,各组成部分的构造形状、大小、作用相互位置,所用的材料以及附属设备的位置和用途。

1. 概括了解

(1)了解建筑物的名称和作用,识读任何工程图都要先从目录开始,了解图纸数及各张图纸的内容,阅读总说明,阅读平面布置图,了解水工建筑物所处的地理环境、自然条件,进一步了解水工建筑的名称、类型、主要技术指标、施工条件和施工措施,再阅读各视图图样上的相关说明以了解建筑物的名称、作用、比例、尺寸单位以及施工要求等内容。

(2)分析视图,了解各视图的名称、作用及其相互关系,采用了哪些视图、剖视图、剖面图、详图,有哪些特殊表达方法,各剖视图、剖面图的剖切位置和观察方向,然后以一个特征明显的投影图或构造关系比较清楚的剖视图为主,结合其他投影图概略了解建筑物的组成部分及其作用。

2. 形体分析

水工建筑物属于复杂的工程形体,可将建筑物分为几个主要组成部分,参照基本几何形体,读懂各组成部分的形状、大小、构造和所使用的材料。

将建筑物分成哪几个主要组成部分,可根据它们组成部分的作用或特点来划分,或沿水流方向把建筑物分成几段,也可以沿高程方向将建筑物分为几层。读图时需灵活运用这几种方法。

了解各主要组成部分的形体,应采用对线条、找投影、识形体的方法。一般以基本形体分析法为主,以线面分析法为辅进行读图。

对照尺寸进一步读图,想象水工建筑物空间形状大小,并检查有无错误或遗漏。

应当注意,读图时不能孤立地只看一个视图,应以特征明显的视图为主,结合其他的投影图、剖视图、剖面图、详图、工程数量表、说明等,运用投影规律互相对照,并注意水工图的特点,进行分析,弄清整体。

3. 综合归纳

最后,通过归纳综合,对建筑物(或建筑群)的大小、形状、位置功能、构造特点、结构类型以及所使用的材料等有一个完整和清晰的了解。

二、读图举例

例 18-1 阅读枢纽布置图,见图 18-2 和图 18-10。

1. 枢纽的功能及组成

枢纽主体工程由拦河坝和引水发电系统两部分组成。拦河坝包括非溢流坝和溢流坝,用于拦截河流、蓄水和抬高上游水位。

拦河坝按建筑材料,可分为混凝土坝、砌石坝和土坝;按结构,可分为重力坝和拱坝。本例属于重力式混凝土坝。溢流坝在高程为 121.20m 上设弧形闸门,用水位差和流量,通过水轮发电机组进行发电。它由进水口段、引水管、蜗壳和尾水管及水电站厂房等组成。

2. 视图表达

本工程有平面图、下游立面图、剖视图以及剖面图表达总体布置,枢纽图中较多地采用了示意、简化、省略的表示方法。

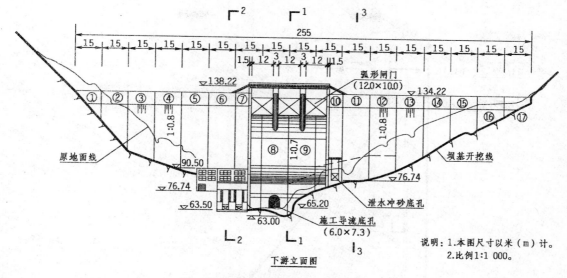

图 18-10　某河流电站下游立面图

要完整地表达枢纽图所示的工程,必须配置大坝、廊洞、防水构造、闸墩、闸门工作桥、厂房、道路等一系列图纸和详图,才能详细地表达图18-2和图18-10所示的工程。

枢纽平面布置图,表达了地形、地貌、河流、指北针、坝轴线及其他建筑物的位置。

1)地形部分

(1)比例。从说明可知,本图比例1:1000。

(2)指北针。枢纽布置图上应画指北针或画出坐标网体系,以标出枢纽所在地区的方位和朝向。本图采用坐标网体系。图中"十N652 600,E365 900"表示两垂直线交点坐标。字母N朝北为北向,距坐标网原点北625 600m,东365 900m。

(3)地形地物。地形图表达了枢纽所在位置的地形地物,即地面起伏情况和河流、房屋、道路、农田等位置。表示地物的常用图例如表16-1所示。显然,从地形上看,河流由西北流向东南,大坝轴线由西南指向东北。图上还标有 ⊡ GI301/161.933 的坐标测量控制点,该点位编号为GI301,且水准高程为161.933m。

2)建筑物部分

下游立面图表达了河谷断面、溢流坝、非溢流坝和发电厂的立面布置和主要标高。

剖视图和剖面图,分别表达了溢流坝和非溢流坝的断面形状和结构布置,引水发电系统和水电站的结构布置。

(1)非溢流坝。根据枢纽平面图和下游立面图看出编号1~6、11~17的坝段为非溢流坝,各坝段之间设伸缩缝,其断面形状查看相应的3-3剖面(图18-11),它的大小尺寸、结构布置、所用材料显示清楚。图18-12所示是它的立体图。

(2)溢流坝。溢流坝设在编号7~10坝段上,其中,7、10两段设计成部分溢流形式,8、9两段为全溢流形式,坝段的分缝设在闸孔的中间处。坝的过水表面设计为柱面形式,而柱面的导线由抛物线和三段圆弧连接而成,见图18-10中1-1剖视图的剖切位置,如图18-13所示。坝段分缝中止水铜片沿上游面及溢流面弯曲布置。溢流坝上部设有闸墩、闸门、工作桥、牛腿、导水墙及检修门槽等。闸门、工作桥、启闭机等属于坝的附属设备,图中采用了示意、省略的表示方法。闸门的极限运动位置采用假想的表示方法。它的立体图如图18-14所示。

291

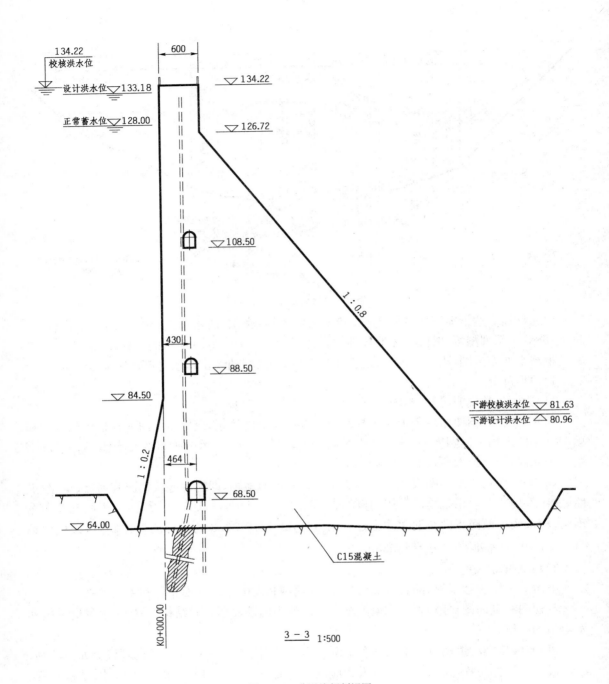

图 18-11　非溢流坝剖视图

　　根据枢纽平面布置图和下游立面图，可知引水发电系统布置在编号 6、7 的坝段。2-2 采用阶梯剖视，剖切平面通过引水管中心线及水轮机、尾水管中心线。在引水系统中，水流经拦污栅进入进水口、引水管、蜗壳、导叶，推动水轮机组运转发电。

　　进水口前设拦污设备，以防杂物流入管道，见图 18-15。图中采用拆卸表示法（分层局部剖面），未将拦污栅画出。进水口做成柱面并通常设有检修门槽和工作门槽。立体图如图 18-16 所示。

292

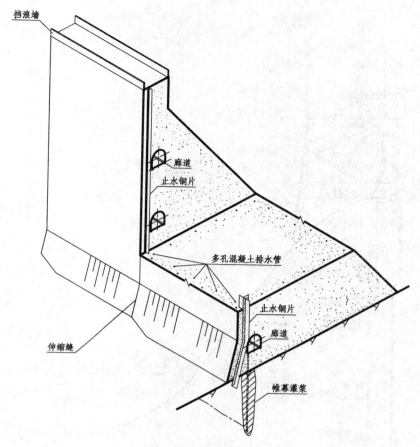

图 18-12　非溢流坝立体示意图

通过对枢纽布置图的阅读，进一步明确各构件的形状及它们之间的总体联系，明确了大坝的形式、坝段数量、溢流坝、非溢流、进水孔总体尺寸以及各主要构件的相互关系，各构件的各部分标高，以及总的技术说明(略)，作为施工时放样、施工、安装构件和控制标高的依据。

例 18-2　水闸设计图，如图 18-17 所示。

水闸是修建在天然河道或人工灌溉渠系上的建筑物。按照水闸在水利工程中所担负的任务不同，可分为进水闸、节制闸、分洪闸、汇水闸等几种。水闸通常设有可以启闭的闸门，既能关闭闸门拦水，又能开启闸门泄水，所以各种水闸都具有调控水位和流量的功能。

1)水闸的组成及作用

如图 18-18 所示为水闸的立体示意图。水闸一般由上游连接段、闸室和下游连接段三部分组成。

(1)上游连接段。水流由上游进入闸室，应先经过上游连接段，它的作用一是引导水流平顺进入闸室；二是防止水流冲刷河床；三是降低渗透水流在闸底和两侧对水闸的影响。水流过闸时，过水断面逐渐缩小，流速增大，上游河底和岸坡可能被水冲刷。因此，工程上通常采用的防冲手段是在河底和岸坡上用干砌块石或浆砌块石护底、护坡。

自护底而下紧接闸室底板的一段称为铺盖。铺盖具有防冲与防渗的作用，一般采用抗渗性能良好的材料建筑，图 18-17 中水闸的铺盖材料由面层 M10 浆砌块石厚 40cm、底层黏土厚 60cm 组成，纵向长度为 1 500cm。

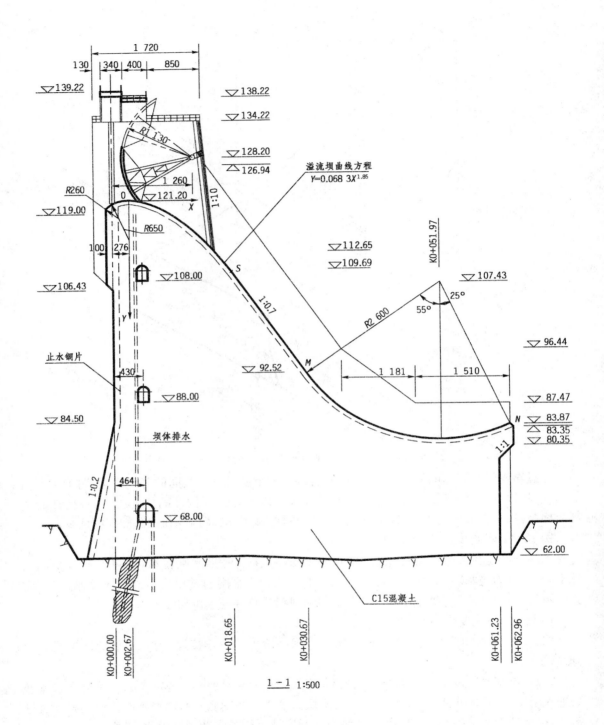

图 18-13　溢流坝剖视图(尺寸单位:cm;高程单位:m)

　　引导水流收缩并平顺地进入闸室的结构称为上游翼墙。翼墙还起挡土墙作用,可防止河道土体坍塌,保护靠近闸室的河岸免受水流冲刷,减少侧向渗透的危害。翼墙的构造形式与挡土墙相同,见图 18-17 中的 2-2 断面图。

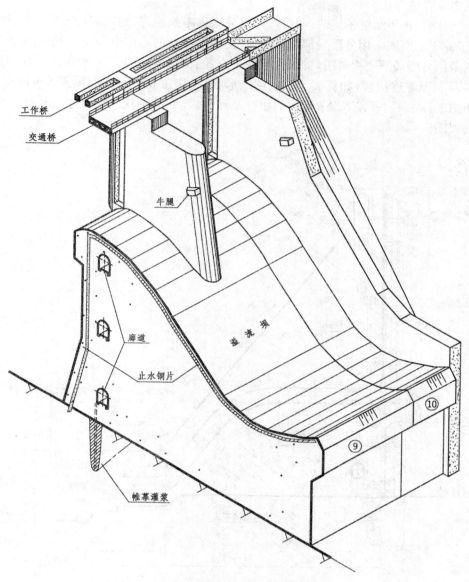

图中标注：工作桥、交通桥、牛腿、廊道、止水铜片、帷幕灌浆、溢流坝、⑨、⑩

图 18-14　溢流坝立体示意图

　　闸室是水闸控制水位、调节流量的构造，它由底板、闸墩、岸墙（或称边墩）、闸门、胸墙、工作桥、公路桥（交通桥）等组成，图 18-17 所示水闸的闸室为混凝土整体结构，中间有一闸墩把闸室分成两孔，靠闸室上游设有钢筋混凝土现浇板式公路桥，闸室纵向全长 1 280cm。

　　（2）下游连接段。这一段包括河底部分的护坦、消力池、海漫、护底以及河岸部分的下游翼墙和护坡等。图 18-17 所示水闸护坦纵向水平长度 1 400cm，消力池这段长 1 500cm，池底设置间隔 200cm×200cm 梅花状的冒水孔。消力池底由厚 80cm 的 C15 混凝土、厚 20cm 的碎石、厚 20cm 的小石子及厚 20cm 的粗砂垫层所组成。护坦和消力池的翼墙为直立式，其断面形式如图 18-17 中 3-3 断面图所示。下游紧接消力池的构造称为海漫，它的护底标高由 58.40m，护底由 M10 浆砌块石厚 40cm、下垫厚 40cm 的碎石组成，海漫翼墙是扭曲面，如图 18-18所示。

2)视图及表达方法

(1)平面图。由于水闸轴线两侧对称,可以采用省略画法,只画出以河流中心线为界的左岸,但为了便于平面图采用分层局部剖视画法,仍然把河岸的右岸也画出。闸室部分工作桥、公路桥则采用分层局部剖视画法,冒水孔的分布位置采用简化画法。从平面图上看,上游部分闸室连接段和下游连接段,如翼墙、护坡、闸墩形状,工作桥和公路桥的位置等反映得都较清楚。平面图上标注了 1-1、2-2、3-3 断面剖切符号和 4-4、5-5 的剖视剖切符号,说明该处还有剖面图和剖视图。

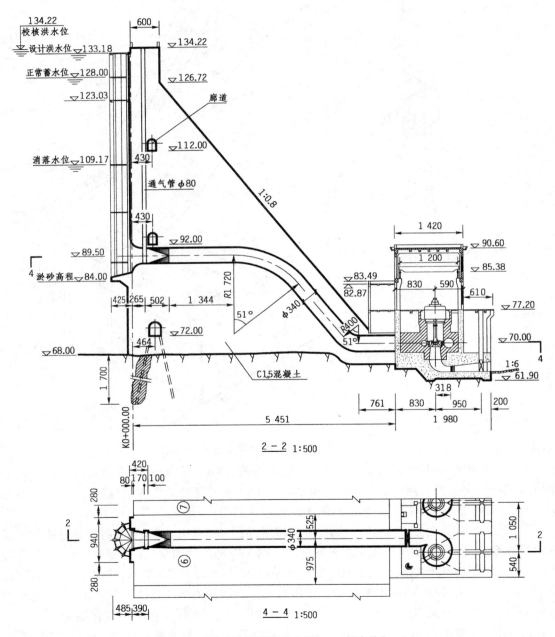

图 18-15　引水系统剖视图(尺寸单位:cm;标高单位:m)

296

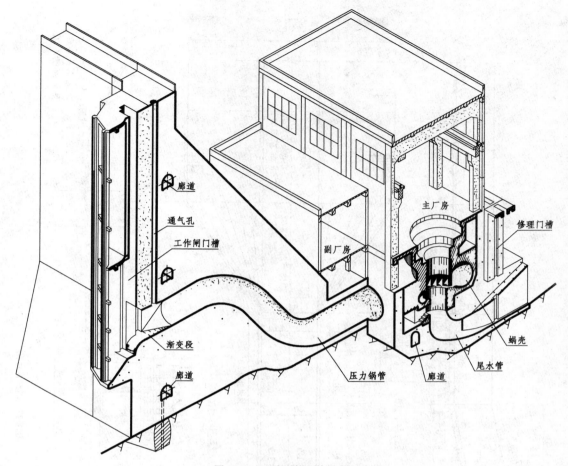

图 18-16　引水系统立体示意图

（2）立面图。水闸部分埋置于土中，若采用剥离土层的表达方式，仍然不能够完整、清晰地表示水闸的立面构造设计，所以立面图用 5-5 剖视图替代，见图 18-17 所示中的 5-5 剖视图。剖切平面偏离水闸轴线剖切而得，这样可得到完整的闸墩。图中表达了铺盖、闸室底板、护坦、海漫等部分的断面形状和各段长度，图中还可以看出闸门、胸墙以及上下游水位和各部分高程。

（3）侧面图。水闸设计图是一个较复杂的工程图，它的构造形式受水位、流量的影响，同时，它还受到地形的制约。因此，水闸设计图不便直接采用侧立面投影图，而是采用剖切剖视图或一系列的剖面图取代了复杂的侧面图，例如图 18-17 中的上下游立面图，这是两个投影方向相反的视图，因为它们形状对称，所以通常采用各画一半的合成投影图。1-1、2-2、3-3、4-4分别表达了翼墙不同部分的断面形状、尺寸大小，以及所用的材料，其中 4-4 剖视图属于阶梯剖视图，其余为剖视图、剖面图剖切。

图中尺寸除高程以外，通常以厘米（cm）为单位。若结构尺寸以厘米为单位，则高程小数点后面只留 2 位；若结构尺寸以毫米（mm）为单位，那么，高程位数相应保留小数点后面 3 位。

三、水工图的绘制

水工图绘图分手工绘图和计算机绘图两种，绘图的操作方式方法不相同，但对于视图的图示要求都是一致的。下面以图 18-19 为例，说明画图的方法和步骤。

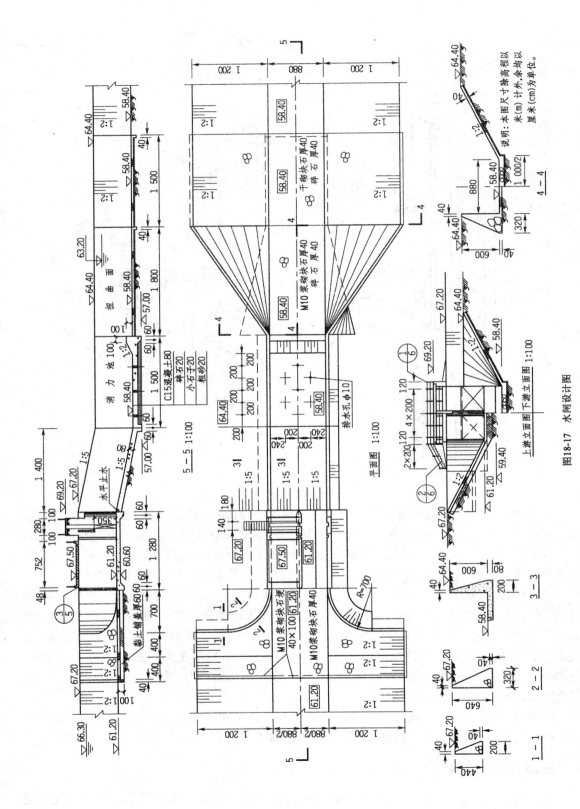

图18-17　水闸设计图

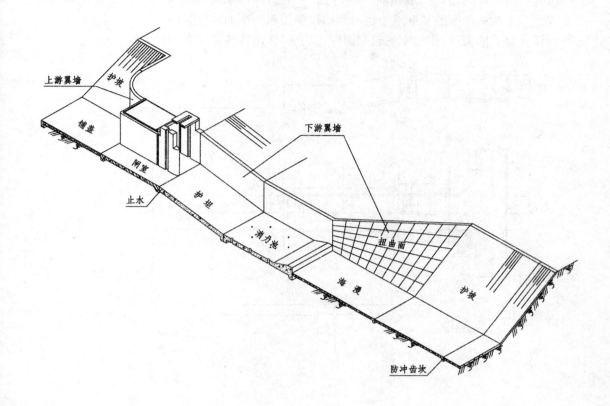

上游翼墙　护坡　下游翼墙

铺盖

闸室

止水　护坦

消力池　扭曲面

海漫　护坡

防冲齿坎

图 18-18　水闸的立体示意图

1. 手工操作使用绘图仪器绘制水闸设计图

(1)布置和画出投影图的基线。本图采用 1:100 比例画出。根据所选定的比例及各投影视图的相对位置,把它们匀称地分布在图框内,布置时要注意留出图标、说明、视图名称和标注尺寸的位置。当视图位置确定之后,便可以画出各视图的基线,一般选取各投影图的中心线作为基线,图 18-19a)中的立面图是以闸室底标高线作水平基线,其余则以对称轴线作为基线。立面图和平面图对应的铅垂中心要对齐。

(2)画出各构件的主要轮廓线。如图 18-19b)所示,以基线或中心线(定位线)为起点,根据标高或各构件尺寸,上下对正、左右平齐、宽度相等画出构件的主要轮廓线。

(3)画出各构件细部。根据主要轮廓线从大到小画全各构件的投影,注意各投影图的对应线条要对齐,并把闸室上下游剖视图、各剖面图、图例、栏杆、坡度符号线位置、标高符号及尺寸等画出来,如图 18-19b)所示。

(4)加粗或上墨。图线加粗或上墨前要详细检查底稿,而后加粗或上墨,最后画剖切符号、标注尺寸、书写文字等(图 18-17)。

2. 计算机绘制水闸设计图

也采用 1:100 比例画水闸设计图。分类选择线型,确定细线、粗线的宽度和图层,选用数字、文字的字型及大小。作图时可直接画粗线、细线,直接标注尺寸、书写文字。

（1）画投影图的基线。先画立面图，由于水闸分为上游段、闸室及下游段，各段又由不同构造组成，各构造底面的高程也不相同，以各构造上下高程作水平基准线与其的定位铅垂线相交，交点作为各构造作图的基准点。也可利用投影关系与平面图交替画画图。

（2）建立放大的窗口，作闸室的轮廓图样。同法，作出各构造的立面投影。

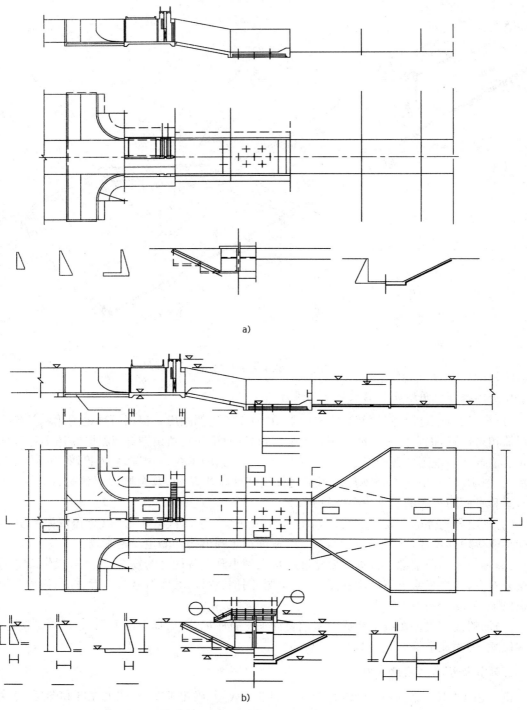

图 18-19　水闸设计图的作图步骤

（3）和立面图上下对应，按比例在平面图的基线作出水闸平面轮廓线。闸室中心线按左半边看外形，右半边画剖视图，画出水闸平面的投影图。

（4）按相应的比例，作各剖视图、剖(断)面图，注上各构造的名称、尺寸、剖切符号。

（5）如需要，可改字高、字宽，改线型、线宽，调整各视图布局和比例。

（6）完成数量表、文字说明，检查无误后完成作图，如图18-17所示。

第十九章 结构施工图

第一节 钢筋混凝土结构图

一、钢筋混凝土结构的基本知识和图示方法

混凝土是由水泥、砂、石子和水按一定比例配合搅拌而成。将它灌入定形模板,经振捣密实、凝固养护后,形成受压性能好,但受拉性能差,容易受拉而断裂的混凝土构件[图 19-1a)]。为了克服混凝土受拉性能差的缺陷,提高构件的承载能力,在浇筑混凝土时配置适量高强度钢筋,以替代混凝土承受拉力。这种用钢筋和混凝土两种材料复合而成的受力结构,就是钢筋混凝土结构[图 19-1b)]。这种结构又可分为普通钢筋混凝土结构和预应力混凝土结构。本节主要介绍普通钢筋混凝土结构。

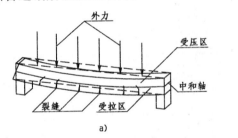 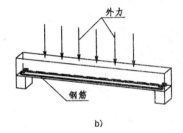

图 19-1　钢筋混凝土梁受力示意图

1. 混凝土强度等级和钢筋种类

混凝土按其抗压强度的不同分为不同的强度等级。常用的混凝土强度等级有 C10、C15、C20、C25、C30、C40、C50、C60 等。

钢筋按其强度和品种分成不同的种类,并分别用不同的符号表示,普通钢筋混凝土结构常用的钢筋有:

R235(HPB235)钢筋——ϕ(Ⅰ级钢筋)

HRB335 钢筋——Φ(Ⅱ级钢筋)

HRB400 钢筋——Φ(Ⅲ级钢筋)

KL400 钢筋——Φ^R(余热处理的Ⅲ级钢筋)

R235(HPB235)钢筋(ϕ)做成光面,俗称光圆钢筋。HRB335 钢筋(Φ)、HRB400(Φ)钢筋表面为人字纹或螺纹,俗称螺纹钢筋。

2. 钢筋的分类和作用

根据钢筋在整个结构中的作用不同,可分为以下主要几种(图 19-2):

(1)受力钢筋(主筋)。用来承受拉力、压力。

(2)钢箍(箍筋)。承受一部分斜截面剪力并固定受力筋的位置而使构件内各种钢筋构成骨架。

（3）架立钢筋。用来固定箍筋的位置并与主筋等连成钢筋骨架。

（4）分布钢筋。用以固定受力钢筋的位置,将荷载传给受力筋并防止混凝土热胀冷缩所引起的裂缝。

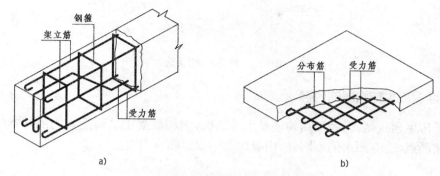

图 19-2 钢筋混凝土梁、板配筋示意图

3.钢筋的保护层

为了保护钢筋（防蚀、防火）,并保证钢筋和混凝土的黏结力,钢筋的外边缘到构件表面应保持一定的厚度,该厚度层称为保护层。保护层的厚度视各种结构和构件所在的工作场地环境而异,交通工程和水利工程板的保护层厚为 $15\sim25$mm,梁和柱的保护层厚为 $30\sim50$mm;建筑工程板和墙的保护层厚度为 $10\sim15$mm,梁和柱的保护层最小厚度为 25mm。

4.钢筋的弯钩和弯起

（1）钢筋的弯钩。为增加钢筋和混凝土共同作用,钢筋两端通常设置弯钩。各专业对弯钩的设置要求略有不同。常见的弯起形式有三种:半圆形弯钩、斜弯钩和直角形弯钩,如图 19-3 所示。

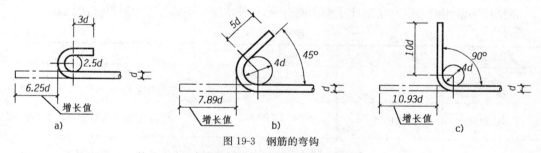

图 19-3 钢筋的弯钩

a)半圆形弯钩;b)斜弯钩;c)直角形弯钩

（2）钢筋的弯起。根据受力需要,常在构件中设置弯起钢筋,弯起角一般为 45° 或 60°。

5.图示方法

为了表明图中钢筋在构件中的布置情况,通常假定混凝土为透明体,且不画混凝土材料符号,混凝土外形轮廓画细实线,把钢筋画成粗实线（钢箍为中实线）,钢筋的断面用小黑圆点表示。由于钢筋弯钩和净距的尺寸都比较小,画图时要适当放宽尺寸,或不画钢筋弯钩,以使图面清晰。

6.标注方法

（1）标注钢筋的直径和相邻钢筋的中心距,如梁内箍筋和板内钢筋。图 19-4a)表示编号 1 的钢筋中心间距是 200mm,直径为 6mm 的Ⅰ级钢筋。

（2）标注构件钢筋的根数和直径,如图 19-4b)所示,表示编号 3 的钢筋是 2 根直径 16mm 的Ⅱ级钢筋。

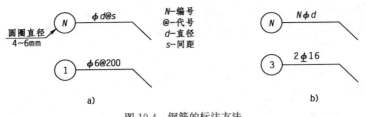

图 19-4 钢筋的标注方法

二、钢筋混凝土结构图的内容

无论是房屋建筑结构、桥涵结构还是水工结构,钢筋混凝土结构是它们的基本结构形式。它们既有共同点,也有图示的不同处,内容详见本章第四～六节。

第二节 钢 结 构 图

钢结构是用钢板、热轧型钢或冷加工成型的薄壁型钢,通过焊接、铆接、螺栓连接等方式制造的结构,是主要的土建结构之一,主要用于大跨度桥梁、建筑和高层建筑等。

一、型钢及其连接

1. 型钢

型钢是钢结构中采用的主要钢材,它是由轧钢厂按标准规格(型号)轧制而成,所以称为型钢。

型钢的截面形式合理,材料在截面上的分布对受力最为有利。

钢结构中常用的型钢有角钢、I 字钢和槽钢等,几种常用型钢的类别及其标注法见表 19-1。

型钢及其标注

表 19-1

名　　称	截面代号	标注方法	备　　注
等边角钢	∟	$\llcorner \overset{b \times d}{}$	b 为等边肢宽,d 为肢厚,如 ∟100×10 表示肢宽 100mm,厚 10mm 的角钢
不等边角钢	∟	$\llcorner \overset{B \times b \times d}{}$	B 为长肢宽,b 为短肢宽,d 为肢厚
槽钢	[	$[N \qquad Q[N$	以外廓高度 N 表示,轻型加注 Q 字
工字钢	I	$IN \qquad QIN$	以外廓高度 N 表示,轻型加注 Q 字

2. 型钢的焊接连接

焊接是目前钢结构最主要的连接方法。表示钢结构的焊缝,一般都采用标注法,按"国标"规定采用"焊缝代号"标注。焊缝代号主要由图形符号、焊接符号、辅助符号和引出线等部分组成,如图 19-5 所示。

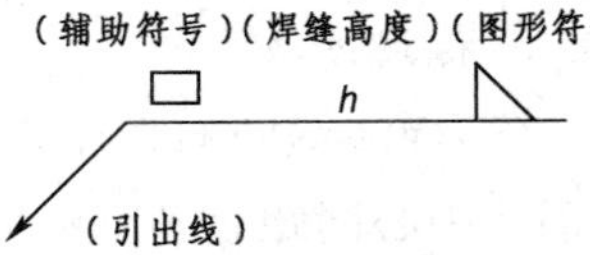

图形符号表示焊缝断面的基本形式,辅助符号表示焊缝某些特征的辅助要求。表 19-2 为几种常用的焊缝标注法。除此之外,在钢结构施工图上需要将孔、螺栓的施工要求,用图形表示清楚,

(辅助符号) (焊缝高度) (图形符号)

(引出线)

图 19-5 焊缝代号

以免引起混淆。常用的孔、螺栓图例，如表 19-3 所示。

几种常用的焊缝标注法 表 19-2

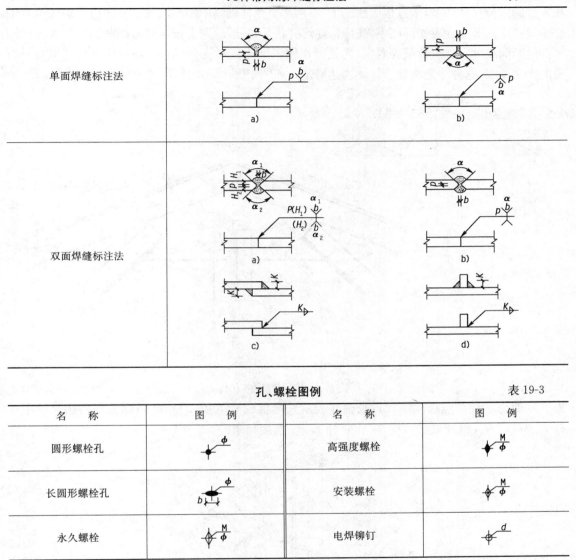

名　　称	图　　例	名　　称	图　　例
圆形螺栓孔		高强度螺栓	
长圆形螺栓孔		安装螺栓	
永久螺栓		电焊铆钉	

孔、螺栓图例 表 19-3

二、钢屋架结构详图

钢屋架结构详图主要包括屋架简图、屋架详图（包括立面图和节点图）、杆件详图、连接板详图、预埋件详图以及钢材用量表等。

1. 屋架简图

一般绘制在图纸的左上角，图中注上屋架的主要外形尺寸，在屋架的一半杆件上注出杆件的轴线长度，另一半标出杆件的内力。杆件受拉为正，受压为负。屋架各杆件用单线画出，比例常用 1：100 或 1：200，如图 19-6 中的屋架简图。

2. 屋架详图

屋架详图应绘制屋架正面图、上下弦杆的平面图、必要数量的侧面和剖面图以及一些零件和大样图。屋架详图通常用对称画法,画出左边的一半可参见第八章图[图 8-25a)]。杆件和零件的尺寸一般要采用较大的比例,用中断断面或移出断图表示。在详图中,特别注意要把所有杆件和零件的定位尺寸注全,节点板应注出上、下两边至弦杆轴线的距离以及左右两边至通过节点中心垂线的距离等。在屋架详图中,还应标注焊缝代号,一般应附上按零件号编制的材料表并注明零件的断面尺寸、长度、数量等内容,它是制作钢屋架的备料依据。同时还须注上与图形符号有关的文字说明,这样才能将整个详图表达清楚。如图 19-6 所示为钢屋架的脊节点详图。

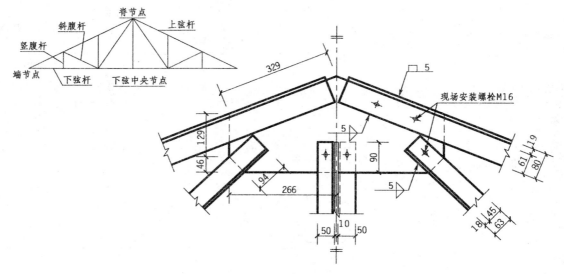

图 19-6 屋架脊节点详图

如图 19-7 所示为钢桁架梁的下弦节点 E_2 构造的立体图。下弦节点 E_2 是通过两块节点板(1)(前面一块节点板用细双点长画线表示)、接板(2)、填板(3)和高强螺栓将主桁架的下弦杆 E_1A_1、E_1A_2,斜杆 E_2A_1、E_2A_2 和竖杆 E_3A_2 连接起来。

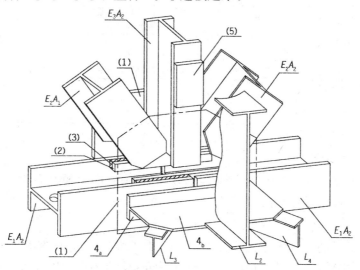

图 19-7 节点 E_2 构造立体图

节点 E_2 除了连接主桁架上述的交汇杆件外,还通过接板(4$_a$)、(4$_b$)、填板(5)和角钢(图中没有画出)把横梁 L_2(采用局部断裂画法)和下风架 L_3、L_4 连接起来。

第三节　木结构图

木结构是由木材或主要由木材承受荷载的结构。木结构用于房屋结构、桥梁、桅杆、塔架等结构中。目前，在工业与民用建筑中，大中城市已很少采用木结构，但在小城市及县镇中，特别是在出产木材的地区，使用较为普遍。在房屋结构中，最常用的木结构是木屋架。

一、木材及其连接

木结构常用的木材，通常分为圆木、半圆木、方木和木板等。

木材的天然尺寸，无论长度或是宽度都是有限的，需要采用各种不同的连接方式把单根木料拼合、接长并在节点处连接起来或组成更为复杂的结构形式，这需用一定的连接件，如螺栓、木螺钉、钢钉、扒钉等。国家标准规定了钢钉连接、扒钉、木螺钉和齿连接等图例，如图 19-8 所示。

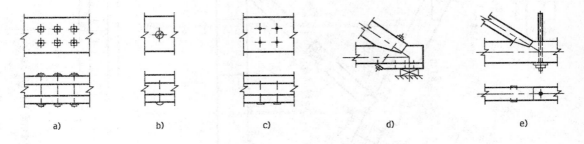

图 19-8　木结构连接图例
a)螺栓连接；b)木螺栓连接；c)钢钉连接；d)齿连接；e)扒钉连接

二、木屋架结构图

木屋架是木屋盖的主要承重结构，木屋架的形式有梯形、多边形、三角形等，其中三角形屋架最为常用。

图 19-9 为三角形木屋架结构详图，其内容包括木屋架简图、木屋架立面图和下弦杆对接详图。

1. 木屋架简图

简图中注明屋架的主要外形尺寸，也可在屋架的一半杆件上注出杆件的轴线长度。木屋架的预拱值，一般均为跨度的 1/200。屋架计算简图通常绘在图纸的左上角。

2. 木屋架立面图

木屋架大都是对称形式，故只需绘制半榀屋架的立面，木屋架的表示方法与钢屋架的表示方法相同。在图中所有杆件的主要尺寸和零件的定位尺寸必须注全。屋架一般只标注跨度、高度和节间距离，但开槽位置、槽齿深度、螺栓位置，以及托木、垫木、垫板、木夹板的大小尺寸等均应详细注明。如为圆木屋架，还需注明各杆的小头直径（或将大小头直径同时注明）。

3. 主要节点的大样图

主要节点包括端节点，上、下弦中间节点，下弦中央节点，脊节点等的大样图。上、下弦杆件不够长时，还需绘制杆件接头大样图。

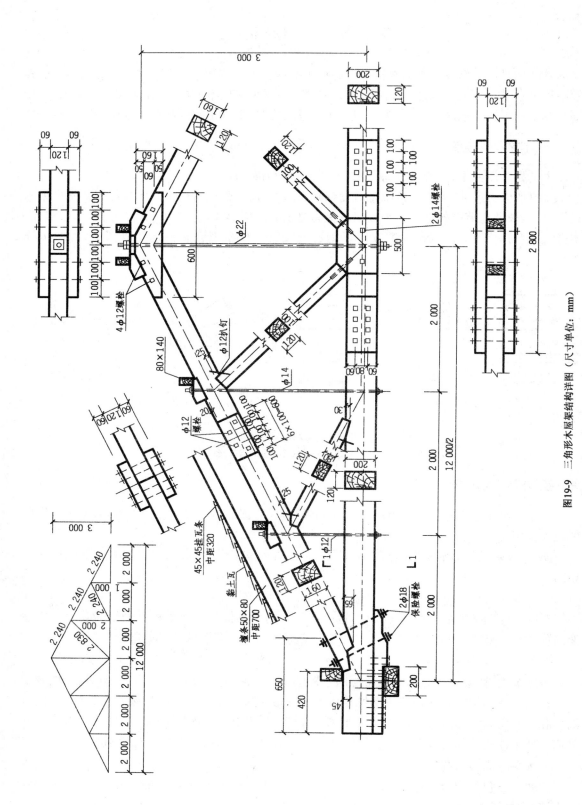

图19-9　三角形木屋架结构详图（尺寸单位：mm）

有时为了施工方便,还需要材料表和文字说明。材料表就是把一榀木屋架所有杆件和零件的编号、规格尺寸、数量、质量(或体积)均依次填入表中。从表中可知一榀木屋架需要用多少木材和钢材。文字说明包括:屋架木材等级、圆钢拉杆、螺栓、垫板、扒钉等的钢材型号,木材的防腐和铁件的防锈方法,槽齿加工制作的要求等。

第四节　民用房屋结构施工图

民用房屋结构根据承重构件所用材料的不同分为钢筋混凝土结构、钢结构、木结构、砖石结构等,本节着重介绍钢筋混凝土结构图。

民用房屋结构施工图包括以下内容。

一、结构设计说明书

结构设计说明书主要说明设计依据,包括:设计荷载、材料、抗震烈度及防震措施、施工注意事项等。

二、基础结构图

基础结构是表示建筑物室内地面以下基础部分的平面布置和详细构造的视图,它包括基础平面图和基础详图部分。所谓基础,就是在建筑物地面以下承受房屋全部荷载的构件,它的类型很多,有独立基础、条形基础、十字形基础、桩基础等。基础类型的选择,与上部结构的形式、作用大小、使用要求、地基土、基础埋深等因素有关。现以图 19-10 所示的条形基础为例,介绍与基础图示有关的一些知识。

1.基础平面图

如图 19-10 所示的基础平面图是假想用一个水平面沿房屋的地面与基础之间把整幢房屋剖开后,移开假想面上部构造物后的水平投影图。该图比例 1:100,定位轴线位置和编号与建筑图一致,其次画出基础墙、柱以及它们在基础底面的轮廓线,墙、柱的外形线用粗实线画出,柱涂黑,基础底面的轮廓线用中实线表示,最后注明基础的大小和定位尺寸。这些尺寸可直接标在平面图上,并加以文字说明。如图 19-10 所示,基底宽度为 1 200mm 和 1 500mm 两种,左右边线到轴线的定位尺寸分别为 600mm 和 750mm。

2.基础详图

基础详图是用来表示基础各部分的构造、大小、材料以及基础的埋置深度。一般用断面图来表示,图中基础墙的轮廓线、地坪线用粗实线表示,基础、垫层轮廓线用细实线表示,地面用中实线表示。在图 19-10 的基础平面图上,用 1-1、2-2 等符号来表明该断面的剖切位置。基础详图常用 1:20 或 1:50 的比例画出,并尽可能与基础平面图画在同一张图纸上。图中 1-1 断面图所示的基梁,比例为 1:20,基底为 50mm 厚的 C10 素混凝土垫层,基底高程为 -1.500mm。底板高 300mm,内配 $\Phi 14@200$,纵向为构造分布筋 $\Phi 10@200$。基梁高800mm,上下各配 $4\Phi 22$,箍筋为 $\phi 10@200$ 的四肢箍,并设有水平腰箍。

三、结构平面图

柱网平面布置图是假想用一水平截平面沿柱中部剖切后的断面图,它表示每层柱的平面布置、每根柱的断面尺寸和每根柱的配筋,如图 19-11 所示的一～三层柱网平面布置图,应标注每根柱与轴线间的距离、柱的断面尺寸以及柱内的配筋。

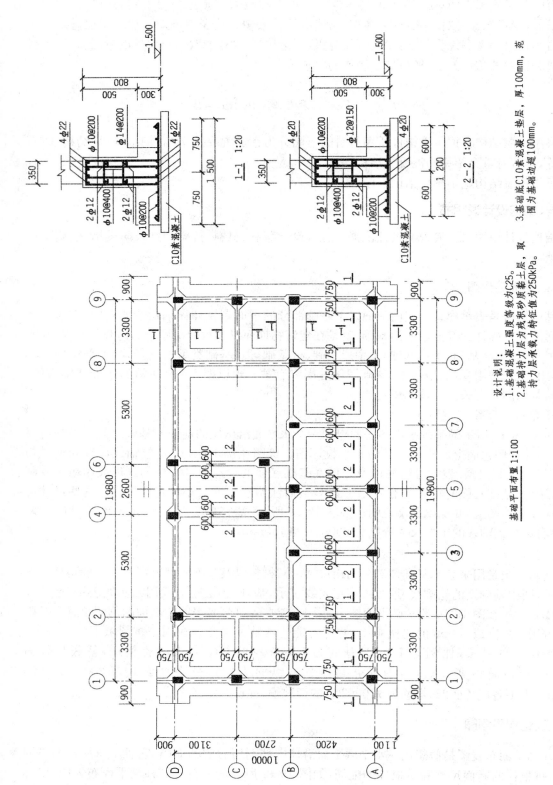

设计说明：
1. 基础混凝土强度等级为C25。
2. 基础持力层为残积质砂粘土层，取持力层承载力特征值为250kPa。
3. 基础底C10素混凝土垫层，厚100mm，范围为基础边超过100mm。

基础平面布置 1:100

图19-10 基础平面布置图（尺寸单位：mm）

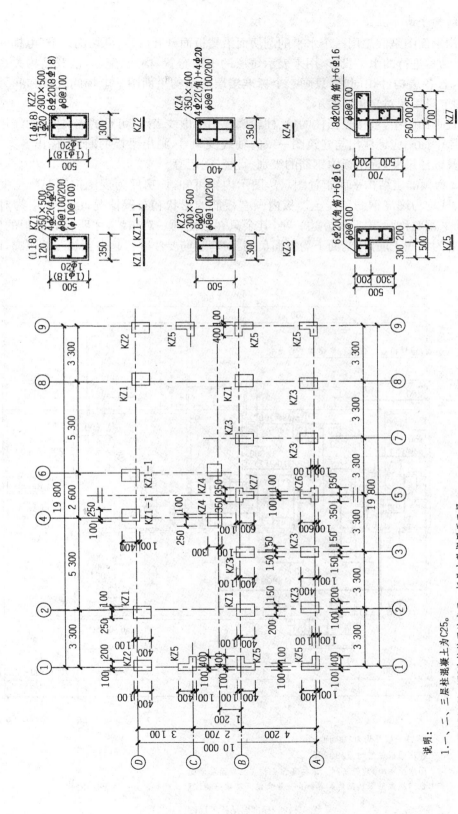

图19-11 一~三层柱网平面布置图（尺寸单位：mm）

说明：

1. 一、二、三层柱混凝土为C25。

2. KZ1(KZ1-1)、KZ2为柱的平法表示，括号内数据用于三层。

1.楼层结构平面布置图

楼层结构平面图是假想用一个水平的剖切面沿楼板面剖开后,对剖切面以下(电梯间或楼梯间)的楼层结构进行的水平投影,用来表示每层的平面布置、构造、配筋,以及结构关系。在多层建筑中,若各层构件相同时,只画一个标准楼层的结构平面图。电梯间或楼梯间另见详图,在平面图上只用两对交角线表示。

楼层布置平面图中,被楼板挡住的墙、柱轮廓线用中虚线表示,可见的墙、柱轮廓线用中实线表示。楼层平面图应标注出与建筑图一致的轴线及编号,画出梁板的断面,标出各梁、板顶面结构标高及标注尺寸,标出板内钢筋的级别、直径、间距等。

图 19-12 为标准层结构平面布置图。从图示内容可知,该房屋为现浇钢筋混凝土框架结构,即梁、板、柱均为现浇钢筋混凝土。板内画有板筋的形状和布置情况,由于该层为对称结构,所以板筋采用对称画法,只画左边一半,其余只在板内画一对角线,注明相同的板的代号。板筋弯钩向上为板底正筋,弯钩向下为板面负筋,对弯起筋要注明弯起点到轴线的距离,以及

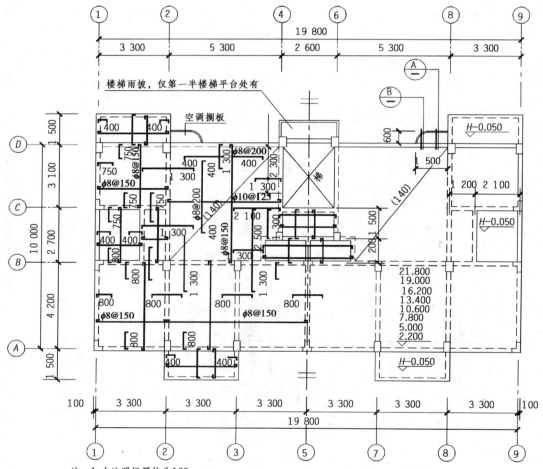

注:1.未注明板厚均为100mm。
　2.未注明板底筋均为 $\phi8@200$。
　3.图中所示H为建筑高程,结构高程应扣去相应面层厚度。
　4.板支座负筋应从梁边起算;当支座负筋只在梁一侧注明长度时,另一侧长度相同。

图 19-12　标准层结构平面图

伸入邻板的长度。一般来说，每种规格的钢筋只画一根，并注明其编号、规格、直径、间距或数量等。如图中 $\phi8@160$，表示Ⅰ级钢筋，其直径为 8mm，且每两根钢筋的中距为 160mm；$\phi6/8$@160 的含意是 $\phi6$ 和 $\phi8$ 钢筋间隔排列，中心间距为 160mm。

　　2.屋面结构平面图

　　屋面结构平面图是表示屋面承重构件平面布置的视图，其内容和图示要求与楼层结构图基本相同。由于屋面排水需要，屋面承重构件可根据需要找坡或按一定的坡度布置，并设天沟板。

四、构件详图

　　构件详图是表示建筑物各承重构件的形状、大小、材料、构造和连接情况的详图。它用较大的比例如 1∶10、1∶20 等把结构中较复杂的部分表达清楚，这里主要介绍钢筋混凝土梁的结构详图，如图 19-13 所示，该图是一跨钢筋混凝土梁的立面图和断面图。梁的两端搁置在砖墙上，梁跨中下方配三根钢筋（即 $2\phi18+1\phi14$），中间的 $1\phi14$ 在近支座处按 45°方向弯起，梁的上面配置两根通长钢筋（即 $2\phi16$），箍筋为 $\phi8@200$，1—1 为近支座处断面，2-2 为跨中断面。

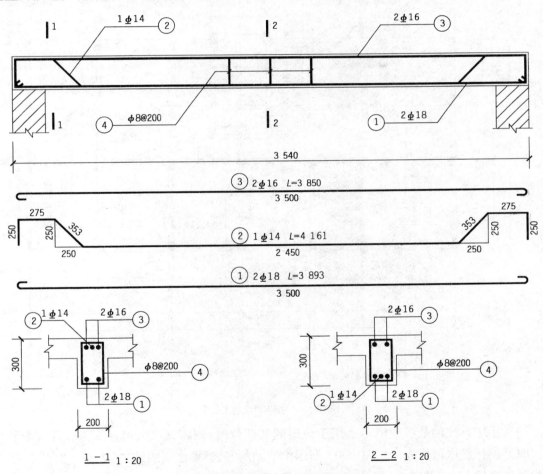

图 19-13　钢筋混凝土梁结构详图

　　框架梁配筋平面图如图 19-14 所示，图中表示了部分梁的主钢筋、构造钢筋、箍筋的配筋设计。框架梁 KL3 配筋平面图如图 19-15b)所示，第一排"KL3(1A)200×400"表示编号为 3 号的框架等截面梁为 1 跨，一端有悬挑，梁宽 200mm，梁高 400mm；第二排"$\phi8@100/200(2)$"

表示箍筋 $\phi 8$，非加密区间距为 200mm，加密区间距为 100mm，均为双肢箍筋；第三排"2$\underline{\Phi}$16；2$\underline{\Phi}$16"表示梁的上部配置 2$\underline{\Phi}$16 的通长筋，梁的下部配置 2$\underline{\Phi}$16 的通长筋；"3$\underline{\Phi}$16"表示梁的支座上部配置 3$\underline{\Phi}$16 的钢筋；"—0.050"表示梁的梁顶面标高高差，即梁的顶面低于所在结构层的楼面标高；悬挑梁上部配置 3$\underline{\Phi}$16 的通长筋，梁的下部配置 2$\underline{\Phi}$14 的通长筋，该梁配有 $\phi 8$ 的双肢箍，间距为 100mm。框架梁 KL3$\textcircled{A}$、$\textcircled{B}$轴间的梁及阳台悬挑梁配筋图如图 19-15a）所示。

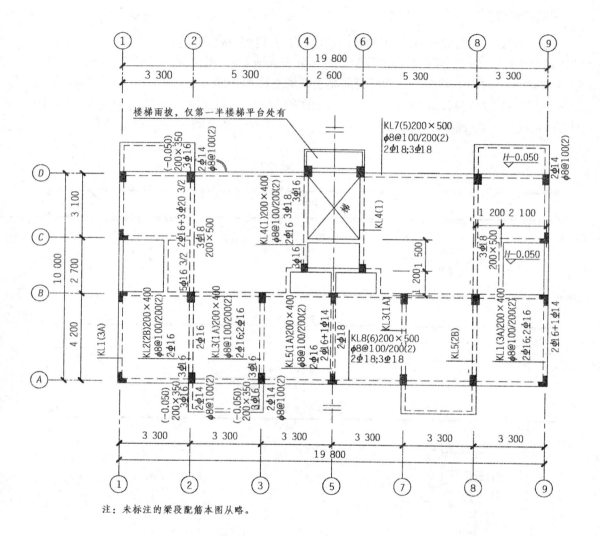

注：未标注的梁段配筋本图从略。

图 19-14 一层框架梁配筋平面图

当梁集中标注的某项数值不适用于该梁的某部位时，则将该项数值在该部位原位标注。施工时原位标注取值优先。如图 19-14 所示中②轴的$\textcircled{B}$、$\textcircled{D}$轴之间的梁，"5$\underline{\Phi}$16　3/2"表明了通长设置在梁上方 5 根$\underline{\Phi}$16 钢筋，分为两层排列，上层 3 根，下层 2 根。图中"3$\underline{\Phi}$18"表示梁的下方配置 3 根通长钢筋；"200×500"是所在位置梁的断面尺寸。"5$\underline{\Phi}$16+1$\underline{\Phi}$18"表示 5 根$\underline{\Phi}$16 通长钢筋如上述配置，还在梁支座上方设置 1$\underline{\Phi}$18 钢筋。注意这里的 1$\underline{\Phi}$18 不是通长钢筋。

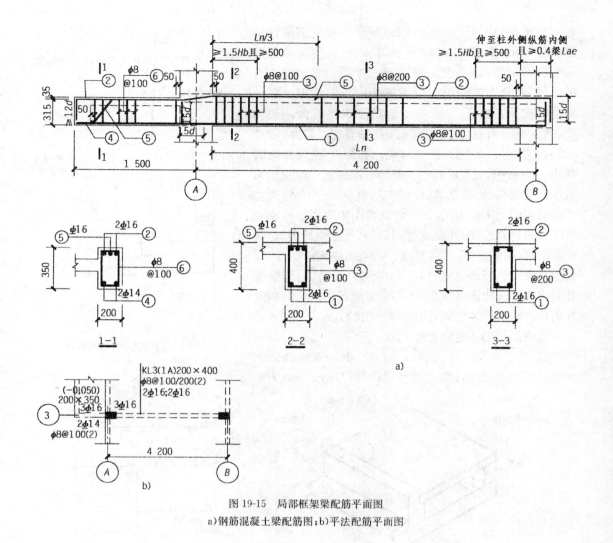

图 19-15　局部框架梁配筋平面图

a)钢筋混凝土梁配筋图；b)平法配筋平面图

第五节　桥涵工程结构施工图

桥涵工程结构物由砖、石、混凝土结构，木结构，钢结构，钢筋混凝土结构，预应力混凝土结构组成。下面主要介绍砖、石、混凝土结构，钢筋混凝土结构和预应力混凝土结构的表达方式。

一、砖、石、混凝土结构

如图 19-16 所示为公路工程上常用的衡重式石砌挡土墙断面图，在剖切断面中，注明了断面材料图例，表明了石料规格、混凝土标号、混凝土砂浆标号，图上所注"M5 浆砌 MU30 片石"，就是说本挡墙是用抗压强度 5MPa 的砂浆浆砌，抗压强度不小于 30MPa 的片石。在此结构图上，还应注明挡土墙后填充所用的材料规格以及地基承载力。

二、钢筋混凝土结构图

道路工程钢筋混凝土结构物有的很简单，如人行道预制板，它一边支承在路缘石上，另一

315

边则支承在垫梁上,如图19-17a)所示。它的钢筋结构图也很简单,如图19-17b)所示,是人行道预制板钢筋图,其中,钢筋N1为受力钢筋,而N2是分布钢筋。有的很复杂,就不能只用一组视图或一张图纸表示它的钢筋结构了。如图17-6所示的新前中桥桥台一般构图,就组成桥台的各构件而言,有钻孔桩、承台、台身(肋台)、台帽。台帽上还有耳墙、背墙、牛腿以及防震挡块。显然,如果直接利用一般构造图的这一组视图来表示钢筋结构图,那么,将使得钢筋重叠而分不清,失去实际的使用意义。为此,在桥台结构图中采用了分别表示的各构件钢筋图,如钻孔桩钢筋图,承台钢筋图,台身钢筋图,台帽钢筋图,耳墙背墙、牛腿、挡块钢筋图等,综合而成桥台钢筋图。这样,各构件受力钢筋、构造钢筋分明清晰。这种化整为零,又集零为整表达钢筋结构的方式是桥涵及其他复杂工程经常采用的方式。

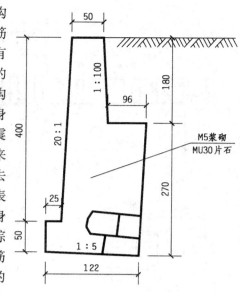

图19-16　衡重式石砌挡土墙断面图

画桥涵钢筋图应注意的几点:

(1)尺寸单位。除高程以米(m)、钢筋直径以毫米(mm)计外,其他未注明的尺寸单位均以厘米(cm)为单位计。

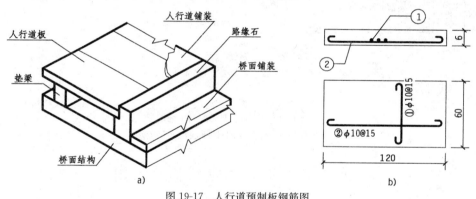

图19-17　人行道预制板钢筋图

a)立体图;b)配筋图

(2)钢筋编号。每张图纸的钢筋均应独立编号,如要连贯各图编号需附加说明。

(3)简化画法。钢筋规格、形状一样且排列间距相同可采用简化画法,如图19-17b)的立面图,分布钢筋N2,排列间距相同,图上只画三根钢筋示意,平面图中钢筋应分别注上①ϕ10@15、②ϕ10@15,不必画全N1、N2钢筋的所有根数。

(4)钢筋详图及数量表。钢筋详图应注明钢筋尺寸和形状,并且应编制与其相应的钢筋数量明细表。

三、预应力混凝土结构

如图17-13所示的跨径13m的空心板中板钢筋图,属于先张法预应力混凝土构件。预应力混凝土构件从制作方式上分为先张法和后张法。预应力混凝土构件配置了两种不同性质的钢筋,即普通钢筋和预应力钢筋。

316

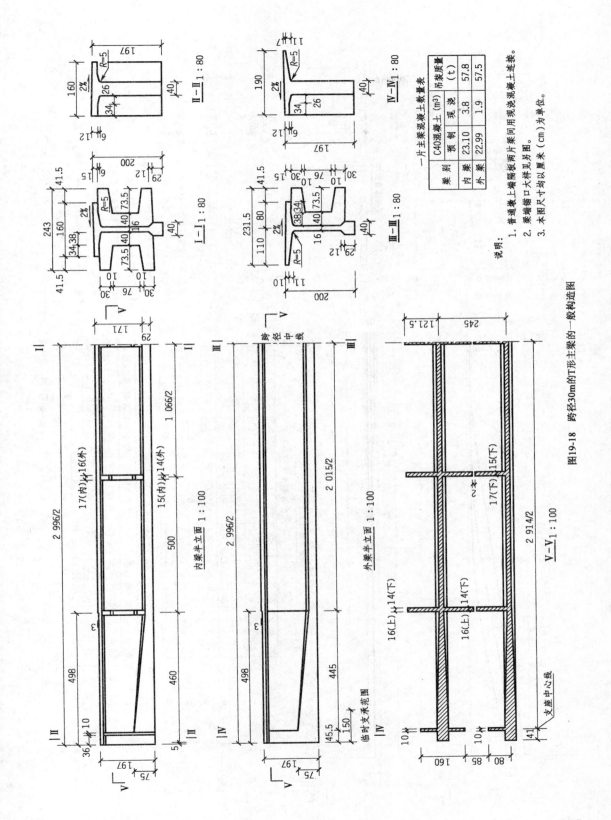

一片主梁混凝土数量表

梁列	C40混凝土（m³）		吊装质量（t）
	预制	现浇	
内梁	23.10	3.8	57.8
外梁	22.99	1.9	57.5

说明：
1. 普通梁上端隔板两片梁同用现浇混凝土连接。
2. 梁端端口大样见另图。
3. 本图尺寸均以厘米（cm）为单位。

图19-18　跨径30m的T形主梁的一般构造图

317

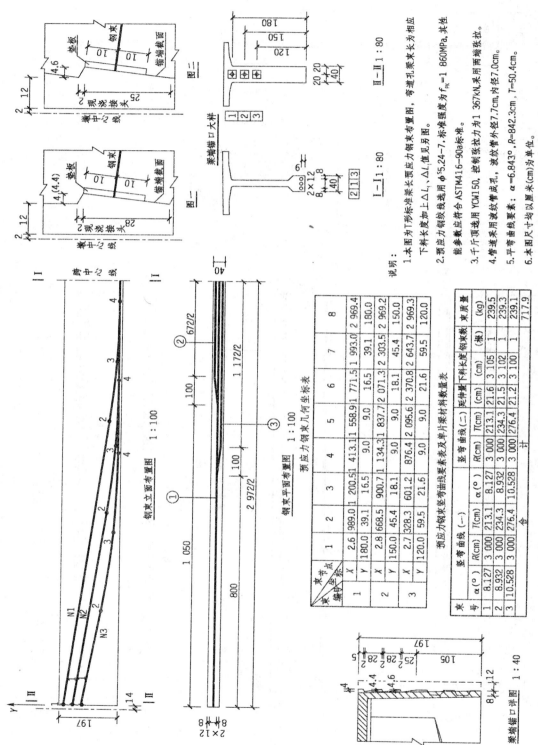

说明：

1. 本图为T形标准梁顶应力钢束布置图，弯道孔梁束长为相应下料长度加上△L_i，△L_i值见另图。

2. 预应力钢绞线选用φ5.24~7，标准强度为$f_{PK}=1$ 860MPa，其性能参数应符合ASTM416-90a标准。

3. 干斤顶选用YCW150，逃纹管成孔，波纹管外径7.7cm，内径7.0cm。

4. 管道采用波纹管成孔，波纹管外径7.7cm，内径7.0cm。

5. 平弯曲线要素：α=$6.843°$，R=842.3cm，T=50.4cm。

6. 本图尺寸均以厘米(cm)为单位。

钢束立面布置图 1：100

钢束平面布置图 1：100

预应力钢束几何坐标表

束节点坐标		1	2	3	4	5	6	7	8
1	X	2.6	989.0	1 200.5	1 413.1	1 558.9	1 771.5	1 993.1	2 969.4
	Y	180.0	39.1	16.5	9.0	9.0	16.5	39.1	180.0
2	X	2.8	668.5	900.7	1 134.3	1 837.7	2 071.3	2 303.5	2 969.2
	Y	150.0	45.4	18.1	9.0	9.0	18.1	45.4	150.0
3	X	2.7	328.3	601.2	876.4	2 095.6	2 370.8	2 643.7	2 969.3
	Y	120.0	59.5	21.6	9.0	9.0	21.6	59.5	120.0

预应力钢束竖弯曲线要素及单片梁材料数量表

束号	竖弯曲线(一)			竖弯曲线(二)			延伸量 (cm)	下料长度 (cm)	钢束根数 (根)	束质量 (kg)
	α(°)	R(cm)	T(cm)	α(°)	R(cm)	T(cm)				
1	8.127	3 000	213.1	8.127	3 000	213.1	21.6	3 105	1	239.5
2	8.932	3 000	234.3	8.932	3 000	234.3	21.5	3 102	1	239.3
3	10.528	3 000	276.4	10.528	3 000	276.4	21.2	3 100	1	239.1
合 计										717.9

图二

图一

梁端锚口大样

Ⅱ—Ⅱ 1：80

Ⅰ—Ⅰ 1：80

梁端锚口详图 1：40

图19-19 跨径30m的T形主梁预应力钢束布置图

318

1. 普通钢筋

根据预应力混凝土结构的构造需要或承担部分受力而设置的钢筋,主要是箍筋、水平纵向辅助钢筋、局部加强钢筋以及架立和定位等构造钢筋。它们的图示方法和普通钢筋混凝土的钢筋图完全相同。

2. 预应力钢筋

预应力钢筋主要布置在构件使用阶段的受拉区,以承受构件所受到的主要荷载。

图 17-13 中所示空心板梁,它是采用先张法张拉钢筋制作的混凝土构件,N1~N6 钢筋为预应力钢筋,是采用钢绞线作为空心板梁的受力钢筋。

3. T 形主梁一般构造图

如图 19-18 所示为 T 形主梁的一般构造图,它有内梁、外梁之分,由梁肋、横隔板、翼缘板构成,比例如图所示。T 梁是大、中型桥梁常用的形式之一。

图 19-18 所示的 T 形梁标准跨径为 30m,如Ⅰ-Ⅰ断面图所示,主梁断面为 T 形。主梁为采用 C40 混凝土浇筑的预制梁,梁长 2 996cm。T 梁的肋高 200cm,内梁翼缘板宽 245cm(包括两侧横隔板缝宽各 1cm),其中每侧各预留 42.5cm 的宽度作为拼装后再浇混凝土的湿接头;外梁翼缘板宽 232.5cm(包括内侧横隔板缝宽 1cm),内侧湿接头宽 42.5cm。外梁的内侧和内梁的两侧均设有七道横隔板(又称横梁)。

4. T 梁主梁预应力钢筋图

如图 19-19 所示为跨径 30m 的 T 形梁主梁预应力钢筋布置图,属后张法预应力混凝土构件,其施工方法是先浇筑混凝土梁,并预留好钢束孔洞,待梁的混凝土达到一定强度后(设计强度 80％以上),穿索安装锚具,利用千斤顶以 T 梁自身作为台座进行张拉钢束,然后使用锚具固定钢束,再用混凝土将梁端锚口包起来。图 19-19 所示的钢束布置图是由梁肋简化为矩形的立面表示,立面图中 N1~N3 表明 3 根钢束,它们在立面上各自的位置,应参照《预应力钢束坐标表》和《预应力钢束竖弯曲线要素表及单片梁材料数量表》查取。从立面图可知,N1~N3 钢束竖向上设有竖曲线,又从平面图可知,N2~N3 钢束在平面上也设有平曲线,因此,钢束 N1 为平面曲线,N2 和 N3 为空间曲线。图中Ⅰ-Ⅰ、Ⅱ-Ⅱ断面表示 T 梁跨中断面和梁端断面的形状和钢束位置。Ⅰ-Ⅰ断面图中,梁肋下方加大一块混凝土面积,作为钢束的布置区域,称马蹄块;而在Ⅱ-Ⅱ断面图中,肋的上部和下部都一样宽,是锚具的布置区域。图中还显示了梁端锚口的大样图,钢束 N1、N2 采用"图一"大样,钢束 N3 采用"图二"大样。

5. T 梁主梁普通钢筋构造图

图 19-18 所示 T 梁的普通钢筋构造图有梁肋钢筋图、行车道板(翼缘板)钢筋图、横隔板钢筋、横隔板接头钢筋图等(本节从略)。

第六节　水工工程结构施工图

水工结构物由砖石、混凝土结构、木结构、钢结构、钢筋混凝土结构组成。水工结构图同建筑工程、交通工程一样,其表现方法基本相同。下面主要介绍砖石、混凝土结构、钢筋混凝土结构的表达方式。

一、砖、石、混凝土结构

如图 19-20 所示为石砌水渠断面图,表明水渠的形状、大小,同样也表明了石料规格、混凝土砂浆强度等级。由于水渠边坡(1∶2)很平缓,水渠的石砌边坡仅起到防止冲刷的护坡作用,因此,只要求石料无风化即可,图中标明是用强度为 5MPa 的砂浆浆砌无风化的片石。又如图 19-21 所示为水工建筑水闸挡墙断面图,图上所注"C15 混凝土"即说明本挡墙是用设计强度为 15MPa 的混凝土构成。在此结构图上,还应注意挡土墙后填充所用的材料规格以及地基承载力(可在设计总说明中说明)。

二、钢筋混凝土结构图

水工工程钢筋混凝土结构物,依其构造的不同而不同,如果构造很简单,那么它的钢筋图将也很简单。然而对于大部分水工建筑物而言,它是相当复杂的工程形体。因此,如同桥梁工程的钢筋视图,在水工构造图中采用分别表示的各构件钢筋,如水闸工程图如图 18-17 所示,就闸室部分而言,所组成的构件有闸墩、底板、边墩、闸门、工作桥、楼梯,还有栏杆等构件。为此,闸室配筋采用闸墩钢筋图、边墩钢筋图、底板钢筋图、公路桥钢筋图、工作桥钢筋图、梯板钢筋图、栏杆钢筋图等综合而成闸室钢筋图。

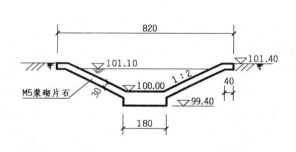

图 19-20　石砌水渠断面图

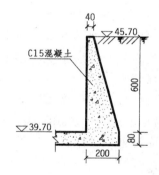

图 19-21　混凝土挡墙断面图

如图 19-22 所示为某闸墩的钢筋图,图中不画底板和工作桥的钢筋图,并不影响闸室的完整性,且使得作图容易。闸墩的钢筋图由立面图和平面图组成。

三、水工钢筋图的简化画法

水工图按照《水利水电工程制图标准》(SL 73.2—95)的要求,钢筋图常用简化画法,介绍如下。

(1)型号、直径、长度和间距都相同的钢筋,可以只画出第一根和最末一根的全长,采用标注的方式表示其根数、直径和间距,如图 19-23 所示。

(2)型号、直径和长度都相同,但间距不相同的钢筋,可只画出第一根和最末一根的全长,中间用短粗线表示其位置,并用标注的方式表明钢筋的根数、直径和间距,如图 19-24 所示。

(3)当几根构件断面的形状、大小和钢筋的布置相同,仅钢筋的编号不同时,可采用如图

19-25 所示的画法。

（4）当钢筋的形式和直径都相同，仅其长度按某些规律变化时，这组钢筋可以只用一个编号，但应在图中或说明中注明其变化规律，如图 19-26 所示。

（5）曲面上的钢筋，一般按其投影绘制钢筋图，如图 19-27 所示。

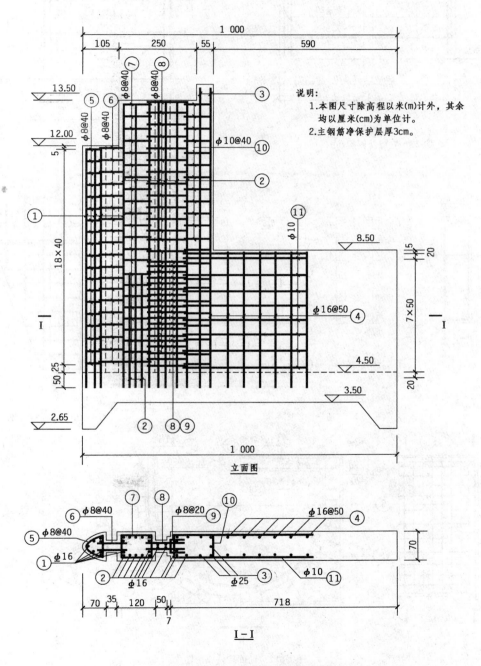

说明：
1. 本图尺寸除高程以米(m)计外，其余均以厘米(cm)为单位计。
2. 主钢筋净保护层厚3cm。

立面图

I—I

图 19-22　某工程闸墩及门槽配筋图

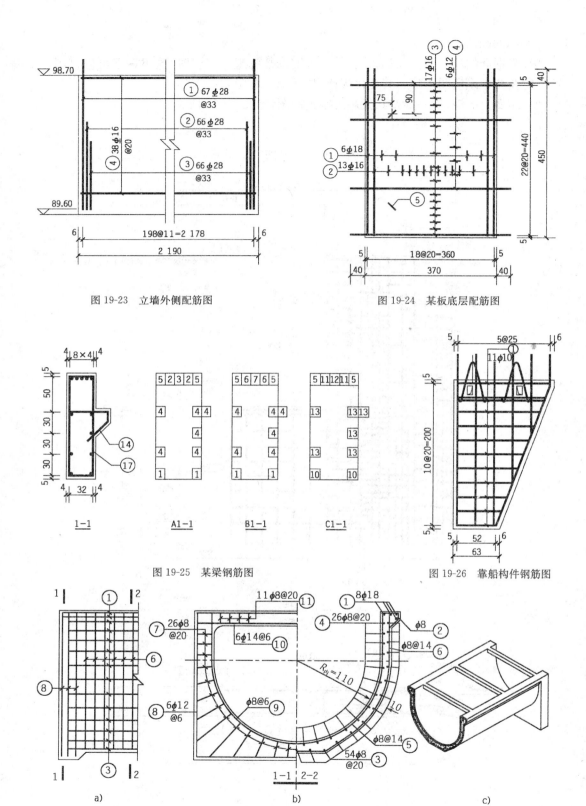

图 19-23　立墙外侧配筋图

图 19-24　某板底层配筋图

图 19-25　某梁钢筋图

图 19-26　靠船构件钢筋图

a)　　　　　　　　b)　　　　　　　　c)

图 19-27　曲面构件钢筋图
a)立面图;b)断面图;c)渡槽示意图

第二十章　给水排水工程图

第一节　概　述

在现代化城市及工矿建设中,给水排水工程是主要的基础设施之一。通过这些设施从水源取水,由自来水厂将水进行净化处理后,由管道等输配水系统输送给用户,然后将经过生活或生产使用后的污水、废水以及雨水排入管道,经污水厂处理后排放至自然水体中去。给水排水工程系统是由室内外管道及其附属设备、水处理构筑物、储存设备等组成。整个工程与房屋建筑、水力机械、水工结构等工程有着密切的联系。因此,在学习给水排水工程图之前,对房屋建筑图、结构施工图应有一定的了解,同时也应熟练掌握旋转、展开剖视图和轴测图的画法。

给水排水工程图按其内容可大致分为:室内给水排水工程图,室外给水排水工程图,水处理构筑物工艺图。

一、给水排水工程图的特点

绘制和识读给水排水工程图时,应注意以下特点:

(1)给水排水工程图中的设备装置及管道一般均采用统一的图例符号来表示。阅读和绘制给水排水工程图时,可参阅给水排水国家标准图集和给水排水设计手册。表 20-1 为部分给水排水常用图例符号。如需自设图例,应在图纸上列出自设的图例,并加以说明。

给水排水工程图部分常用图例 表 20-1

图　例	名　称	图　例	名　称	图　例	名　称
	水表		沐浴喷头	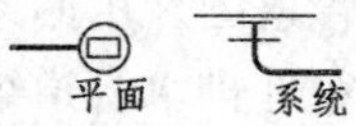	清扫口
	止回阀		污水池	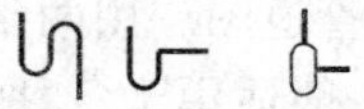	存水弯
	闸阀	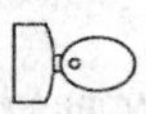	坐式大便器	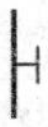	检查口
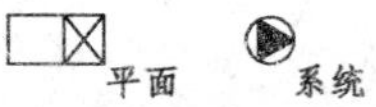	水泵	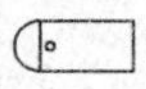	蹲式大便器		通气帽
	水龙头	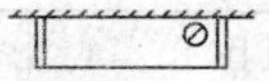	小便槽		水泵接合器
	室外消火栓	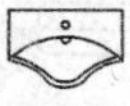	立式小便器	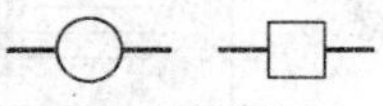	闸门井 检查井
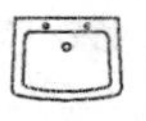	立式洗脸盆		冲洗水箱	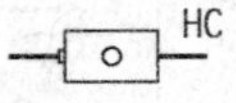	化粪池
	浴盆	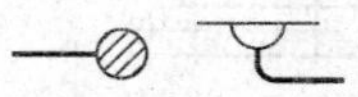	地漏	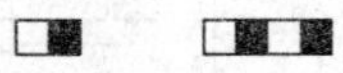	雨水口

（2）给水排水管道的布置往往是纵横交错的，为清楚表达各管道系统的空间走向，需要绘制出管道系统轴测图或系统展示图，简称为系统图。阅读图纸时应将系统图和平面布置图对照识读。

（3）给水排水工程图应与房屋建筑图相互对照、配合。注意在图纸上应表明设备、管道敷设对土建施工的要求，如预留洞、预埋件等。

二、给水排水工程图的管道图示法

给水排水专业图中的重要内容之一是管道，管道一般由管子、管件及其附属设备等组成。一般有三种管道图示方法：

（1）单线管道图。在比例较小的图中，除了管道长度按比例画出外，无论管道粗细，都只采用位于管道中心轴线上的单线图例来表示管道。管道常用图例如表 20-2 所示。

部分常用管道图例   表 20-2

名　称	图　例	说　明	名　称	图　例	说　明
代号管道	—— J —— —— W ——	用汉语拼音字头表示管道类别	多孔管		
图例管道	— — — — — · — · —	以不同线型图例表示管道类别	法兰堵盖		
交叉管道		在下方或后方管道应断开画	管道立管	XL-1 XL-1	
三通管道		管道相交连接	管堵		
四通管道		管道相交连接	管道固定支架		

（2）双线管道图。用两条粗实线表示管道，一般用于单线管道图不能表达清楚的、管径较大的管道，如室外排水管道纵剖面图（图 20-18）。

（3）三线管道图。用两条粗实线画出管道轮廓线，用一条细点画线画出管道中心的轴线。三线管道图一般适用于各种详图，如室内设备安装详图（图 20-16），水处理构筑物工艺图（图 20-19）。

给水排水工程中需要把管子、管件连接组成各种管道系统。常见的管道连接有法兰连接、承插连接、螺纹连接、焊接等方式，如表 20-3 所示。

管道连接图示及图例   表 20-3

连接方式	投影画法	简化图示	图　例	说　明
法兰连接				多用于钢管、塑料管、承压铸铁管等
承插连接				多用于铸铁管、陶土管等
活接头				多用于钢管、塑料管等

第二节　室内给水排水工程图

室内给水排水工程图表示一幢建筑物自给水引入管和污水排出管范围内的给水和排水工程,图纸主要包括管道平面布置图、管道系统图、设备安装详图和施工说明等。

一、给水排水系统的组成

1.室内给水系统的组成
(1)引入管。自室外管网引入建筑物内部的连接管段。
(2)水表节点。用于记录用水量的装置,安装在室内引入管上或用户支管上。
(3)室内配水管网。包括室内水平位置的干管,垂直方向或穿越楼层的立管和连接各种用具的支管。
(4)配水器具与附件。包括各种配水龙头、闸阀、消火栓等。
(5)升压设备。当用水量大或水压不足时需要设置水箱、水泵、水池等设备。

2.室内排水系统的组成
(1)卫生器具。如盥洗池、浴盆、大便器等。
(2)排水横管。连接卫生器具的水平管段称为排水横管。
(3)排水立管。承接各楼层排出污水的立管。
(4)排出管。将立管排出的污水排入检查井的水平管段称为排出管。
(5)通气管。在顶层检查口以上的一段用于通气的立管,称为通气管。

二、平面布置图

1.图示内容
平面布置图表示建筑物室内给水排水管道及设备的平面布置情况,一般包括如下内容:
(1)房屋平面图中的内容,一般只抄绘墙、柱、楼梯、门窗等主要部分,不必画出细部构造。
(2)用水设备如洗涤盆、大便器、地漏、浴缸等的类型、位置及安装方式。
(3)各给排水管道的平面布置,注明管径、立管编号等。
(4)各管道零件如清扫口、阀门的平面位置。
(5)有关图例、施工说明以及采用的标准图集名称。

2.图示方法
1)比例
平面布置图的比例,可与房屋建筑平面图相同,一般为1:100。根据需要也可用更大比例绘制,如1:20、1:50等。

2)绘制房屋建筑图
室内给水排水平面布置图中的房屋平面图部分,是绘制房屋建筑图中有关用水房间而画成的平面图,与房屋建筑图是互相配合的,但它们的表达要求又不相同。图中的墙、柱只需用细实线(宽度0.25b)画出轮廓线即可。门窗不必注写编号,窗可不画窗台而只画出图例,门也可只留出门洞位置,不画门扇。
底层平面布置图中由于室内管道与户外管道相连接,因而需要完整画出。楼层平面图则只需画出用水房间范围内的平面图即可。通常每个楼层都要绘出平面图,但当楼层用水房间和卫生设备及管路布置完全相同时,则只需画出一个标准层平面图。如屋顶设有水箱及有管道布置时,应单独画出屋顶给水排水平面图(图20-7)。当管道布置比较简单时,也可在顶层平面图中用中虚线画出水箱位置。各层平面布置图上均需标明定位轴线,并标注轴线间尺寸。

3)卫生器具和设备的画法

室内的卫生设备一般已在房屋建筑的平面图上布置,可以直接绘制用于室内给水排水的平面布置图上。各类卫生器具和配水设备,均可按表20-1中的图例,用中实线(宽度0.5b)按比例画出其外轮廓线,用细实线(宽度0.25b)画出其内轮廓线。

4)管道的画法

室内给水排水工程图中的各种管道不论直径大小,一律用粗单线(宽度为b)来表示,并将粗单线断开,断开处加注管道用途的中文拼音第一个字母,见表20-2。本文采用不同线型来表示不同的管道种类,给水管道用粗实线表示,排水管道用粗虚线表示。管道无论在楼面(地面)以上或以下,均不考虑其可见性,在平面图中仍按管道类别用规定的线型要求画出。给水立管及排水立管在平面图中用小圆圈表示。

截止阀、水表、闸阀等管道附件,均应按国标图例或表20-1中所列的画出。

平面图中一般不标注管径、管道坡度等数据,由于管道的长度在施工时以实测尺寸为依据,所以在图上也不必标出。

5)管路系统及立管的编号

为使平面图能与管道系统图(图20-8~图20-11)相对照及便于阅读,当室内给水排水管路系统的进出口数大等于两个时,各种管路系统应分别予以标志及编号。给水系统可按每一引入管为一系统,排水系统可按每一排出管为一系统,编号如图20-1所示。细实线圆直径为12mm,可直接画在管道进出口的端部,也可用指引线与引入管或排出管相连。用一段水平直径分开上下半圆,圆的上半部用拼音代号表示该管路系统的类别,如"J"表示给水系统,"P"表示排水系统,"W"表示污水系统等,圆的下半部用阿拉伯数字顺序注写编号。当建筑物内穿越楼层的立管数量多于一根时,也用拼音字母和阿拉伯数字进行编号。以指引线连向立管,在横线上注出管道类别代号、立管代号及数字编号。如图20-2所示,用字母J表示给水管道,L表示立管,"JL-1"表示1号给水立管,"PL-2"表示2号排水立管,以此类推。

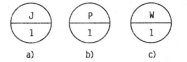

图20-1 管路系统的编号

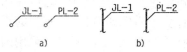

图20-2 立管的编号

6)图例及说明

为使施工人员便于阅读图纸,无论是否采用标准图例,最好都应附上各种管道、管道附件及卫生设备等的图例,并对施工要求、有关材料等情况用文字加以说明。图20-15即为在本章实例的给水排水施工图中所附的图例。现将施工说明摘录如下。

施工说明

(1)单位。高程以米(m)计,其他尺寸均以毫米(mm)计。

(2)标高。室内高程±0.000,室外高程-0.200,排水管标高为管底标高,给水管标高为管中心标高。

(3)管材。给水管采用镀锌钢管,排水管采用硬聚氯乙烯排水管,但埋地及穿屋面采用铸铁管,室外排水管采用混凝土管。

(4)防腐。明设:镀锌钢管外刷银粉漆两道,硬聚氯乙烯管外刷灰色调和漆两道。暗设:埋地镀锌钢管、铸铁管外刷热沥青两道。

(5)卫生器具。底水箱坐式大便器安装要求详见 90S 342-48;底水箱蹲式大便器安装要求详见 90S 342-61;洗脸盆采用普通洗脸盆,安装要求详见 90S 342-31。

(6)管道安装。按给排水国标要求,镀锌钢管丝扣连接,铸铁管石棉水泥接口,硬聚氯乙烯管黏结。管道穿墙板、基础等应预留孔,管道穿梁应预埋套管。硬聚氯乙烯管坡度 $i=0.026$;铸铁排水管坡度如下:DN75 时,$i=0.025$,DN100 时,$i=0.02$;DN150 时,$i=0.015$;DN200 时,$i=0.01$。

(7)其他除本说明外,均按有关规范、规程施工。

3. 绘图步骤

一般先画底层平面,再画各楼层和屋顶平面图。在绘制每层平面图时,可按如下步骤进行:

(1)首先抄绘房屋平面图和卫生器具平面图。

(2)画出管道布置。首先画立管,再按水流方向画出横支管和附件,对底层平面图还应画出引入管和排出管。给水管一般画至各设备的放水龙头或支管接口,排水管一般画至各设备的废、污水的排泄口。

(3)标注有关的尺寸、标高高程、编号,注写有关图例及文字说明等。

三、给水排水系统图

为了清楚地表示出全部管路系统的空间布置情况,室内给水排水工程图除了平面布置图外,还应表示出系统图,通常可用三等正面斜轴测图绘制,轴测系统图立体、形象且直观(图20-8),但作图麻烦。另一种方法是假设把所有管系都按平面展开,如图 20-9 所示,把给水系统展示在同一平面上。给水排水系统图包括给水管道系统图和排水管道系统图(图 20-11)。

1. 图示内容

(1)给排水管路系统在上下各层之间的前后、左右的空间位置和相互关系。

(2)用图例绘出配水器具及附件,如水龙头、水表、阀门、截止阀、存水管弯、地漏等。

(3)给水排水管路系统中均应标出管径,排水管路系统中除应标出管径外,还应注出各管道坡度。

(4)各管路系统及立管的编号。编号应与平面图中的编号相一致,表示法仍同平面图。

(5)标注出各层楼地面、屋面及给水排水管道的相对标高。

2. 图示方法

1)三等正面斜轴测图

如图 20-3 所示,沿上下方向的管道与轴测轴 OZ 轴平行,沿左右方向的管道与轴测轴 OX 轴平行,沿前后方向的管道与轴测轴 OY 轴平行。三个轴的轴向变形系数都为 1,即按实际长度来绘制。Y 轴一般与水平面成 45°,如管道重叠或交叉太多时,也可为 30°或 60°。

2)平面展示法

管道的布置实际上是一个空间体系,图面上重叠交叉在所难免,为此,假设把所有管系通过旋转展开,如图 20-9 所示,把给水系统展示在同一平面上。读图时,结合各层平面图,就可以读出各管道的位置和走向,以及材料的规格,避免了图面上的重叠交叉。

3）比例

给水排水系统图通常采用与平面布置图相同的比例，以便按照轴向量取长度。如果配水设备较为密集和复杂，也可用较大比例放大绘制；反之，如果系统图较为简单，也可将比例缩小一些。总之应根据具体情况选用合适的比例，使图面既能显示清楚，又不显得内容空洞。

4）管道的图示法

给水排水管道系统图一般可按每根给水引入管或排水排出管分组绘制。系统轴测图中的管线都用粗实线表示，其他的图例和线型等仍与平面布置图中相同。管道长度直接从平面图上量取，管道的高度一般根据建筑物的层高、门窗高度、梁的位置以及各卫生器具、阀门的安装高度来决定。在管路上不必画出管道的接头形式；为作图简便，排水管虽有坡度，但仍可画成水平管。

给水排水管道系统图中只需绘出管路及配水设备。用图例绘出配水器具及附件，如水龙头、沐浴喷头、水表、阀门、截止阀、存水管弯、地漏、大便器冲洗水箱支管等。而所有的卫生器具及用水设备等，已经在平面布置图中明确表达出来，所以也就无需再画。

为使图面清晰和绘图简便，对于在多层或高层建筑中的楼层，当其卫生器具和管道布置都完全相同时，可只画出一层的管道布置，其他各层省略不画。在立管分支处用波浪线断开表示，并以指引线标明"同底层"等注解。如按原画法，前面的管路和后面的管路互相交叉重叠以至影响阅读，这时可用"移置画法"。将管道在某点用波浪线断开，把前面的管道移至空白处画出，在两端断开处应注明相应的标号如"A"，以便于阅读，如图20-4所示。当有两根空间交叉的管道在系统轴测图中重影时，为鉴别其可见性，一般在投影交点处将前面或上面能看见的管道画成连续线，后面或下面被遮挡的部分画成断开线。

图 20-3　三等正面斜轴测图　　　　　　　　图 20-4　管道的连接符号

5）管道的标注

给排水管道均要标注管径，管径必须标注在系统图上，一般用代号"DN"后加数值表示，如"DN70"表示公称直径 70mm。一般情况下每段管道均要标注管径，但在连续管段中在管径变化的始段和末段表示出即可。管径一般可注在管段的旁边，也可用指引线引出标注。

排水横管应注明坡度，用代号"i"后加坡度数值表示，如"$i=0.03$"表示坡度为 3‰。坡度数值下的箭头应指向坡降方向。较短的承接支管可不注明坡度，当排水横管采用标准坡度时，也可不在图中注出，但应在施工说明中说明。

给水系统图中应注明管系引入管、各水平管段、阀门、放水龙头、卫生器具的连接支管、与水箱连接的管路及水箱的底部与顶部等的标高。排水系统图中应注出立管上的通气网罩、检查口、排出管起点处等的标高。在室内给排水工程图中，均采用相对标高，并应与房屋建筑图相一致，底层室内地面标高高程为±0.000m。

3.绘图步骤

（1）画出立管及各层的楼地面线、屋面线。

（2）画出给水管道系统中的给水引入管、屋面水箱的管路及闸阀等，画出排水系统中的污水排出管及窨井、立管上的检查口和通气帽等。

（3）从立管上引出各横向的水平管道。

（4）在横向管道上画出给水管道系统中的水龙头、沐浴喷头等，排水系统中的存水弯、地漏、承接支管等。

（5）标注管径、标高高程、坡度，注写有关图例及文字说明等。

四、给水排水平面图与系统图的识读

1. 阅读要领

阅读时必须把平面布置图和系统图相互对照，互为补充。首先找出平面图和系统图相同编号的给排水管路系统和立管，按系统分组阅读。

给排水系统图中的图例和图线往往较多，阅读时应掌握一定的顺序。阅读室内给水系统图时，应从室外引入管水平干管开始，沿水平干管、立管、支管、用水设备方向顺序阅读。阅读室内排水系统图时，应从排水设备开始，沿支管、立管、干管、总排水管方向顺序阅读。

2. 实例

图 20-5～图 20-14 为某住宅室内给水排水平面图和系统图，表 20-4 为图例。这栋房屋为一梯两户的多层住宅楼，用水房间为厨房、卫生间及阳台。一般可将整个给水排水系统在一张图中完整绘出，但在本章实例的给水排水施工图中为表达清楚，将局部平面布置图和系统图以1∶50 比例放大画出。如厨房、卫生间平面布置图（图 20-12）和厨房、卫生间给水排水支管轴测图（图 20-13、图 20-14）。

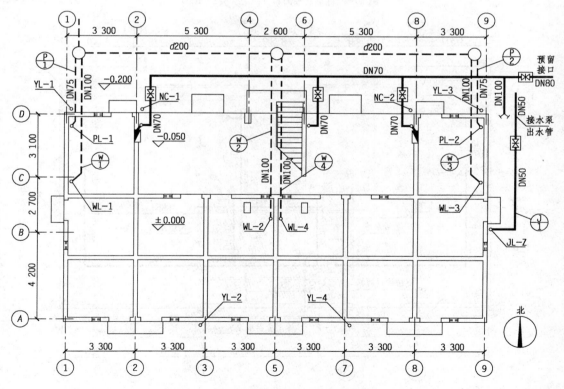

图 20-5　底层平面布置图（比例：1∶100）

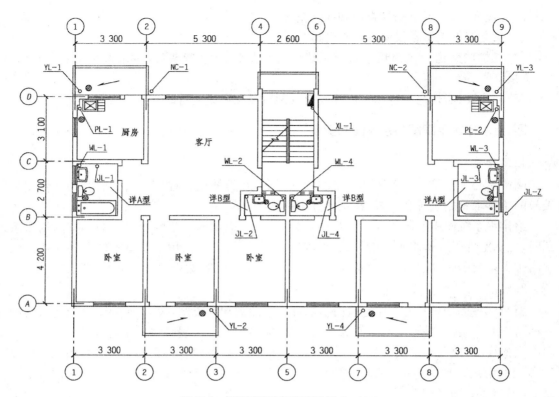

图 20-6 标准层平面布置图(比例:1:100)

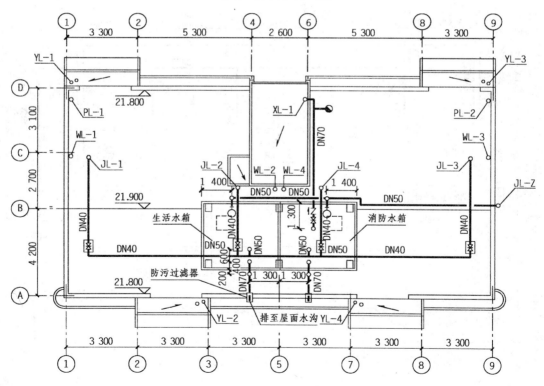

图 20-7 屋顶平面布置图(比例:1:100)

水箱各管口高程(单位:m)						
水箱内底	水箱内顶	出水管口	出水管顶	进水管	溢流管	放水管
23.000	25.000	23.100	23.600	24.700	24.800	22.950

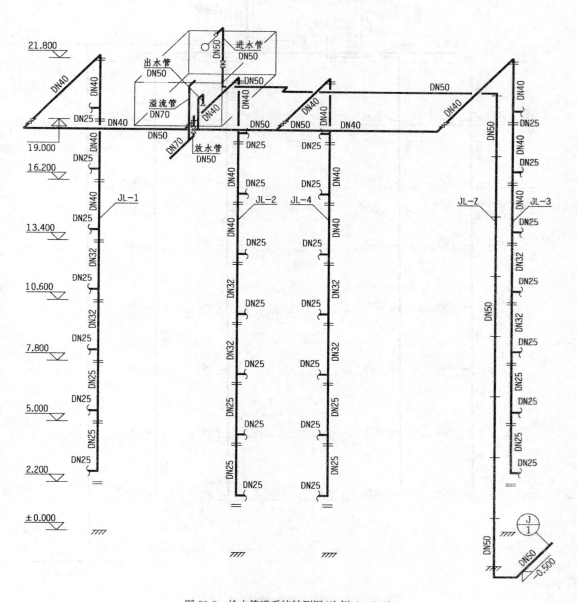

图 20-8　给水管道系统轴测图(比例:1:100)

下面以阅读这栋住宅的给水排水平面图和系统图为例,说明读图的步骤及方法。

1)给水系统的阅读

对比顶层平面图与系统图可知,房屋由给水系统 J/1 供水。接水泵房的立管 JL-Z 紧贴外墙登高至屋顶,流经水平管道,分别流向屋顶生活水箱和消防水箱,通过立管、阀门和浮球阀相连,向水箱进水。以生活水箱为例,水由出水口以 DN50 的出水管分支为东西两管分别向两用

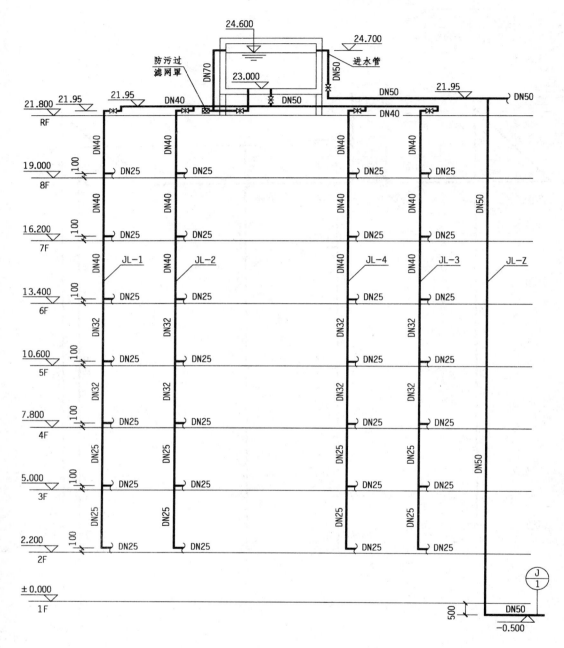

图 20-9 给水管道系统展示图(比例:1∶100)

户供水。向西的支管又分支为两根支管,在用水房间的屋顶处分别接立管 JL-1、JL-2 供给各层用户。清洗水箱的污水和水箱满后溢流出的水分别由 DN50 的放水管和 DN70 的溢流管,通过 DN70 的一段横管排向屋面水沟。

再以给水立管 JL-1 系统为例,对照图 20-12 和图 20-13 可知,水由立管流经闸门、水表后分为两支,一支依次向洗脸盆、坐式大便器、浴盆供水,另一支穿过 C 轴墙后向厨房洗涤池供水。立管 JL-2 向 B 型卫生间供水,它的平面布置图及支管系统图,留给读者作为课后练习。

2)排水系统的阅读

各层厨房的废水由排水立管 PL-1 排出,两个卫生间的污水分别由污水立管 WL-1、WL-2 排出。以阅读污水系统 W/1 为例,对照各层平面图和系统图可知,立管 WL-1 依次以支管与

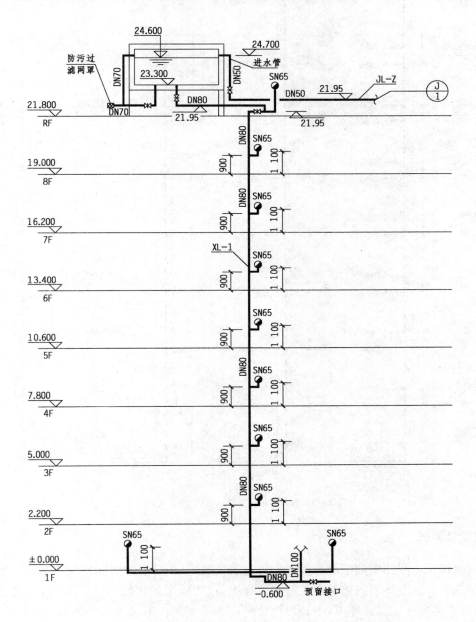

图 20-10 消防给水管道系统展示图(比例:1∶100)

洗脸盆、大便器、地漏、浴盆相连,各层污水由立管排至底层地下排水横管后,进入室外窨井(检查井),排入化粪池。系统图(图 20-11)中立管高出屋顶的部分为通气管,上设通气帽,在标高高程 20m 和高程 1m 处各设一个检查口。各层污水由 DN100 的地下排出管,以 2‰的坡度排向室外窨井。

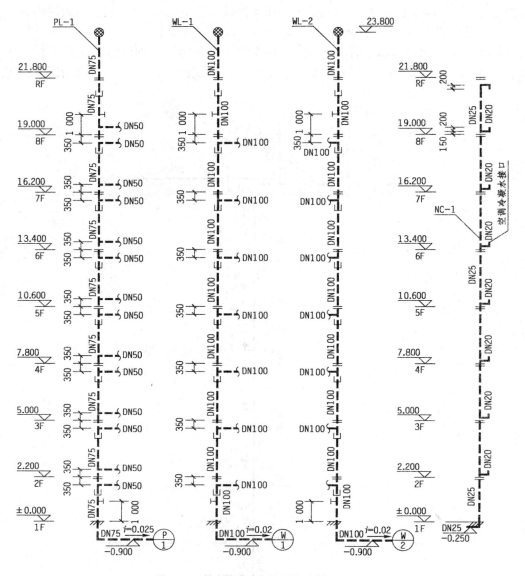

图 20-11　排水管道系统展示图(比例:1:100)

五、安装详图

室内给排水工程图中的平面布置图与管道系统图,只表示了卫生器具和管道的布置情况,而卫生器具的安装及管道的连接则需要安装详图,作为施工的依据。对于常用卫生器具的安装详图,通常套用标准图集即可,不必再行绘制。本章实例住宅楼内的洗脸盆、浴盆、大便器、洗涤池等卫生设备的安装详图所套用的标准图,已在施工说明中列出。

如安装详图不能套用标准图时,应自行绘制出详图。安装详图常采用较大比例绘制,根据需要可选用1:5~1:25。详图要求图形表达明确、尺寸标注齐全、主要材料表和有关说明应详细、清楚。设备的外形可简化画出,管道则采用前述三线管道图的画法。卫生器具进、出水管的设计安装高度等均由详图查出,所以在绘制给排水管道平面图和系统图时,各卫生器具的进、出水管的平面位置和安装高度,必须与详图上的相一致。图 20-15 为洗涤池安装详图。

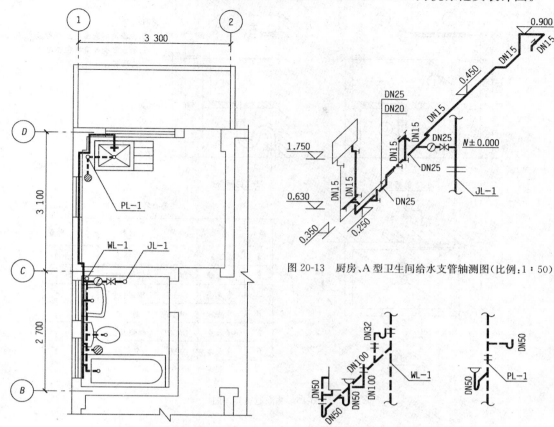

图 20-12　厨房、A 型卫生间平面布置图(比例:1∶50)

图 20-13　厨房、A 型卫生间给水支管轴测图(比例:1∶50)

图 20-14　厨房、A 型卫生间排水支管轴测图(比例:1∶50)

某住宅室内给水排水平面图图例　　　　表20-4

图例	设备名称	图例	设备名称	图例	设备名称
	给水管		排水管		立管
	闸阀		室内水表		止回阀
	室内消火栓		水泵接合器		阀门井 检查井
	浮球阀		洗脸盆		地漏
	底水箱坐式 大便器		浴盆		洗涤池
	水龙头		检查口		存水弯
	阀门井		管道伸缩节		通气帽

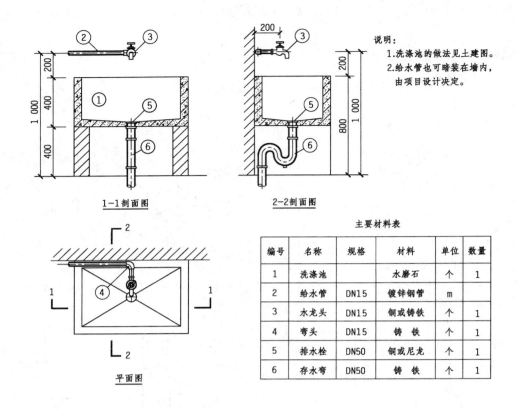

图 20-15　洗涤池安装详图

第三节　室外给水排水工程图

室外给水排水工程图主要反映一个区域内的室外给水排水工程设施及管网系统的布置等,其涉及的内容较多。室外给水排水工程图主要包括给水排水流程示意图、给水排水总平面图、管道平面布置图、管道纵剖面图、附属设备的施工图等。本节仅介绍给水排水总平面图和管道纵剖面图。

一、给水排水总平面图

1.图示内容和方法

给水排水管网总平面布置图表示在某个区域(如住宅区、厂区)范围内各种室外给水排水管道的布置情况,一般应包括如下内容:

(1)建筑总平面图。建筑总平面图表示的重点在于建筑群体布置、道路交通和环境等,而管网总平面布置图则应以管网布置为重点。因此,应用粗线条画出管道,用中实线画出建筑物外轮廓,其余地物、地貌和道路用细实线画出,绿化可略去不画。

(2)市内给水管网干管的位置与排水管网干管的位置。

(3)室外给水管的布置,即市内给水干管至房屋引入管之间的给水管网的布置。注明各给水管道的管径、管长等,并表示出消火栓、闸阀等的位置。

(4)室外排水管网的布置,即室内排水管至市内排水干管之间的排水管网的布置。需注明各段排水管道的管径、管长、标高高程、窨井的编号等,并表示出窨井、化粪池等的位置。

2.绘图步骤

(1)绘出建筑总平面。比例一般与建筑总平面图相同,但如管线较密,也可用较大比例绘出。

(2)用粗实线画出给水管道,用图例画出阀门井、消火栓、水表井等设备(细实线宽0.25b)。

(3)用粗虚线画出排水管道,用单点长画线画出雨水管道,用图例表示出检查井、雨水口等。

(4)检查无误后加深图线,并标注有关标高高程,检查井的编号、管径、管长、坡度等数值。

(5)注写有关图例及文字说明。

3.图示实例

图20-16为某住宅小区的给水排水总平面图。DN50的给水管道经水表井将市内给水干管与水泵房相连,再由水泵房向住宅楼供水。读图可知,东边用户的厨房及卫生间污水由排水横管排出,进入1号检查井,经2号及3号检查井,排入化粪池。主卧室厕所污水排入2号检查井。同样西边用户的污水分别排入2号及3号检查井中,排入化粪池中,经4号及5号检查井,进入城市污水管。图中排水系统属分流制,其雨水与污水分两根管道排出。

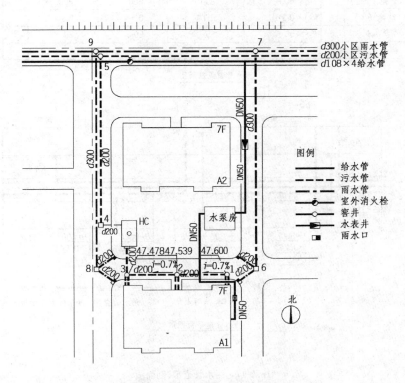

图20-16　某小区给水排水管网总平面布置图(比例:1:500)

二、管道纵剖面图

由于市区中的管道种类繁多、布置复杂，为清楚地表明管道的埋置深度、敷设坡度、竖向空间关系及道路的起伏状况等，应按管道种类分别绘出每一条街道的沟管平面图和管道纵剖面图。图 20-17 是某一街道的给水排水平面布置图和污水管道纵剖面图。

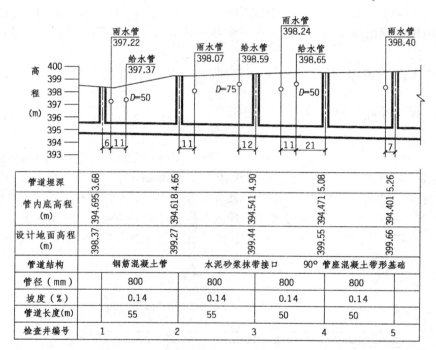

污水管道纵剖面图

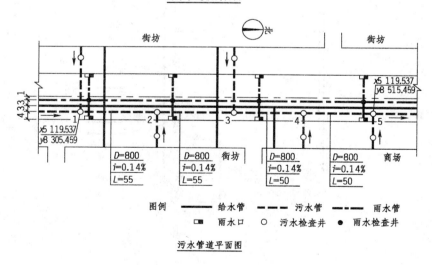

污水管道平面图

图 20-17　污水管道平、剖面图

338

1. 图示内容和方法

1)图面布置

管道纵剖面图中一般用剖面图表示出污水干管、被剖到的检查井、地面以及其他的管道。在剖面图的下方用表格分项列出该干管的各项设计数据,例如管径、管道坡度、设计地面标高高程、管底高程、管道埋置深度、检查井编号、检查井间距等。其中,设计地面标高高程、管道坡度、检查井间距、上下游管底标高高程、管道埋深之间的关系为:下游管底标高高程=上游管底标高高程-坡度×检查井间距;管道埋深=设计地面标高高程-管底标高高程。

此外,还常在最下方画出管道的平面图,以便与剖面图相对应,平面图中补充表达出该污水干管附近的给水管、雨水管和建筑物等的布置。

2)比例

由于管道的长度方向比直径方向大得多,通常在水平方向和垂直方向上采用不同的比例来绘制纵剖面图。垂直方向比例一般为 1∶100,也可用 1∶200、1∶50 等,水平方向比例一般为 1∶1 000,也可用 1∶2 000,1∶5 000 等,一般竖横的比例为 10∶1。

3)图线

在纵剖面图中,一般压力管道(如给水管)的纵剖面宜用单粗实线绘制;重力管道(如排水管、雨水管)宜用双粗实线绘制;被剖切到的检查井、地面用中实线画出;分格线、标注线等用细实线画出。

2. 绘图步骤

(1)选择适当的纵横向比例,布置图面。

(2)根据纵向比例,绘出水平分格线;根据横向比例和检查井间距绘出垂直分格线。

(3)根据管径、管道标高高程、管道坡度、设计地面标高高程等,在分格线内按比例画出干管、检查井、地面线的剖面图。然后在相应位置画出与干管连接或交叉的管道截面,由于横竖比例不同,应将其画成椭圆形。为方便起见,有时也可将管径较小的管道截面简化表示为圆形。

(4)检查无误后加深图线,注写文字等,完成全图。

第四节　水处理构筑物工艺图

从水源取来的水,必须经过净化处理后,才能进入城市给水管网;而生产和生活产生的污水,在排放之前也必须经过处理。水处理工程一般指上述的给水处理和污水处理两方面。水处理系统主要由管道、水处理设备和水处理构筑物组成,如自来水厂的澄清池、快滤池、清水池等,以及污水处理厂中的沉淀池、曝气池、污泥浓缩池等。

净化水质的处理构筑物,大多是钢筋混凝土结构的盛水池,内部安装有水处理设备和管道。它们与房屋建筑等构筑全然不同,必须按照给水排水工程的工艺特点和专业要求,选用适当的视图来表达其各个组成部分,以符合专业要求的图示方法,便于阅读和绘制工艺图。这些水处理构筑物的用途和工艺构造虽不尽相同,但其图示特点和表达方法大体上相似。下面以快滤池(图 20-18)为例简单说明水处理工艺图及其详图的阅读、图示方法和特点。

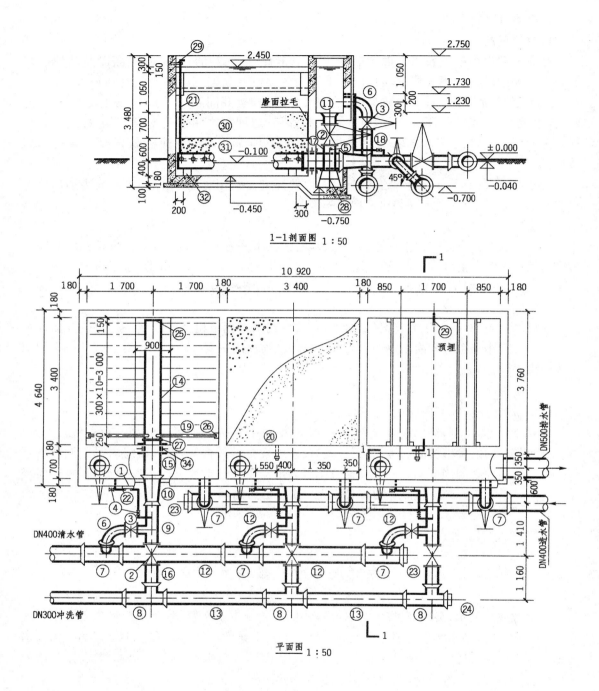

図 20-18　快滤池工艺平、剖面图

一、工艺构造和流程

1. 工艺构造

快滤池是一种用于水质净化的小型水处理构筑物,其中以石英砂为滤料的普通快滤池最为普遍,通过石英砂等粒状滤料层截留水中的悬浮和细微颗粒,达到净化水质的目的。

图 20-18 表示的快滤池以三格滤池为一组，成单行排列，池旁的管道系统包括进水管、排水管、清水管、冲洗管四种管路系统。快滤池的池身为方形的钢筋混凝土池，池的最上方为排水槽，池的中间部分为滤层（石英砂层）及其支承层（卵石层），池底敷设配水干管及配水支管。池身前壁的上部为进水渠，下部为排水渠。

2.过滤流程

过滤时首先必须关闭冲洗水管及排水渠的落水管上的闸门②，开启竖向进水支管及清水管上的闸门③。原水流经进水管、丁字管⑦、承插直管⑫、丁字管⑦转入每格滤池的竖向进水支管上的插盘短管⑱，经阀门③、弯管⑥进入进水渠中。再穿过池壁流进排水槽，水满后由槽顶溢出，经过石英砂层及卵石层的过滤后，由池底的配水支管⑲进入配水干管⑭。最后流经插盘短管⑮、渐缩管⑩、丁字管⑨，经阀门③、弯管⑥、丁字管⑦进入清水管中，流向其他净水设备。

3.冲洗流程

当过滤进行一段时间后，滤料层中的污物逐渐积累，使过滤速度减慢。这时必须停止过滤，对滤料进行清洗。冲洗时的流程按与过滤时的相反方向进行。首先关闭进水管与清水管上的闸门③，打开冲洗水管及落水管上的闸门②，冲洗水由冲洗管进入，经丁字管⑧、插盘短管⑯、闸门②、丁字管⑨、渐缩管⑩、插盘短管⑮、配水干管⑭，由配水支管⑲上的小孔流出，进入滤池的底部，反向冲洗滤料层。冲洗污水由排水槽流入进水渠，经落水管上的喇叭口⑪、闸门②、插盘短管⑰跌入排水池中，再由排水管排出。

二、视图分析和选择

综合分析和比较各个构筑物的形体和构筑，设计阶段的图样种类，以及表达的深度等，从而确定所画视图的内容和数量。所选的视图应能清楚而充分地表达出构筑物的工艺构造，而又不过多重复。常以平面图为基本视图，辅以剖面图和其他视图，根据构筑物内部的工艺构造和复杂程度，在平面图上确定剖切位置，从而画出相应的剖面图。对于矩形水池，一般采用全剖面图或阶梯剖面图；对于圆形水池，宜采用旋转剖面图。对于在总剖面图中表示不清楚的局部构造，为避免重复表达，可画出小范围的剖面图。在池体的外壁上无复杂的管道或设备时，一般无需画出立面图。

三、图示内容和方法

1.比例

水处理构筑物平面图和剖面图，通常采用较大比例，一般可取 1∶50～1∶100，根据构筑物的大小及复杂程度而定。

2.图线

三线画的大直径管道轮廓线、单线画的小直径管道用粗实线（宽度为 b）画制；构筑物中的池体、附属设备及构件的轮廓线，以及剖面图中的断面轮廓线宜选用中实线（宽度为 $0.5b$）绘制；中心线、尺寸线、引出线等均用细实线（$0.25b$）绘制。

3.尺寸标注

在构筑物工艺图中，除了对主要管道宜标注出管道名称和公称直径外，其他管道也可省略不注。

在水处理构筑物工艺图中,宜标注出各部分的定形和定位尺寸,以及构筑物的外包尺寸等,不必注出土建结构的细部尺寸。管道可从池壁或坑壁来定位,圆形水池中可从通过圆中心线的圆弧角度来定位,定位尺寸均以管道的中心线为准。尺寸要尽可能标注在反映其形体特征的视图上,类同性质的尺寸应适当集中,尺寸应注在清晰的位置,不宜与视图有太多的重叠和交叉,也不应有过多的重复标注。

在剖面图中,应标注出池顶、池底、有关构件等构筑物的主要部位以及水面、管道中心线、地坪等处的相对标高。标高常以池底或室外地坪作为相对标高的零点。

4. 土建设施

水池的土建部分大多是钢筋混凝土结构,另有结构图详细表达出池身大小、钢筋配置、预埋件位置等,以供土建施工使用。因此,在构筑物工艺图中,只需按投影画出池身形体的可见轮廓线及被剖到的断面轮廓线即可。在剖面图的池身剖面上,可只画出部分材料图例示意,以使剖面清晰而不易混淆。滤池中的排水槽、石英砂层及卵石层等为上下叠层构造,可用分层剖面图来表达,即在保持形体完整的前提下,将叠层部分逐层剖切。如快滤池平面图(图 20-18)中以三格滤池为一组,左边的滤池将上部分全部移去,以显示出池底部分的配水系统管道;中间的滤池用波浪线分隔,表示出石英砂层及卵石层;右边的滤池表示出最上层的排水槽。这样每格滤池分别表达了不同层次的构造,可使视图简明清楚、表达完整。

5. 管道及其配件

大直径管道按比例用三线管道图绘制,小直径管道可用单线管道图绘制。管道上的各种阀门等配件,可按表 20-1 中的图例绘出,不必画其真实的投影轮廓。弯管、丁字管、渐缩管等管件,则按其准确尺寸画出外形轮廓。管道的连接可按表 20-3 中的管道连接画法表示。

为了便于读图及施工,设备、管道及配件应该编号,以指引线引出直径为 6mm 的细实线圆,圆内用阿拉伯数字顺序注写编号。相同配件的编号应相同,同时按编号列出工程量表,以便统计。

当管道太长或管道交叉、重叠,影响视图的表达时,可在重叠处将前面的管道截断,以露出后面被遮挡的管段。为清楚显示管道的横截面,可在圆截面的左上角画一个月牙形的阴影表示。

6. 附属设备

对于滤池中的附属设备及细部构造,一般只需画出外形轮廓即可。当附属设备不能套用标准图集时,应另画出详图,并用索引符号索引。在直径 10mm 的细实线圆中,用一段水平直径分开上、下半圆,上半圆内的数字为详图编号,下半圆的数字为详图所在图纸的编号。

四、详图

对于在构筑物工艺平面、剖面图中不能表达清楚的细部构造、管道安装、附属设备等,需要用较大比例,另行绘制出详图。如图 20-19 所示,即为快滤池中的配水系统、单盘喇叭口详图。

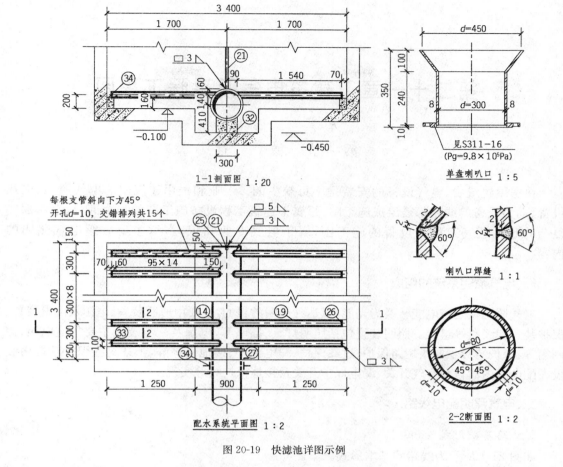

图 20-19　快滤池详图示例

五、工艺图及其详图的绘图步骤

(1)根据构长物工艺流程及其形体特征,确定剖切位置及剖面图数量,选择合适比例。按照所选比例及构筑物的特点,估计自绘非标准详图的数量。

(2)根据图形数量及其大小选择图幅,进行图面布置。

(3)绘制构筑物工艺图及其详图,一般从平面图开始画起,然后画相应的剖面图,最后画出必要的详图。在画平、剖面图及详图时,一般应首先画出池体的各个视图。再按照各管道的定位尺寸及标高,画各个视图中各管道的中心线。接着根据管径及管道配件的尺寸,画出管道的轮廓线。然后画出附属设备及构件如排水槽、水头损失仪等。

(4)注写设备、管道及配件的编号,并按照编号绘制工程量表。

(5)检查无误后,按要求加深图线,注写索引符号、尺寸、标高及文字说明等。

第二十一章　建筑电气及采暖工程图

第一节　概　　述

在房屋建筑中,电气设备的安装是不可缺少的。工业和民用建筑中的电气照明、电热设备、动力设备的线路都需绘成施工图,是属于建筑工程设备施工图的一个部分,至于那些复杂的专门电气工程和设备的施工图,属于电气专业知识,本章主要介绍电气照明的内容。

一、电气照明系统的组成

电气照明就是将电能转换为光能,以达到照明的目的,主要由照明装置、电源及配电装置、保护装置和线路等组成。照明装置包括照明灯具、插座等,电源及配电装置主要指配电箱、控制箱等,保护装置主要指短路保护、过载保护、漏电保护、接地保护等,上述这些保护功能由装设在配电箱内的自动空气开关、漏电保护开关及接地保护线等实现。

二、电气照明配电线路

1. 线路基础形式

如图 21-1 所示为线路的基本形式。

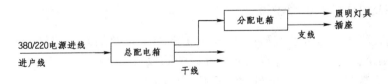

图 21-1　线路基本形式

(1)进户线。是由室外引入建筑物内总配电箱的线路,它是室内供电的起点,一般有架上线路引入和电缆线路引入两种方式。它一般设在建筑物的背面或侧面,线路应尽可能短,且便于维修。

(2)配电箱。是接受和分配电能的装置,内部装有接通和切断电路的开关和作为防止短路故障保护设备的熔断器,以及记录耗电量的电表等。

(3)干线。由总配电箱引至分配电箱的供电线路。

(4)支线。从分配电箱引至照明负荷的供电线路。

2. 线路配电方式

干线配电方式一般有放射式、树干式、链式等。其中,放射式适用重要负荷的配电,树干式适用于一股负荷的配电,如图 21-2 所示。

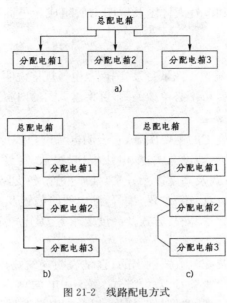

图 21-2 线路配电方式

a)放射式配电；b)树干式配电；c)链式配电

三、电气照明常用图例

建筑电气工程图常用图例如表 21-1 所示。

建筑电气工程图常用图

表 21-1

设 备 名 称	图 例	设 备 名 称	图 例	设 备 名 称	图 例
配电箱	▬	单联单控开关	⟍	安全型单相防溅型三极插座（热水器）	⌣
电表箱	▢▢▢	单联单控延时开关	⟋	电话插座	⎦TP⎦
圆盘型吸顶灯	◡	双联单控开关	⟍	电视插座	⎦TV⎦
单管荧光灯	▬▬▬	三联单控开关	⟍	对讲户外主机	▢⊗▢
双管荧光灯	▤▤	带指示灯单联单控开关（热水器）	⟋	破玻报警按钮	◪
瓷座吸顶灯	⊗	安全型三极防溅型插座	⛉	电视放大器箱、分支器盒	1TA TA
排气扇	⊠	安全型单相二三极插座	⛉	电话分线箱	1HA HA

第二节　室内电气照明工程图

一、室内电气照明施工图的内容

室内电气照明施工图是设备施工图的一个组成部分。室内电气照明施工图一般由首页

345

图、电气平面图、电气系统图和电气大样图及说明书所组成。平面图由电气照明图、插座图所组成。

1. 首页图

首页图主要内容包括：电气工程图纸目录、图例及电气规格说明和施工说明三部分。但在工程比较简单仅有三五张图纸时，可不必单独编制，可将首页图的内容并入平面图内或其他图内。

2. 照明及插座平面图

电气照明平面图是电气施工的主要图纸，它表明电源进户线位置、规格、穿线管径，配电盘（箱）位置、编号，配电线路位置、敷设方式；配电线规格、根数、穿管管径，各种电气位置——灯具的位置、种类、数量、安装方式及高度以及开关、插座位置，各支路的编号及要求等。

插座平面图主要表明配电盘（箱）位置、编号，配电线路位置及敷设方式，各支路编号、根数及穿管管径，各种插座位置、数量、安装方式及高度要求等，是电气施工的重要图纸。

3. 供电系统图

供电系统图是根据用电及配电方式画出的，它是表明建筑物内配电系统组成与连接的示意图。从图中可看到电源进户线型号、敷设方式、系统用电的总容量，进户线、干线、支线连接与分支的情况，配电箱、开关、熔断器型号与规格，以及配电导线型号、截面、采用管径及敷设方式等。

4. 电气详图

凡在平面图、供电系统图中表示不清而又无通用图可选的视图，须绘制施工大样图，如有通用图可选，则图上只须标注所引用的图册代号及页数即可。

5. 设计说明

上述图纸中的未尽事宜，应在"说明"中提出。"说明"一般是说明设计的依据，及对施工、材料或制品的要求等。

二、电气照明及插座施工平面图的识读

电气照明平面图是在建筑平面图的基础上绘制而成的，其主要表明下列内容：

（1）电源进户线位置，导线规格、型号、相数，引入方法（架空引入时注明架空高度，从地下敷设引入时注明穿管材料、名称、管径等）。

（2）配电箱位置（包括主配电箱、分配电箱等）。

（3）各种电器材、设备平面位置、安装高度、安装方法、用电功率。

（4）线路敷设方法，穿线器材名称、管径、导线名称、规格、根数。

（5）从各配电箱引出回路的编号。

（6）屋顶防雷平面图及室外接地平面图，选用材料、名称、规格、防雷引下方法，接地极材料、规格、安装要求等。

图 21-3 是某住宅楼底层的电气照明平面图。进户线由低压配电房沿地引入到配电总箱，在总箱处设置总等电位箱作总等电位连接，图中箭头朝上表示从总箱引至各箱，每间库房设有一个吸顶灯和开关。

图 21-4 是住宅楼标准层的电气照明平面图。从图中可以看出，每户都设有入户分箱，起居室、卧室设有日光灯和开关，厨房设有防潮吸顶灯和开关，阳台设有吸顶灯和开关，卫生间设有排气扇、防潮吸顶灯和开关，图中未标注处表示两根导线。

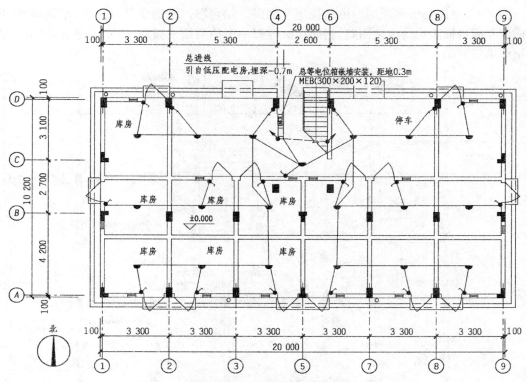

图 21-3 某住宅楼底层电气照明平面图(比例:1:100)

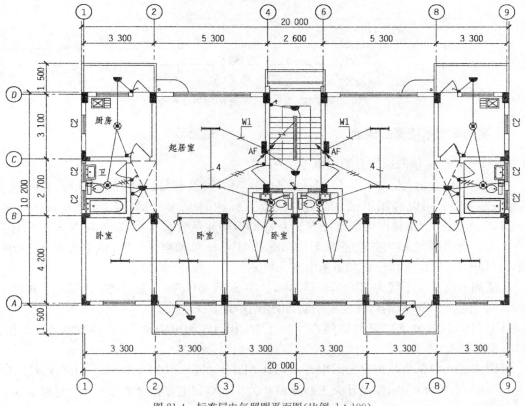

图 21-4 标准层电气照明平面图(比例:1:100)

图 21-5 是住宅楼标准层的电气插座平面图。结合图例从图中可以看出,空调插座、热水器插座及厨房插座均为单独回路,例如在厨房有一个抽油烟机插座、三个普通插座"W3"表示分箱中第三回路。

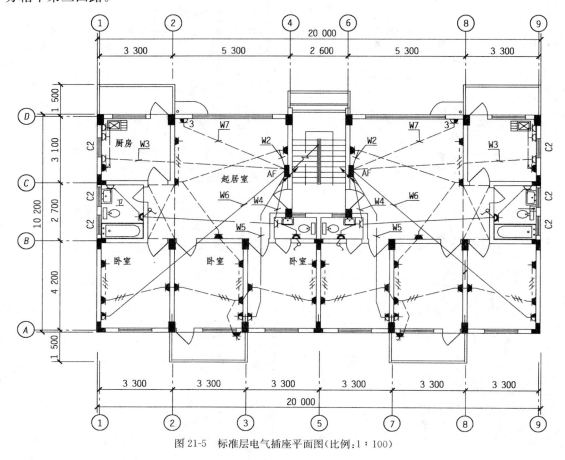

图 21-5　标准层电气插座平面图(比例:1∶100)

三、室内配电系统图的识读

图 21-6 是住宅楼的照明总箱配电系统图。

从图中可以看出,该系统由 14 户入户分箱(AF 箱)及梯灯照明、门话电源、有线电视电源、底层照明等公用电表箱组成。在进户线上方标注的 $P_e = 78kW$,$K_c = 0.85$,$\cos\phi = 0.9$,$I_{js} = 112A$,可叙述为本楼照明额定总容量为 78kW,需要系数取 0.85,功率因素为 0.9,计算电流为 112A。照明配电箱内的设备有 HUM18-63/1P C40 单相空开一个,整定值 40A;DD862～220V 10(40)A 表示为 10～40A 单相电表一只。

一层到七层分支干线为 BV-450/750V-3×10 SC25-FC,WC,表示聚氯乙烯绝缘电线三根 10mm² 穿直径为 25mm 的焊接钢管沿墙、沿地暗敷设。

1L1、1L2、1L3 分支回路分别接在 L1 相、L2 相、L3 相电源上,其余依次接在 L1 相、L2 相、L3 相电源上。

每幢住宅入户总箱开关应加漏电开关,HUM8LY-250S/4B1I ,$I_1 = L_n = 150A$,$I_3 = 10I_1$,$I_{\triangle n} = 300mA$,$t:0.5s$,表示漏电开关为断路器开关150A,漏电保护开关300mA,延时0.5s。

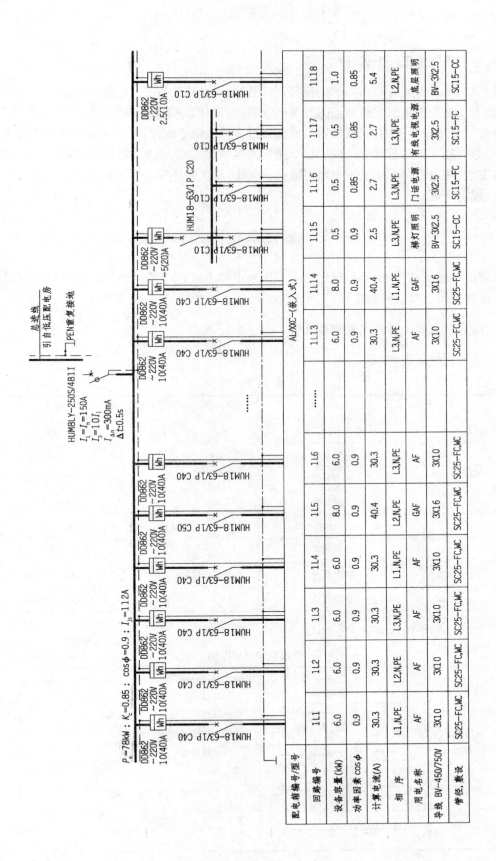

图21-6 照明总箱配电子系统图

配电箱编号/型号	1L1	1L2	1L3	1L4	1L5	1L6	……	1L13	1L14	1L15	1L16	1L17	1L18
回路编号													
设备容量(kW)	6.0	6.0	6.0	6.0	8.0	6.0		6.0	8.0	0.5	0.5	0.5	1.0
功率因素 cosφ	0.9	0.9	0.9	0.9	0.9	0.9		0.9	0.9	0.9	0.85	0.85	0.85
计算电流(A)	30.3	30.3	30.3	30.3	40.4	30.3		30.3	40.4	2.5	2.7	2.7	5.4
相序	L1,N,PE	L2,N,PE	L3,N,PE	L1,N,PE	L2,N,PE	L3,N,PE		L3,N,PE	L1,N,PE	L3,N,PE	L3,N,PE	L3,N,PE	L2,N,PE
用电名称	AF	AF	AF	AF	GAF	AF		AF	GAF	楼灯照明	门话电源	有线电视电源	底层照明
导线 BV-450/750V	3X10	3X10	3X10	3X10	3X16	3X10		3X10	3X16	BV-3X2.5	3X2.5	3X2.5	BV-3X2.5
管径,敷设	SC25-FC,WC	SC25-FC,WC	SC25-FC,WC	SC25-FC,WC	SC25-FC,WC	SC25-FC,WC		SC25-FC,WC	SC25-FC,WC	SC15-CC	SC15-FC	SC15-FC	SC15-CC

AL/XJC-(嵌入式)

P_e=78kW；K_c=0.85；$\cos\phi$=0.9；I_{js}=112A

HUM8LY-250S/4B1I
$I_1=I_n$=150A
I_3=10I_1
$I_{\Delta n}$=300mA
Δ t:0.5s

引自低压配电房 PEN重复接地
总进线

四、室内电气施工图识读注意事项

(1)电气施工图上有较多的图例符号,在识读前弄懂这些符号、代号、图例的含义。

(2)电气施工图是以建筑施工图为基础绘制的,对建筑构造不清楚时要查阅有关建筑图,识读时要结合建筑施工图,找到各用电设备器材在建筑物中的位置,并弄清楚其电源的来历。

(3)电气施工图从总体上反映了一个建筑的电气布置情况,但是对设备内部结构性能、详细安装方法,在电气照明施工图中不可能——列出,施工时还要参照产品的说明及有关电气安装规范、规定等进行。

第三节　室内采暖空调施工图

随着国民经济的发展,人们对居住和工作地点的生产、生活环境要求越来越高,所以建筑物的采暖和通风就显得日益重要。

一、暖通空调施工图常用图例及代号

(1)系统代号见表21-2。

系 统 代 号　　　　　　　　　　表 21-2

序　号	代　号	系 统 名 称	序　号	代　号	系 统 名 称
1	N	(室内)供暖系统	9	K	新风系统
2	L	制冷系统	10	H	回风系统
3	R	热力系统	11	P	排风系统
4	K	空调系统	12	JS	加压送风系统
5	T	通风系统	14	P(Y)	排烟系统
6	J	净化系统	13	PY	排风兼排烟系统
7	C	除尘系统	15	RS	人防送风系统
8	S	送风系统	16	RP	人防排风系统

(2)暖通空调常用图例见表21-3。

暖通空调常用图例　　　　　　　　　　表 21-3

设 备 名 称	图　　例	设 备 名 称	图　　例
风道方变圆	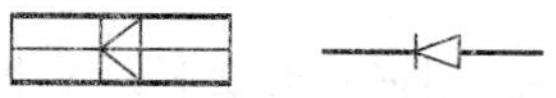	天花管道换气扇	
风道碟阀或调节阀	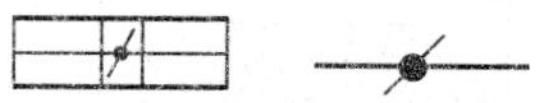	风道软接头	
百叶风口		方形散流器	
冷媒管		凝结水管	

二、暖通空调施工图的图示内容

1. 采暖工程施工图的图示内容

采暖施工图主要包括系统平面图、轴测图、详图、设计说明和设备材料明细表等。其中，平面图标示出建筑物各层供暖管道与设备的平面布置；轴测图是表示供暖系统的空间布置情况、散热器与管道的空间连接形式，设备、管道附件等空间关系的立体图；详图表示供暖系统节点与设备的详细构造及安装尺寸要求；设计施工说明包括热源情况、供暖设计热负荷、设计意图及系统形式，进出口压力差，散热器种类、形式及安装的要求，管道敷设方式、防腐保温、水压试验的要求，施工中需要参照的有关专业施工图图号或标准图图号等。

2. 通风工程施工图的图示内容

通风施工图由基本图、详图及文字说明等组成。基本图包括通风平面图、剖面图、原理图和系统轴测图；详图包括大样图、节点图和标准图，当详图采用标准详图或其他工程的视图时，在图纸的目录中应附有说明。文字说明包括图样目录、设计施工说明、设备及材料表等，如设计所采用的气象资料、工艺计准等基本数据，通风系统的划分方式，通风系统的保温、油漆等统一做法和要求，以及风机、水泵、过滤器等设备的统计表等。

3. 空调工程施工图的图示内容

空调施工图与通风施工图相似，有文字部分和视图部分两部分。文字部分包括视图目录、设计施工说明、设备及主要材料表。视图部分包括基本图和详图，其中基本图包括平面图、剖面图、空调系统轴测图、原理图等，详图包括系统局部或部件的放大图、加工图、施工图等。如详图中采用了标准图或其他工程图样，则在视图目录中须附有说明；施工说明包括主要施工方法、技术要求、技术参数、质量标准以及采用的标准图等。

三、阅读水、暖、电设备施工图时的注意点

（1）水、暖、电都是由各种空间管线和一些设备装置所组成，均采用国家标准规定的统一图例符号来表示，在阅读图纸时应了解与图纸有关的图例符号及其所代表的内容。

（2）水、暖、电管道系统或线路系统。无论是管道中的水流、气流，还是线路中的电流，都要按一定方向流动，最后和设备相连接，如：

室内给水系统：引入管→水表井→干管→立管→支管→用水设备。

室内电气系统：进户线→配电箱→干线→支线→用电设备。

掌握这一特点，按照一定顺序阅读管线图，就会很快掌握图纸要求。

（3）水、暖、电管道或线路平面图和系统图，都不标注管道线路的长度。管线的长度在备料时只需用比例尺从图中近似量出，在安装时则以实测尺寸为依据。

（4）水、暖、电管道或线路在房屋的空间布置是纵横交错的。因此，除了要用平面图表示其位置外，水、暖管道还要采用轴测图表示管道的空间分布情况。在电气图纸中要画电气线路系统图或接线原理图。看图时，应把这些图纸与平面图对照阅读。

（5）水、暖、电平面图中的房屋平面图是用作管道线路和水暖电器设备平面布置和定位的陪衬图样，它是用较细的实线绘制的，仅画出房屋的墙身、门窗洞口、楼梯、台阶等主要构配件，只标注轴线间尺寸。至于房屋细部及其尺寸和门窗代号等均略去。

（6）设备施工图和土建施工图是互有联系的图纸，如管线、设备需要地沟、留洞等，在设计和施工中，都要相互配合，密切协作。

参 考 文 献

[1] 中华人民共和国国家标准.GB/T 50001—2010 房屋建筑制图统一标准[S].

[2] 中华人民共和国国家标准.GB 50162—92 道路工程制图标准[S].

[3] 中华人民共和国行业标准.SL 73—95 水利水电工程制图标准[S].

[4] 中华人民共和国行业标准.GB/T 50106—2001 给水排水制图标准[S].

[5] 朱福熙,何斌.建筑制图[M].3 版.北京:高等教育出版社,1992.

[6] 郑国权.道路工程制图[M].3 版.北京:人民交通出版社,1990.

[7] 同济建筑制图教研室.画法几何[M].2 版.上海:同济大学,1997.

[8] 顾善德,徐志宏.土建制图[M].2 版.上海:同济大学,1988.

[9] 方庆,徐约素.画法几何及水利工程制图[M].北京:高等教育出版社,1994.

[10] 苏宏庆.画法几何及水利工程制图[M].成都:四川科学技术出版社,1986.

[11] 廖远明.建筑图学[M].北京:中国建筑工业出版社,1995.

[12] 符锌砂.公路计算机辅助设计[M].北京:人民交通出版社,1998.

[13] 林国华.画法几何与土建制图[M].2 版.北京:人民交通出版社,2007.